Korbblütler S. 36
(Sonnenblume)

Staub- und
Stempelblüte
Laubblatt

Kürbisgewächse S. 43
(Kürbis)

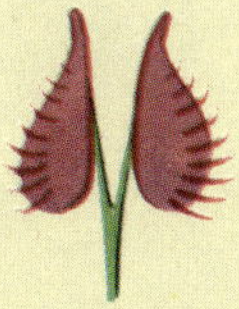

Blütenstand
Spaltfrucht

Doldengewächse S. 41-42
(Wilde Möhre)

lüte
aubblatt
rucht

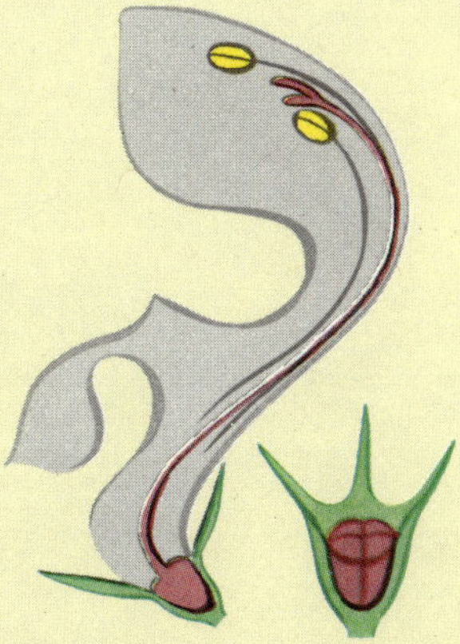

Blüte und
Klausen-
frucht

Lippenblütler S. 44
(Taubnessel)

Welche Pflanzenfamilie ist das?
Klasse der Einkeimblättler

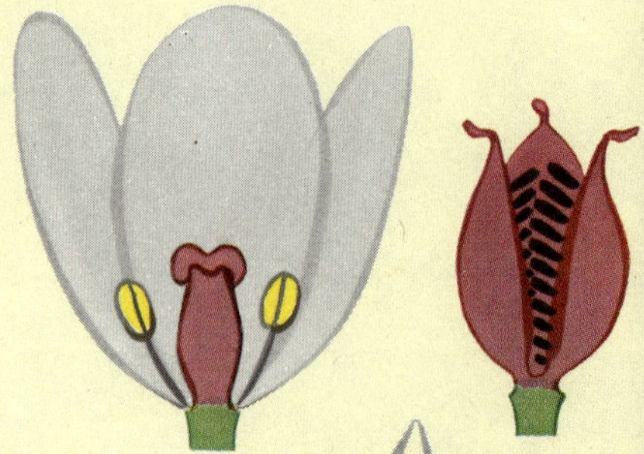

Blüte
Kapselfrucht
Zwiebel

Liliengewächse S. 26
(Gartentulpe)

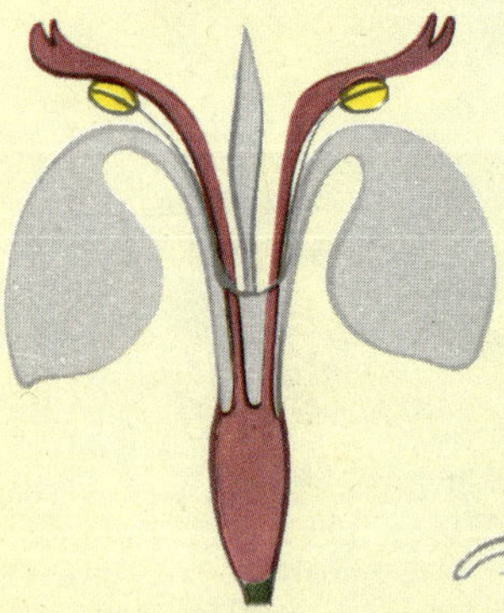

Blüte und
Wurzelstock

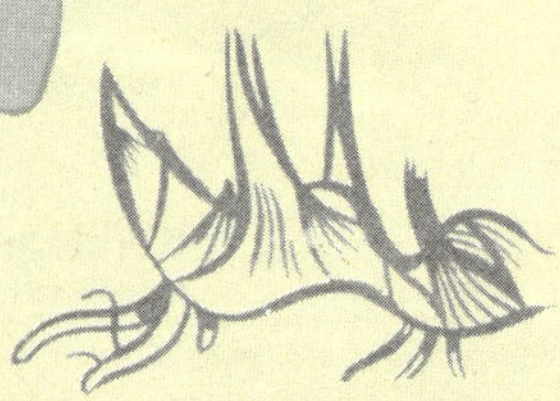

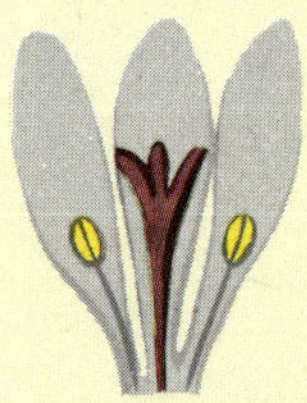

Blüte

Schwertliliengewächse S. 27
(Schwertlilie und Krokus)

Blüte
Zwiebel

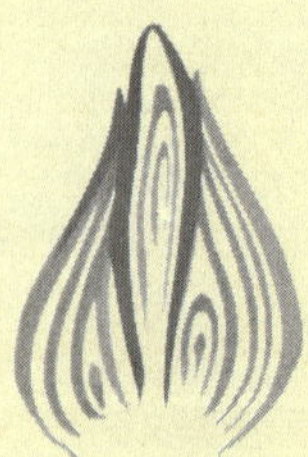

Narzissengewächse S. 27
(Weiße Narzisse)

Ährchen

Halm mit
Rispe und
Blättern

Gräser S. 47
(Rispengras)

Blüten-
stand

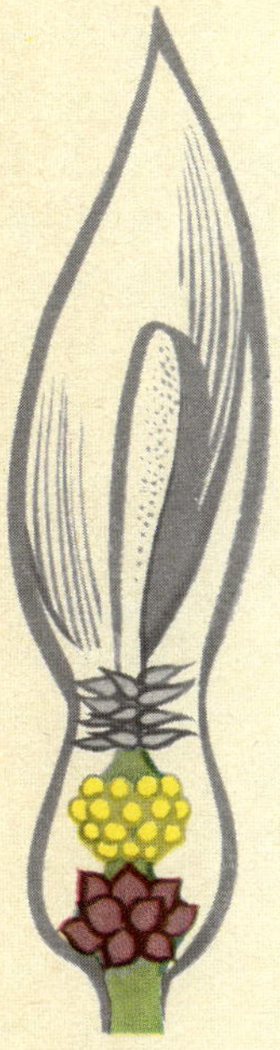

Frucht-
stand

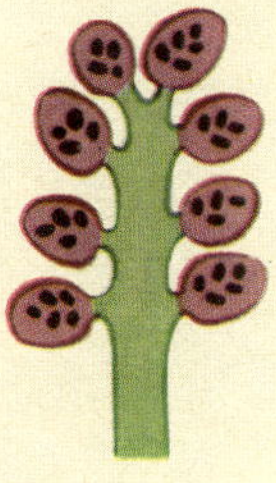

**Aronstab-
Gewächse** S. 33
(Aronstab)

Blüte

Kapselfrucht

Knolle

Knabenkrautgewächse S. 69
(Knabenkraut)

Das Unterrichtswerk umfaßt folgende Bände:

Die Pflanze, Bd. 1, Klettbuch 791: Blütenpflanzen
Die Pflanze, Bd. 2, Klettbuch 792: Weitere Blütenpflanzen und Blütenlose Pflanzen
Die Pflanze, Gesamtband, Klettbuch 795 (Inhalt von Bd. 1 und Bd. 2)

Das Tier, Bd. 1, Klettbuch 793: Wirbeltiere
Das Tier, Bd. 2, Klettbuch 794: Wirbellose Tiere
Das Tier, Gesamtband, Klettbuch 796 (Inhalt von Bd. 1 und Bd. 2)

Herausgegeben und bearbeitet von Dr. Werner Heiligmann, Studiendirektor; Dr. Horst Janus, Hauptkonservator am Staatl. Museum für Naturkunde in Stuttgart; Dr. Helmut Länge, Studiendirektor. Entwurf und zeichnerische Gestaltung des Bildteils stammen von Theo Homolka, Gymnasialprofessor.

Der Mensch. Ausgabe A/B. Klettbuch 797

Lehrsystem Menschenkunde – Elemente zur Unterrichtsplanung; Lehrerband in Loseblattform. Klettbuch 7979

Herausgeber: Dr. Gerhard Fels, Oberstudiendirektor, und die Fachredaktion Naturwissenschaften.
Bearbeiter: Dieter Blume, Realschullehrer; Dr. Gerhard Fels; Theo Homolka, Gymnasialprofessor; Dr. Karl Kuhn, Professor an der Pädagogischen Hochschule Lörrach; Dr. Franz-Josef Liesenfeld, Studiendirektor

Der Organismus – eine Einführung in die biologischen Grundprobleme, 1. Auflage Klettbuch 798
Der Organismus – eine Einführung in die biologischen Grundprobleme, 2. erweiterte und überarbeitete Auflage. Klettbuch 7985

Herausgeber: Dr. Gerhard Fels, Oberstudiendirektor. Bearbeiter: Dr. Gerhard Fels; Dr. Margot Grah, Oberstudienrätin; Hellmut Grah, Oberstudienrat; Dr. Franz-Josef Liesenfeld, Studiendirektor; Dr. Michael Lohmann, Biologe und freier Publizist; Dr. Josef Reichholf, Ökologe (Zoologische Staatssammlung München).

Bildnachweis: Zeichnungen: Th. Homolka 235 / Fotos: Archiv der HAG AG, Bremen 140,3 / R.-E. Bader, Hygiene-Institut der Universität Tübingen 128,1–5 / 128,7–8 / 129,3 / 130,1–6 / H. Blana 40,7 / D. Blume 117,4 / Luftbild Albrecht Brugger, Stuttgart 73,1 (freigeg. v. Innenmin. Baden-Württemberg Nr. 2/13305) und 102,1 (freigeg. v. Innenmin. Baden-Württ. Nr. 2/14607) / D. Düvel 138,3 / 139,8 / 140,4 / 140,6 / 140,9 / 141,4–5 / 141,9 / W. Engelhardt 102,2 / H. Frank 128,6 / 131,1–6 / H. D. Frey 132,8 / Th. Homolka 30 / H. Janus 108 / A. Kemper 69,2 / 69,4–6 / N. Knauer 135,3–5 / 135,7 / S. Köster 120,10–11 / 122,7 / 122,9 / P. Kohlhaupt 87,8 / 104,1 / 117,10 / 136,1–10 / E. Kruse 135,1 / H. Länge 556 / Landesamt für Pflanzenschutz, Stuttgart 123,5 / J. Locher 141,1 / A. Mannl 134,2 / Margarine-Institut für gesunde Ernährung, Hbg. 137,8 / Müller 69,7 / F. Nordsieck 121,4–6 / 121,10 / 122,8 / K. Paysan 85,1 / 139,10–11 / H. Pfletschinger 7,8 / W. Rauh 137,1–2 / 137,4–7 / 138,1 / 138,5 / 140,7 / 141,3 / 141,7 / O. Ronnefeld 99,2 / 121,7 / A. Rückebeil 124,1 / 124,3 / P. H. Sahling 110,1–3 / H. Sallaba, Archiv der Schutzgemeinschaft Deutscher Wald 102,3 / W. Schacht 139,2 / 139,9 / 140,1 / 140,5 / 140,8 / 141,6 / 141,8 / H. Scheerer 23,5 / 25,2 / 25,5 / 27,2 / 42,7 / 68,3–4 / 68,8 / 68,10 / 69,1 / 69,3 / 69,8 / W. R. Schmidt 37 / H. Schmiedekampf 139,7 / F. Schwäble 36 / F. Siedel 135,6 / E. Staudt 122,5–6 / F. Steindl 124,5 / 125,2–4 / W. Strache 143,5–7 / A. Strauß 118,4 / 120,5 / G. Tietze 76,1 / Wustmann 104,3 / 104,4 / J. Wygasch 35 / W. Zimmermann 121,11. – Einband: Hans Lämmle.

2. Auflage 2 12 11 10 9 | 1979 78 77 76

Alle Drucke dieser Auflage können im Unterricht nebeneinander benutzt werden. Die letzte Zahl bezeichnet das Jahr dieses Druckes.

Teil 1: Monophoto-Filmsatz: Oscar Brandstetter KG, 62 Wiesbaden. Teil 2: Filmsatz und Druck: Ernst Klett, 7 Stuttgart. Printed in Germany.
ISBN 3-12-795000-4

Die Pflanze

Sammelband

von Werner Heiligmann, Horst Janus und Helmut Länge
Entwurf und zeichnerische Gestaltung des Bildteils von Theo Homolka

ERNST KLETT STUTTGART

Teil 1: Inhalt nach der Reihenfolge

Teil 1: Inhalt nach Gruppen

Teil 2: Inhalt nach der Reihenfolge

Teil 2: Inhalt nach Gruppen

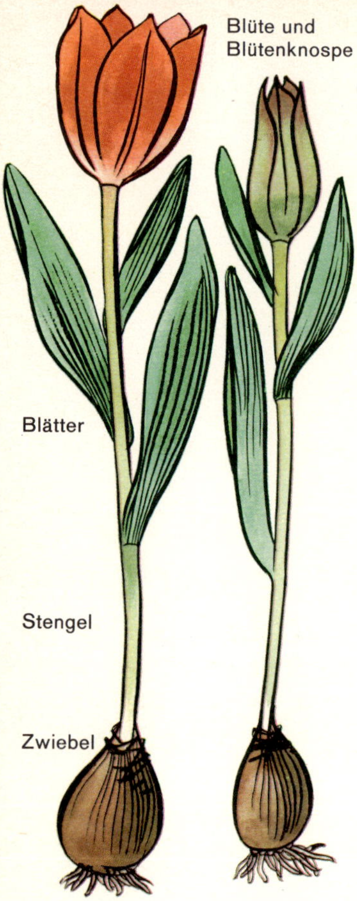

1,1

1,1: *Tulpe mit Blüte, Sproß, Zwiebel und Wurzeln. Rechts eine Blütenknospe.*

1,2

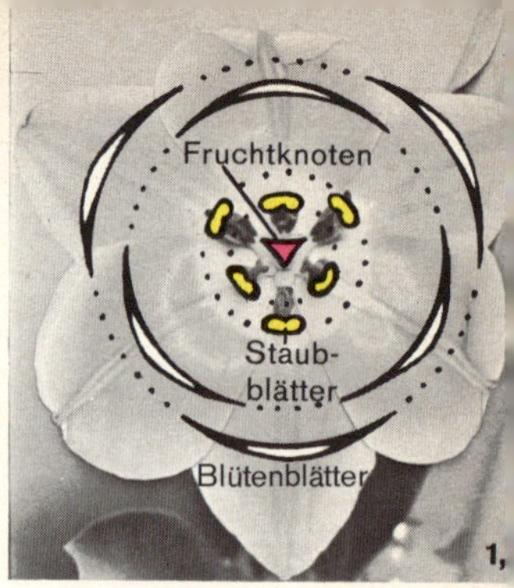

1,3

1,2: *Tulpenblüte von oben. Außen befinden sich 6 farbige Blütenblätter. Dann folgen 6 Staubblätter, die den Stempel in der Mitte umgeben.* **1,3:** *Gibt man diese Blütenteile durch einfache Strichzeichnungen wieder, dann erhält man einen Blütengrundriß oder ein Blütendiagramm, das den Aufbau der Blüte zeigt.*

1–2 Die Gartentulpe (Tulipa gesneriana)

Der Sproß. Damit wir die *Gartentulpe* beschreiben können, legen wir zuerst die Namen für ihre einzelnen Teile fest **(1,1).** Über die Erde ragen der *Stengel* mit den *Blättern*, die man zusammen als den *Sproß* bezeichnet, und die *Blüte*.
Die Blätter sind langgestreckt und laufen in eine Spitze 1
aus; die Spitze des untersten Blattes ist hart. Der Blattrand ist glatt und nirgends eingeschnitten, daher *ganzrandig*. Vom Blattgrund bis zur Blattspitze verlaufen die Blattadern oder Blattnerven, und zwar unverzweigt und zueinander parallel. Solche Blätter nennt man *parallelnervig*. Da ein Blattstiel fehlt, sitzt die Blattfläche unmittelbar am Stengel; es ist ein *sitzendes Blatt*. Der Blattgrund bildet bei der Tulpe eine Scheide, die den Stengel umfaßt. Stengel und Blätter sind bläulich bereift von einer wasserabstoßenden Wachs-

1,9–1,13: Die Tulpe als Gartenpflanze. *Tulpen sind beliebte und prächtige Frühlingsboten in unseren Parks und Gärten. Überall können wir uns in dieser Zeit an großen Beeten der farbenprächtigen Blumen erfreuen. Vor rund 400 Jahren ist die Tulpe aus der Türkei nach Mitteleuropa eingeführt worden und fand schnell weite Verbreitung. Besondere „Tulpengärtner" widmeten sich, vor allem in Holland, dem Anbau von Gartentulpen im Großen und der Zucht auf verschiedene Farben und Formen. Ausgefallene Züchtungen erzielten im 17. Jahrhundert bisweilen unverhältnismäßig hohe Preise und brachten ihren*

1,9

1,10

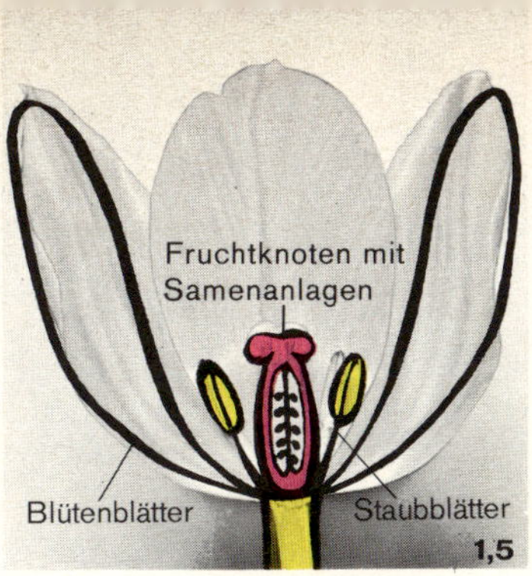

1,4: *Wenn man eine Blüte der Länge nach durchschneidet, bekommt man einen Blütenlängsschnitt.* **1,5:** *Auch diesen Längsschnitt kann man vereinfacht zeichnen. Während das Diagramm etwas über die Stellung der Blütenteile aussagt, erkennen wir hier ihren Bau, so etwa den des Stempels und der Staubblätter.* **1,6:** *Fruchtknoten mit dreilappiger Narbe.* **1,7:** *Querschnitt durch den dreifächerigen Fruchtknoten.* **1,8:** *Die Staubbeutel springen mit einem Längsriß auf.*

schicht. Daher kullern Regentropfen vom Blatt herunter, ohne es naß zu machen. Wischen wir das Wachs ab, dann wird das Blatt vom Wasser benetzt.

Der Blütenbau. Die Blüte schließt den Stengel nach oben ab. Die 6 auffällig gefärbten *Blütenblätter* sind in 2 Kreisen zu je 3 Blütenblättern angeordnet. Dabei stehen die Blütenblätter des inneren Kreises in den Blattlücken des äußeren **(1,2–1,5).** Wie sich bei genau-
1 erer Untersuchung zeigt, bilden auch die *Staubblätter* 2 dreigliedrige Kreise. Bei gefüllten Blüten fehlen die Staubblätter, sie sind zu Blütenblättern geworden. Der obere verdickte Teil des Staubblatts heißt *Staubbeutel*, da in ihm der Blütenstaub heranwächst, während der untere dünnere Teil als *Staubfaden* bezeichnet wird **(1,8).** Der *Stempel* besteht bei der Tulpe aus dem länglichen *Fruchtknoten*, der oben eine dreilappige *Narbe* trägt **(1,6).** Wenn man ihn mit einem scharfen Messer quer durchschneidet, zeigt sich die Schnittfläche als ein Dreieck **(1,7).** Im Innern des Fruchtknotens sind zahlreiche *Samenanlagen* in 3 Fächern nebeneinander und in vielen Lagen übereinander angeordnet. Da die Blütenteile in der Dreizahl vorkommen (2 × 3 Blütenblätter, 2 × 3 Staubblätter, 3 Fruchtknotenfächer und dreiteilige Narbe), heißt die Blüte *dreizählig*.

Besitzern Reichtum und Ansehen ein. Auch heute wird die Gartentulpe noch ständig weitergezüchtet, und fast in jedem Jahr kommen neue Farben und Formen auf den Markt. – Alle Gartentulpen sind aus Wildtulpen herausgezüchtet worden, die in den Steppen Asiens zu Hause sind. Auch bei uns ist eine Wildtulpe heimisch **(1,10).** *Sie wurde ursprünglich in Europa nur in Gärten gehalten, hat sich aber von diesen aus ins Freiland verbreitet und findet sich seither wildwachsend an geeigneten Orten, vor allem an Weinberghängen. Sie steht unter Naturschutz.*

2,1–2,4: *Die Kapselfrucht der Tulpe bildet sich. Der Fruchtknoten einer soeben abgeblühten Tulpe* **(2,1)** *wächst in die Länge und Dicke* **(2,2** und **2,3)** *und öffnet sich bei der Reife* **(2,4).**

Die Aufgabe der Blüte. Die Blütenblätter schließen sich, wenn die Temperatur fällt, und öffnen sich wieder, sobald sie ansteigt. Sie stellen einen Schutz für die inneren Blütenteile dar. Dies gilt besonders für den Knospenzustand. Außerdem locken sie durch ihre Farbe Bienen an, die in der Blüte Blütenstaub sammeln, um ihn als Nahrung in den Stock zu tragen. Sobald nämlich die Staubbeutel reif sind, reißen sie der Länge nach auf und der Blütenstaub gelangt nach außen **(1,8).** Wenn Bienen in der Blüte herumkriechen, bleibt an ihrem behaarten Körper Blütenstaub hängen, der bei erneutem Blütenbesuch teilweise an der klebrigen Narbe haften bleibt. *Die Blüte ist damit bestäubt.*

Nach der Bestäubung welken Blüten- und Staubblätter, die jetzt ihre Aufgabe erfüllt **2**
haben, und fallen ab. Der Fruchtknoten aber wächst weiter, bis er eine gewisse Größe erreicht hat **(2,1–2,4).** Seine anfangs grünen Wände trocknen aus. Gleichzeitig entstehen aus den Samenanlagen scheibenförmige Samen: *die Frucht ist reif.* Sie springt mit 3 Klappen auf, und der Wind kann die Samen herausschütteln und verbreiten **(2,4).** Trockene Früchte, die zahlreiche Samen enthalten und bei der Reife aufspringen, heißen *Kapseln.* Falls die Samen auf guten Boden fallen, wachsen aus ihnen neue Pflanzen hervor. Die Samen dienen der Tulpe zur *Fortpflanzung, Vermehrung und Ausbreitung.* Die Vermehrung durch Samen spielt jedoch bei der Gartentulpe keine große Rolle. Wir wollen zusammenfassen, was wir über die Tulpenblüte erfahren haben:

Aufgabe der Blüte ist die Erzeugung von Samen.
Die Blütenblätter dienen zum Schutz der Blütenteile und locken Bienen an.
Die Staubbeutel enthalten Blütenstaub, welcher von Bienen auf die Narben anderer Blüten übertragen wird. Dieser Vorgang heißt Bestäubung.
Nach der Bestäubung entsteht aus dem Fruchtknoten die Frucht. Aus den Samenanlagen im Fruchtknoten entstehen die Samen.

2,5 *und* **2,6:** *Foto und Zeichnung einer längsgeschnittenen Zwiebel im Herbst; Ersatzzwiebel blau und Brutzwiebel rot gezeichnet.* **2,7** *und* **2,8:** *Zwiebellängsschnitt während der Blüte und bei der Fruchtreife. Die Zwiebelschalen sind schlaff geworden und die Knospen der Ersatz- und der Brutzwiebel herangewachsen.* **2,9:** *Im Herbst des nächsten Jahres ist die Ersatzzwiebel zu der neuen Zwiebel ausgewachsen und um eine Brutzwiebel vermehrt. Die Reste der alten Zwiebel umgeben sie als äußere Zwiebelschalen.*

Die Zwiebel. Sobald im Sommer die Samen ausgestreut sind, sterben die oberirdischen Pflanzenteile ab. Trotzdem ist die Pflanze nicht völlig verschwunden, denn im Boden findet sich eine *Zwiebel*, aus der im nächsten Frühjahr eine neue Tulpe hervorwächst. Wir wollen uns diese Zwiebel näher ansehen. Außen umhüllen sie braune, *trockenhäutige Zwiebelschalen*. Am unteren Ende entspringen aus dem Rand einer rundlichen Scheibe, der *Zwiebelscheibe*, zahlreiche Wurzeln. Über den inneren Aufbau unterrichten uns Längsschnitte durch die Zwiebel **(2,5–2,9).** Die Zwiebelscheibe setzt sich nach oben in einem kurzen Stengel fort, an dem die weißen, *fleischigen Zwiebelschalen* sitzen. Diese sind umgebildete Blätter, die mit Nahrungsvorrat für die künftige Pflanze vollgestopft sind. Das obere Ende des kurzen Stengels schließt mit den Anlagen von Sproß und Blüte des kommenden Frühjahrs ab, die in der Zwiebel als Knospe vorgebildet sind. Die Blattanlagen bilden die Knospenhüllen, die die eigentliche Blütenknospe schützend umgeben. Die äußerste Hülle wird vom untersten Laubblatt gebildet. So vorbereitet, kann die Tulpe zeitig im Frühjahr erscheinen. Das unterste Laubblatt durchstößt dann mit seiner harten Spitze die Erde. Beim Austreiben werden die weißen Zwiebelschalen zunehmend schlaffer, da sie ihre Nährstoffe abgeben, und vertrocknen schließlich ganz. Die Zwiebel, die wir im Sommer im Boden finden, kann also nicht die gleiche sein, welche im Frühjahr den Sproß gebildet hat. Im Winkel der innersten Zwiebelschale ist inzwischen aus einer Knospe eine neue Zwiebel herangewachsen, die die alte ersetzt und deshalb *Ersatzzwiebel* heißt. Ihr dienen die vertrockneten Schalen der Vorgängerin als äußere Hülle. Aus Knos-
2 pen in den Winkeln anderer Schalen können sich weitere Zwiebeln bilden, die *Brutzwiebeln*. Die Tulpe vermehrt sich also auch mit Hilfe der Zwiebeln.

Dieser Jahresablauf wird uns verständlich, wenn wir uns daran erinnern, daß die Wildtulpen Steppenpflanzen sind. In der Steppe herrschen lange, strenge Winter. Aber auch der Sommer ist den Pflanzen mit Hitze und Trockenheit feindlich und läßt sie verdorren. Sie müssen daher die wenigen günstigen Frühjahrsmonate zum Treiben und Blühen ausnützen, wie es die Tulpe tut. Sie ist den Lebensbedingungen in der Steppe angepaßt.

Merkstoff. Die Gartentulpe ist eine Zierpflanze. Sie stammt von Wildtulpen ab. Diese sind Steppenpflanzen, die an die Lebensbedingungen in der Steppe angepaßt sind. Der Sproß der Tulpe besteht aus Stengel und Blättern. Die Blätter sind sitzend, ganzrandig und parallelnervig.
Die Blüte ist dreizählig. Sie wird von Insekten bestäubt. Die Frucht ist eine Kapsel, die mit 3 Klappen aufspringt. Sie enthält die Samen, welche vom Wind verbreitet werden. Die Zwiebel ist ein kurzer unterirdischer Sproß mit besonders gestalteten Blättern, den Zwiebelschuppen. Diese umschließen den jungen Trieb. Die Zwiebel dient als Vorratsspeicher, zum Überwintern und zur samenlosen Vermehrung.

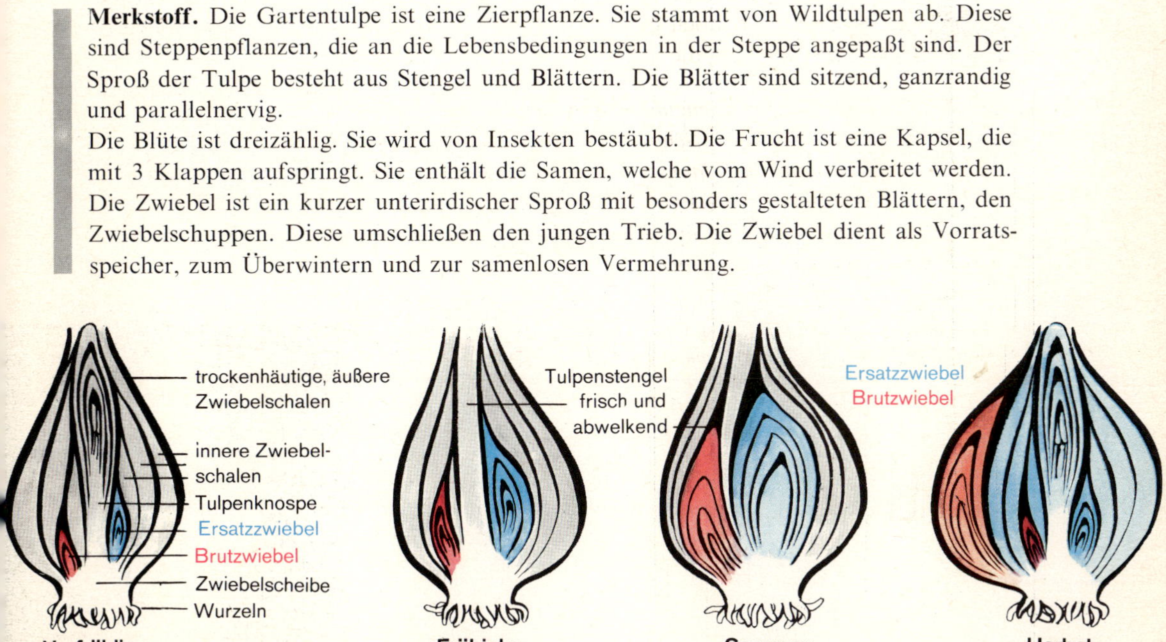

2,6 | 2,7 | 2,8 | 2,9

3 Der Scharfe Hahnenfuß (Ranunculus acer)

Standort. Der *Scharfe Hahnenfuß* ist eine Wiesenpflanze. Zur Hauptblütezeit im Mai geben seine gelben Blüten manchen Wiesen die Farbe. Das Abmähen kann der Hahnenfuß ertragen, weil er einen kurzen, unterirdischen Stengel besitzt, der nach der Mahd wieder austreibt. Da an diesem Stengelstück Wurzeln entspringen, heißt er *Wurzelstock* **(3,9).** Mit dem Wurzelstock überdauert die Pflanze auch den Winter. Der Scharfe Hahnenfuß enthält ein *Gift.* An diesem kann das Vieh erkranken, wenn es die grünen Pflanzen frißt. Beim Lagern in Hahnenfußwiesen bekommen empfindliche Menschen unangenehme Hautausschläge. Das Gift zersetzt sich beim Trocknen der Pflanzen. Im Heu ist es also nicht enthalten.

Sproß. Der verzweigte Stengel trägt die grünen *Laubblätter.* Die Blätter, die am Grund des Stengels entspringen, heißen *grundständige Blätter.* Sie bestehen aus der *Blattspreite* und einem langen *Blattstiel.* Die Blattspreite ist durch tiefe Einschnitte in 5 Zipfel geteilt, die wie die Finger einer Hand angeordnet sind. Das Blatt ist *handförmig geteilt* **(3,4).** Blätter, die weiter oben am Stengel sitzen, haben kleinere Blattspreiten, schmälere Zipfel und einen kurzen Blattstiel **(3,3).** Bei den obersten Blättern fehlt der Blattstiel ganz; es sind *sitzende Blätter.* Die Zahl der Zipfel ist bei diesen Blättern auf 3 vermindert. Sie ähneln dem Fuß eines Hahns, wovon die Pflanze ihren Namen bekommen hat **(3,2).** Da die oberen Blätter eine kleinere Spreite und einen kürzeren Blattstiel haben als die unteren, beschatten sie die unteren nicht.

Blüte. Alle Seitenzweige des Stengels schließen mit einer Blüte ab, so daß mehrere Blüten an einer Pflanze beisammenstehen. Eine solche Anhäufung von Blüten nennt man *Blütenstand* **(3,1).** Die Blüte besitzt außen *2 Blattkreise* **(3,6),** deren Blätter auf Lücke stehen. Die 5 grünlichen Blätter des äußeren Kreises sind verhältnismäßig klein. Sie heißen *Kelchblätter.* Alle Kelchblätter zusammen bilden den *Kelch.* Im Knospenzustand umhüllen und schützen sie die inneren Blütenteile. Die 5 gelben *Blütenblätter* des inneren Kreises glänzen fettig. Nach ihnen wird die Pflanze in manchen Ge-

3,1: *Blütenstand vom Scharfen Hahnenfuß. Der Stengel verzweigt sich. Die Nebenzweige schließen jeweils mit einer Blüte ab.* **3,2–3,4:** *Form und Größe der Laubblätter hängen von ihrer Stellung am Stengel ab; grundständiges Blatt* **(3,4);** *Blatt vom mittleren Teil des Stengels* **(3,3)** *und Blatt vom oberen Stengelteil* **(3,2).**

3,5

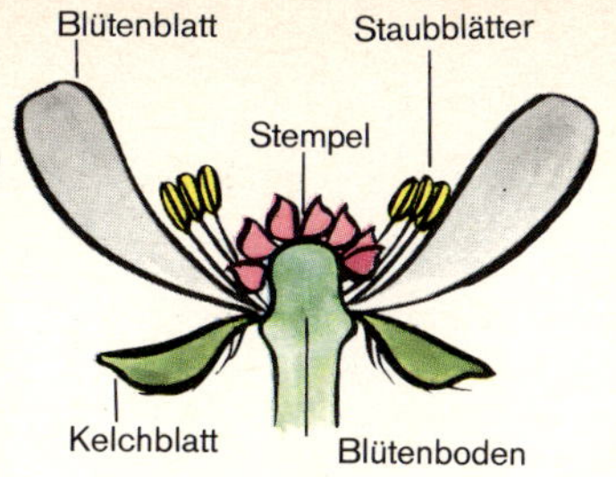

3,6

3,7

3,8

3,5: *Hahnenfußblüte von oben. Die grünen Fruchtknoten in der Mitte sind von zahlreichen Staubblättern umgeben. Nach außen folgen 5 gelbe Blütenblätter.* **3,6:** *Der Längsschnitt zeigt außerdem die Kelchblätter und den gewölbten Blütenboden, auf dem die Blütenteile sitzen.* **3,7:** *Die Fruchtknoten entwickeln sich nach der Bestäubung zu Früchten (Nüssen), die übrigen Blütenteile fallen ab.* **3,8:** *Einzelne Nüsse (einsamige Schließfrüchte, die bei der Reife nicht aufspringen).*

genden Schmalzblume genannt. Bei Dunkelheit und Regenwetter wenden sich Kelch- und Blütenblätter nach innen. Die Blüte schließt sich und die inneren Blütenteile sind dadurch geschützt. Feuchtigkeit ist besonders für den Blütenstaub nachteilig. Die Blüte enthält zahlreiche *Staubblätter*, die aus *Staubbeutel* und *Staubfaden* zusammengesetzt sind, und viele *Stempel* **(3,5).** Jeder *Fruchtknoten* trägt an seinem oberen Ende die gelbliche, gebogene *Narbe*. Bienen, die von den Blütenblättern angelockt werden, besuchen die Blüten. Sie
3 sammeln dort hauptsächlich Blütenstaub, der bei so vielen Staubblättern reichlich vorhanden ist. An ihrem Körper tragen sie den Blütenstaub von Blüte zu Blüte und streifen ihn teilweise auf den Narben ab. Auf diese Weise vollziehen sie unabsichtlich die *Bestäubung*. Am Grund der Blütenblätter befinden sich gelbe Schüppchen, die eine kleine Tasche bilden. Dort wird eine süße Flüssigkeit ausgeschieden, der *Nektar*. Er wird von den Bienen aufgesogen und zu Honig verwandelt. Auch Schwebfliegen suchen die Blüten wegen des Nektars auf und stehen dadurch ebenfalls im Dienst der Bestäubung. Die kleinen Glanzkäferchen, die sich oft in den Blüten aufhalten, sind in dieser Hinsicht bedeutungslos.

Frucht. Nach der Bestäubung entwickeln sich aus den Fruchtknoten die *Früchte* **(3,7).** Die einzige *Samenanlage* wird zum *Samen*. Die Frucht des Scharfen Hahnenfußes öffnet sich bei der Reife nicht. Frucht und Same werden daher zusammen verbreitet. Solche Früchte heißen *Schließfrüchte*. Enthält eine Schließfrucht nur einen Samen, dann ist es eine *Nuß* **(3,8).**

Merkstoff. Der Scharfe Hahnenfuß ist eine Wiesenpflanze. Er besitzt einen unterirdischen Stengel, den Wurzelstock, mit dem er im Boden ausdauert. Die Blätter (mit Ausnahme der oberen) bestehen aus Blattspreite und Blattstiel. Die Blattspreiten sind handförmig geteilt. Die Blüten besitzen 5 Kelchblätter, 5 Blütenblätter, zahlreiche Staubblätter und viele Stempel. Sie werden von Bienen und Schwebfliegen bestäubt. Die Frucht ist eine Nuß (einsamige Schließfrucht).

3,9

3,9: *Wurzelstock. Der Wurzelstock ist ein unterirdischer Stengel, an dem Wurzeln und oberirdische Pflanzenteile entspringen.*

4,1

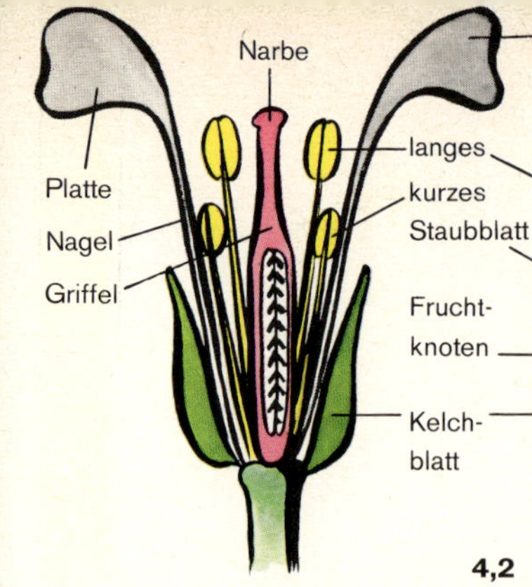

4,2

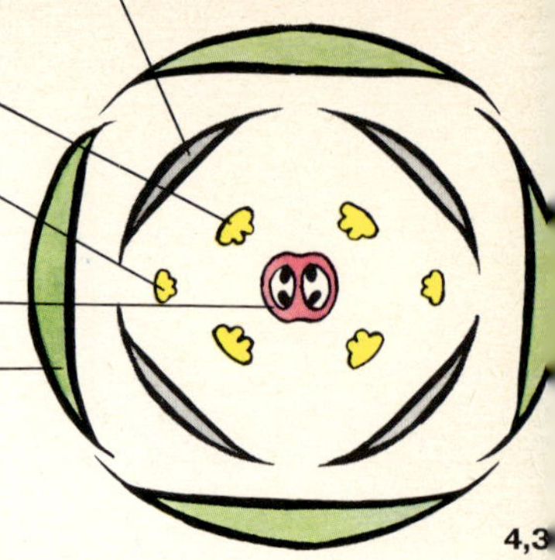
4,3

4,1: *Blütenstand des Rapses. Der Stengel trägt langgestielte Blüten, die von unten nach oben aufblühen.* **4,2:** *Längsschnitt durch eine Rapsblüte. In der von Kelch- und Blütenblättern gebildeten Röhre befinden sich Stempel und Staubblätter.* **4,3:** *Blütengrundriß. Kelch- und Blütenblätter stehen sich kreuzweise gegenüber.* **4,4:** *Blattrosette des Winterrapses. Die fiederspaltigen Blätter sind wie die Speichen eines Rades an dem gestauchten Sproß angeordnet. Sie sind jedoch nicht in gleicher Höhe festgewachsen. Wenn man die Blattansätze miteinander verbindet, erhält man eine Spirale.* **4,5:** *Im Frühjahr wächst der Stengel in die Länge. Auch die Stengelblätter sind spiralig angeordnet, sie sind wechselständig.* **4,6:** *Geschlossene und aufgesprungene Frucht.*

4 Der Raps (Brassica napus)

Blüte. Die Blüten des *Rapses* sitzen am oberen Ende des Stengels in einem *Blütenstand* **(4,1).** Dieser besteht aus der Hauptachse und den blütentragenden Nebenachsen. Einen solchen Blütenstand nennt man eine *Traube.* Die Anhäufung von Blüten in einem Blütenstand verstärkt die anlockende Wirkung auf die Insekten. Die einzelnen Blüten besitzen 4 gelbgrüne *Kelchblätter* und 4 goldgelbe *Blütenblätter.* Bei den Blütenblättern kann man einen breiten oberen Teil, die *Platte,* von einem schmalen unteren Teil, dem *Nagel,* unterscheiden. Die aufrecht stehenden Nägel bilden mit den Kelchblättern zusammen eine Röhre. Die Platten stehen waagrecht **(4,2).** Von den 4 Kelch- und Blütenblättern stehen sich je 2 gegenüber **(4,3).** Sie sind wie die Balken eines Kreuzes angeordnet: die Blüte des Rapses ist eine *Kreuzblüte.* In der Blüte stehen 6 *Staubblätter;* 4 haben lange und 2 haben kurze *Staubfäden* **(4,2; 4,3).** Der *Fruchtknoten* ist langgestreckt. Auf einem kurzen Griffel sitzt eine knopfförmige *Narbe.* Die *Samenanlagen* werden sichtbar, wenn man den Fruchtknoten gegen das Licht hält. Am Grunde der Staubblätter finden sich 4 grüne *Nektardrüsen.* Die Bienen werden vom Duft und von der Farbe der Blüten angelockt. Sie lassen sich auf der Platte nieder und senken den Rüssel in die Blütenröhre, um Nektar zu saugen. Da die Staubblätter im Wege stehen, werden diese zur Seite gedrängt. Dabei bleibt an dem Tier Blütenstaub hängen, den es auf den Narben anderer Rapsblüten abstreift.

Frucht. Aus dem Fruchtknoten geht nach der Bestäubung die *Frucht* hervor. Der Fruchtknoten wird von besonders gestalteten Blättern, den *Fruchtblättern,* gebildet. Bei der Rapsblüte besteht er aus zwei zusammengewachsenen Fruchtblättern. Eine von Verwachsungsnaht zu Verwachsungsnaht quer durch den Fruchtknoten sich erstreckende

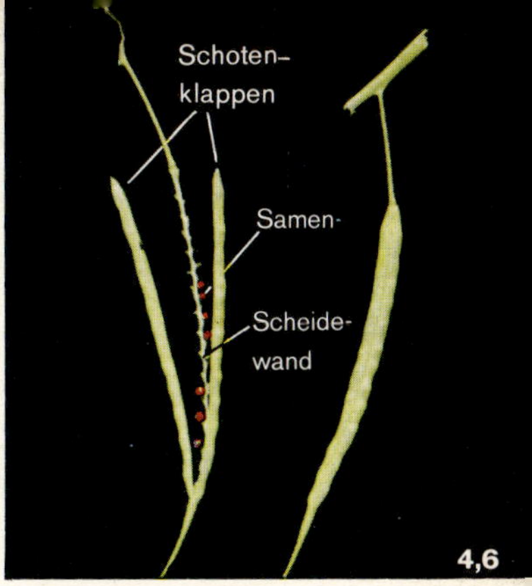

Scheidewand teilt diesen in 2 Fächer **(4,3).** Bei der Fruchtreife lösen sich die 2 Fruchtblätter an den Verwachsungsnähten voneinander, so daß die Frucht mit 2 Klappen aufspringt **(4,6).** Der Wind kann nun die an den Rändern der Scheidewand sitzenden Samen herausschütteln und verbreiten. Früchte, die mit 2 Klappen aufspringen und eine Scheidewand besitzen, heißen *Schoten.* Wenn man Rapssamen auf Papier zerreibt, entsteht ein bleibender Fettfleck. Die Samen enthalten Öl, welches der neuen Pflanze als erste Nahrung dient.

4

Lebensdauer und Sproß. Der Raps wird in 2 Formen angebaut, dem *Winterraps* und dem *Sommerraps.* Der Winterraps wird im Herbst ausgesät. Noch vor dem Winter entwickelt sich aus dem Samen eine Pflanze, deren Stengel jedoch kurz bleibt. Infolgedessen bilden die dicht beieinanderstehenden Blätter in Bodennähe eine *Blattrosette* **(4,4).** Sie überwintern unter dem Schnee, der sie vor allzu strengem Frost und Austrocknen schützt. Erst im Frühjahr wächst der blättertragende Stengel in die Höhe **(4,5).** Die Rosettenblätter fallen ab. Der Winterraps blüht im Frühjahr. Der Sommerraps, der erst im Frühjahr gesät wird, wächst gleich zur vollen Länge heran und blüht im Sommer. Die sitzenden und mit einer Wachsschicht überzogenen Blätter nehmen nach oben zu an Größe ab (Licht!). Die unteren Blätter besitzen tiefe Einschnitte, die sich vom Rand zur Mittelrippe erstrecken. Solche Blätter heißen *fiederspaltig.*

Merkstoff. Der Raps ist eine Kulturpflanze, die zur Ölgewinnung angepflanzt wird. Der Blütenstand ist eine Traube. Die Pflanze besitzt Kreuzblüten, die man an den je 4 übers Kreuz stehenden Kelch- und Blütenblättern, sowie an den 4 langen und 2 kurzen Staubblättern erkennt. Die Frucht ist eine Schote. Sie springt mit 2 Klappen auf und besitzt eine Scheidewand, an deren Rand die Samen sitzen. Der Winterraps überwintert mit einer Blattrosette. Die unteren Blätter sind fiederspaltig.

4,7: *Blühende Rapsfelder sind auf unseren Feldfluren nicht selten; denn der Raps ist in Mitteleuropa die wichtigste Ölpflanze. Die Samen enthalten fast die Hälfte ihres Gewichtes an Öl (40%); von 1 ha Raps erntet man 600 kg Öl. Die ausgepreßten Samen, der Ölkuchen, sind ein wertvolles Viehfutter. Das Öl dient überwiegend technischen Zwecken, zum Einfetten und Schmieren, wird aber auch als Speiseöl gebraucht. Der Raps ist außerdem Grünfutterpflanze.*

4,7

5,1: *Unpaarig gefiedertes Blatt der Heckenrose. Am Grund des Blattstiels sind die zugespitzten Nebenblätter zu sehen, die mit dem Blattstiel verwachsen sind.* **5,2:** *Kelchblätter der Heckenrose. Von den 5 Kelchblättern sind 2 fiederspaltig, eines besitzt nur auf einer Seite Fiederchen und die restlichen 2 Kelchblätter sind ganzrandig.* **5,3:** *Blüte der Heckenrose von oben. Die Narben in der Mitte sind von vielen Staubblättern und 5 Blütenblättern umgeben.*

5–6 Die Heckenrose (Rosa canina)

Blüte. Der Sommer hält seinen Einzug, wenn auf den Heckenrosensträuchern die zartrosa oder seltener weißgefärbten Blüten erscheinen. Sie sind aus 5 großen, herzförmig eingeschnittenen *Blütenblättern* zusammengesetzt **(5,3),** mit denen die 5 grünen *Kelchblätter* auf Lücke stehen **(5,2).** Soweit diese fiederspaltig sind, ähneln sie in der Form dem **5**
Laubblatt **(5,1).** Im Innern der Blüte finden sich viele *Staubblätter* und in deren Mitte eine Anhäufung von kleinen, gelben, rundlichen Gebilden. Was diese darstellen, zeigt ein Längsschnitt **(5,4; 5,5).** Die Gebilde sitzen auf einem fadenartigen Stiel, der unten an einem kleinen Knoten festgewachsen ist. Stiel und Knoten senken sich in eine Vertiefung. Die Knoten sind *Fruchtknoten*, die Stielchen *Griffel* und die Gebilde *Narben*. Die Vertiefung ist der krugförmig umgestaltete *Blütenboden*, an dessen Innenwand die Fruchtknoten festgewachsen sind. Durch diese Umbildung des Blütenbodens stehen die Fruchtknoten unter den Kelch-, Blüten- und Staubblättern; sie sind *unterständig*. Steht der Fruchtknoten über den anderen Blütenteilen, dann ist er *oberständig*. Zwischen den Frucht-

5,7: *Von der Heckenrose gebildete Hecke. Da sich die Pflanze stark verzweigt und die Zweige kreuz und quer verlaufen, bildet sie dichte, undurchdringliche Hecken. Sie wächst an Waldrändern, in lichten Wäldern, aber auch auf Weiden, da sie wegen ihrer Stacheln von den Weidetieren nicht gefresssen wird.* **5,8:** *Schemazeichnung eines Strauchs. Aus den Knospen des kurzen Hauptsprosses oder aus Knospen der Wurzeln entstehen Nebensprosse.*

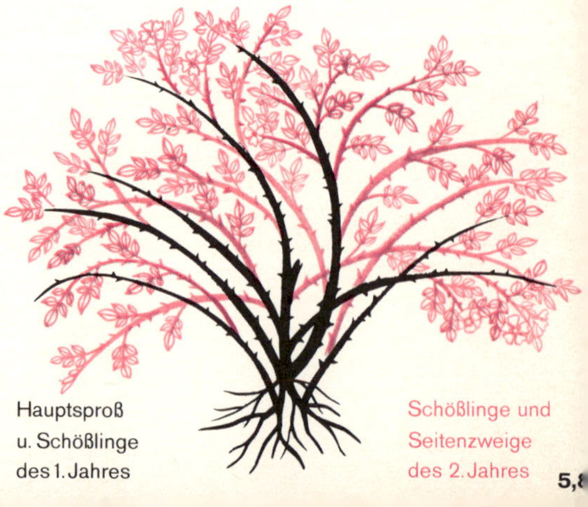

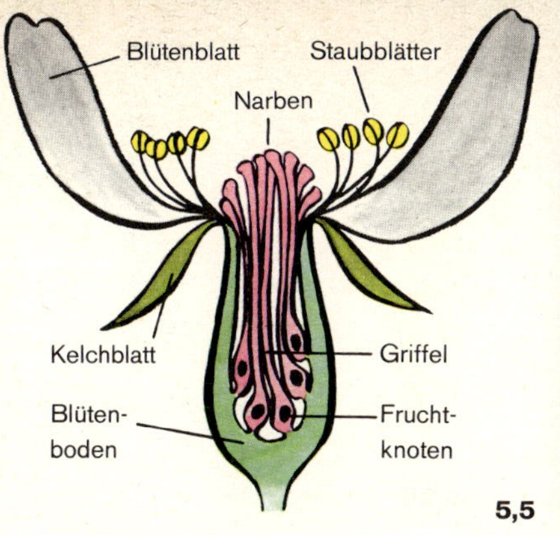

5,4 *und* **5,5:** *Blütenlängsschnitt. Im krugförmigen Blütenboden sind die unterständigen Fruchtknoten mit den Griffeln und Narben zu erkennen. Kelchblätter, Blütenblätter und Staubblätter sind am oberen Rand des Blütenbodens festgewachsen.* **5,6:** *Hagebutte. Der Blütenboden ist rot und fleischig geworden. Oben sind vertrocknete Reste der Kelchblätter und Narben zu erkennen. Der Längsschnitt zeigt die hartschaligen Nüßchen und die seidigen Haare.*

knoten befinden sich weiße, seidenglänzende Haare. Die zahlreichen Staubblätter bergen in ihren Staubbeuteln reichlich *Blütenstaub* oder *Pollen*, den sie den blütenbesuchenden Insekten als einzige Nahrung bieten. Solche Blüten heißen *Pollenblumen*. Angelockt werden die Tiere durch Blütenfarbe und -duft.

5 **Frucht.** Nach der Bestäubung fallen Blüten- und Staubblätter ab, Narben und Kelchblätter vertrocknen. Der Blütenboden nimmt im Laufe der Zeit an Umfang und Größe zu. Gleichzeitig wird er fleischig und färbt sich rot. Aus den Fruchtknoten in seinem Innern entstehen *Früchte*. Sie enthalten nur einen Samen, der von einer harten Fruchtschale umschlossen wird. Bei der Reife öffnen sich die Früchte nicht; es handelt sich wie beim Hahnenfuß um einsamige *Schließfrüchte* oder *Nüßchen*. Weil der krugförmige Blütenboden mehrere Früchte enthält, nennt man das Ganze eine *Sammelfrucht*, die *Hagebutte*. Sie hat bei oberflächlicher Betrachtung ganz das Aussehen einer Frucht, obwohl diese Bezeichnung nur den Nüßchen in ihrem Innern zukommt. Deshalb spricht man auch von einer *Scheinfrucht*. Die Verbreitung der Nüßchen besorgen Vögel. Von der roten Farbe angelockt, verzehren sie die Hagebutten samt den Nüßchen. Die harte Schale bewahrt die Nüßchen vor der Verdauung, so daß sie den Vogeldarm unversehrt verlassen. Auch für unsere Ernährung haben die Hagebutten eine gewisse Bedeutung. Sie enthalten nämlich besonders reichlich einen für unsere Gesunderhaltung wichtigen Stoff, das Vitamin C. Aus den fleischigen Teilen stellt man Marmelade her, aus den Nüßchen gewinnt man einen Tee, der bei Nieren- und Blasenleiden heilend wirkt.

5,9: *Zweigstück der Heckenrose mit Stacheln. Stacheln sind Auswüchse der Rinde, die sich leicht ablösen lassen und dann eine Narbe hinterlassen.* **5,10:** *Zweigstück der Schlehe mit Dornen Dornen sind kurze, spitzige, verholzte Zweige, die sich nur schwer abbrechen lassen.*

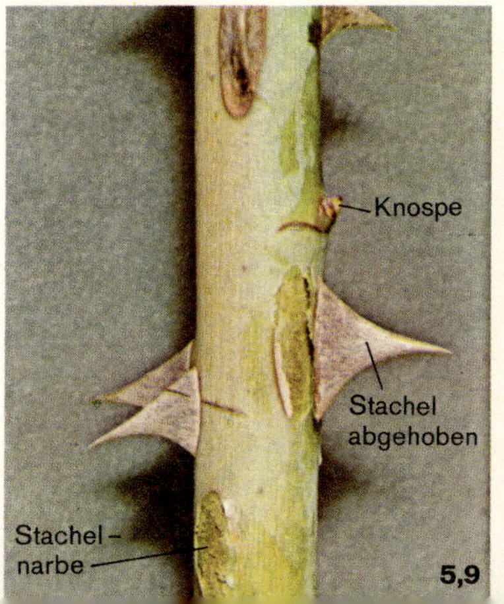

Die Heckenrose, ein Holzgewächs. Die Heckenrose unterscheidet sich von den bisher betrachteten Pflanzen durch ihre verholzten Stengel. Sie gehört zu den *Holzgewächsen.* Holzgewächse ohne einen Stamm, wie ihn die Bäume besitzen, nennt man *Sträucher* **(5,7).** Bei den Sträuchern stirbt der obere Teil des Hauptsprosses bald ab und bleibt daher kurz. Aus den zahlreichen Knospen des kurzen Hauptsprosses entwickeln sich Seitenzweige, die annähernd gleich stark wie der Hauptsproß sind. Sprosse können jedoch auch aus Knospen der Wurzeln entstehen; man nennt sie *Wurzelschößlinge.* Bei der Heckenrose sind die Wurzelschößlinge lang und bogenförmig nach unten gebogen. Im ersten Jahr sind sie unverzweigt. Im zweiten Jahr entstehen aus den Knospen des Schößlings kurze, blütentragende Seitenzweige und außerdem wieder lange, gebogene Triebe **(5,8),** die sich im folgenden Jahr von neuem verzweigen. An den jüngeren Zweigen, an den Blütenstielen und an den Mittelrippen der Blätter finden sich hakenförmig gebogene *Stacheln.* Durch seitlichen Druck lassen sich die Stacheln leicht ablösen, da sie lediglich Auswüchse der Rinde sind **(5,9).**

Blatt. Das Blatt der Heckenrose ist aus kleineren Blättchen zusammengesetzt; es ist ein *zusammengesetztes Blatt.* Die Blättchen stehen sich an der Mittelrippe paarweise gegenüber. Die Mittelrippe schließt mit einem Endblättchen ab **(5,1).** Da diese Anordnung an eine Vogelfeder erinnert, heißt das Blatt *gefiedert.* Wegen der ungeraden Zahl der Fiederblättchen (5 oder 7) können nicht alle zu Paaren vereinigt sein, so daß stets ein unpaariges Endblättchen übrig bleibt. Man nennt ein solches Blatt *unpaarig gefiedert.* Die einzelnen Fiederblättchen sind eiförmig und *fiedernervig.* Sie besitzen einen gesägten Blattrand. Am Grund des Blattstiels befinden sich 2 *Nebenblätter.* Wie wir gesehen haben, sind die unteren Kelchblätter fiederspaltig, die oberen jedoch nicht. Dies weist darauf hin, daß die Kelchblätter umgebildete Laubblätter sind.

Merkstoff. Die Heckenrose ist ein Holzgewächs und ein Strauch. Ihre Stacheln sind Rindenauswüchse. Die Blätter sind unpaarig gefiedert. Die Blüten besitzen 5 Kelchblätter, 5 Blütenblätter und zahlreiche Staubblätter. Die unterständigen Fruchtknoten sind in einem krugförmigen Blütenboden eingeschlossen. Die Sammel- und Scheinfrucht der Heckenrose heißt Hagebutte. Die Einzelfrüchtchen sind Nüßchen. Sie werden durch Vögel verbreitet.

6,1–6,4: *Die Rosenzucht verfolgt viele Ziele u.a. die Vermehrung der Blütenfarben und -formen, Vergrößerung der Blütenblätter und Steigerung ihrer Zahl. Die Abbildungsreihe zeigt Blüten einer Auswahl von Gartenrosen, und zwar von einer ganz ungefüllten Sorte* **(6,1)** *bis zur vollgefüllten Sorte* **(6,4)** *mit halbgefüllten Sorten* **(6,2; 6,3)** *als Übergängen.*

6

6,5: *Erdbeerblüte. Die Blüte besitzt 10 Kelchblätter, 5 weiße Blütenblätter, zahlreiche Staubblätter und viele Stempel.* **6,6:** *Sammelfrucht. Der kegelförmige Blütenboden hat sich vergrößert und ist rot und saftig geworden. Auf seiner Außenseite sitzen die Nüßchen.* **6,7:** *Lange, oberirdische Ausläufer sind aus der Blattrosette gewachsen. Aus ihren Endknospen haben sich Tochterpflanzen gebildet, die später selbständig werden.*

6,2

6,3

6,4

Kulturrosen

Seit altersher nimmt die Rose im kulturellen Leben des Menschen einen ersten Platz ein. Solange es Gärten gibt, wird sie gehegt und gezüchtet, und für viele künstlerische Darstellungen war sie Vorbild („Rosetten"). Die vielen Rosensorten, die es heute bei uns gibt, sind nicht aus unserer wilden Heckenrose gezüchtet worden. Wildrosen in China und Kleinasien waren die Stammformen. – Im Altertum trieben Perser, Griechen und Römer mit Rosen einen verschwenderischen Kult. Später fanden sie als „Blumen der Schönheit und Reinheit" Eingang in die christliche Glaubenswelt. Kaiserin Josephine, Gemahlin Napoleon I., brachte die Rose in Mode durch ihren unvergleichlichen Rosengarten von Malmaison. Heute sind die Rosen aus unseren Gärten nicht mehr wegzudenken.

6

Erdbeeren

Unsere Gartenerdbeeren stammen von verschiedenen Wildpflanzen ab. Die *Monatserdbeere*, die von April bis Oktober blüht und fruchtet, ist eine Gartenform der *Walderdbeere*. Dagegen sind die *großfrüchtigen Erdbeeren* Züchtungen aus amerikanischen Pflanzen. – Die Blüte der Erdbeere stimmt weitgehend mit der der Heckenrose überein, nur ist der Blütenboden *kegelförmig* statt krugförmig und der Kelch besitzt 5 Kelchblätter mehr **(6,5).** Die *Nüßchen* sitzen auf der Außenseite des bei der Reife saftigen und roten Blütenbodens **(6,6).** Die Verbreitung der Nüßchen wird wie bei der Heckenrose durch Tiere besorgt. Heckenrose und Erdbeere haben ähnliche Blüten und Früchte; sie sind miteinander verwandt. – Erdbeeren besitzen dreizählige Blätter, die in grundständigen Blattrosetten angeordnet sind. Sie vermehren sich außer durch Samen auch durch oberirdische, fadenförmige und kriechende Ausläufer **(6,7).** Aus deren Knospen bilden sich neue Pflänzchen. Durch Absterben der Ausläufer werden die Tochterpflanzen selbständig.

6,6

6,7

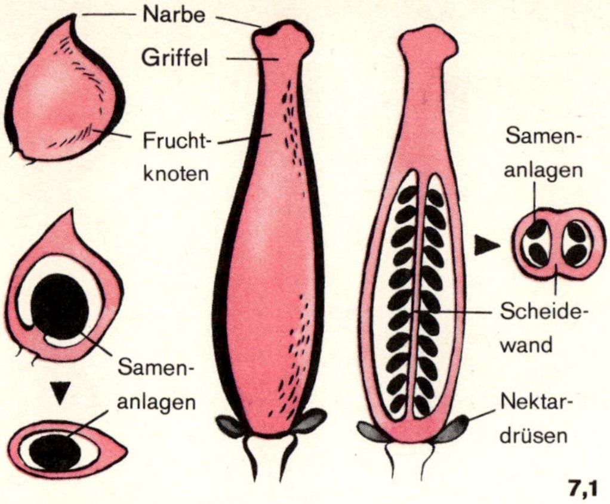

7,1

Fruchtblätter (7,1). Der Stempel besteht aus *Fruchtknoten*, *Griffel* und *Narbe*. Der Griffel kann fehlen. Der Stempel wird von einem oder mehreren Blättern gebildet. Diese Blätter heißen *Fruchtblätter*. So besteht z. B. beim Hahnenfuß (links) der Stempel aus einem Fruchtblatt, beim Raps (rechts) aus 2 an den Rändern zusammengewachsenen Fruchtblättern. Manchmal sind die Fruchtknoten durch *Scheidewände* in Fächer unterteilt. Die *Samenanlagen* sitzen meist an den Rändern der Fruchtblätter.

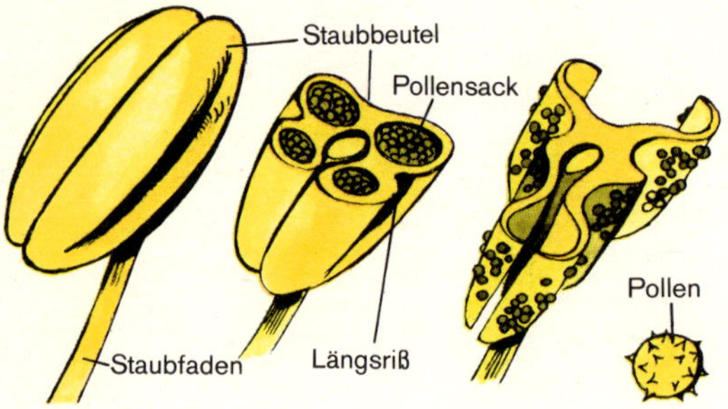

7,2

Staubblätter (7,2). Die Staubblätter sind umgewandelte Blätter. Bei gefüllten Blüten können sie zu Blütenblättern werden. Ein Staubblatt besteht aus dem *Staubfaden* und dem zweiteiligen *Staubbeutel*. Der Staubbeutel enthält 4 *Pollensäcke*, in denen der Pollen gebildet wird. Der Staubbeutel öffnet sich mit 2 Längsrissen in einigen Fällen auch mit Löchern, Spalten oder Klappen.

7

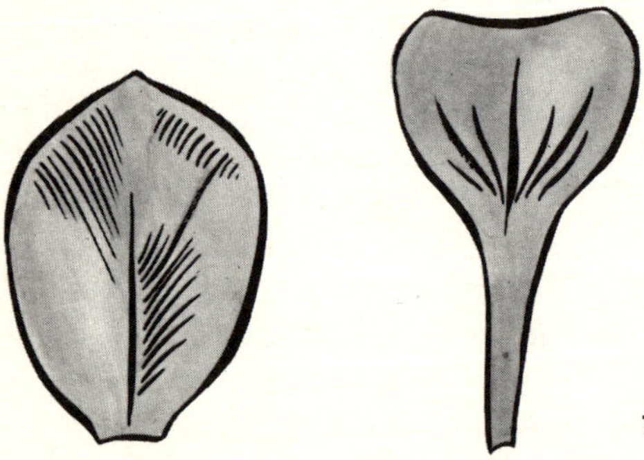

7,3

Blütenblätter (7,3). Die Blütenblätter bilden die *Blütenkrone*. Sie sind entweder frei oder miteinander verwachsen. Die Blütenblätter locken durch auffällige Farben Insekten an, dienen aber auch dem Schutz der inneren Blütenteile. Bei manchen Blüten schließen sie sich bei Nacht und bei Regenwetter und verhindern so das Eindringen von Tau und Regen. Bei Blüten, die nicht von Tieren besucht werden, können die Blütenblätter fehlen.

7,4

Kelchblätter (7,4). Viele Blüten besitzen Kelchblätter. Diese meist grünen Blätter umhüllen schützend die Blütenknospe. Die freien oder miteinander verwachsenen Kelchblätter bilden den *Kelch*. Blüten mit Kelch und Blütenblättern besitzen eine doppelte Blütenhülle, solche ohne Kelch eine einfache. Beziehungen zu den Laubblättern zeigen sich bei der Heckenrose.

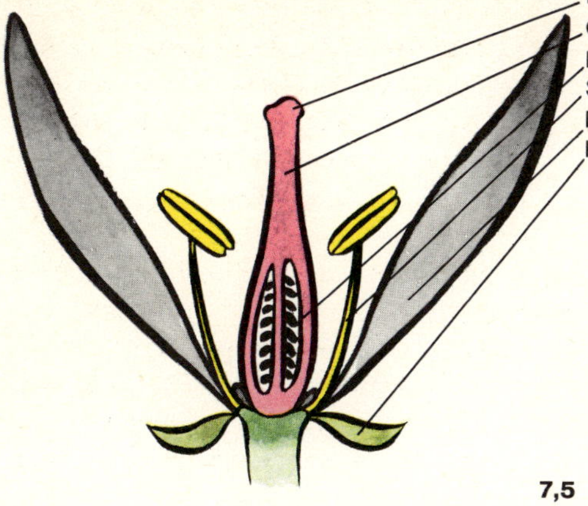

7,5

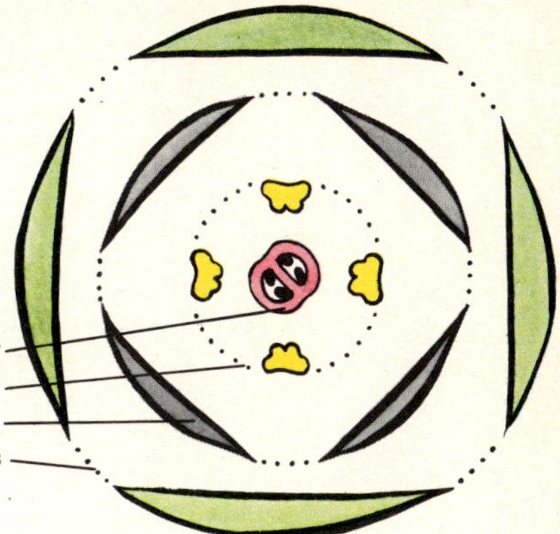

7,6

7,5: *Blütenlängsschnitt;* **7,6:** *Blütengrundriß. Die Blätter, welche die Blüten aufbauen, stehen in Kreisen. Bei unserem Beispiel wird der äußerste Kreis von den Kelchblättern gebildet. Dann folgen je ein Kreis mit Blütenblättern und mit Staubblättern. In der Mitte steht der Stempel.*

7 Bau und Aufgaben der Blüte

7 Wir können Blüten als Sproßenden auffassen, an denen besonders gestaltete Blätter sitzen. Die Stengel dieser Sproßenden sind jedoch kurz geblieben, so daß ihre Blätter eng beieinander stehen. Die Blüte steht im Dienst der *Fortpflanzung*. Aus den Samenanlagen entstehen *Samen*, die im Fruchtknoten, welcher sich zur *Frucht* entwickelt, eingeschlossen sind. Diese Entwicklung setzt eine *Bestäubung* voraus. Eine Blüte ist bestäubt, wenn Blütenstaub von einer gleichartigen Blüte auf ihre Narbe gelangt ist. Die Bestäubung wird oft von Insekten besorgt, die, angelockt von den Blütenblättern, Nektar und Pollen sammeln. An die Bestäubung schließt sich als weiterer Vorgang die *Befruchtung* an. Danach fallen die Blüten- und Staubblätter, die jetzt ihre Aufgaben erfüllt haben, ab.

Merkstoff. Vollständige Blüten besitzen Kelchblätter, Blütenblätter, Staubblätter und einen oder mehrere Stempel. Die Kelchblätter schützen die Blütenknospe. Die Blütenblätter locken Insekten an und schützen die inneren Blütenteile. In den Staubbeuteln wird Blütenstaub erzeugt. Im Fruchtknoten, aus dem die Frucht entsteht, sind die Samenanlagen eingeschlossen. Diese werden zu Samen, welche der Fortpflanzung dienen.

7,7: *Pollenkörner haben oft eine stachelige oder auf andere Weise rauh gestaltete Oberfläche; jede Pflanzenart hat ihre eigene Pollenform und -größe.* **7,8:** *Der Pollen wird in vielen Fällen von Honigbienen oder anderen Insekten auf die Narben übertragen.* **7,9:** *Auch die Narben haben häufig eine unregelmäßige und klebrige Oberfläche, so daß aufgebrachter Pollen leicht haftet.*

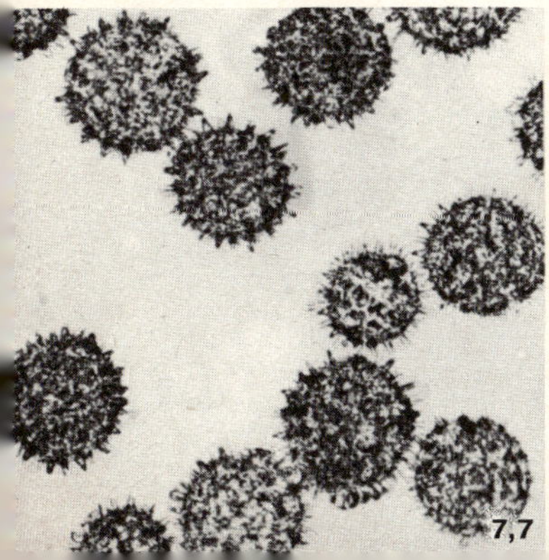

7,7

7,8

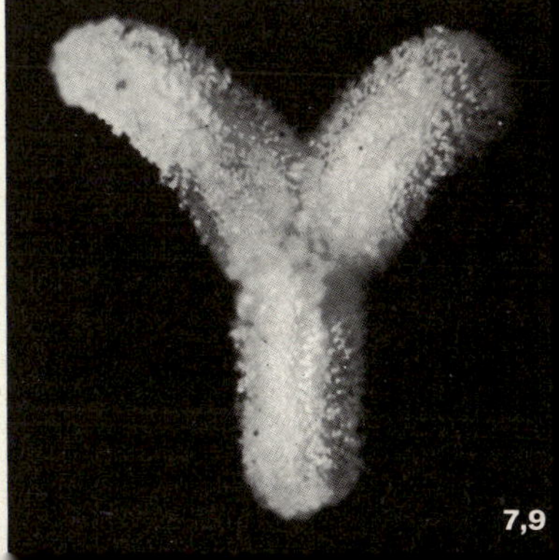

7,9

8,1: *Klatschmohn im Getreidefeld. Dieses Getreideunkraut steht mit den Getreidepflanzen im Wettbewerb um Nahrung, Wasser und Licht. Unkräuter werden alle Pflanzen genannt, die dort wachsen, wo sie der Mensch nicht haben will.* **8,2:** *Aufspringende Blütenknospe (1 Kelchblatt ist abgefallen).* **8,3:** *Klatschmohnblüte von oben.*

8 Der Klatschmohn (Papaver rhoeas)

Standort. Der *Klatschmohn* schmückt als *Ackerunkraut* unsere Getreidefelder **(8,1),** gedeiht aber auch auf Ödland. 8
Da diese Standorte dem vollen Sonnenlicht ausgesetzt sind, besitzt er Einrichtungen, die die Wasserverdunstung herabsetzen. Seine Blätter sind *fiederspaltig* **(8,1);** dadurch haben sie eine kleinere Oberfläche, als unzerteilte Blätter gleichen Umfangs haben würden. Ferner verringert die Behaarung das Verdunsten von Wasser. Mohnpflanzen, die auf trockenem Sandboden wachsen, entwickeln zudem eine lange *Pfahlwurzel*, mit der sie ihren Wasserbedarf aus der Tiefe decken. Der Lebensablauf des Klatschmohns stimmt mit demjenigen des Getreides überein. Die *einjährige Pflanze* entwickelt sich aus den Samen entweder schon im Herbst oder erst im Frühjahr. Die überwinternden Pflanzen überdauern die ungünstige Jahreszeit mit einer *Blattrosette* und wachsen im Frühjahr mit dem Getreide in die Höhe. Der Klatschmohn enthält einen weißen, giftigen *Milchsaft*.

8,7: *Das Schöllkraut (Chelidonium majus) ist mit dem Klatschmohn verwandt. Es wächst an Mauern und Zäunen, Waldsäumen und Hecken. Es besitzt 4 gelbe Blütenblätter und zahlreiche Staubblätter. Die Frucht ist schotenförmig. An den schwarzen Samen ist ein weißer, fleischiger Anhang, der von Ameisen verzehrt wird. Dabei verschleppen sie die Samen. Die Ameisen sind es auch, die die Pflanze in Mauerritzen ansiedeln. Die Blätter sind fiederteilig. Die Pflanze enthält einen giftigen, gelben Milchsaft. Sie überwintert mit einem unterirdischen Stengel.*

8,4: *Unreife Frucht. Nach der Bestäubung fallen Blüten- und Staubblätter ab. Der Fruchtknoten vergrößert sich.* **8,5:** *Reife Kapsel. Die Fruchtwand ist vertrocknet. Unter dem oberen Kapselrand öffnen sich Poren, durch die die Samen ausgeschleudert werden (Porenkapsel).* **8,6:** *Querschnitt durch die Frucht. Von der Fruchtwand führen Scheidewände zur Mitte, wodurch der Innenraum in mehrere Kammern geteilt ist. An den Scheidewänden sitzen die ölhaltigen Samen.*

Blüte. Der Stengel, der die Blütenknospe trägt, ist abwärts gebogen **(8,2).** Die Knospe wird von den beiden *Kelchblättern* schützend umhüllt. Sobald sich die Blüte öffnet, richtet sich der Stengel auf. Die Kelchblätter fallen ab und die 4 feuerroten, in der

8 Knospe eng zusammengefalteten *Blütenblätter* mit ihrem schwarzen Fleck am Grunde entfalten sich **(8,3).** Die zahlreichen dunkelvioletten *Staubblätter* bergen reichlich *Blütenstaub*, der den Blütengästen, hauptsächlich Bienen, Fliegen und Käfern, als Nahrung geboten wird *(Pollenblume).* Diese benützen den *oberständigen Fruchtknoten* als Sitzplatz und streifen dabei Blütenstaub auf den *Narben* ab, die als sternförmig angeordnete Haarleisten auf der Oberseite des Fruchtknotens sitzen **(8,3).**

Verbreitung der Samen. Der bei der Reife verholzende Fruchtstiel wird vom Wind hin und her geschüttelt. Dabei werden die *Samen* durch die Poren der *Kapsel* ausgestreut **(8,5).** Eine Kapsel enthält bis zu 3000 Samen **(8,6).** Sie reift gleichzeitig mit dem Getreide, so daß die Samen zwischen das Saatgut geraten. Dieses muß deshalb vor der Aussaat gereinigt werden. Trotzdem gelangen vom Ödland immer wieder Samen auf den Acker.

Merkstoff. Der Klatschmohn ist ein einjähriges Ackerunkraut, das im Samenzustand oder mit einer Blattrosette überwintert. Die Blätter sind fiederspaltig. Die Pflanze enthält einen giftigen Milchsaft. Die Blüte besitzt 2 Kelchblätter, 4 Blütenblätter, zahlreiche Staubblätter und einen oberständigen Fruchtknoten. Die Frucht ist eine Kapsel.

8,8: *Der Kulturmohn ist eine wichtige Ölpflanze. Seine Samen enthalten knapp 1/3 ihres Gewichtes an Öl, das ausgepreßt als Speiseöl verwendet wird. Der Preßrückstand ist ein wertvolles Tierfutter. Aus dem Milchsaft halbreifer Mohnkapseln gewinnt man Opium, das giftige, hochwirksame Arzneistoffe enthält. Nach der einschläfernden Wirkung der Mohnkapseln heißt die Pflanze auch Schlafmohn (Papaver somniferum).*

9,1

9,2

9,

9,1: *Oberer Sproßteil der Taubnessel mit Blüten. Die Blüten sitzen in den Achseln der oberen Laubblätter. Sie bilden Scheinquirle, da sie nur scheinbar wie bei einem echten Quirl rings um den Stengel angeordnet sind.* **9,2:** *Querschnitt durch den vierkantigen Stengel.* **9,3:** *Stengellängsschnitt mit Knoten.*

9 Die Weiße Taubnessel (Lamium album)

9

Standort und Sproß. Die *Weiße Taubnessel* kommt an Zäunen, Hecken, Wegrändern, Gräben und ähnlichen Orten vor. Sie tritt in kleinen *Trupps* auf, da sie sich auch mit ihrem *Wurzelstock* vermehrt **(9,8).** Taubnesselsprosse, die nur beblättert sind, aber noch nicht blühen, haben einige Ähnlichkeit mit der Brennessel, brennen uns aber beim Berühren nicht. Deshalb heißt die Pflanze Taubnessel. Die eiförmigen Blätter zeichnen sich durch eine lange Spitze und einen *gesägten* Blattrand aus. Am Stengel stehen sie sich jeweils zu zweien gegenüber. Da jedes Blattpaar mit dem benachbarten übers Kreuz steht, spricht man von einer *kreuzgegenständigen* Blattstellung **(9,1).** Sie verhindert die gegenseitige Beschattung der Blätter. Der Stengel ist hohl und an 4 Kanten durch rippenartige Längsstränge versteift **(9,2).** Nur an den Stellen, an denen Blätter entspringen, ist er ausgefüllt **(9,3).** Diese *Knoten* unterteilen ihn in kleinere Abschnitte und erhöhen außerdem seine Festigkeit. Am Wurzelstock sitzen ebenfalls kleine Blättchen; dieser ist also ein Stengel und keine Wurzel; denn an Wurzeln können sich keine Blätter ausbilden. Er ist bleich, da er unter der Erde ohne Licht nicht ergrünt.

9,7

9,7: *Die Gefleckte Taubnessel (Lamium maculatum) besitzt ebenfalls einen vierkantigen Stengel, kreuzgegenständig gestellte Blätter, eine Lippenblüte und einen vierteiligen Fruchtknoten. Sie ist mit der Taubnessel verwandt. Von dem dunklen Fleck auf der Unterlippe hat sie ihren Namen.*

9,4: *Hummelbesuch. Die Hummel läßt sich auf der Unterlippe nieder und führt den Rüssel in die Blütenröhre ein. Dabei berührt sie mit der Oberseite die Staubbeutel.* **9,5:** *Blütenlängsschnitt. Unter der Oberlippe sind 2 Staubblätter zu sehen, deren Staubfäden mit der Wand der Blütenröhre verwachsen sind. Der lange Griffel trägt eine zweiästige Narbe.* **9,6:** *Frucht. Bei der Reife zerfällt der Fruchtknoten in 4 Teilfrüchtchen (Bruchfrucht), die einen Anhang für Ameisen tragen.*

Blüte und Frucht. Fünf zusammengewachsene *Kelchblätter* bilden einen fünfzipfligen Kelch **(9,6).** Auch die *Blütenblätter* sind miteinander verwachsen. Die Öffnung der Blüte läßt sich mit einem Maul vergleichen **(9,5).** Oben ist die löffelartige, am Rand bewimperte
9 *Oberlippe*, unten die zweilappige *Unterlippe*. Der untere Teil der Blütenkrone bildet eine *Röhre*. Unter der Oberlippe finden sich paarweise hintereinander 4 *Staubblätter*, sowie *Narbe* und *Griffel*. Dieser ist auf dem vierteiligen *Fruchtknoten* festgewachsen, der von einer gelblichen *Nektardrüse* umgeben ist. Über ihm befindet sich ein Haarring. Eine so gebaute Blüte wird *Lippenblüte* genannt. Die Blüte ist *zweiseitig symmetrisch*, da sie nur durch einen Schnitt in der Längsrichtung in 2 gleiche Hälften zerlegt werden kann. Die *Bestäubung* wird von Hummeln besorgt **(9,4),** deren Rüssel lang genug ist, um den tiefliegenden Nektar zu erreichen. Beim Blütenbesuch beladen sie sich auf ihrer Oberseite mit Blütenstaub, den sie bei der nächsten Blüte an den Narbenästen abstreifen. Es scheint, als ob Taubnesselblüte und Hummel füreinander geschaffen wären. – Die reifen *Teilfrüchtchen* **(9,6)** werden von dem sich verengenden Kelch nach oben gedrückt und vom Wind herausgeschüttelt. Ihre Verbreitung besorgen Ameisen.

Merkstoff. Die Weiße Taubnessel besitzt zweiseitig symmetrische Lippenblüten. Der vierteilige Fruchtknoten zerfällt bei der Reife in 4 Teilfrüchtchen (Bruchfrucht). Die Blätter sind kreuzgegenständig. Die unterirdischen Stengel heißen Wurzelstock.

9,8: *Die Taubnessel dauert mit einem Wurzelstock aus, einem im Boden kriechenden Sproß mit kleinen, schuppenförmigen Blättern. An ihm entspringen sowohl Wurzeln wie auch Seitenzweige, die den Boden durchbrechen und zum oberirdischen Sproß auswachsen. Daher finden wir die Pflanze truppweise.*

10,1: *Zweigende mit Winterknospen. Die braunen, derben, sich mit den Rändern überdeckenden Blättchen, die die Knospe einhüllen, heißen Knospenschuppen. Sie sind mit klebrigem Harz überzogen.* **10,2:** *In der Knospe befindet sich ein Sproßende mit jungen, gefalteten Blättchen und der Anlage eines Blütenstandes. Der junge Sproß überdauert im Schutz der Knospenschuppen den Winter.* **10,3:** *Im Frühjahr brechen die Knospen auf, der ·Baum schlägt aus.*

10 Die Roßkastanie (Aesculus hippocastanum)

Die *Roßkastanie* ist kein einheimischer Baum; ihre Heimat sind die Schluchtwälder des Balkans, aus denen sie vor 400 Jahren eingeführt wurde. Die weite Verbreitung als Allee-, Park- und gelegentlich als Waldbaum verdankt sie ihrem Blütenschmuck und der schattenspendenden Krone **(10,7),** ihrer Raschwüchsigkeit und den verfütterbaren Samen. **10**

Blüte. In vielen Blüten des pyramidenförmigen Blütenstands **(10,5)** finden wir nur *Staubblätter*, aber keinen *Stempel*; andere Blüten haben neben Staubblättern einen vollausgebildeten Stempel. Die doppelte Blütenhülle besteht aus einem fünfzipfligen *Kelch* und 4-5 ungleichen *Blütenblättern.* Die Blüten sind so eingerichtet, daß die Bestäubung der Narbe nicht mit dem Blütenstaub derselben Blüte, sondern einer anderen erfolgt *(Fremdbestäubung).* Die Narben frisch aufgegangener Blüten sind nach vorn gestreckt, die Staubblätter aber nach unten gebogen und ihre Staubbeutel noch geschlossen **(10,8).** Erst später richten sie sich auch nach vorn und öffnen ihre Staubbeutel **(10,9).** Dadurch streifen nektarsuchende Bienen und Hummeln auf den Narben junger Blüten stets nur Blütenstaub älterer Blüten ab. Weil sich die Staubbeutel nach der Bestäubung öffnen, nennt man solche Blüten *nachstäubend.*

10,7: *Blühende Roßkastanie. Der Baum wird bis zu 30 m hoch. Bäume sind Holzgewächse mit einem säulenförmigen Stamm und einer aus blättertragenden Zweigen bestehenden Krone.*

10,4: *Aufgebrochene Knospe mit noch zusammengefalteten Blättern. Ein junger Blütenstand schließt das Sproßende ab. Die Knospenschuppen sind schon zum Teil abgefallen. Sie hinterlassen am Zweig Narben.* **10,5:** *Der Blütenstand ist eine Rispe. Diese besitzt eine Hauptachse und verzweigte Nebenachsen.* **10,6:** *Das Blatt ist aus 5 oder 7 eiförmigen, fiedernervigen Blattfiedern mit gesägtem Blattrand zusammengesetzt. Sie entspringen alle am Ende des Blattstiels (gefingertes Blatt).*

Frucht und Same. Die reife *Kapsel* löst sich vom Baum und platzt beim Aufschlagen an den Verwachsungsnähten ihrer *3 Fruchtblätter* auseinander **(10,10).** Der Fruchtknoten ist *dreifächerig*. Jedes Fach enthält *2 Samenanlagen*. Von diesen 6 Samenanlagen ent-

10 wickeln sich nur 1 bis 3 zu *Samen*, den „*Kastanien*". Die braune Samenschale weist einen hellen Fleck auf; hier war der Same mit der Fruchtwand verwachsen. Der stärkehaltige Same schmeckt bitter, wird aber vom Wild gefressen.

Überwinterung. Die *gegenständigen* Blätter **(10,6)** fallen im Herbst ab und hinterlassen Blattnarben, über denen sich bereits *Überwinterungsknospen* gebildet haben **(10,1).**

Merkstoff. Die Roßkastanie ist ein Baum. Bäume sind Holzgewächse mit Stamm und Krone. Die zu einer Rispe vereinigten Blüten sind nachstäubend (Sicherung der Fremdbestäubung). Die Kapseln enthalten 1 bis 3 Samen. Die gegenständigen Blätter sind gefingert.

10,8: *Junge Blüte; der Griffel nach vorn gerichtet, die 7 Staubblätter nach unten gebogen.* **10,9:** *Alte Blüte. Die Staubblätter haben sich aufgerichtet. Die anfangs gelben, später roten Flecken am Grund der Blütenblätter sollen den Besuchern den Weg zum Nektar weisen („Saftmale").* **10,10:** *Früchte und Samen. In der stacheligen Kapsel werden 1 bis 3 braunschalige Samen gebildet.*

11,1

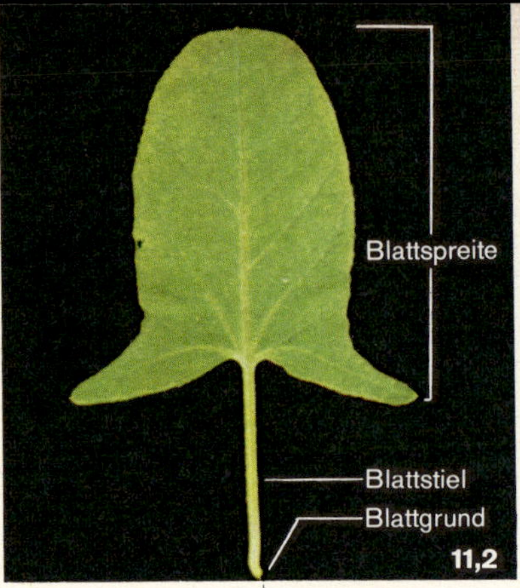

11,2

11,

11 Blatt und Sproß

Das Blatt. Ein vollständiges Blatt besteht aus *Blattspreite, Blattstiel und Blattgrund* **(11,2 Ackerwindenblatt).** Am Blattgrund sitzen manchmal *Nebenblätter* **(11,3 Heckenrosenblatt);** der Blattstiel fehlt bei den *stengellosen Blättern: sitzendes Blatt* **(11,1 Tulpenblatt).** Neben den *einfachen Blättern* **(11,1; 11,2)** gibt es die *zusammengesetzten Blätter*, die aus mehreren Blättchen bestehen **(11,3; 11,4).** Deren Blättchen können *fiederförmig* angeordnet sein **(11,3)** oder *gefingert* **11**

Der Sproß. *Stengel und Blätter* bilden zusammen den *Sproß.* Gewöhnlich erhebt er sich über die Erde im Gegensatz zur Wurzel, mit der die Pflanze im Boden verankert ist. Es gibt jedoch auch Sprosse, die *unterirdisch* wachsen **(11,8 Tulpenzwiebel; 11,9 Kartoffelknolle; 11,10 Wurzelstock der Taubnessel).** Als Sprosse sind sie aber immer an ihren Blättern zu erkennen, die allerdings sehr klein sind *(Schuppenblätter)*, oder an den *Blattnarben*, wenn die Blätter schon früh abfallen. *Wurzeln tragen niemals Blätter.* Sprosse finden wir in sehr verschiedenen Ausbildungen. Die gewöhnlichste Form ist der *oberirdische Sproß* mit Laubblättern **(11,7 Sproß der Roten Taubnessel).** Die Ansatzstellen der Blätter heißen *Knoten*, die zwischen den Knoten liegenden Abschnitte *Stengelglieder.* Unter dem untersten Blattpaar

11,7

11,8

1

11,4

11,5

11,6

(11,4 Roßkastanienblatt). Die Stellung der Blätter am Sproß ist *wechselständig*, wenn an jedem Knoten nur 1 Blatt sitzt und die Blätter rings um den Stengel verteilt sind **(11,5 Raps)** oder *gegenständig*, wenn an jedem Knoten sich 2 Blätter gegenüberstehen **(11,6 Taubnessel).** Bleibt bei wechselständiger Blattstellung der Stengel kurz, dann bilden die Blätter eine *Rosette* **(11,5);** stehen bei gegenständiger Blattstellung die Blätter übers Kreuz, dann ist sie *kreuzgegenständig* **(11,6).** Die *Blattadern* oder *-nerven* sind *parallel* **(11,1)** oder *netznervig* angeordnet **(11,2–11,6).** Bei netznerviger Blattaderung unterscheidet man noch *fiedernervig* **(11,3 11,4)** und *fingernervig* **(11,2).** Blattformen gibt es viele; man benennt sie *lanzettlich* **(11,1),** *spießförmig* **(11,2),** *eiförmig* **(11,3),** *verkehrt eiförmig* **(11,4).**
11 Der Blattrand ist *ganzrandig* **(11,1; 11,2),** *gesägt* **(11,3; 11,6),** *doppelt gesägt* **(11,4),** und *fiederspaltig* **(11,5).**

---

geht der Stengel in die Wurzel über. Trägt ein solcher Sproß nur Laubblätter, nennt man ihn *Laubsproß*; trägt er auch Blüten oder Blütenstände, ist es ein *Blütensproß.* Eine andere Form des Sprosses ist die *Zwiebel*, ein unterirdischer Sproß mit stark verkürzten Stengelgliedern **(11,8).** An dem kurzen Stengel *(Zwiebelscheibe)* sitzen die fleischigen Blätter *(Zwiebelschuppen)* eng aufeinander. Auch die *Kartoffelknolle* ist ein verdickter, unterirdischer Sproß **(11,9).** Aus ihren „Augen", Knospen in den Achseln abgefallener Schuppenblätter, treiben neue Sprosse. Einen unterirdischen Sproß, an dem nach unten Wurzeln und nach oben oberirdische Sprosse entspringen, nennt man *Wurzelstock* **(11,10).** Oberirdische, am Boden kriechende, fadenförmige Seitenzweige mit langen Stengelgliedern sind *Ausläufersprosse* **(11,11 Ausläufer der Erdbeere).** Auch die *Winterknospen* der Holzgewächse sind Sprosse, die sich jedoch erst im folgenden Jahr fertig entwickeln. Bei ihnen ist die Sproßachse stark verkürzt, so daß die Blatt- und Blütenanlagen des zukünftigen Sprosses ganz eng aufeinander sitzen und in den *Knospenschuppen* eingehüllt bleiben **(11,12 Roßkastanienknospe).**

11,10

11,11

11,12

12,1: *Sproß der Erbse. Der dünne Stengel trägt Fiederblätter mit großen Nebenblättern und Blattranken. In den Blattachseln sitzen die Blütenstände (zweiblütige Trauben).* **12,2:** *Erbsenblüte.* **12,3:** *Erbsenblüte zerlegt. Die Blüte besteht aus der Fahne, 2 Flügeln und dem aus 2 Blütenblättern zusammengewachsenen Schiffchen.*

12 Die Saaterbse (Pisum sativum)

Aus frühgeschichtlichen Funden wissen wir, daß die Erbse eine alte Kulturpflanze ist, die schon seit einigen Jahrtausenden angepflanzt wird. Die heute angebauten Kulturformen sind Abkömmlinge einer Wildpflanze, die im Mittelmeergebiet und in Asien beheimatet ist.

Sproß. Der verhältnismäßig dünne, hohe Stengel der Erbse ist zu schwach, um die Pflanze allein aufrecht zu halten. Sie benützt benachbarte Pflanzen als Stütze und rankt sich an ihnen in die Höhe, um genügend Licht zu bekommen: sie ist eine *Kletterpflanze.* Im Garten steckt man neben die Erbsenpflanzen Reiser als Stütze in den Boden. Das Klettern erspart der Pflanze den Aufbau eines kräftigen und tragfähigen Stengels. Womit hält sie sich aber fest? Die Erbse besitzt *Fiederblätter* mit großen, stengelumfassenden *Nebenblättern* **(12,1).** Von den Fiederchen der Blätter sind jedoch nur 2 bis 3 Paar normal ausgebildet. An Stellen, wo man weitere Fiederchen erwartet, sitzen lange, fadenförmige Organe. Es sind umgebildete Fiederblättchen; man nennt sie daher *Blattranken.* Sie führen ganz langsame, kreisförmige Wachstumsbewegungen aus. Sobald die berührungsempfindlichen Gebilde an eine geeignete Stütze stoßen, krümmen sie sich ein und umwickeln diese. Die Erbse hält sich also mit ihren Blattranken fest. Alle grünen Teile der Erbse sind mit einer *Wachsschicht* überzogen.

Blüte. Der Bau der Blüte ist in den Abbildungen erläutert **(12,2–12,6).** Man nennt Blüten, die *Fahne*, *Flügel* und *Schiffchen* besitzen, *Schmetterlingsblüten*, da sie an die Gestalt eines Schmetterlings erinnern. Wie die Lippenblüte, kann auch die Schmetterlingsblüte nur durch einen Schnitt in zwei spiegelbildlich gleiche Hälften zerlegt werden **(12,2);** sie ist wie jene *zweiseitig symmetrisch.* Den Bau der Blüte kann man erst richtig verstehen, wenn man den Vorgang der Bestäubung durch Bienen oder Hummeln kennt. Durch die Fahne angelockt, setzt sich der Besucher, z. B. eine Hummel, auf die Flügel und dringt mit dem Rüssel zum Nektar vor. Die Flügel besitzen eine Ausstülpung, die gerade in eine entsprechende Vertiefung des Schiffchens paßt **(12,3).** Dadurch sind Flügel und Schiffchen fest miteinander verbunden. Sie werden durch das Gewicht der Hummel

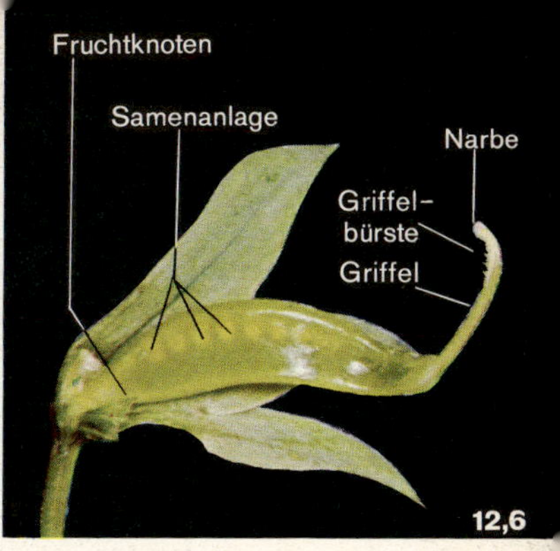

12,4: *Schiffchen und der fünfzipflige Kelch; Fahne und Flügel entfernt.* **12,5:** *Nach Abziehen des Schiffchens sieht man die 10 Staubblätter, von denen 9 mit der unteren Hälfte ihrer Staubfäden zur Staubfadenröhre verwachsen sind, die den Fruchtknoten umhüllt. Das 10. Staubblatt liegt frei darüber. Am Grund der Staubfadenröhre wird Nektar abgesondert.* **12,6:** *Zieht man auch die Staubblätter ab, dann bleibt zuletzt der Fruchtknoten mit Samenanlagen, Griffel und Narbe übrig.*

nach unten gedrückt und der Griffel mit der Narbe kommt zum Vorschein **(12,5).** An der *Griffelbürste* haftet Blütenstaub aus den Staubbeuteln, die sich schon früh geöffnet haben **(12,6).** Dieser bleibt an der Unterseite der Hummel hängen und wird beim Besuch der nächsten Blüte an der Narbe abgestreift. Nach dem Abflug des Gastes kehren die Blütenteile in ihre alte Lage zurück. Allerdings gibt es bei uns nur wenige Bienen- und Hummelarten, die kräftig genug sind, die Blüte zu öffnen. In der Regel kommt es bei
12 der Gartenerbse zur *Selbstbestäubung.*

Frucht. Der langgestreckte *Fruchtknoten* besteht aus nur einem *Fruchtblatt* **(12,6).** Dieses ist um die Mittelrippe *(Rückennaht)* gefaltet und mit den Rändern verwachsen *(Bauchnaht).* Da die *Samenanlagen* an den Rändern des Fruchtblattes entstehen, finden sich Samenanlagen und Samen nur an der Bauchnaht. Die Frucht öffnet sich bei der Reife mit 2 Klappen. Eine derartige Frucht heißt *Hülse* **(12,7).**

Verwendung. Neben der weißblütigen *Saaterbse* wird die *Ackererbse* (mit violetter Fahne und purpurnen Flügeln) angebaut, deren Samen an Geflügel verfüttert werden. Aus den grünen und unreifen Samen der Gartenerbse **(12,7)** wird Gemüse, aus den reifen **(12,8)** Erbsenbrei gekocht.

Merkstoff. Die Erbse ist eine alte Kulturpflanze, die in verschiedenen Kulturformen angebaut wird. Die Pflanze klettert mit Ranken, um zum Licht zu gelangen; die Ranken sind umgebildete Fiederchen des Fiederblatts. Die Blüte ist eine Schmetterlingsblüte. Die Blütenkrone besteht aus der Fahne, den beiden Flügeln und dem Schiffchen. Die Frucht ist eine Hülse. Sie springt bei der Reife mit 2 Klappen auf.

12,7: *Unreife Frucht ganz und geöffnet. Der einblättrige Fruchtknoten wächst zur Hülsenfrucht heran. Die Samen sitzen an der Bauchnaht, die obere Naht ist die Rückennaht. Bei der Reife öffnet sich die Frucht an Bauch- und Rückennaht.* **12,8:** *Reife Samen verschiedener Erbsensorten.*

13,1: *Sprosse einer weißblühenden und einer rotblühenden Sorte der Feuerbohne. Die Pflanze ist ein Linkswinder. Die blattachselständigen Blütenstände sind Trauben.* **13,2:** *Schmetterlingsblüte der Feuerbohne.* **13,3:** *Unreife Hülsenfrucht ganz und geöffnet.*

13 Die Feuerbohne (Phaseolus multiflorus)

Blüte und Frucht. Gleich der Erbse besitzt auch die Feuerbohne *Schmetterlingsblüten* **(13,2),** und zwar mit spiralig eingerolltem Schiffchen. Die Früchte sind rauhschalige *Hülsen* **(13,3),** an deren Bauchnaht die Bohnensamen sitzen **(13,4).** Bohne und Erbse sind miteinander verwandt. 13

Sproß. Auch der Stengel der Feuerbohne ist zu dünn, um die Pflanze allein zu tragen. Wie die Erbse braucht sie eine Stütze, an der sie hochklettern kann. Schon bald nach Bildung der ersten Blätter wächst die Sproßspitze verhältnismäßig rasch heran und beginnt, im Zuge ihres Wachstums kreisende Suchbewegungen auszuführen. Sobald der Sproß dabei an eine Stütze gerät, windet er sich um diese herum. Im Gegensatz zur Erbse, die sich mit Ranken festhält, umschlingt die Feuerbohne die Stütze mit ihrem ganzen Sproß: sie ist eine *Windepflanze* **(13,1).** Von oben gesehen bewegt sich der Stengel entgegen dem Uhrzeigersinn. Die Pflanze ist ein *Linkswinder.* Rechtswinder verhalten sich

13,7: *Ackerbohne (Vicia faba). Die Acker- oder Saubohne besitzt blattstachelständige, weiße Schmetterlingsblüten mit schwarzgefleckten Flügeln. Der kräftige, vierkantige Stengel trägt Fiederblätter. Die Pflanze klettert nicht. Die Hülsen enthalten große, braune Samen, die nährstoffreich und wohlschmeckend sind. Die Ackerbohne wird heute hauptsächlich als Futterpflanze feldmäßig angebaut.* **13,8:** *Linse (Lens culinaris). Die ein- bis dreiblütigen Trauben tragen bläuliche Schmetterlingsblüten. Die Fiederblätter besitzen Ranken. In der Hülse finden sich 1 bis 3 flache Samen. Hauptanbaugebiet für die alte Kulturpflanze ist Südrußland.*

13,4: *Der nierenförmige Bohnensamen ist mit seiner Einbuchtung auf einem kurzen Stielchen festgewachsen, das an der Bauchnaht der Hülsenfrucht entspringt. Bei der Reife löst er sich von dem Stielchen. Die Anheftungsstelle bleibt als weißer Nabel sichtbar.* **13,5:** *Bohnenblatt in Tagstellung; Einzelblättchen ausgebreitet.* **13,6:** *Bohnenblatt in Nachtstellung; Einzelblättchen hängend.*

umgekehrt. Außer dem einfach gestalteten untersten Blattpaar sind die Blätter aus 3 eiförmigen *Einzelblättchen* zusammengesetzt. Das Endblättchen ist langgestielt, die seitlichen Blättchen besitzen nur kurze Stiele **(13,5).** Da außerdem der innere Teil der Blattspreite bei den Seitenblättchen kleiner ist als der äußere, überdecken sich die Blättchen
13 gegenseitig nicht. Am Grund des Blattstiels und am Grund der Einzelblättchen finden sich kleine *Nebenblätter*. Dort weisen die Blattstiele außerdem verdickte Stellen auf. Es sind eine Art Gelenke, die eine Bewegung des ganzen Blatts und der Einzelblättchen ermöglichen. Bei Tag steht das Blatt annähernd waagrecht in der *Tagstellung* **(13,5),** bei Nacht hebt sich der Blattstiel etwas und die Einzelblättchen senken sich nach unten in die *Nacht-* oder Schlafstellung **(13,6).**

Außer der rot- oder weißblühenden *Feuerbohne* wird die weißblühende *Gartenbohne* als Stangenbohne oder nichtkletternde Buschbohne angepflanzt. Ihre Hülsen sind glattschalig. Beide Pflanzen stammen aus Südamerika und sind frostempfindlich.

Merkstoff. Feuerbohne und Gartenbohne stammen aus Südamerika. Beide klettern durch Winden, haben Schmetterlingsblüten und Hülsenfrüchte. Solche Blüten und Früchte finden wir auch bei Linse und Ackerbohne. Alle diese Pflanzen sind mit der Erbse und unter sich verwandt. Die Hülsenfrüchte liefern nahrhafte, eiweißreiche Nahrungsmittel **(13,9).**

13,9: *Die Samen der Hülsenfrüchte (Erbse, Bohne, Linse) enthalten neben Stärke viel Eiweiß.*

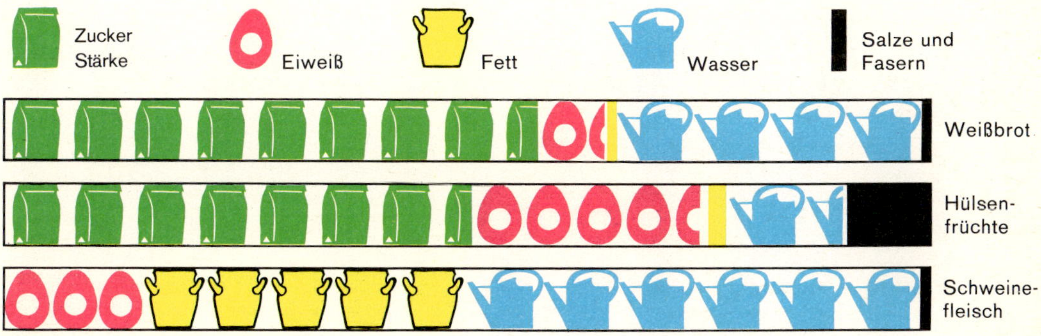

13,9

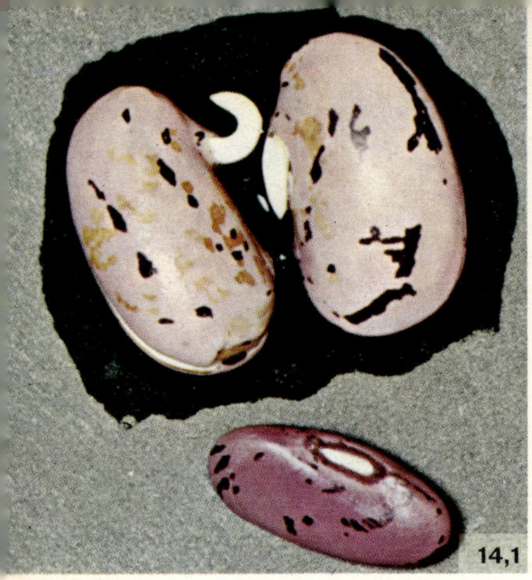

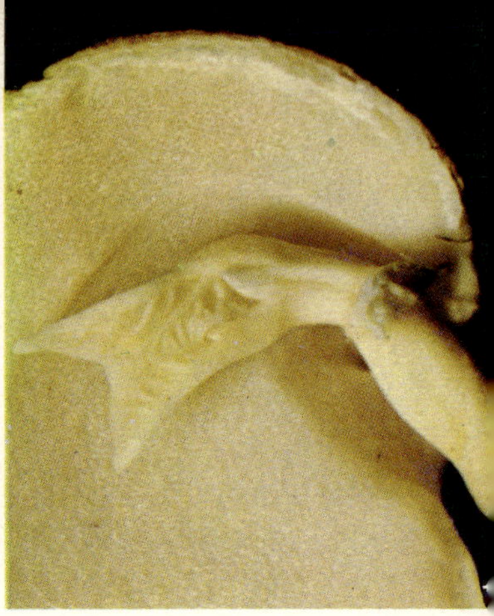

14,1: *Unten im Bild ein trockener Same der Feuerbohne. Der helle Fleck ist der Nabel. Die zwei gequollenen Samen (oben, in Wasser liegend) sind beträchtlich größer. Ihre Keimwurzeln sind bereits hervorgebrochen. Beim linken Samen ist die Samenschale gesprengt.* **14,2:** *Geschälter Same. Oben ist die Keimwurzel und der Ansatz der beiden Keimblätter am Stengel zu sehen.* **14,3:** *Keimling mit Knospe, Stengel und Keimwurzel. Das vordere Keimblatt ist entfernt.*

14 Die Keimung der Pflanzen

Die *Samen* dienen den Pflanzen zur *Vermehrung*, aus ihnen wachsen in der *Keimung* neue Pflanzen heran. Um diesen Vorgang verstehen zu lernen, untersuchen wir zunächst den Bau des Samens. Wir wählen dafür den durch seine Größe besonders geeigneten Bohnensamen. 14

Bau des Bohnensamens. Außen umgibt diesen Samen eine derbe *Samenschale*. Sie ist am *Nabel*, der Stelle, an welcher der Same festgewachsen war, durch hellere Farbe ausgezeichnet **(14,1).** An einem in Wasser eingeweichten Samen läßt sich die Samenschale leicht abhäuten. Darunter kommen zwei dicke Gebilde, die *Keimblätter*, zum Vorschein **(14,2).** Klappt man diese auseinander, wird ein kleines, weißliches Pflänzchen, der *Keimling*, sichtbar **(14,3).** Das eine Ende seines Stengels trägt eine Knospe, die von den beiden ersten Laubblättern eingehüllt wird; das andere Stengelende grenzt an die *Keimwurzel.* Die beiden Keimblätter sind am Stengel angewachsen. Ihre besondere Gestalt hängt mit ihrer Aufgabe zusammen: Sie speichern *Nährstoffe* für den Aufbau der jungen Pflanze. Der Same enthält also eine vollständige kleine Pflanze und ihre Nahrung.

Keimung. Unter entsprechenden Bedingungen entwickelt sich der Keimling. Dieser Entwicklungsvorgang heißt *Keimung*. Sie wird durch Aufnahme von Wasser eingeleitet, das durch den Nabel eindringt. Dabei vergrößert sich der Same beträchtlich, er quillt. Die Samenschale wird schließlich zu eng und platzt auf **(14,1).** Wir verfolgen den Keimungs-

14,8: *Keimversuche mit Bohnensamen. Der obere Teil der Abbildungen zeigt, unter welchen Versuchsbedingungen die Samen gehalten wurden. Der untere Teil stellt Versuchsanordnung und -ergebnis dar.*

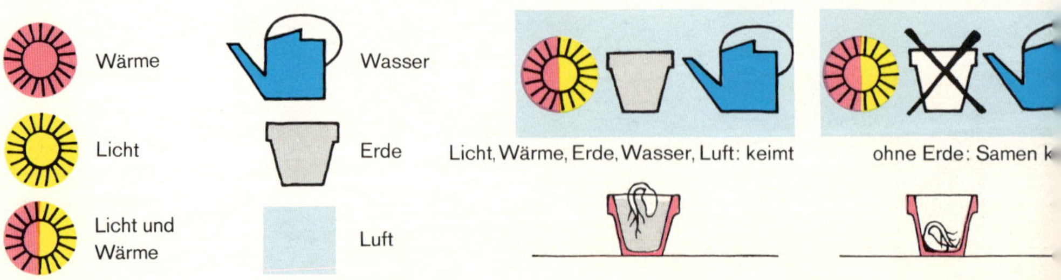

14,4

14,5

14,6

14,7

14,4: *Bei der Keimung der Feuerbohne durchbricht der gebogene Stengel den Boden. Vorne ist die Erde abgegraben, um zu zeigen, daß die Hauptwurzel Seitenwurzeln getrieben hat.* **14,5:** *Das 1. Laubblattpaar ist erschienen.* **14,6:** *Der Stengel streckt sich gerade. Stengel und Blätter ergrünen am Licht.* **14,7:** *Junge Pflanze der Gemüsebohne. Bei ihr werden die Keimblätter über den Boden gehoben. Sie ergrünen am Licht. Da sie ihre Nährstoffe abgegeben haben, sind sie geschrumpft.*

ablauf bei der Feuerbohne. Zunächst erscheint die Keimwurzel **(14,1)**. Sie wächst in die Länge und entwickelt sich zur Hauptwurzel, die zahlreiche Seitenwurzeln treibt **(14,4)**. Dann streckt sich der Stengelabschnitt über den Keimblättern. Dabei biegt er sich hakig um. Durch weiteres Wachstum des Stengels wird der Haken durch die Erde nach außen gedrückt **(14,4)** und die Knospe mit den beiden Laubblättern, die sich inzwischen vergrößert haben, aus der Erde gezogen **(14,5)**. Nun richtet sich der Stengel auf und ergrünt **(14,6)**. Das Stengelstück unterhalb der Keimblätter streckt sich bei der Feuerbohne nicht mit; die Keimblätter bleiben deshalb zwischen der gesprengten Samenschale im Boden stecken. Bei der Gemüsebohne wächst jedoch auch dieser Teil des Stengels, so daß die Keimblätter über den Boden gehoben werden. Sie sind dann nicht mehr dick, sondern eingeschrumpft, weil die Nährstoffe verbraucht wurden **(14,7)**.

Keimversuche. Unter welchen Bedingungen keimen die Samen? Wir vermuten zunächst, daß sie zur Keimung Erde, Wasser, Luft und Wärme brauchen. Nur Versuche können zeigen, ob unsere Vermutung zutrifft. Bei diesen läßt man jeweils eine der Bedingungen wegfallen **(14,8)**. Keimt der Same auch dann noch, ist die Bedingung für die Keimung unwichtig; keimt er jedoch nicht, ist sie für die Keimung notwendig. Wie die Versuche zeigen, brauchen Samen zum Keimen nur *Wasser*, *Luft* und *Wärme*.

Merkstoff. Der von der Samenschale umhüllte Same der Bohne enthält ein kleines Pflänzchen, den Keimling. Dieser besteht aus einem Stengel mit Knospe und Keimblättern und einer Keimwurzel. In den Keimblättern sind Nähr- und Baustoffe für das Wachstum des Keimlings gespeichert. Zur Keimung sind Wasser, Luft und Wärme nötig.

14,8

15,1

15,2

15

15,1: Junge Pflanze der Ackerbohne mit Sproß und Wurzeln. Am Grund des Stengels ist die Samenschale zu sehen. **15,2:** *Die linke Pflanze ist im Dunkeln aufgewachsen und daher vergeilt.* **15,3:** *Die nicht begossene Pflanze ist im Wachstum zurückgeblieben und welkt.* **15,4:** *Die in reinem Wasser gezogene Ackerbohne (links) bleibt im Wachstum stecken, die im Wasser mit etwas Erde großgezogene Pflanze (rechts) wächst normal.* **15,5:** *Eine Pflanze gedeiht im abgeschlossenen Luftraum (links) nicht.* **15,6:** *Bei der rechten Pflanze wurden die Blätter regelmäßig abgeschnitten. Ihr Wachstum ist stark gehemmt.* **15,7; 15,8:** *Messung des Wasserverbrauchs. Der Wasserspiegel ist von der oberen Marke zur unteren gefallen. Auf der Wasseroberfläche schwimmt eine Ölschicht.*

15 Das Wachstum der Pflanzen

Eine Pflanze keimt, wenn ihr Wasser, Luft und Wärme geboten werden. Nach der Keimung aber muß sich die junge Pflanze selbst ernähren, und es ist nicht zu erwarten, daß die Keimungsbedingungen allein schon zur Weiterentwicklung ausreichen. Für das Wachstum sind *Nährstoffe* nötig. Welches diese Nährstoffe sind und wie sich Pflanzen ernähren, sollen Versuche mit der Ackerbohne zeigen.

Wie jedes Lebewesen brauchen Pflanzen zu ihrem Gedeihen *Wasser*. Pflanzen, die man nicht gießt, bleiben im Wachstum zurück, welken und gehen ein **(15,3).** Das Wasser wird mit den Wurzeln aufgenommen, doch kann es bei abgeschnittenen Pflanzen auch durch die Schnittfläche in den Stengel eintreten. Seinen Weg kann man verfolgen, wenn man Pflanzen in eine Farbstofflösung stellt **(15,9).** Es wird in besonderen Bahnen geleitet, den *Leitbündeln.* Bei durchsichtigen Stengeln erkennt man sie an der Färbung. Andernfalls untersucht man Stengelquerschnitte. Bei den Blättern färben sich die Blattadern rot, in denen die Leitbündel verlaufen **(15,10).** Bedeckt man Pflanzen mit einem Glasgefäß, dann zeigen sich an den Gefäßwänden nach einiger Zeit Wassertropfen **(15,11; 15,12).** Die Blätter geben nämlich einen großen Teil des Wassers wieder ab. Pflanzen sind auf diese Weise ständig von Wasser durchflossen, das von den Wurzeln aufgenommen wird und durch Leitbündel in Wurzeln und Stengeln zu den Blättern aufsteigt, wo es verdunstet. Die Leitbündel versorgen alle Pflanzenteile mit Wasser. Den Wasserverbrauch einer Pflanze kann man messen, wenn man diese in einen Meßzylinder mit Wasser stellt. Eine Ölschicht auf dem Wasser verhindert das Verdunsten von Wasser an der Oberfläche **(15,7; 15,8).**

15,4

15,5

15,6

15,7

15,8

In reinem Wasser gedeiht eine Pflanze jedoch nicht, wohl aber, wenn man dem Wasser etwas Erde zufügt **(15,4).** Erde enthält *Salze*, die die Pflanze für ihre Ernährung braucht. Diese werden von den Wurzeln aufgenommen und gelangen mit dem Wasserstrom in alle Teile der Pflanze. Entfernt man bei einer Pflanze regelmäßig alle Blätter, dann bleibt sie im Wachstum zurück **(15,6).** In den Blättern wird aus Wasser und einem Teil der Luft *Nahrung* bereitet *(Stärke)*. Dieser Vorgang läuft nur im *Licht* und bei Anwesenheit des *grünen Farbstoffs (Blattgrün)* ab. Da Pflanzen für ihre Ernährung *Luft* brauchen, wachsen sie unter Luftabschluß nicht **(15,5).** Außerdem benötigen sie die Luft zum *Atmen*. Welche Bedeutung das *Licht* daneben noch hat, zeigt sich, wenn Pflanzen im Dunkeln gezogen werden **(15,2).** Sie weisen dann ein verstärktes Längenwachstum auf, sind aber nicht normal ausgebildet. Die Blätter ergrünen nicht und bleiben klein. Die Pflanzen sind *vergeilt*. Pflanzen entwickeln sich also nur im Licht normal.

Merkstoff. Die Pflanze braucht zum Wachsen Wasser und Bodensalze. In den Blättern werden im Licht aus einem Teil der Luft und aus Wasser Nährstoffe bereitet. Das Wasser wird von den Wurzeln aufgenommen und in den Leitbündeln zu den Blättern geleitet, wo es zum Teil verdunstet. Das Wasser befördert die Salze zu den verschiedenen Pflanzenteilen. Zur normalen Ausbildung der Pflanzen ist Licht nötig.

15,9: *Die linke Pflanze steht in der Lösung eines roten Farbstoffs. Das gefärbte Wasser ist im Stengel emporgestiegen. Die rechte Pflanze steht in ungefärbtem Wasser und dient zum Vergleich.* **15,10:** *Bei der linken Pflanze sind die Blattadern rot gefärbt, da in ihnen Wasser geleitet wird.* **15,11; 15,12:** *Wasserverdunstung durch die Blätter. Der von den Blättern abgegebene Wasserdampf schlägt sich in Form von Wassertropfen an den Gefäßwänden nieder.*

15,9

15,10

15,11

15,12

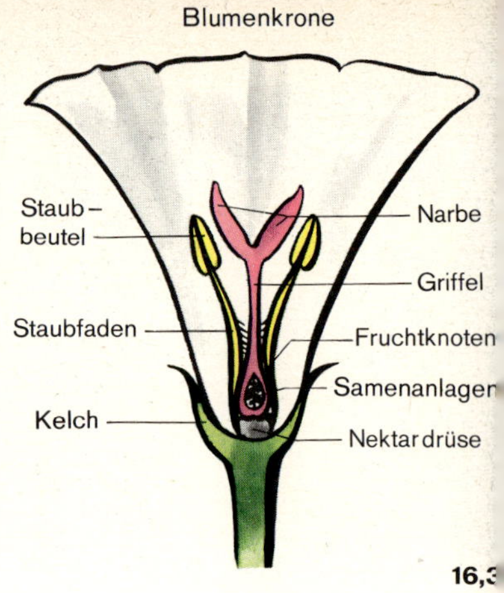

16,1: *Ackerwinde. Die Pflanze windet sich entgegen dem Uhrzeigersinn an einer anderen Pflanze empor. Sie ist ein Linkswinder.* **16,2:** *Blüten der Ackerwinde von oben und von der Seite. Die doppelte Blütenhülle besteht aus einem fünfzipfligen Kelch und einer Blumenkrone aus 5 verwachsenen Blütenblättern. Die Anzahl der Blütenblätter kann man an den 5 dunkleren Streifen und an den Einschnitten erkennen. Außerdem sind 5 Staubblätter und eine zweiästige Narbe vorhanden. Die 5 Gruben im Grund der oberen Blüte sind die Zugänge zum Nektar.* **16,3:** *Längsschnitt durch die Windenblüte.*

16 Die Ackerwinde (Convolvulus arvensis)

Bei der *Ackerwinde* ist schon im Namen ein Hinweis auf die Art ihres Wuchses als *Windepflanze* und auf ihren bevorzugten *Standort* enthalten. Außer Äckern und Feldern besiedelt sie aber auch Stellen, die man am treffendsten als Schuttplätze oder Ödland bezeichnet. An diesen Standorten belebt sie das sonst wenig ansprechende Bild mit ihren hellen, trichterförmigen Blüten.

Sproß und Wurzelstock. Die Stengel der Windepflanze sind lang und dünn und allein nicht in der Lage, den Sproß zu tragen. An offenen Standorten, die keine Gelegenheit zum Klettern bieten, wachsen sie daher am Boden entlang; sobald sie aber auf Nachbarpflanzen stoßen, winden sie sich an ihnen empor. Im Getreidefeld umschlingt die Winde Getreidepflanzen und kommt dadurch ans Licht **(16,1).** Die *spießförmigen Blätter* entspringen zwar rings um den Stengel verteilt *(wechselständige Blattstellung)*; durch Krümmungen der Blattstiele aber werden die Blattflächen alle ins Licht gewendet **(16,4).** *Wurzelstock* und *Wurzeln* der Ackerwinde sitzen tief im Boden; beim Pflügen werden sie meist nicht erfaßt. Ist dies doch einmal der Fall und wird dabei der Wurzelstock zerschnitten, dann wachsen aus den Teilen wieder neue Pflanzen aus **(16,5).** So wird die Ackerwinde in Acker und Feld zum lästigen *Unkraut*, das sich nur schwer wieder ausrotten läßt. Im Winter sterben die oberirdischen Pflanzenteile ab, nur der Wurzelstock überdauert die ungünstige Jahreszeit im Boden und treibt im Frühjahr wieder aus.

Blüte und Frucht. Die trichterförmige *Blumenkrone* **(16,1–16,3)** wird aus *5 miteinander verwachsenen Blütenblättern* gebildet. Sie schließt sich abends und bei schlechtem Wetter. In der Knospe sind die Blütenblätter längsgefaltet und gedreht. Den *Fruchtknoten* um-

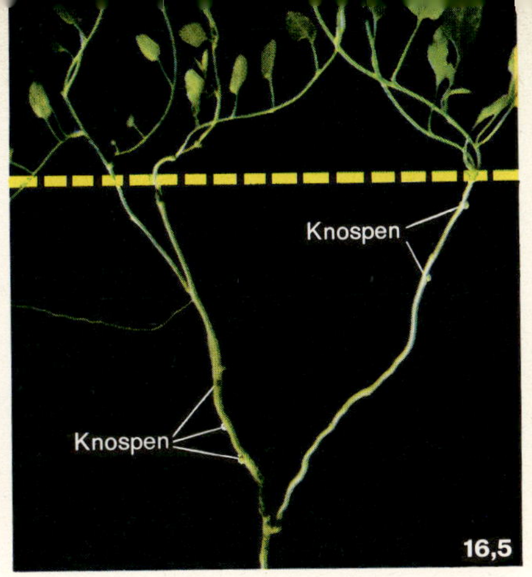

16,4: *Blätter der Ackerwinde. Die Blätter sind einfach, ganzrandig und fiedernervig. Da der Blattgrund zu 2 langen Zipfeln ausgezogen ist, erhält das Blatt die Form einer Lanzenspitze und heißt deshalb spießförmig. Die Blätter sind alle ins Licht gewendet.* **16,5:** *Wurzelstock. Dieser besteht aus langen, tief im Boden dahinkriechenden Stengeln (Bodenoberfläche gelbgestrichelt), die mehrfach verzweigt und mit Knospen besetzt sind.* **16,6:** *Blüte und Blätter der Zaunwinde.*

hüllen die verbreiterten unteren Enden der *5 Staubblätter*, lassen aber dazwischen Zugänge zum Nektar frei, der von der unter dem Fruchtknoten sitzenden, ringförmigen *Nektardrüse* abgesondert wird. Der Fruchtknoten besteht aus *2 Fruchtblättern*, die je *2 Samenanlagen* tragen. Die Blütenbesucher senken ihren Rüssel zwischen Blütenkrone und Staubblättern in die Blüte und beladen sich dabei mit *Blütenstaub*, den sie auf den *Narbenästen* der gleichen oder einer anderen Blüte abstreifen. Die Frucht ist eine Kapsel, die bei der Reife zerreißt und die Samen freigibt.

Zaunwinde. Die mit der Ackerwinde verwandte *Zaunwinde (Convolvulus sepium)* ist gleichfalls eine *Kletterpflanze* **(16,6).** Sie wächst an Zäunen und Hecken. Ihre großen, weißen Blüten schließen sich bei Nacht nicht und werden von Nachtschmetterlingen besucht.

Kletterpflanzen. Grüne Pflanzen brauchen zum Gedeihen *Licht*. Da sie fast überall in Gesellschaft mit anderen Pflanzen wachsen, treten sie mit diesen in einen *Wettbewerb ums Licht:* jede strebt nach oben, um aus dem Schatten heraus zu kommen. *Kletterpflanzen sind dabei im Vorteil.* Sie ersparen sich den langwierigen Aufbau eines kräftigen und selbsttragenden Stengels, indem sie Nachbarpflanzen als Stütze verwenden, so daß ihnen ein dünner und schwacher Stengel genügt, der rasch in die Höhe wachsen kann. Die meisten unserer Kletterpflanzen lassen sich in 2 Arten des Kletterns einordnen. Die *Rankenpflanzen* klettern mit langen, fadenförmigen Ranken, die sich an den Stützen festhalten, indem sie diese umwickeln (z. B. Saaterbse). Die *Windepflanzen* umschlingen mit ihrem ganzen Sproß spiralig die Stütze (z. B. Bohne, Winde). Bei ihnen unterscheidet man *Rechtswinder*, die im Uhrzeigersinn winden und *Linkswinder*, die es gegen diesen tun.

Merkstoff. Die Ackerwinde ist ein Ackerunkraut, das sich an Getreidepflanzen emporwindet (Kletterpflanze). Der Wurzelstock dient zur Überwinterung und Ausbreitung der Pflanze. Die spießförmigen Blätter sind wechselständig. Die fünfzähligen Blüten besitzen eine verwachsenblättrige Blumenkrone. Die Frucht ist eine Kapsel.

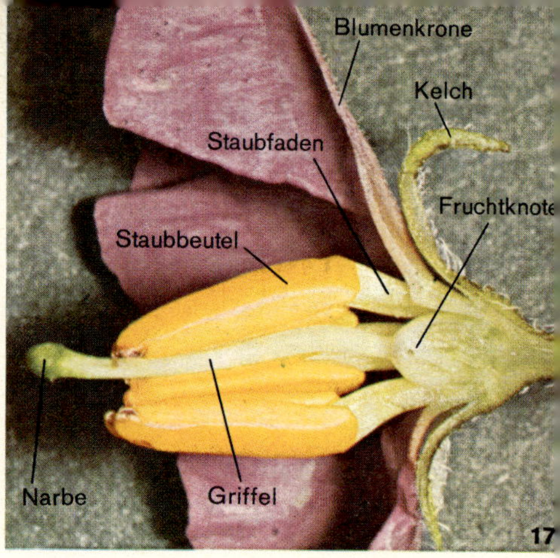

17,1: *Fiederblatt der Kartoffel. Zwischen größeren Fiederpaaren des unpaarig gefiederten Blatts befinden sich Paare kleiner Blättchen: das Blatt ist unterbrochen gefiedert.* **17,2:** *Kartoffelblütenstand. Die doppelte Blütenhülle besteht aus einem fünfzipfligen Kelch und aus einer verwachsenblättrigen, fünfzipfligen weißen oder violetten Blumenkrone.* **17,3:** *Der Blütenlängsschnitt zeigt den von 5 kegelförmig zusammengeneigten Staubblättern umgebenen Stempel.*

17–18 Kartoffel und Tomate (Solanum tuberosum und Solanum lycopersicum)

17

Die *Kartoffel* ist eine wichtige Pflanze. Sie wird in über 1000 Sorten angebaut, die sich zwar in vielen Merkmalen unterscheiden, z. B. in der Blütenfarbe **(17,2; 17,3),** aber sich doch an der Gestalt von Sproß, Blüte und Frucht als Kartoffelpflanzen erkennen lassen.

Sproß, Blüte, Frucht. Die *Fiederblätter* **(17,1)** entspringen einzeln am kantigen Stengel. Sie sind *wechselständig*. Die *Blüten* stehen in *Blütenständen* zusammen **(17,2).** Sie werden selten von Insekten besucht, da sie keinen Nektar und nur wenig Blütenstaub erzeugen. In der Regel bestäuben sie sich selbst. Die *Staubbeutel* öffnen sich vorne mit zwei Löchern, aus denen etwas Blütenstaub auf die *Narbe* fällt **(17,3).** Ein Längsschnitt durch die *Frucht* zeigt, daß sie von *2 Fruchtblättern* gebildet wird **(17,4).** Die nach innen gestülpten und miteinander verwachsenen Ränder der Fruchtblätter bilden eine Scheidewand, an deren Seiten die *Samen* auf halbkugeligen Auswüchsen sitzen. Die Samen sind nur für die Pflanzenzüchtung wichtig. Die Früchte sind fleischig und vielsamig; es sind *Beeren*. Alle grünen Teile der Pflanze sind giftig.

Knolle. Die *Kartoffelknolle* ist für uns der wichtigste Pflanzenteil. In der Form ist sie bei den einzelnen Sorten sehr verschieden, rund, eiförmig oder langgestreckt. Obwohl sie in der Erde wächst, ist sie kein Teil der Wurzel. Bei genauerer Betrachtung erkennen

17,7: *Eine Knospe der Kartoffelknolle treibt aus. Die jungen Triebe sind noch bleich, ihre Blättchen noch schuppenförmig. Die Knolle schrumpft dabei, weil sie Nährstoffe abgibt.* **17,8:** *Ungeschälte und geschälte Kartoffelknolle. Die geschälte Knolle ist größer als die ungeschälte.* **17,9:** *Einen Tag später ist die geschälte Knolle kleiner als die ungeschälte, weil sie Wasser verloren hat und dadurch geschrumpft ist. Die ungeschälte Knolle schrumpft nicht. Die braune dünne, verkorkte Schale schützt sie vor Wasserverlust.* **17,10:** *Stärkekörner aus der Kartoffelknolle in mikroskopischer Vergrößerung.*

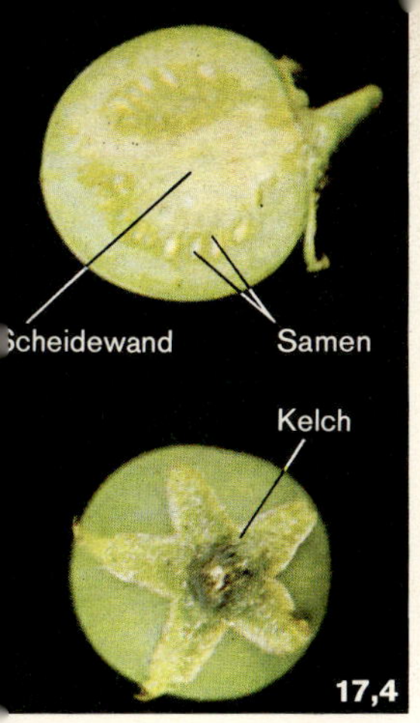

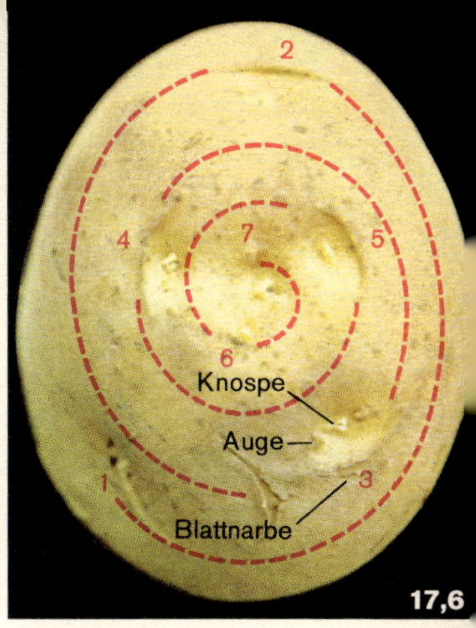

17,4: *Frucht der Kartoffel im Längsschnitt und von oben.* **17,5:** *Ausläufersprosse und Sproßknollen. An Ausläufern und am Sproß entspringen Wurzeln.* **17,6:** *Kartoffelknolle. Die Knolle zeigt Vertiefungen mit Knospen. Die halbkreisförmigen Wülste um diese „Augen" sind Blattnarben. Die als rote, gestrichelte Linie eingezeichnete Verbindung zwischen den Blattnarben macht deutlich, daß die Blätter spiralig um die Sproßknolle angeordnet sind.*

17

wir nämlich an jedem *Auge* eine *Blattnarbe* **(17,6),** die von einem abgefallenen *Schuppenblättchen* stammt. Auch an dem *Ausläufer*, an dem die Knolle sitzt **(17,5),** finden sich Schuppenblättchen oder deren Narben. Der Ausläufer ist also ein *unterirdischer Sproß* und sein angeschwollenes Ende eine *Sproßknolle*. In ihrem fleischigen Innern enthält die Knolle *Stärke*. Betrachten wir einen Tropfen Saft vom Innern der Knolle in der Vergrößerung durch ein Mikroskop, dann zeigt sich, daß die Stärke aus einzelnen *Stärkekörnern* besteht **(17,10).** Wenn im Keller die Kartoffelknollen austreiben, schrumpfen sie zusammen **(17,7),** weil dabei Stärke für den Aufbau der Triebe verbraucht wird. Die Stärke ist ein *Nahrungsstoff*, sowohl für die jungen Triebe wie für die menschliche Ernährung. Außen wird die Knolle von einer dünnen *Korkhaut*, der Kartoffelschale, umhüllt. Diese verhindert, daß die Knolle austrocknet **(17,8; 17,9).**

Die Knolle als Vermehrungs- und Überwinterungsorgan. Im Boden geschützt überstehen die Knollen bei wildwachsenden Kartoffelpflanzen den Winter, während die oberirdischen Teile absterben. Im Frühjahr brechen aus den *Augen* die jungen Triebe hervor, die sich von den in der Knolle gespeicherten Nährstoffen ernähren und zu neuen Pflanzen heranwachsen. So dient die Knolle der Pflanze als *Vorratsspeicher*, zur *Überwinterung* und zur *samenlosen Vermehrung*. Von dieser Eigenschaft wird auch beim Anbau der Kartoffel Gebrauch gemacht. Im Frühjahr werden Knollen, die „*Saatkartoffeln*", von Hand oder

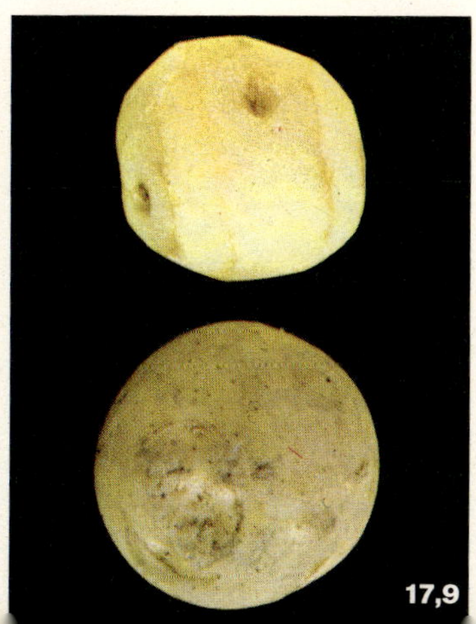

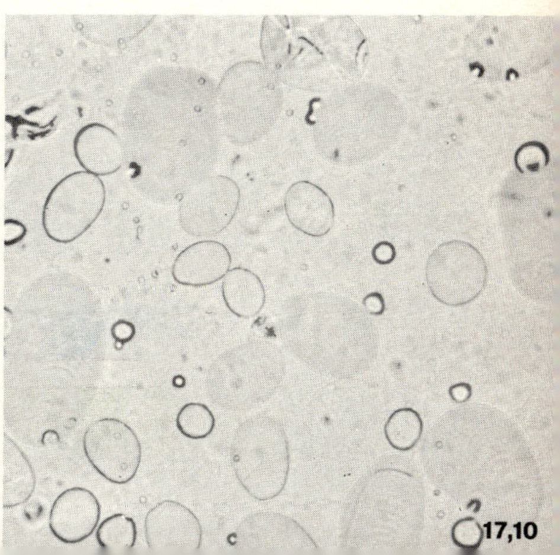

18,1–18,3: *Einer der vielen Feinde der Kartoffelpflanze ist der Kartoffelkäfer* **(18,1)** *und seine Larve* **(18,3).** *Larve wie Käfer fressen die Blätter* **(18,2)** *und mindern dadurch den Ertrag.*

mit Maschinen in Reihen ausgelegt und mit Erde bedeckt. Wenn sie ausgetrieben haben, wird „*gehäufelt*“. Dabei werden die unteren Teile der oberirdischen Sprosse mit Erde bedeckt und zur Bildung weiterer Ausläufer und Knollen angeregt. Da der Boden mehrmals mit der Hacke bearbeitet werden muß, zählt die Kartoffel zu den *Hackfrüchten.*

18,6: *Links: Kartoffelernte in der Bundesrepublik. Rechts: Verwendung der Kartoffeln. Unten: Vergleich des Nährstoffgehalts von Kartoffeln, Bananen und Weißbrot.*

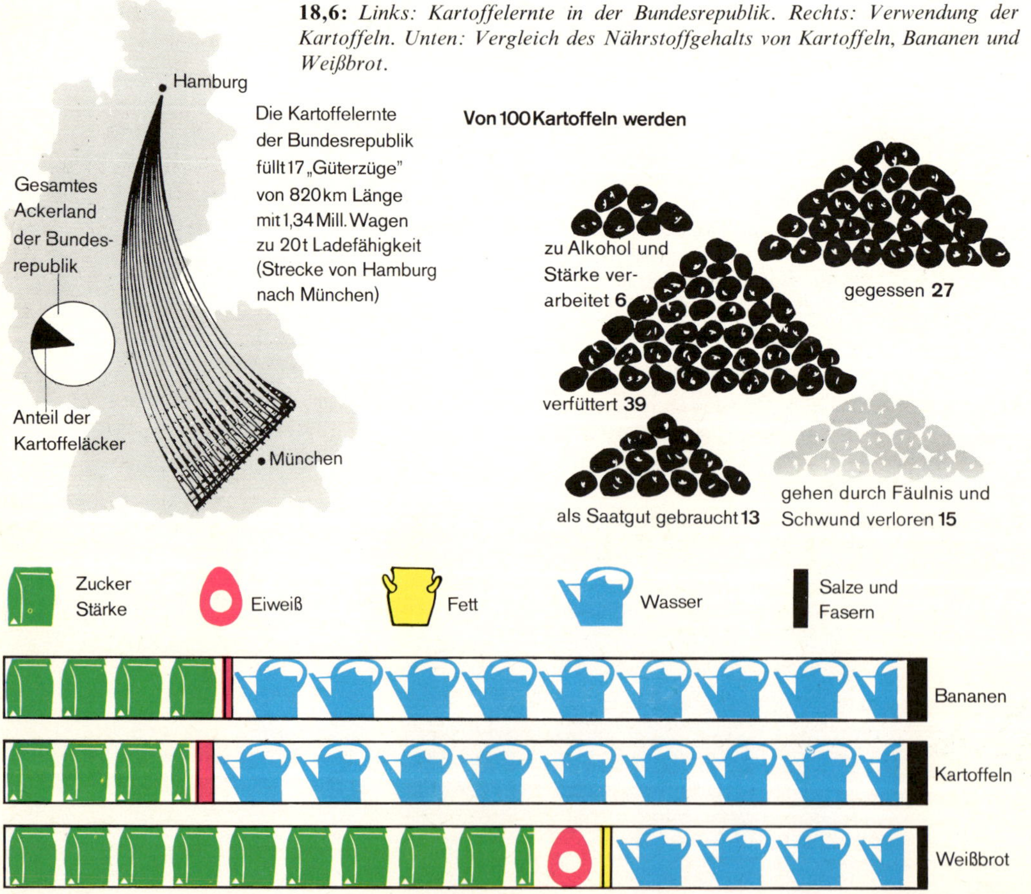

18,6

18,4: *Tomatenblüten. Die doppelte Blütenhülle besteht aus einem fünfzipfligen Kelch und 5 verwachsenen, gelben Blütenblättern. Stempel und Staubblätter sind wie die entsprechenden Blütenteile der Kartoffel gebaut und angeordnet.* **18,5:** *Die roten, ungiftigen Beeren der Tomate zeigen den gleichen Bauplan wie die Kartoffelfrüchte.*

Wirtschaftliche Bedeutung. Die stärkehaltigen Knollen sind ein wichtiges *Nahrungsmittel* für Mensch und Tier, und Rohstoff für verschiedene Erzeugnisse **(18,6).** Als anspruchslose Pflanze kann die Kartoffel fast überall angebaut werden; sie gedeiht am Polarkreis wie in den Mittelmeerländern, im Gebirge bis zu 1000 m Höhe wie auf magerem Sandboden. Der Ertrag **(18,6)** wird durch viele Feinde gemindert. Pilze rufen die *Kraut- und Knollenfäule*, sowie den *Kartoffelkrebs* hervor. Die *Engerlinge des Maikäfers* benagen die Knollen, und der *Kartoffelkäfer* schädigt die Pflanze durch Blattfraß **(18,1–18,3).**

Heimat. Die Kartoffel ist schon von den Indianern der Andenhochländer Südamerikas an-
18 gepflanzt worden. Die Spanier brachten sie nach Europa, wo sie zuerst als Zierpflanze in den Gärten gezogen wurde. Erst seit etwa 200 Jahren wird sie als Nutzpflanze angebaut.

Die Tomate. Die *Tomate* ist eine alte Kulturpflanze der Indianer Mexikos und Perus. Schon bald nach der Entdeckung Amerikas brachte man sie als Zierpflanze nach Europa. Erst seit etwa 1900 wird die Tomate als wertvolles *Beerenobst* angepflanzt. Sie ist jedoch sehr wärmebedürftig und gedeiht nicht überall. Die große Übereinstimmung im Blüten- und Fruchtbau bei Tomate und Kartoffel beruht auf der *Verwandtschaft* beider Pflanzen. Sie gehören mit anderen Pflanzen **(18,7; 18,8)** zu den *Nachtschattengewächsen.*

Merkstoff. Die Kartoffel stammt aus Südamerika. Die fünfzähligen Blüten besitzen eine doppelte Blütenhülle mit verwachsenen Blütenblättern. Die Frucht ist eine Beere; Beeren sind fleischige, mehrsamige Früchte. Die Blätter sind unterbrochen gefiedert. Am unterirdischen Sproß bilden sich Ausläufer mit Sproßknollen. Die Knollen sind verkürzte und verdickte Stengel, die als Nahrungsspeicher, zur Überwinterung und samenlosen Vermehrung dienen. Die Kartoffel ist eine wichtige Nahrungs- und Futterpflanze.

18,7: *Der ausdauernde Bittersüße Nachtschatten (Solanum dulcamara) klettert in feuchten Gebüschen durch Winden. Aus den violetten Blüten entstehen rote, giftige Beeren.* **18,8:** *Der Schwarze Nachtschatten (Solanum nigrum) ist ein einjähriges Unkraut mit weißen Blüten und schwarzen, giftigen Beeren.*

19,1

19,2

19,3

19 Früchte

Früchte gehen aus dem *Fruchtknoten* der Blüte hervor, wenn eine *Bestäubung* und die daran anschließende *Befruchtung* vorausgegangen sind. Die im Fruchtknoten eingeschlossenen *Samenanlagen* entwickeln sich zu *Samen*. Die reifen Samen werden entweder ausgestreut oder die Frucht wird samt den Samen von der Pflanze abgetrennt und als Ganzes verbreitet. An der Fruchtbildung können sich auch andere Pflanzenteile beteiligen, z. B. der Stengel. Die Früchte lassen sich zu verschiedenen *Fruchttypen* zusammenfassen:

a) Streufrüchte

Streufrüchte sind Früchte mit trockener Fruchtwand, die bei der Fruchtreife aufspringt. Sie enthalten fast alle mehrere oder viele Samen.

Hülse. Die *Hülse* besteht aus *1 Fruchtblatt*, das sich bei der Reife an der *Bauchnaht* und an der Mittelrippe *(Rückennaht)* öffnet. Die *Samen* sitzen an den Rändern des Fruchtblatts. Hülsen sind für die Pflanzen mit Schmetterlingsblüten bezeichnend **(19,1:** *Hülse der Erbse*; **19,2:** *Hülse der Bohne*; beide unreif).

Kapseln. *Kapseln* bestehen aus mindestens 2 Fruchtblättern. Die *Kapsel der Tulpe* **(19,3)** wird von 3 Fruchtblättern gebildet. Ihre Fruchtwand spaltet sich bei der Reife der Länge nach auf; es ist eine *Spaltkapsel*. Die *Mohnkapsel* **(19,5)** öffnet sich bei der Reife mit Löchern und wird daher *Porenkapsel* genannt. Der die Frucht tragende Stengel wird bei Tulpe und Mohn mit der Fruchtreife trocken und elastisch. Im Wind bewegt er sich hin und her, so daß die Samen aus der Kapsel geschleudert werden *(Samenschleuder)*. Die *Kapsel der Roßkastanie* **(19,4)** öffnet sich beim Aufprall auf den Boden. Sie enthält nur 1 bis 3 Samen. Auch die *Schote* gehört zu den Kapseln, z. B. die *Schote des Rapses* **(19,6).** Im Gegensatz zur Hülse besteht sie aus 2 Fruchtblättern. Außerdem ent-

19,7

19,8

19,9

19,4

19,5

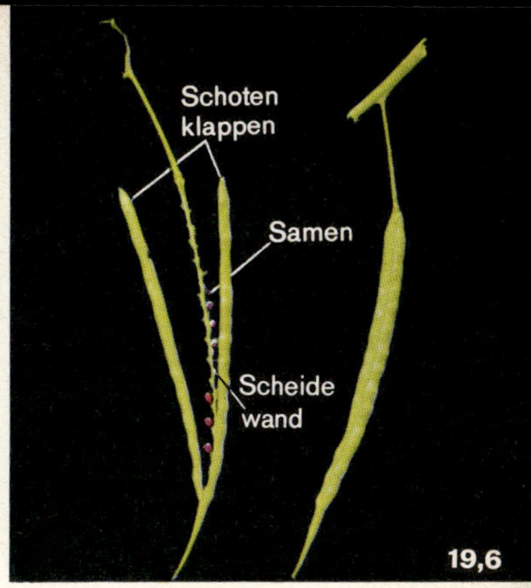

19,6

hält sie eine *Scheidewand*, an deren Rand die *Samen* befestigt sind. Die Fruchtblätter trennen sich bei der Reife an den *Verwachsungsnähten*.

b) Schließfrüchte

Schließfrüchte bleiben auch bei der Fruchtreife geschlossen. Früchte und Samen werden zusammen verbreitet.

Trockene Schließfrüchte. Zu diesen gehört die *Frucht des Hahnenfußes* **(19,7** und **19,8).** Sie enthält nur 1 Samen und fällt bei der Reife ab. Einsamige Schließfrüchte nennt man *Nüsse*. Bei der *Taubnessel* **(19,9)** zerfällt der zweiblättrige Fruchtknoten bei der Reife
19 in 4 einsamige Teilfrüchtchen, die *Klausen*. Die ganze Frucht ist eine *Bruchfrucht*. Die Klausen tragen *Anhängsel*, die von Ameisen verzehrt werden. Dabei werden die Klausen von den Ameisen verschleppt.

Fleischige Schließfrüchte werden im allgemeinen von Tieren verbreitet, die das saftige Fruchtfleisch verzehren. Die Samen verlassen den Darm unversehrt und werden so verbreitet. Eine fleischige Schließfrucht ist die *Beere der Tomate* **(19,10).** Bei den *Beeren* ist die ganze Frucht fleischig und enthält mehrere bis viele Samen.

c) Sammelfrüchte

Bei den *Sammelfrüchten* sind mehrere Früchte miteinander vereinigt wie bei Heckenrose und Erdbeere. Bei der *Heckenrose* **(19,11)** sind die Früchte *Nüßchen*. Diese werden von dem zu einem krugförmigen Behälter umgebildeten *Blütenboden* eingeschlossen. Die Sammelfrucht der Heckenrose heißt *Hagebutte*. Auch die *Erdbeere* besitzt *Nüßchen* **(19,12).** Bei ihr ist der die Nüßchen tragende Blütenboden emporgewölbt. Die Blütenböden werden bei der Reife fleischig. Ihre rote Farbe lockt Tiere an, vor allen Dingen Vögel, die die Sammelfrucht verzehren und die Nüßchen verbreiten.

19,10

19,11

19,12

20,1

20,2

20,

20 Zimmerpflanzen und ihre Pflege

Zimmerpflanzen schmücken einen Raum durch dekoratives Blattwerk oder durch farbige Blüten. Wir erfreuen uns an ihrem Blühen und Wachsen, das sie im Schutz des Hauses auch dann fortsetzen, wenn im Freien die Pflanzenwelt in der Winterruhe liegt. Die trockene und daher ungesunde Luft eines beheizten Zimmers kann schon durch ein Dutzend gut beblätterter Topfpflanzen merklich verbessert werden, weil aus ihren Blättern ständig Wasser verdunstet und die Luft befeuchtet. Zimmerpflanzen brauchen aber unsere Pflege. Zu den ständigen Pflegemaßnahmen gehört das behutsame *Lockern der Erde* und das *Gießen*. In die gut gelockerte Erde dringt das Gießwasser gleichmäßig ein und gelangt zu allen Wurzeln. Man soll aber mit Gießen aufhören, bevor das Wasser im Topfuntersatz steht, denn *stauende Nässe* vertragen die wenigsten Pflanzen. Dafür gießt man lieber einmal mehr bei Pflanzen, die viel Wasser brauchen. Ab und zu muß mit *Blumendünger gedüngt* werden und einmal im Jahr sollte man die *Topferde erneuern*. Schließlich muß dem *Aufstellen der Pflanzen* viel Aufmerksamkeit gewidmet werden, weil sie nur dann gut gedeihen, wenn der Standplatz ihren Licht- und Wärmeansprüchen genügt. 20

20,7

20,8

20

20,4

20,5

20,6

20

20,1: *Der Gummibaum (Ficus elastica) stammt aus Ostindien. Er und seine nächsten Verwandten enthalten einen Milchsaft (Latex), aus dem Kautschuk für die Gummiherstellung gewonnen wird. Der Gummibaum soll hell, aber nicht sehr sonnig stehen und braucht gleichmäßige Erdfeuchte. Im Sommerhalbjahr ist Düngung nötig. Verstaubte Blätter wäscht man mit klarem Wasser ab.* **20,2:** *Das Gefleckte Schiefblatt (Begonia maculata) ist in Brasilien zu Hause. Die Pflanze hält man wegen der schön gezeichneten Blätter. Sie gedeiht am besten im hellen Halbschatten und bei mäßiger Feuchtigkeit.* **20,3:** *Die Grünlilie (Chlorophytum comosum) ist in Südafrika heimisch. Ihre Ansprüche sind ein heller Standplatz und reichlich Wasser. Im übrigen ist sie sehr genügsam.* **20,4:** *Die Flamingoblume (Anthurium scherzerianum) ist eine südamerikanische Tropenpflanze. Sie verlangt Helligkeit, Wärme und reichlich Wasser.* **20,5:** *Die Becherprimel (Primula obconica) kam aus China zu uns. Sie liebt helle, warme Räume mit hoher Luftfeuchtigkeit, braucht aber nur wenig Wasser und etwas Düngung. Primeln blühen sehr ausdauernd. Ihre Berührung kann bei Menschen mit empfindlicher Haut Entzündungen hervorrufen.* **20,6:** *Das Glanzkölbchen (Aphelandra squarrosa) ist im tropischen Amerika beheimatet. Es braucht viel Licht, verträgt aber keine Sonne und muß gut feucht gehalten werden. Gedüngt wird es im Herbst.* **20,7:** *Der Philodendron (Monstera deliciosa) ist mittelamerikanischer Herkunft. Die Pflanze ist genügsam und gedeiht überall, wenn sie mäßig warm, gut feucht und ziemlich hell gehalten wird.* **20,8:** *Der Bogenhanf (Sansevieria trifasciata) stammt aus den Tropen Afrikas. Er liebt einen warmen und besonnten Platz und kommt mit wenig Wasser aus. Auch trockene Luft schadet ihm nicht.* **20,9:** *Der Blattkaktus (Epiphyllum hybridum) stammt gleich allen Kakteen aus Amerika. Er braucht winters weniger, sommers mehr Licht und Wärme, aber nie Sonne. Man gießt wenig, doch mehr als bei anderen Kakteen.* **20,10:** *Das Greisenhaupt (Cephalocereus senilis) verträgt viel Licht und Wärme, soll aber nur schwach gegossen werden. Unter seinen Haaren verbirgt das Greisenhaupt seine Stacheln.* **20,11:** *Das Usambaraveilchen (Saintpaulia ionantha) aus den tropischen Wäldern Afrikas braucht feuchten Erdboden, hellen Schatten und öfters Düngung. Mäßige, aber beständige Wärme bekommt ihm am besten.* **20,12:** *Das Alpenveilchen (Cyclamen persicum) stammt aus Vorderasien. Es liebt einen hellen, sonnengeschützten und nur mäßig warmen Standplatz. Die Erde sollte gleichmäßig feucht, aber nicht naß sein. Es ist gut, einmal in der Woche etwas zu düngen.*

20,10

20,11

20,12

21,1: *Das Buschwindröschen wächst im Laub- und Nadelwald.* **21,2:** *Das Scharbockskraut hat seinen Standort in krautreichen Laubmischwäldern, Hecken und Parkanlagen.* **21,3:** *Die Sumpfdotterblume findet sich hauptsächlich am Ufer kleiner Wasserläufe.*

21–23 Frühblüher

21

Im zeitigen Frühjahr, Wochen bevor die Obstbäume blühen und der Wald ergrünt, erscheinen als Boten des einziehenden Frühlings die *Frühblüher*. Als die ersten Blumen des Jahres sind sie den Menschen besonders ans Herz gewachsen. Wie kommt es aber, daß sie so lange vor den andern wachsen und blühen? Alle diese Pflanzen dauern im Boden mit unterirdischen Teilen aus, an denen die Sprosse und Blüten des Frühjahrs bereits im vorhergehenden Herbst als Knospen angelegt und in denen Nahrungsstoffe gespeichert sind. So haben sie einen Vorsprung, der ihnen das zeitige Austreiben ermöglicht.

Buschwindröschen, Scharbockskraut und Sumpfdotterblume
(Anemone nemorosa, Ranunculus ficaria und Caltha palustris)

Standort und Bau der Pflanzen. *Buschwindröschen* welken rasch, wenn man sie zum Strauß pflückt. Ihre 3 Blätter, die unter der Blüte einen *Wirtel* bilden **(21,1)**, sind zart und besitzen keinerlei Verdunstungsschutz. Der Waldboden enthält im Frühjahr soviel Winter-

21,7–21,9: *Die Blüten von Buschwindröschen* **(21,7)**, *Scharbockskraut* **(21,8)** *und Sumpfdotterblume* **(21,9)** *enthalten zahlreiche Stempel und Staubblätter. Buschwindröschen und Sumpfdotterblume haben eine einfache, das Scharbockskraut hat eine doppelte Blütenhülle mit dreiblättrigem Kelch.*

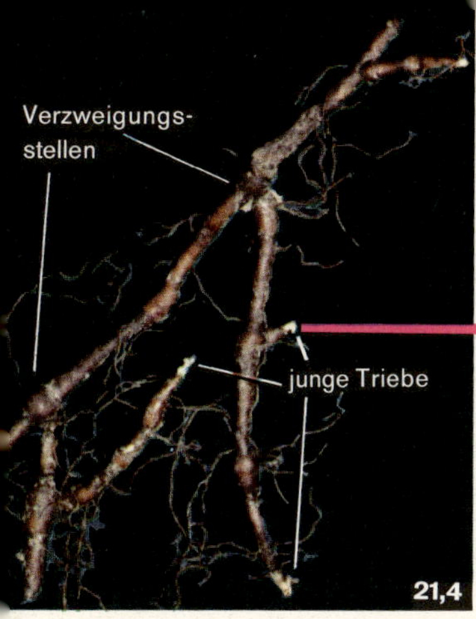

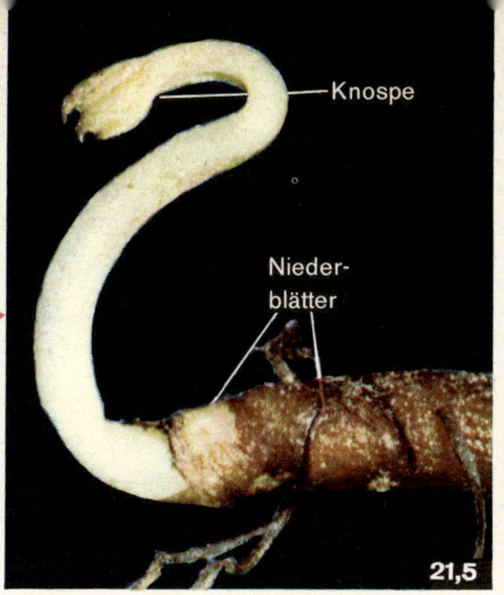

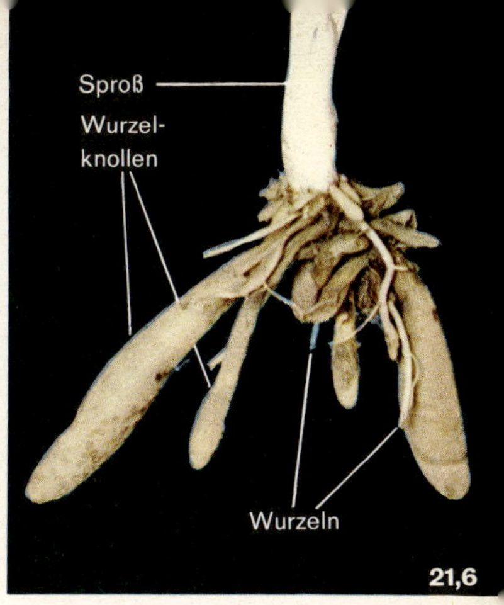

21,4: *Im Herbst ausgegrabenes Stück vom Wurzelstock des Buschwindröschens mit den jungen Trieben für das kommende Frühjahr.* **21,5:** *Einzelner junger Trieb mit der Knospe für Laubblätter und Blüte.* **21,6:** *Wurzelknollen des Scharbockskrauts. Diese Vorratsspeicher sind verdickte Wurzeln.*

feuchte, daß sie sich ausreichend mit Wasser versorgen können. *Scharbockskraut* und *Sumpfdotterblume sind als Pflanzen feuchter Standorte ebenfalls nicht gegen Wasserverlust* geschützt. Blätter und Stengel sind kahl und saftreich **(21,2; 21,3).**

21 Im Boden leben die Pflanzen, auch wenn die oberirdischen Sprosse völlig verschwunden sind, mit ihren unterirdischen Teilen oder *Dauerorganen* weiter. Wenn wir im Herbst den Waldboden an Standorten des Buschwindröschens aufgraben, dann stoßen wir bald auf seine waagrecht liegenden, braunen *Wurzelstöcke* **(21,4).** An deren Vorderenden sitzen die jungen Triebe **(21,5),** hinten sterben sie nach und nach ab. Sie verzweigen sich vielfach und tragen dadurch zur Vermehrung bei **(21,12).** In ihrem Innern sind Baustoffe gespeichert. Dem Scharbockskraut dienen *Wurzelknollen* als Speicher **(21,6),** die bei der Ablösung von der Mutterpflanze eine neue Pflanze bilden können. Es vermehrt sich aber hauptsächlich mit den blattachselständigen *Brutknollen* **(21,11).** Die Sumpfdotterblume überwintert mit einem kurzen *Wurzelstock* und den daransitzenden dicken *Speicherwurzeln.*

Blüte und Frucht. Der Bauplan ist bei allen Blüten der gleiche **(21,7–21,9).** Das Buschwindröschen erzeugt nur Pollen, die Blüten der beiden anderen Pflanzen sondern Nektar ab. Aus den Fruchtknoten entwickeln sich beim Buschwindröschen und Scharbockskraut *Nüßchen,* bei der Sumpfdotterblume *Balgfrüchte* **(21,10).**

21,10: *Balgfrüchte der Sumpfdotterblume. Die von einem Fruchtblatt gebildete Frucht reißt an der Verwachsungsnaht (Bauchnaht) auf. Die Samen sitzen in je 1 Reihe an den Rändern des Fruchtblatts.* **21,11:** *Brutknollen des Scharbockskrauts.* **21,12:** *Das Buschwindröschen tritt in Herden auf.*

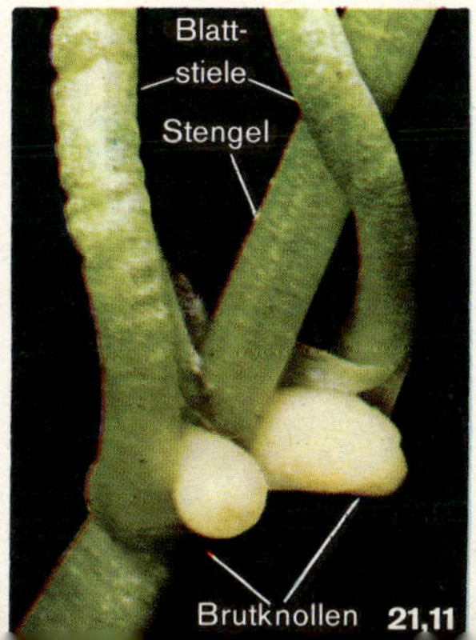

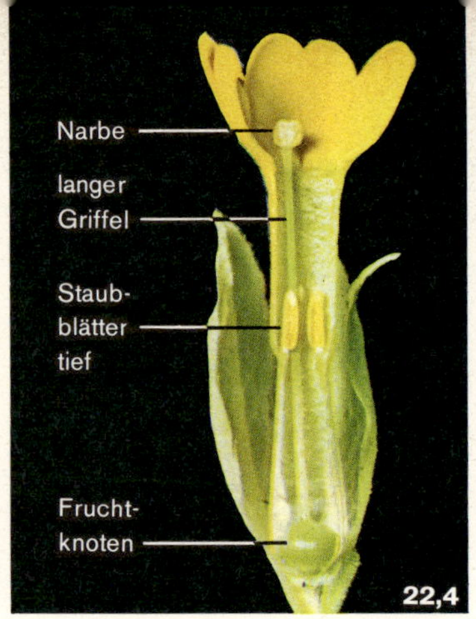

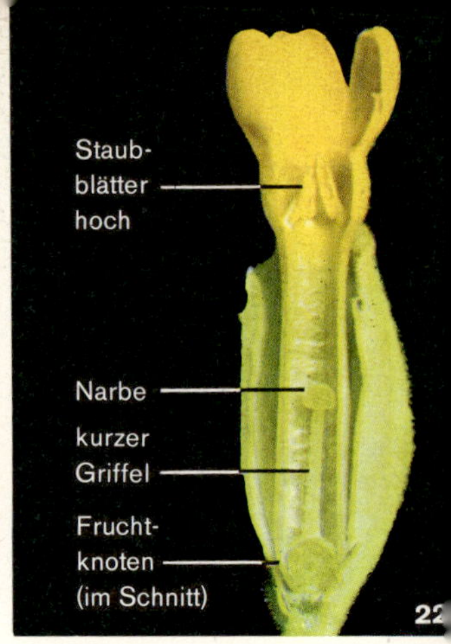

22,1: *Hohe Schlüsselblume mit hellgelben Blüten und eng anliegendem Kelch.* **22,2:** *Echte Schlüsselblume (Primula veris) mit dottergelben Blüten und glockigem Kelch. Sie blüht auf trockenen Wiesen.* **22,3:** *Wohlriechendes Veilchen.* **22,4:** *Langgrifflige und* **22,5:** *kurzgrifflige Blüte der Echten Schlüsselblume.*

Hohe Schlüsselblume und Wohlriechendes Veilchen

(Primula elatior und Viola odorata)

Im März und April blühen auf den Wiesen und in den Wäldern die gelben Schlüsselblumen und die blauen Veilchen. **22**
Sie gehören zu jenen Frühblühern, von denen alljährlich Sträuße gepflückt werden. Beim Pflücken der Schlüsselblumen dürfen wir die Pflanzen nicht beschädigen. Sie stehen unter *Naturschutz*, und nur die Blüten mit dem Schaft dürfen entfernt werden! Wenn wir beim Pflücken die Blumen genau ansehen, dann können wir meist zwei verschiedene Schlüsselblumen **(22,1; 22,2)** und mehrere verschiedene Veilchen unterscheiden. Für die Beschreibung wählen wir die *Hohe Schlüsselblume* **(22,1)** und das *Wohlriechende Veilchen* **(22,3).**

Blüte, Frucht und Wurzelstock der Schlüsselblume. Die Blüten sind zu einem *Blütenstand* vereinigt. Ihre Stielchen gehen alle von einem Punkt am Ende des Stengels aus; ein solcher Blütenstand heißt *Dolde* **(22,1).** Kelch und Blumenkrone sind aus je 5 verwachsenen *Kelch-* bzw. *Blütenblättern* gebildet. Auch die *Staubblätter* treten in der Fünfzahl auf. Der *Stempel* ist verschieden gebaut; bei dem einen Teil der Pflanzen trägt er einen *langen Griffel* **(22,4),** bei dem anderen Teil einen *kurzen* **(22,5).** Bei langem Griffel stehen die Staubblätter tief, bei kurzem hoch. Diese Anordnung fördert die *Fremdbestäubung*, wenn langrüsselige Hummeln oder Schmetterlinge die Blüten besuchen, um den am Blütengrund abgeschiedenen Nektar zu saugen. Sie übertragen dabei den Blütenstaub jener Blüten, bei denen

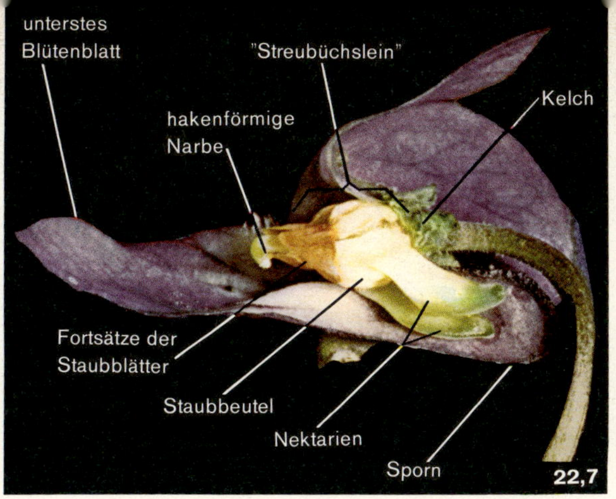

22,6: *Zweiseitig symmetrische Blüte des Wohlriechenden Veilchens.* **22,7:** *Längsschnitt durch die Veilchenblüte. Der Stempel wird von 5 Staubblättern umschlossen. Der Blütenstiel ist gebogen, die Blüte ist abwärts geneigt.* **22,8:** *Offene Samenkapsel und Samen des Veilchens.*

die Staubblätter oben stehen auf solche Blüten, bei denen die Narben oben stehen und umgekehrt. Nach der Bestäubung wächst im Schutz des Kelches die Frucht heran, eine *Kapsel*, die sich bei der Reife mit 10 Zähnchen öffnet. Da der Stengel dann elastisch geworden ist, kann der Wind die Samen herausschütteln. Im Boden dauert die Schlüsselblume wie viele andere Frühblüher mit einem *Wurzelstock* aus **(22,9).**

22 **Blüte, Frucht und Wurzelstock des Veilchens.** Die Veilchenblüte besitzt 5 *Kelchblätter*, 5 violette *Blütenblätter* und 5 *Staubblätter* **(22,6).** Das untere Blütenblatt ist zu einem *Sporn* verlängert **(22,7),** in den 2 *Anhängsel* der beiden unteren Staubblätter Nektar abgeben. Die Staubblätter samt den orangefarbenen *Fortsätzen* an ihrer Spitze schließen sich dicht um den gelenkig am *Fruchtknoten* befestigten *Griffel* zusammen **(22,7).** In den dadurch gebildeten Hohlraum wird *Blütenstaub* abgegeben. Die Blütenbesucher, die zum Nektar im Sporn vordringen, berühren die hakig gebogene *Narbe*, der Griffel kommt in Bewegung und der Verschluß des Blütenstaubbehälters gerät in Unordnung. Blütenstaub rieselt auf den Kopf des Besuchers („Streubüchslein"). Später im Jahr erscheinen Blüten, die sich nicht öffnen und daher auf *Selbstbestäubung* angewiesen sind. Die *Kapselfrucht* öffnet sich mit 3 Klappen **(22,8).** Ameisen verzehren den fleischigen Anhang der Samen und verschleppen diese dabei. Mit dem *Wurzelstock* **(22,10)** dauert das Veilchen im Boden aus und vermehrt sich, so daß es zur Bildung von Pflanzengruppen kommt. Außerdem entstehen in den Blattachseln lange, am Boden dahinkriechende *Ausläufer*, die zuletzt selbständige Pflanzen bilden.

22,9: *Der Wurzelstock der Schlüsselblume ist ein schräg im Boden aufsteigendes Sproßstück, das am Vorderende die Laubblätter trägt, in deren Achseln die Erneuerungsknospen gebildet werden.* **22,10:** *Der Wurzelstock des Veilchens verzweigt sich und bringt an jeder Spitze Jahr für Jahr eine neue Rosette hervor.*

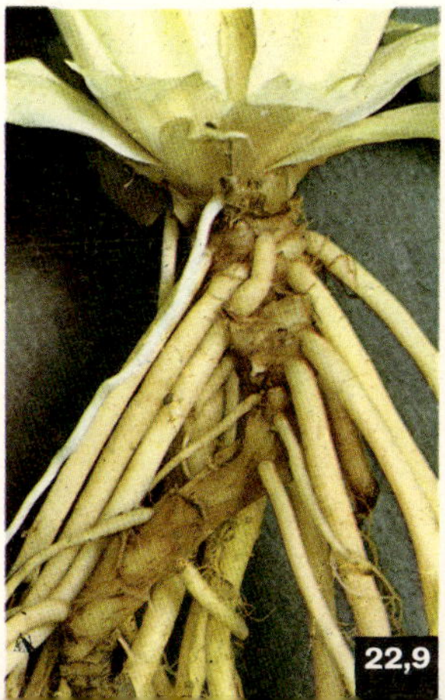

23,1: *Das Wiesenschaumkraut kommt auf feuchten Wiesen mittlerer Gebirgslagen nach den Schlüsselblumen zur Herrschaft. Es gibt den Wiesen einen blaßlila Farbton.* **23,2:** *Blüte des Wiesenschaumkrauts. Sie besitzt als Kreuzblüte 4 Kelch- und 4 Blütenblätter.* **23,3:** *Blütenlängsschnitt. 4 lange und 2 kurze Staubblätter und der Stempel stehen in der von Kelch- und Blütenblättern gebildeten Röhre.*

Das Wiesenschaumkraut (Cardamine pratensis)

Nur kurze Zeit währt es, daß die Wiesen nach den braungelben Farbtönen des Winters das saftige Grün des Frühlings zeigen; bald erscheinen andere Farben, darunter auch das zarte Lila des blühenden *Wiesenschaumkrautes.* **23**

Blüte und Frucht. Die Blüten des Wiesenschaumkrauts sitzen gehäuft in einem *Blütenstand.* Es ist eine *Traube,* da die an der Hauptachse sitzenden, blütentragenden Nebenachsen unverzweigt sind. Die Blüten der Traube blühen von unten nach oben auf. Die 4 *Kelchblätter* und die Nägel der 4 *Blütenblätter* stehen aufrecht, die Platten der Blütenblätter aber mehr waagrecht. Sie bieten dadurch den blütenbesuchenden Insekten einen Sitzplatz **(23,2).** Im Innern der Blüte bemerkt man 4 lange und 2 kurze *Staubblätter,* sowie einen *Stempel* mit länglichem *Fruchtknoten, Griffel* und *Narbe* **(23,3).** Es ist derselbe Blütenbau wie beim Raps; das Wiesenschaumkraut besitzt ebenfalls *Kreuzblüten.* Aus dem Fruchtknoten entwickelt sich wie beim Raps eine Frucht mit 2 Fruchtklappen

23,4–23,7: *Weitere Frühblüher.* **23,4:** *Der Huflattich (Tussilago farfara) wächst auf offenem Boden, z. B. Schuttplätzen. Die Laubblätter, aus denen man ein Hustenmittel herstellt, erscheinen erst nach der Blüte. Er besitzt einen Wurzelstock.* **23,5:** *Das laubwaldbewohnende Leberblümchen (Anemone hepatica) überdauert den Winter mit den dreilappigen Lederblättern. Neue Laubblätter entstehen erst nach der Blüte. Die blauen Blüten sind gleich wie die des Buschwindröschens gebaut. Die Pflanze wurde früher als Heilmittel gegen Lebererkrankungen angesehen.* **23,6:** *Der Hohle Lerchensporn (Corydalis cava), ein Bewohner der Hangwälder, verdankt seinen Namen den gespornten Blüten. Der Erdstamm hat die Form einer hohlen Knolle.* **23,7:** *Das waldbewohnende Lungenkraut (Pulmonaria officinalis) ist eine alte Heilpflanze. Seine verschiedengriffligen Blüten sind erst rot, später blau.*

und einer Scheidewand, an deren Rändern die Samen angewachsen sind. Die Frucht ist also eine *Schote*. Die weitgehende Übereinstimmung im Blüten- und Fruchtbau beim Raps und beim Wiesenschaumkraut beruht auf der Verwandtschaft beider Pflanzen.

Sproß. Der Stengel trägt unpaarig gefiederte *Blätter*. Die Fiederblättchen sind bei den oberen Blättern viel schmäler als bei den unteren **(23,1).** Die Grundblätter sterben oft frühzeitig ab, da ihnen andere Wiesenpflanzen das Licht wegnehmen. Vorher haben sich aber oft an den Ansatzstellen der Fiederblättchen der dem Boden anliegenden Blätter Knospen gebildet, aus denen junge Pflänzchen entstehen. Wie bei einigen anderen Frühblühern ist das Dauerorgan des Wiesenschaumkrauts ein *Wurzelstock*.

Die Bedeutung des vorzeitigen Blühens der Frühblüher

Frühblüher können so zeitig im Frühjahr erscheinen, weil in ihren unterirdischen Speicherorganen Stoffe für den Aufbau des oberirdischen Sprosses bereitliegen, der schon im vorhergehenden Herbst als Knospe angelegt wurde. Die Frühblüher des Waldes nutzen so die Zeit vor der Belaubung der Holzgewächse für ihre Entwicklung aus, solange noch genügend Licht auf den Waldboden fällt. Auch auf der Wiese beenden die Frühblüher Blüte und Fruchtreife, noch ehe die übrigen Wiesenpflanzen hochgekommen sind und sie in den Schatten stellen. Der Sensenschnitt schadet ihnen nicht, weil sie zur Zeit der Heuernte ihre Entwicklung in der Regel schon abgeschlossen haben. Die Grundblätter werden von der Sense gar nicht erfaßt; die Frühblüher sind an die *Lebensbedingungen ihres Standortes* angepaßt.

Merkstoff. Frühblüher sind krautige Pflanzen, die mehrere Jahre leben. Solche Pflanzen heißen Stauden. Sie überdauern den Winter mit unterirdischen Speicherorganen. Diese sind Wurzelstöcke (Buschwindröschen, Veilchen, Schlüsselblume), Wurzelknollen (Scharbockskraut) oder Speicherwurzeln (Sumpfdotterblume). Besonderheiten der Bestäubungseinrichtungen zeigen Schlüsselblume und Veilchen. Die Verschiedengriffeligkeit bei der Schlüsselblume sichert die Fremdbestäubung. Beim Veilchen bilden die Staubblätter ein „Streubüchslein". Samenlose Vermehrung ist uns bei den Frühblühern öfters begegnet. Sie erfolgt mit den Dauerorganen (Buschwindröschen), durch Ausläufer (Veilchen) oder durch Knospen, die sich an den Blättern (Wiesenschaumkraut) oder in den Blattachseln (Scharbockskraut) bilden.

23,5

23,6

23,7

Scharfer Hahnenfuß	Scharbockskraut	Buschwindröschen	Leberblümchen

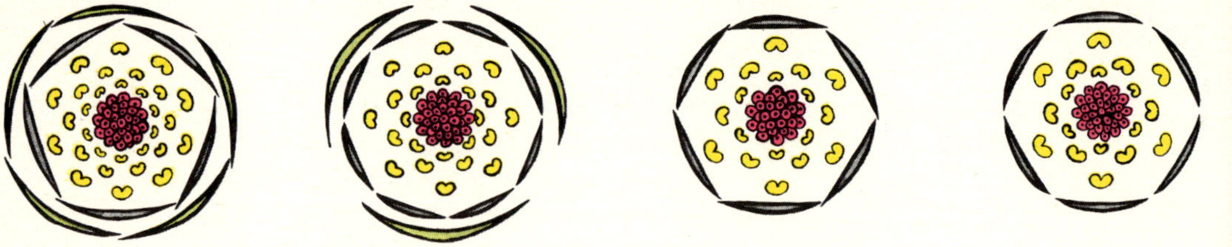

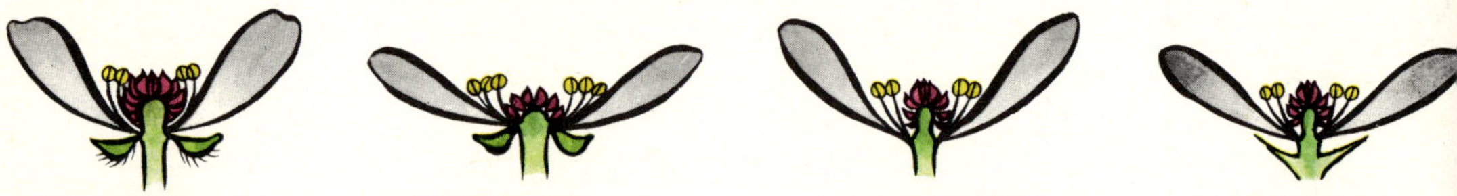

5 Kelchblätter 5 Blütenblätter viele Staubblätter viele Stempel	3 Kelchblätter 8-12 Blütenblätter viele Staubblätter viele Stempel	keine Kelchblätter 6 Blütenblätter viele Staubblätter viele Stempel	3 Hochblätter 6 -10 Blütenblätter viele Staubblätter viele Stempel

24

Nuß	Nuß	Nuß	Nuß

geteilt	ungeteilt, herznierenförmig	geteilt	dreilappig

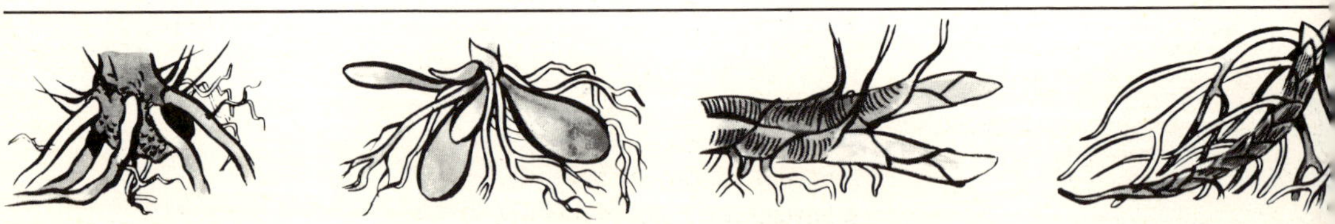

Wurzelstock	Wurzelknollen	Wurzelstock	Wurzelstock

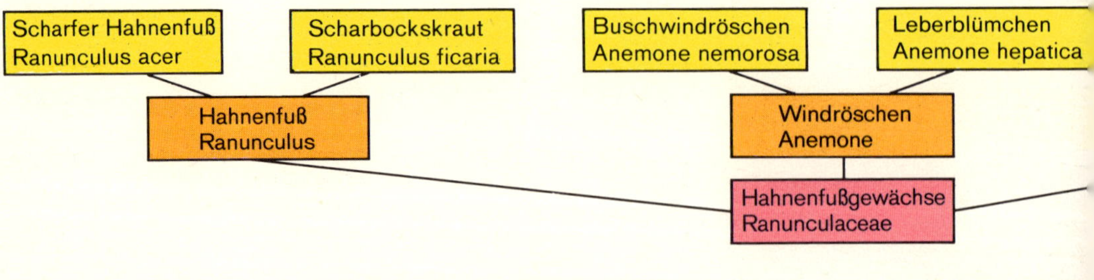

Sumpfdotterblume

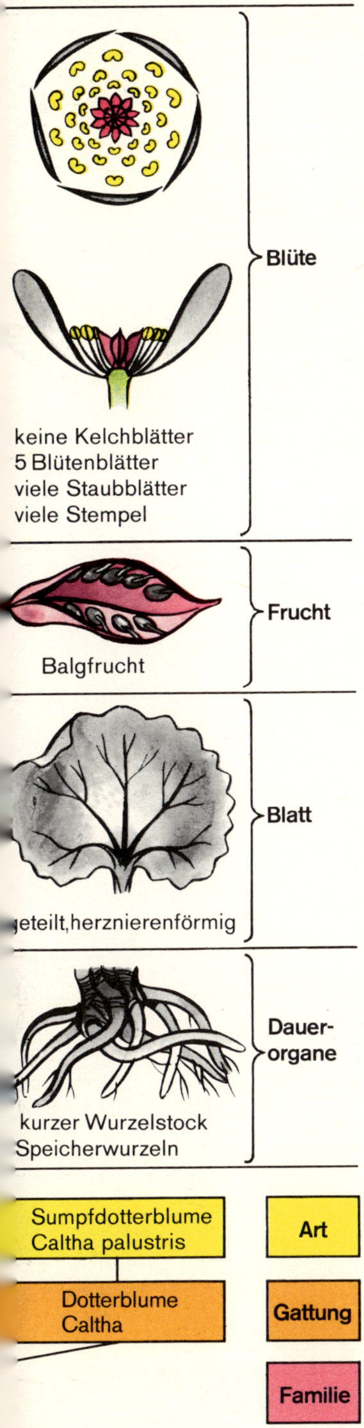

24 Die Verwandtschaft der Pflanzen

Manche Pflanzen zeigen Ähnlichkeit in ihrem Bau, besonders bei *Blüten* und *Früchten*. In der nebenstehenden Tabelle sind Pflanzen mit solchen Ähnlichkeiten zusammengestellt. Die Blüten stimmen zwar hinsichtlich der Blütenhülle nicht überein, doch besitzen sie alle *viele Staubblätter* und *viele Stempel*. Die Früchte sind *Nüsse*, nur die Sumpfdotterblume bildet eine *Balgfrucht* aus. Die *Blätter* sind recht verschieden gestaltet. Alle aufgeführten Pflanzen sind *Stauden* mit unterirdischen Dauerorganen.

Man faßt Pflanzen, die wie die in der Tabelle aufgeführten gemeinsame Merkmale aufweisen, zu Gruppen zusammen. Dabei wird vor allem der *Blüten-* und *Fruchtbau* berücksichtigt. Die Ähnlichkeiten im Bau sind nicht dem Zufall zuzuschreiben, sondern beruhen darauf, daß diese Pflanzen von gemeinsamen Vorfahren abstammen. Sie sind also *miteinander verwandt*. Man unterscheidet verschiedene *Verwandtschaftsgrade*. Alle jene Pflanzen, die in allen wichtigen Merkmalen untereinander, sowie mit ihren Eltern und Nachkommen übereinstimmen, faßt man zu einer **Art** zusammen. Der 24
Scharfe Hahnenfuß oder das *Buschwindröschen* sind solche Arten. Alle Angehörigen dieser beiden Arten ähneln sich in hohem Grade und das Gleiche gilt für ihre Nachkommen. Arten, die im Blüten- und Fruchtbau miteinander übereinstimmen, bilden eine **Gattung.** So gehören *Scharfer Hahnenfuß* und *Scharbockskraut* zur Gattung *Hahnenfuß*, *Buschwindröschen* und *Leberblümchen* zur Gattung *Windröschen* (siehe Tabelle!). Über diese Verwandtschaftsverhältnisse geben die *lateinischen Pflanzennamen* Auskunft. Jeder Name besteht aus 2 Bezeichnungen; die erste ist der **Gattungsname,** die zweite der **Artname.** Lateinische Namen werden außerdem verwendet, weil sie auf der ganzen Welt verstanden werden. Gattungen, die eine Reihe gemeinsamer Merkmale aufweisen, werden zu **Familien** zusammengefaßt. Die Pflanzen der Tabelle gehören zur *Familie der Hahnenfußgewächse*. Durch diese Zusammenfassung der Pflanzen nach Verwandtschaftsgraden bekommt man eine Ordnung, die das **System der Pflanzen** genannt wird. Ohne dieses System wäre bei der Fülle der Einzelpflanzen ein Überblick über die Pflanzenwelt nicht möglich.

Merkstoff. Im System sind die Pflanzen nach ihren Verwandtschaftsverhältnissen geordnet. Dabei wird besonders auf den Blüten- und Fruchtbau geachtet. Wichtige Verwandtschaftsgrade sind die Art, die Gattung und die Familie.

G

25,1: *Die Gewöhnliche Akelei (Aquilegia vulgaris) kommt in Laubwäldern und auf Wiesen vor. Von dort hat sie Eingang in den Ziergarten gefunden, wo sie in vielen Spielarten kultiviert wird. Die 5 Blütenblätter sind zu Honigröhrchen umgewandelt. Zwischen diesen sitzen die flachen, ebenfalls gefärbten Kelchblätter. Die Pflanze ist vollkommen geschützt.* **25,2:** *Der Blaue Eisenhut (Aconitum napellus) ist eine Pflanze der Hoch- und Mittelgebirge und wird außerdem im Garten als Zierpflanze gezogen. Der Blütenstand ist eine Traube. Die einzelnen Blüten sind zweiseitig symmetrisch und gleichen wegen des helmartigen oberen Blatts der Blütenhülle einer Sturmhaube, wovon die Pflanze ihren Namen bekommen hat. Es birgt 2 nektarabsondernde Honigblätter. Die Pflanze steht unter Sammelverbot (S. 68–69).* **25,3:** *Der Ackerrittersporn (Delphinium consolida) ist ein Getreideunkraut. Die Blüten sind zu einer Traube vereinigt. Die zweiseitig symmetrischen Blüten tragen einen Sporn. Er wird vom oberen Blatt der Blütenhülle gebildet und umschließt 2 Honigblätter. Der Gartenrittersporn (Delphinium ajacis) ist eine beliebte Zierpflanze.*

25

25,7; 25,8: *Die Gewöhnliche Waldrebe (Clematis vitalba) ist eine Pflanze der Waldränder. Dort klettert sie mit Hilfe ihrer Blattstiele, die sich um die Stütze krümmen, im Gebüsch empor. Die Blüten besitzen eine vierblättrige Hülle. Die Früchte tragen federartige Flugorgane* **(25,8),** *die sich aus dem Griffel entwickeln.* **25,9:** *Die Pfingstrose (Paeonia officinalis) ist eine Zierpflanze.*

25,4: *Die Trollblume (Trollius europaeus) wächst auf feuchten Wiesen. Die zahlreichen gelben Blütenblätter schließen sich zu einer Kugel zusammen. Die Laubblätter sind denen des Hahnenfußes ähnlich. Die Pflanze steht unter Sammelverbot (S. 68–69).* **25,5:** *Im Wald, am Waldrand und im Gebüsch kommt die Stinkende Nieswurz (Helleborus foetidus) vor. Die Blüte besitzt grüne, rot geränderte Blütenhüllblätter. Zwischen Blütenhülle und Staubblättern finden sich Honigröhrchen. Aus den 3 Fruchtknoten entwickeln sich Balgfrüchte. Die grundständigen, fußförmigen Laubblätter zeigen nach oben alle Übergänge zu den Hochblättern.* **25,6:** *Auf Trockenrasen findet sich die Küchenschelle (Anemone pulsatilla). Als Anpassung an den trockenen Standort besitzt sie eine lange Pfahlwurzel, mit der sie aus tieferen Bodenschichten Wasser entnehmen kann. Die behaarten Blätter sind zum Teil in feine Zipfel aufgespalten. Dadurch wird die Verdunstung herabgesetzt. Nach der Blüte entwickeln sich die Griffel zu einem federartigen Flugorgan, mit dem die Früchte durch den Wind verbreitet werden. Die Pflanze ist vollkommen geschützt.*

25 Die Familie der Hahnenfußgewächse (Ranunculaceae)

Die hier abgebildeten Hahnenfußgewächse stellen nur eine kleine Auswahl dar, denn die *Familie der Hahnenfußgewächse* (Ranunculaceae) ist sehr artenreich. Zu ihr gehören 1200 Arten, die alle in der gemäßigten und kalten Zone leben. In Mitteleuropa kommen rund 100 Arten vor und in Deutschland etwa 80. Allein von der *Gattung Hahnenfuß* gibt es bei uns rund 20 Arten. Diese Artenfülle zeigt deutlich, wie wichtig die Gliederung und Einordnung der Pflanzen in ein System ist. Welches sind nun die gemeinsamen Merkmale der Angehörigen der Familie Hahnenfußgewächse? Von Ausnahmen abgesehen, besitzen alle Blüten viele Staubblätter und mehrere bis viele Stempel (s. Tab. S. 24). Aus diesen gehen Nüßchen oder Balgfrüchte hervor. Die meisten Hahnenfußgewächse sind mehrjährige, krautige Pflanzen (Stauden). Nur die Waldrebe **(25,7)** ist ein Holzgewächs. Die Blätter sind oft geteilt (Trollblume **25,4;** Nieswurz **25,5**), selten ungeteilt (Waldrebe **25,7**).

Merkstoff. Die Familie der Hahnenfußgewächse weist folgende Merkmale auf: 1. Die Blüten besitzen viele Staubblätter und mehrere bis viele Stempel. 2. Die Früchte sind Nüßchen oder Balgfrüchte. 3. Mit Ausnahme der Waldrebe sind die Hahnenfußgewächse Kräuter. Darunter kommen viele Stauden mit unterirdischen Dauerorganen vor.

26,1

26 Liliengewächse im Zier- und Nutzgarten

Die Familie der Liliengewächse (Liliaceae). Nicht wenige Pflanzen des Zier- und Nutzgartens gehören zur *Familie der Liliengewächse*. Ihr Blütenbauplan stimmt mit dem der Tulpe (S. 1–2) überein, die ebenfalls ein Liliengewächs ist. Die regelmäßigen Blüten der Liliengewächse sind *dreizählig*. Auf 2 Kreise mit je 3 Blütenblättern folgen 2 Kreise mit je 3 Staubblättern. Der *oberständige Fruchtknoten* wird von 3 Fruchtblättern gebildet. Die Blütenblätter sind manchmal miteinander verwachsen **(26,3; 26,4).** Die Früchte der hier aufgeführten Pflanzen sind *Kapseln*, nur der Spargel bildet rote *Beeren* **(26,8).** Als Überwinterungsorgane treten bei den mehrjährigen Gewächsen vielfach *Zwiebeln* auf (Tulpe, Weiße Lilie, Stern- und Traubenhyazinthe, Hyazinthe, Sommerzwiebel, Lauch); der Spargel besitzt einen *Wurzelstock*. Die *parallelnervigen Blätter* sind entweder flach **(26,4)** oder röhrenförmig **(26,6).**

Liliengewächse als Nutzpflanzen. *Schnittlauch*, *Sommerzwiebel* und *Lauch* **(26,5–26,7)** gehören zur *Gattung Lauch*. Als weiteres Mitglied dieser Gattung sei noch der bekannte *Knoblauch* erwähnt. Der eigenartige Geruch der Laucharten wird von Lauchölen hervorgerufen. Die Blätter dieser Pflanzen schmecken süßlich, weil in ihnen Zucker statt Stärke gebildet wird (Zuckerblätter). Der *Schnittlauch* **(26,5)** wird im Garten, aber auch in Blumentöpfen gezogen. Die *Sommerzwiebel* **(26,6)** sät man entweder im März oder man

26,1: *Die Weiße Lilie (Lilium candidum) ist eine alte Zierpflanze aus dem Orient. Sie lockt mit ihren weißen Blüten bei Dunkelheit fliegende Schmetterlinge an.* **26,2:** *Die Sternhyazinthe (Scilla bifolia) trägt 2 bis 5 blaue, sternförmige Blüten. Als Wildpflanze kommt sie selten in Hangwäldern vor.* **26,3:** *Zu einer Traube vereinigte, kleine, blaue Blüten mit verwachsenen Blütenblättern besitzt die Traubenhyazinthe (Muscari botryoides). Sternhyazinthe und Traubenhyazinthe sind teilweise geschützte Pflanzen (vgl. S. 68–69).* **26,4:** *Die aus dem Mittelmeergebiet stammende Hyazinthe (Hyacinthus orientalis) hat einen traubigen Blütenstand, dessen duftende Blüten bei den einzelnen Spielarten verschiedene Farben aufweisen. Die Laubblätter sind grundständig.*

G
26,2

G
26,3

26

26,5

26,6

26,7

26,5: *Der Schnittlauch (Allium schoenoprasum) kommt als Wildpflanze im Flachmoor vor. Die röhrenförmigen Blätter dienen als Gewürz.* **26,6:** *Die aus Westasien stammende Sommerzwiebel (Allium cepa) ist über Italien zu uns gekommen. Die zum Würzen verwendbaren fleischigen Zwiebelschalen sind die unteren, angeschwollenen Abschnitte der Blätter. Blätter und Stengel sind röhrenförmig.* **26,7:** *Die flachen Blätter des aus dem Mittelmeergebiet stammenden Lauches (Allium porrum) werden als Gemüse genossen.* **26,8:** *Vom Spargel (Asparagus officinalis) dienen die jungen, unterirdischen Triebe, die vom Wurzelstock gebildet werden, als Gemüse. Läßt man sie im Boden, dann wachsen aus ihnen grüne Sprosse mit kleinen weißen Blüten und roten Beerenfrüchten hervor.*

bringt im April Steckzwiebeln in die Erde. Im Sommer können die Zwiebeln geerntet werden. Bevor man sie aufbewahrt, läßt man sie zunächst noch einige Tage zum Trocknen im Freien liegen. Beim *Lauch* **(26,7)** unterscheidet man Sommer- und Winterlauch. Der Sommerlauch wird schon ab Juni geerntet. Der Winterlauch bleibt den Winter über im Garten stehen. Den *Spargel* **(26,8)** zieht man in großen Gärten oder auf Feldern. Die jungen Triebe werden, wenn sie eben die Erdoberfläche erreichen, mit einem Messer möglichst weit unten abgeschnitten (gestochen). Um lange Triebe zu bekommen, errichtet man über den Pflanzen Erdwälle. Ab Juni werden die Spargeln nicht mehr gestochen. Es entwickeln sich dann grüne, oberirdische Sprosse, die einem Bäumchen gleichen. Die Blätter sind braune Schuppen. In ihren Achseln sitzen grüne, flache, kleine Sprosse, die den Nadeln unserer Nadelhölzer ähneln. Sie übernehmen die Aufgabe der Blätter.

Merkstoff. Die Liliengewächse sind Pflanzen mit regelmäßigen, dreizähligen Blüten und oberständigen Fruchtknoten. Als Früchte treten Kapseln oder Beeren auf. Die Nerven der Laubblätter verlaufen parallel. Die Familie umfaßt 2800 Arten (80 in Mitteleuropa). Sie enthält in den Tropen auch baumförmige Holzpflanzen. Viele Liliengewächse sind Zier- und Nutzpflanzen.

26,8

27,1: *Mit der Schneeschmelze erscheint das Schneeglöckchen (Galanthus nivalis), ein Zwiebelgewächs. Bei den hängenden Blüten unterscheiden sich die Blütenblätter der beiden Kreise in Größe und Bau.* **27,2:** *Die Blütenblätter der ähnlichen Frühlingsknotenblume (Leucojum vernum) sind alle gleich ausgebildet.* **27,3:** *Der Krokus (Crocus sativus) überwintert mit einer Sproßknolle. Es werden mehrere Arten gezogen, mit weißen, gelben oder blauen Blüten.*

27

27 Narzissen- und Schwertliliengewächse im Ziergarten

Die auf diesen Seiten abgebildeten Pflanzen stimmen im Blütenbau weitgehend überein **(27,1–27,7).** Bei allen ist die Blütenkrone *6blättrig* und der Fruchtknoten *unterständig.* Schneeglöckchen, Frühlingsknotenblume und Narzissen haben *6 Staubblätter*; Krokus, Schwertlilie und Gladiole jedoch nur *3*. Auf diesem Unterschied beruht die Einteilung in zwei Familien. Die erstgenannten Pflanzen gehören zur *Familie der Narzissengewächse* (Amaryllidaceae), die anderen zur *Familie der Schwertliliengewächse* (Iridaceae). Bei den Narzissengewächsen treten als Früchte *Kapseln* und *Beeren* auf, bei den Schwertliliengewächsen nur *Kapseln.* Die erwähnten Pflanzen besitzen als Dauerorgane *Zwiebeln* (Schneeglöckchen, Frühlingsknotenblume, Narzissen), *Knollen* (Krokus, Gladiole) oder *Wurzel-*

27,4; 27,5: *Bei den Narzissen sind die Blütenblätter unten zu einer Röhre verwachsen. An deren Eingang sitzt eine Nebenkrone. Die Weiße Narzisse* **(27,4;** *Narcissus poeticus), die von Schmetterlingen besucht wird, hat eine lange Blütenröhre und eine kurze, rot geränderte Nebenkrone. Umgekehrt verhält es sich bei der von Hummeln besuchten Gelben Narzisse* **(27,5)** *oder Osterglocke (Narcissus pseudonarcissus).* **27,6:** *Die Schwertlilien (Gattung Iris) verdanken ihren Namen den schwertförmigen Blättern. Die Blütenblätter sind zu einer Röhre verwachsen. Die 3 äußeren, größeren hängen nach unten, während die kleineren, inneren aufrecht stehen. Die Narben befinden sich auf der Unterseite der 3 blütenblattartigen Griffeläste. Unter den Griffelästen sitzen die 3 Staubblätter. Blütenbesucher saugen aus der Blütenröhre Nektar.* **27,7:** *Gladiolen (Gattung Gladiolus) werden häufig in Gärten gepflanzt. Ihre zu Trauben vereinigten Blüten sind zweiseitig symmetrisch.*

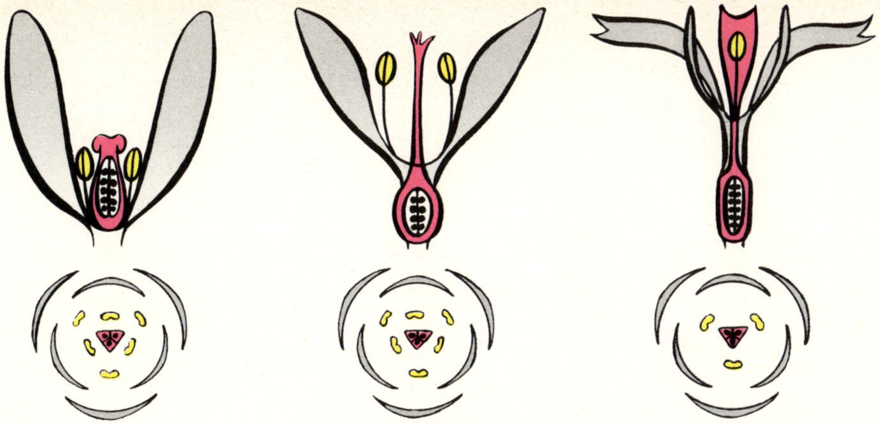

Liliengewächse (Liliaceae)	Narzissengewächse (Amaryllidaceae)	Schwertliliengewächse (Iridaceae)
Regelmäßige Blüten	Regelmäßige Blüten	Regelmäßige oder zweiseitig symmetrische Blüten
6 Blütenblätter	6 Blütenblätter	6 Blütenblätter
6 Staubblätter	6 Staubblätter	3 Staubblätter
oberständiger Fruchtknoten	unterständiger Fruchtknoten	unterständiger Fruchtknoten
Früchte: Kapseln oder Beeren	Früchte: Kapseln oder Beeren	Früchte: nur Kapseln

27 *stöcke* (Schwertlilien). Die Blätter sind durchweg *parallelnervig*. Wenn man die Blüten der Familien der Lilien-, Narzissen- und Schwertliliengewächse miteinander vergleicht, zeigt sich eine Ähnlichkeit der Baupläne bei nicht sehr tiefgreifenden Unterschieden (Tabelle). Diese Familien sind miteinander verwandt. In gleiche Richtung weisen die Fruchtformen. Verwandte Familien werden zu einer nächsthöheren Einheit, der *Ordnung*, zusammengefaßt; unsere Familien zur *Ordnung der Lilienartigen* (Liliiflorae).

Zusammenfassung. Familien, die wie die Liliengewächse, Narzissengewächse und Schwertliliengewächse miteinander verwandt sind, werden zu Ordnungen zusammengefaßt. Die Narzissen- und Schwertliliengewächse enthalten je rund 1000 Arten, die über die ganze Welt verteilt sind. Die nicht einheimischen Freesien und Montbretien (Schwertliliengewächse) sind als Zierpflanzen beliebt.

27,5

27,6

27,7

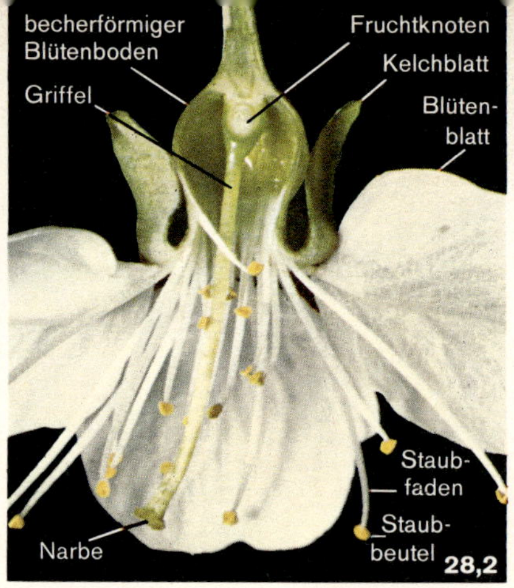

28,1: *Die Blüten der Kirsche stehen in doldenartigen Büscheln.* **28,2:** *Längsschnitt durch die Kirschblüte.* **28,3:** *Steinfrucht der Kirsche. Eine Frucht ist der Länge nach durchgeschnitten.*

28–30 Im Obstgarten – die Familie der Rosengewächse (Rosaceae)

Obstbäume, Beerensträucher und Erdbeerstauden sind die Pflanzen unserer Obstgärten. Bei den meisten von ihnen stimmt der Blütenbau mit dem der Heckenrose überein: diese Pflanzen gehören zu den *Rosengewächsen* (vgl. Tab. S. 30). Nur bei Stachel- und Johannisbeersträuchern weicht der Blütenbau stärker ab, beim Walnußbaum ist er völlig anders.

Die Süßkirsche (Prunus avium)

Blüte. Noch einige Tage vor der Birnen-, Apfel- und Pflaumenblüte brechen die Blüten der *Kirsche* auf **(28,4)**. Sie stehen in doldenartigen Büscheln beieinander **(28,1)**. Sie besitzen einen becherförmigen Blütenboden, in dessen Höhlung der von einem Fruchtblatt gebildete Fruchtknoten frei steht **(28,2)**: er ist *mittelständig* (unterständige Fruchtknoten sind mit dem Blütenboden verwachsen). Der Rand des Blütenbodens trägt 5 grüne Kelchblätter, 5 weiße Blütenblätter und zahlreiche Staubblätter mit dunkelgelben Staubbeuteln (vgl. Tab. S. 28). Die Blüten werden von Bienen und Hummeln beim Nektar- und Blütenstaubsammeln bestäubt.

Frucht. Aus dem Fruchtknoten bildet sich die *Frucht*. Alle übrigen Blütenteile fallen ab. Die Frucht **(28,3)** ist aus 3 Schichten aufgebaut. Auf eine dünne Haut folgt nach innen eine mittlere, saftige Schicht. Die innerste steinharte Schicht umschließt den von der Samenschale umgebenen Samen. Es ist eine *Steinfrucht*.

28,4: *Der Beginn der Kirschblüte fällt in unseren wärmsten Gegenden nach dem langjährigen Mittel auf den 23. April und in unseren kältesten Gegenden auf den 19. Mai.*

28

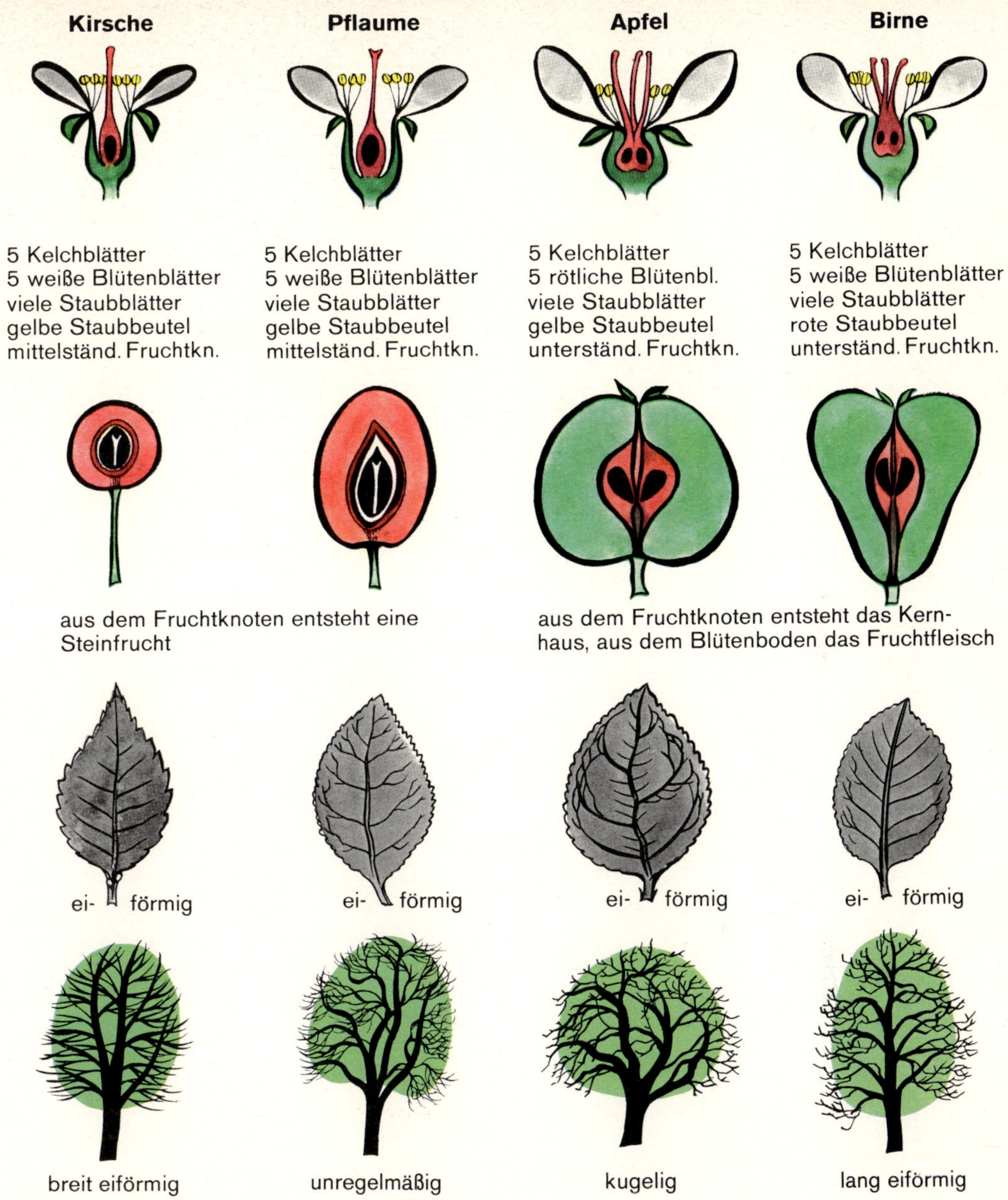

28,5–28,9: Steinfrüchte. 28,5: *Pflaume (Prunus domestica).* **28,6:** *Reineclaude (Prunus italica).* **28,7:** *Mirabelle (Prunus syriaca).* **28,8:** *Aprikose (Prunus armeniaca).* **28,9:** *Pfirsich (Prunus persica). Diese Pflanzen besitzen ähnliche Blüten wie die Kirsche, mit der sie verwandt sind.*

Der Baum. Die Süßkirsche trägt auf einem hohen *Stamm* eine breit eiförmige *Krone* (vgl. Tab. S. 28), die locker verzweigt ist. In der Jugend umgibt den Stamm eine glatte, rötlichgraue *Ringelborke*, die sich in papierdünnen, ringförmigen Streifen ablöst. Mit zunehmender Dicke des Stammes geht die Ringelborke in eine längsrissige, dunkelgefärbte *Schuppenborke* über. Die Blätter sind *eiförmig*, haben eine Träufelspitze und einen *gesägten Blattrand* (vgl. Tab. S. 28).

Verwandte. Neben der Süßkirsche wird die *Sauerkirsche* (Prunus cerasus) angepflanzt. *Weitere Steinfrüchte*, darunter die *Pflaume*, zeigen die Abbildungen **28,5–28,9.** Alle diese Pflanzen sind mit der Kirsche nahe verwandt, wie auch der *Mandelbaum* (Prunus amygdalus), der bei uns aber nur in warmen Lagen gedeiht. *Apfelbaum* (Malus domestica) und *Birnbaum* (Pirus domestica), die mit der Kirsche nicht so nahe verwandt sind, haben etwas andere Blüten und Früchte. In der Tabelle S. 28 sind von Kirsche, Pflaume, Apfel und Birne Blüten- und Fruchtbau, sowie Blatt- und Baumform nebeneinander dargestellt. Der Fruchtknoten der Apfel- und Birnenblüten ist *unterständig*, also mit dem Blütenboden verwachsen. Er wird von 5 Fruchtblättern gebildet (bei der Birne auch von 4). Die 5 Griffel sind beim Apfel unten miteinander verwachsen. Aus dem Fruchtknoten geht das fünffächerige (vierfächerige) *Kernhaus* hervor, während das Fruchtfleisch vom Blütenboden gebildet wird. Jedes Kernhausfach enthält 2 Samen (Kerne). Die Früchte gehören zum *Kernobst*. Dazu gehören auch die Früchte der *Quitte* (Cydonia oblonga).

Der Walnußbaum. Die *Walnuß* (Juglans regia) wird bei uns seit der Römerzeit angepflanzt. Sie stammt aus den Ländern, die das östliche Mittelmeer umgeben. Ihr Blatt ist unpaarig gefiedert **(29,1).** Da sie in warmen Ländern beheimatet ist, leidet sie bei uns oft unter Frösten. Die Blüten weisen eine unscheinbare Blütenhülle auf **(29,2).** Die Bestäubung besorgt der Wind, der den Blütenstaub verweht. Dabei werden Pollenkörner von den großen Narben aufgefangen. Die Frucht ist eine *Steinfrucht* **(29,3);** dennoch zeigt der abweichende Blütenbau, daß der Walnußbaum nicht mit den erwähnten Steinobstgewächsen verwandt ist. Im Stein befindet sich der von einer braunen, abziehbaren Schale umhüllte *Same*. In den lappigen, ölreichen Keimblättern sind Reservestoffe gespeichert. Die Samen werden gegessen oder zu Öl ausgepreßt. Der Baum liefert ein wertvolles Möbelholz.

29,1: *Die aromatisch duftenden Blätter des Walnußbaums sind unpaarig gefiedert.* **29,2:** *Seine Blüten enthalten entweder nur Staubblätter (Staubblüten oder männliche Blüten: ♂) oder nur Stempel (Stempelblüten oder weibliche Blüten: ♀). Die Staubblüten sind zu Kätzchen vereinigt, während die Stempelblüten zu wenigen an den Triebspitzen sitzen.* **29,3:** *Die Frucht ist eine Steinfrucht. Die äußere Fruchtschicht ist grün. Sie kann zum Bräunen benützt werden.*

Die Himbeere (Rubus idaeus). Der Strauch wächst wild auf Waldlichtungen und an Waldrändern. Wegen seiner wohlschmeckenden Früchte **(29,4)** wird er oft angepflanzt. Man nimmt dazu die Sprosse, die aus den Wurzeln der Pflanze austreiben *(Wurzelschößlinge)*. Die Fiederblätter sind unterseits weißfilzig behaart. Die Stacheln sind nur klein.

Auch die **Brombeere** (Rubus fruticosus) ist eine Waldpflanze, die an den gleichen Stellen wie die Himbeere vorkommt. Sie bildet oft ein dichtes Gestrüpp, das wegen der kräftigen, gebogenen Stacheln fast undurchdringlich ist. Die gefingerten Blätter werden gesammelt und getrocknet für Brombeerblättertee, den man bei Durchfall einnimmt. Zur Erde herabgezogene Zweige bewurzeln sich; dadurch kann die Brombeere leicht vermehrt werden. Mit abgespreizten Seitenzweigen klettert sie an Pflanzen oder anderen Stützen empor. Die großfrüchtigen Gartenbrombeeren **(29,5)** stammen aus Amerika. – Die Früchte von Himbeere und Brombeere werden teils als Frischobst gegessen und teils zur Herstellung von Kuchen, Marmelade und Saft verbraucht.

29 Die **Rote Johannisbeere** (Ribes rubrum) wird nur noch selten wild angetroffen. Seit dem 15. Jahrhundert hat sie Eingang in unsere Gärten gefunden. Dort wird sie als Strauch oder Bäumchen (Hochstamm) gezogen. Die unscheinbaren Blüten besitzen einen *unterständigen Fruchtknoten*, 5 große Kelch-, 5 kleine Blüten- und 5 Staubblätter. Die roten Beeren **(29,6)** reifen um Johanni (24. Juni), wovon die Pflanze ihren Namen hat. Die Früchte der *Schwarzen Johannisbeere* (Ribes nigrum; **29,7**) enthalten reichlich Vitamin C.

Die **Stachelbeere** (Ribes uva-crispa) kommt wild in Wäldern, an Waldrändern und auf Steinriegeln vor. Seit rund 400 Jahren hat sie der Mensch in den Garten geholt, wo die stachelige Pflanze ebenfalls als Strauch oder Bäumchen gezogen wird **(29,8)**. Die Stachelbeere hat ähnliche Blüten wie die Johannisbeere. Beide Pflanzen gehören zur *Familie der Steinbrechgewächse* (Saxifragaceae). Ihre Früchte werden als Obst gegessen oder dienen zur Marmeladebereitung.

29,4: *Die Blüten der Himbeere sind ähnlich gebaut wie die der Erdbeere. Aus den auf dem langgestreckten Blütenboden sitzenden Fruchtknoten entstehen rote Steinfrüchtchen, die zu einer Sammelfrucht vereinigt sind.* **29,5:** *Aus schwarzen Steinfrüchtchen ist die Sammelfrucht der Brombeere zusammengesetzt.* **29,6** *und* **29,7:** *Die Fruchtstände der Roten und Schwarzen Johannisbeere sind kleine, hängende Trauben mit Beeren.* **29,8:** *Die grünen, gelben oder roten Beeren der Stachelbeere sitzen einzeln am Strauch.*

29,4

29,5

29,6

29,7

29,8

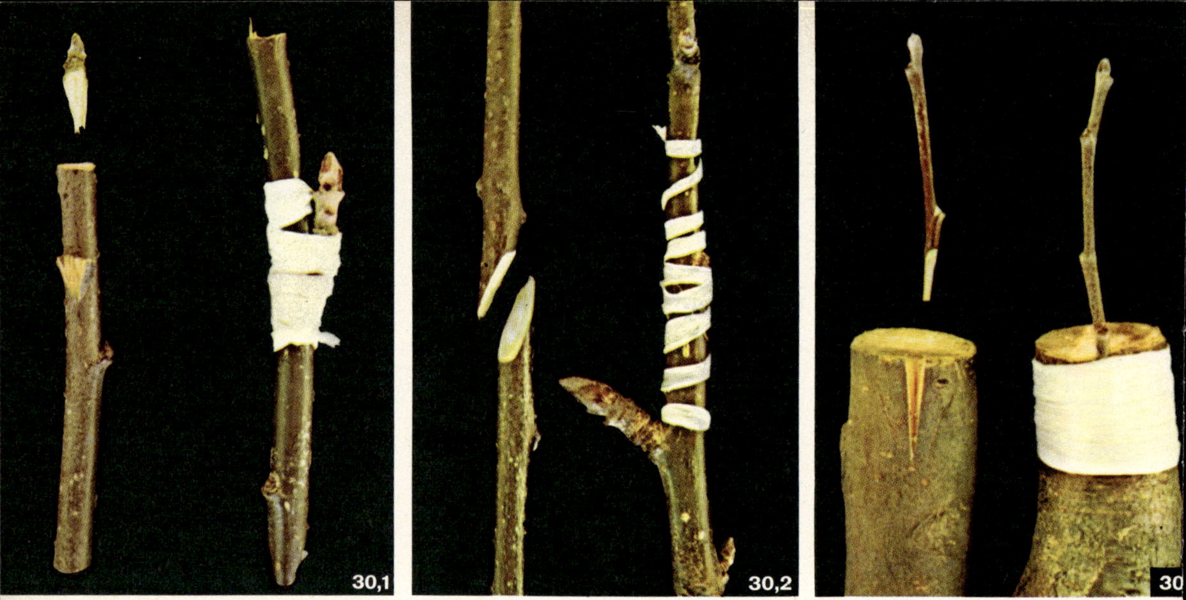

30,1–30,3: *Arten der Veredelung. Okulieren* **(30,1)**. *Kopulieren* **(30,2)**. *Pfropfen* **(30,3)**.

Die Herkunft unserer Obstbäume. Wildformen kommen bei uns von Apfel, Birne und Süßkirsche vor. *Holzapfel* und *Holzbirne* sind dornige Sträucher oder Bäume mit kleinen, herb schmeckenden Früchten. Ob die Süßkirsche von der *Vogelkirsche*, einem Waldbaum, abstammt, ist unsicher. Die Pflaume ist in Vorderasien, der Mandelbaum in Persien beheimatet. Pfirsich und Aprikose sind schon im Altertum von Ostasien nach Europa gebracht worden.

Zucht und Veredelung. Aus den *Wildformen* entstanden *durch Auslese Kulturformen.* Seit Jahrtausenden hat der Mensch solche Pflanzen ausgelesen und vermehrt, deren Eigenschaften ihm zusagten. Da z. B. bei Apfel und Birne schwach bewehrte Bäume bevorzugt abgeerntet wurden, bekam man Kulturformen ohne Dornen. Auch Größe und Geschmack der Früchte wurden durch Auslese verbessert. Vermehrt man Obstsorten *durch Samen*, dann gleichen die Nachkommen der Mutterpflanze nicht. Manchmal erhält man dabei solche mit erwünschten Eigenschaften. Da sie aber nicht samenecht sind, können diese Eigenschaften nur samenlos *durch Veredelung* vermehrt werden. Dabei überträgt man ein knospentragendes Teilstück der zu vermehrenden Sorte, das *Edelreis*, auf einen Wildling, die *Unterlage*. Beim *Okulieren* **(30,1)** wird ein Auge (Knospe mit Rinde) in einen T-förmigen Rindeneinschnitt der Unterlage geschoben. Beim *Kopulieren* **(30,2)** werden die schrägen Schnittflächen von Reis und Unterlage aufeinandergesetzt. Beim *Pfropfen* **(30,3)** wird das spitz zugeschnittene Reis in einen seitlichen Einschnitt der Unterlage eingefügt.

Bedeutung des Obstes für die Ernährung. Der Nährwert des Obstes ist gering, doch enthält besonders frisches Obst die für unsere Gesundheit wichtigen *Vitamine*. Da es außerdem die Darmtätigkeit fördert, ist es ein wichtiger Bestandteil unserer Nahrung.

Merkstoff. Die besprochenen Obstarten, mit Ausnahme von Stachelbeere, Johannisbeere und Walnuß, gehören zur Familie der Rosengewächse. Rosengewächse besitzen regelmäßige, fünfzählige Blüten mit vielen Staubblättern. Ihre wechselständigen Blätter tragen Nebenblätter. Die Gattungen der artenreichen Familie (2000 Arten) werden nach dem Fruchtbau zu Unterfamilien zusammengefaßt (z. B. Steinobst- und Kernobstgewächse).

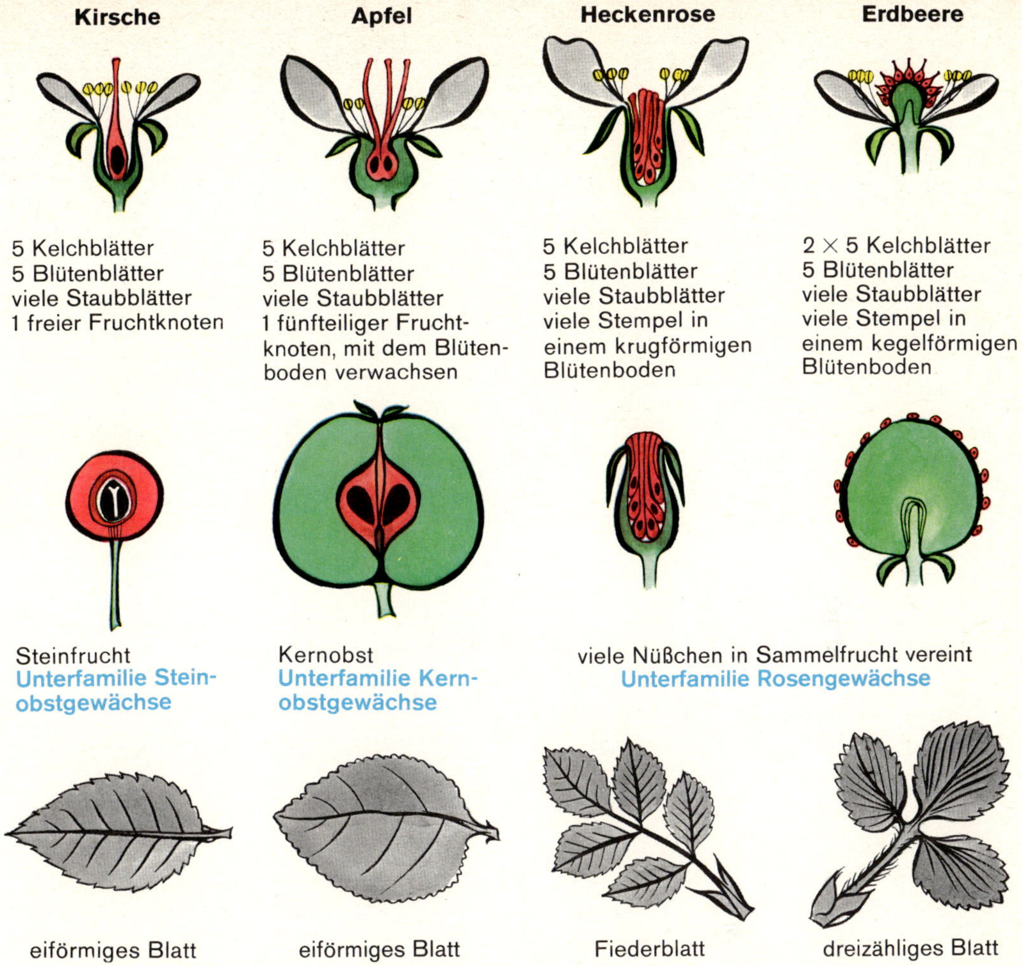

30

30,4–30,6: *Krautige Rosengewächse.* **30,4:** *Nasse Wiesen bewohnt die Bachnelkenwurz (Geum rivale).* **30,5:** *Der Odermennig (Agrimonia eupatoria) wächst an trockenen Stellen.* **30,6:** *Im Sommer schmücken die dunkelroten Blütenköpfchen des Großen Wiesenknopfes (Sanguisorba officinalis) feuchte Wiesen.*

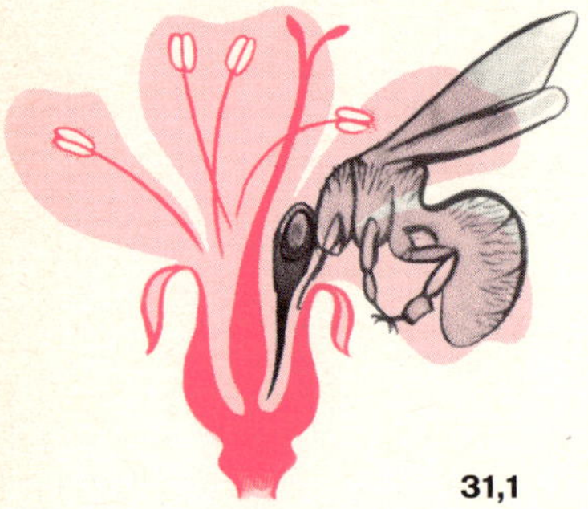

31,1

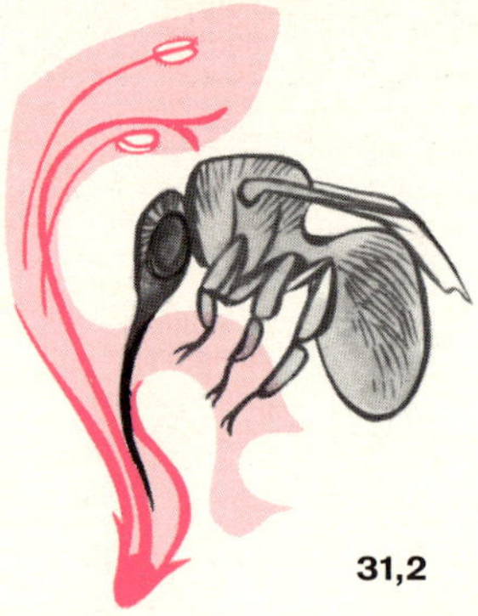

31,2

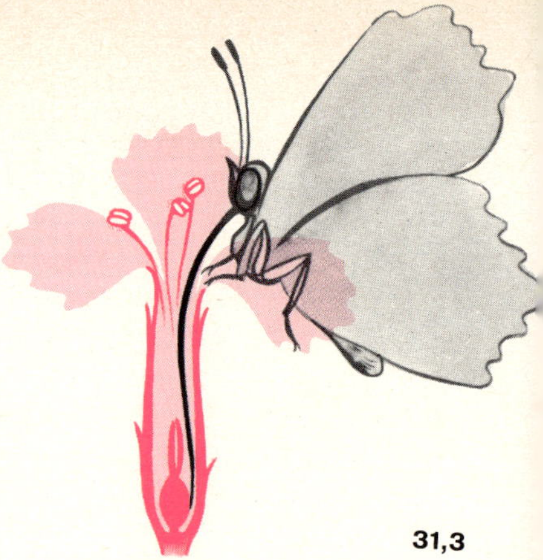

31,3

31,1–31,3: Bestäubung durch Insekten. *Oft bewirkt der Blütenbau, daß nur bestimmte Tiere zum Nektar gelangen und die Bestäubung ausführen können. Die Kirschblüte ist eine Bienenblume* **(31,1)**, *die Taubnessel eine Hummelblume* **(31,2)** *und die Nelkenblüte eine Falterblume* **(31,3)**.

31–33 Blüten und Insekten

Viele Blüten werden von *Insekten* besucht, von Bienen, Hummeln, Schmetterlingen, Fliegen und Käfern. Diese Tiere finden in den Blüten Nahrung, und zwar *Pollen* und *Nektar*. Bei der Nahrungssuche vollziehen sie unabsichtlich die *Bestäubung*. Oft sind der Körperbau der Tiere und der Blütenbau aufeinander abgestimmt **(31,1–31,3)**. Dann erkennt man am Bau der Blüte, von welchen Tieren sie bestäubt wird. Nach den Besuchern nennen wir solche Blüten Bienen-, Hummel-, Fliegen- und Falterblumen.

Bienen- und Hummelblumen

Der Wiesensalbei (31,4). Bei jungen Lippenblüten des *Wiesensalbeis* ragt nur das Griffelende etwas aus der Blüte hervor **(31,6)**. Schieben wir in eine solche Blüte einen Grashalm, dann klappen die 2 Staubbeutel nach unten **(31,7)**. Sie waren unter der Oberlippe verborgen. Wenn wir den Grashalm zurückziehen, nehmen sie ihre alte Lage wieder ein. An einer längsgeschnittenen Blüte **(31,7)** sehen wir, wie die Bewegung zustande kommt. Im Innern der Blüte sind *2 Hebel*. Am Ende der langen Hebelarme sitzt je 1 Staubbeutel,

31,4

31,5

31,4: *Der Wiesensalbei (Salvia pratensis) wächst auf trockenen Wiesen. Seine blauen Blüten sind Lippenblüten, wie wir sie bei der Taubnessel kennengelernt haben.*

31,5: *Der Wiesenklee (Trifolium pratense) besitzt Schmetterlingsblüten (siehe Erbse S. 12). Die verhältnismäßig kleinen, roten Blüten sind zu Köpfchen vereinigt. Die meisten Blätter sind dreizählig. Der Wiesenklee wächst auf Wiesen, wird aber auch als Futterpflanze angebaut.*

während die kurzen Hebelarme zu *Platten* verbreitert sind. Diese sind miteinander verwachsen und versperren den Zugang zum *Nektar*, der am Grunde der Blütenröhre ausgeschieden wird. Mit ihr sind die Hebel durch ein kleines Stielchen gelenkig verbunden. Die ganze Vorrichtung ähnelt einem *Schlagbaum*. Bienen und Hummeln setzen bei der Nektarsuche die „Schlagbäume“ in Bewegung. Sie lassen sich auf der Unterlippe nieder und führen ihren Rüssel in die Blütenröhre ein. Er reicht bis auf den Grund der Blütenröhre, und sie besitzen auch die nötige Kraft, um die Platte, die dabei im Weg steht, nach hinten zu drücken. Dann bewegen sich die langen Hebelarme nach unten und die Staubbeutel laden Blütenstaub auf dem behaarten Rücken des Besuchers ab **(31,8)**. An älteren Blüten hängt der Griffel weit herab, und die beiden Narbenäste sind gespreizt **(31,9)**. Beim Besuch einer solchen Blüte streifen die Tiere die Narbe mit dem Rücken und bestäuben sie dabei. Die Salbeiblüte ist *vorstäubend*. Dadurch wird *Fremdbestäubung* gesichert.

Der Wiesenklee (31,5). Bei den Schmetterlingsblüten des *Wiesenklees* **(31,10)** sind die Blütenblätter untereinander
31 und mit den 9 unteren Staubblättern zu einer Röhre verwachsen. Oben beim 10. freien Staubblatt befindet sich ein Schlitz, der den Zugang zu dem am Grunde des Fruchtknotens abgeschiedenen *Nektar* darstellt **(31,11)**. Er ist nur langrüsseligen und kräftigen Hummeln zugänglich. Die Tiere setzen sich auf Flügel und Schiffchen, schieben den Kopf unter die Fahne und führen den Rüssel in die Blütenröhre ein. Unter ihrem Gewicht werden Flügel und Schiffchen nach unten gedrückt. Dadurch kommen Griffel mit Narbe und die Staubblätter zum Vorschein. Die Hummel wird auf der Unterseite des Kopfes eingestäubt und gibt ihrerseits Blütenstaub von früheren Besuchen an die Narbe ab. Nur fremder Blütenstaub ist wirksam. Beim Abflug klappen die Blütenteile in ihre alte Lage zurück. Die Blüte besitzt eine *Klappvorrichtung*. Allerdings verschaffen sich auch kurzrüsselige Bienen und Erdhummeln den Nektar, indem sie in die Blütenröhre ein Loch beißen. Sie bestäuben aber die Blüte dabei nicht.

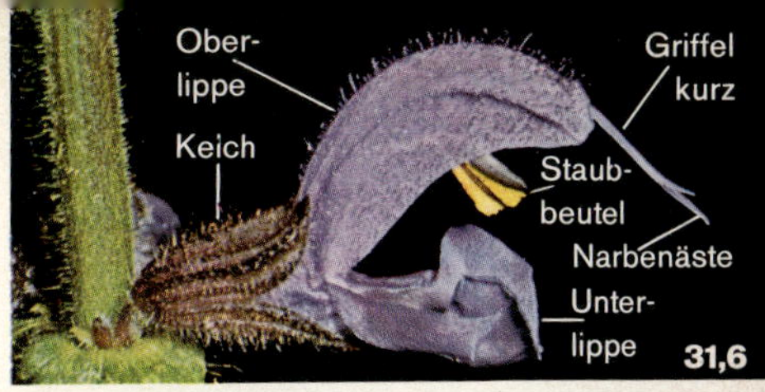

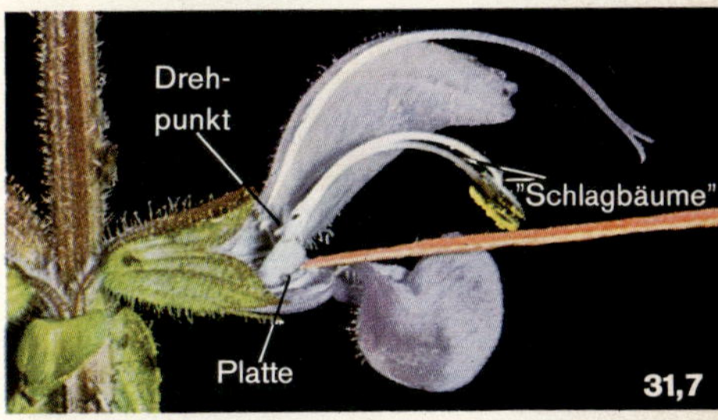

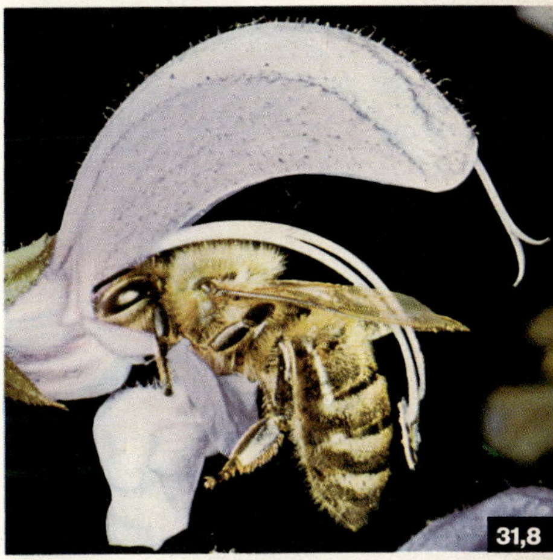

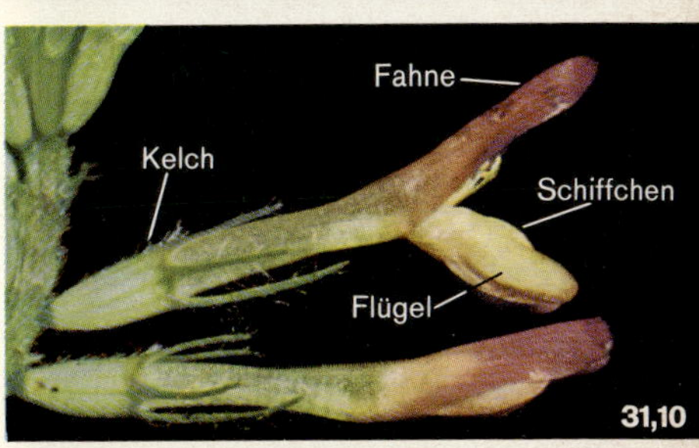

31,6: *Junge Lippenblüte des Wiesensalbeis.* **31,7:** *Junge Salbeiblüte längs geschnitten. Das Hölzchen stößt gegen die Platte und drückt dadurch die Staubblätter abwärts.* **31,8:** *Die Biene löst beim Blütenbesuch die Hebelwirkung aus.* **31,9:** *Alte Lippenblüte des Wiesensalbeis. Der verlängerte Griffel ist nach unten gebogen, die Narbenäste sind gespreizt.* **31,10:** *Schmetterlingsblüten des Wiesenklees.* **31,11:** *Kleeblüte im Längsschnitt. Staubblätter und Stempel sind im Schiffchen eingeschlossen.*

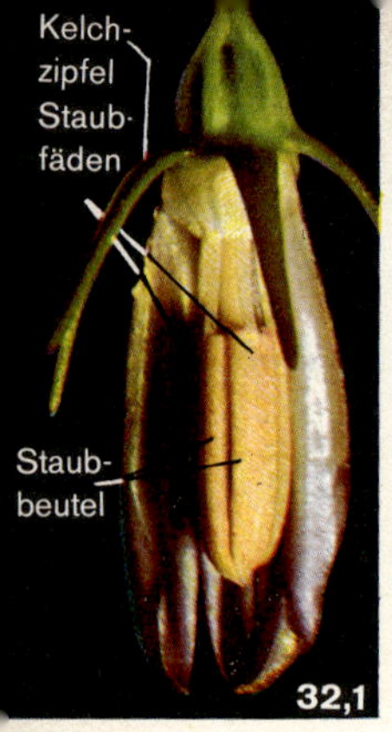

32,1: *Längsschnitt durch die Blütenknospe der Glockenblume.* **32,2:** *Junge Glockenblumenblüte. Die Staubblätter sind verwelkt, der Blütenstaub ist auf der Griffelbürste abgelagert.* **32,3:** *Alte Blüte der Glockenblume mit gespreizten Narbenästen.* **32,4:** *Oben junge und unten alte Augentrostblüte.*

Bienen- und Fliegenblumen

Die Rundblättrige Glockenblume (32,8) besitzt blaue Blüten, die einem Glöckchen ähneln. Auf dem unterständigen Fruchtknoten sitzt die gelbe, scheibenförmige Nektardrüse. Die verbreiterten unteren Enden der 5 Staubfäden überwölben diese kuppelförmig. Da die spaltenartigen Zugänge zwischen den Verbreiterungen durch Härchen verschlossen sind, können nur kräftige Insekten, wie die Honigbienen, zum Nektar gelangen. Gefüllte Staubbeutel findet man in den Blütenknospen **(32,1)**. Sie umgeben den Griffel und liegen ihm dicht an. Noch in der Knospe öffnen sie sich und lagern gelben Blütenstaub auf den Haaren des Griffels ab *(Griffelbürste)*. Alsbald verwelken die Staubblätter und die Blüte öffnet sich **(32,2)**. Die Bienen klettern am Griffel zum Nektar empor und beladen sich dabei mit Blütenstaub. Später spreizen sich die 3 Narbenäste und biegen sich nach außen um **(32,3)**. So können jetzt die Besucher bei den älteren Blüten Pollen auf der warzigen Innenfläche der Narbenäste abladen. Da die Blüten *vorstäubend* sind, stammt dieser von jungen Blüten *(Fremdbestäubung!)*

Der Wiesen-Augentrost (32,9). Die Blüten ähneln mit ihrer Ober- und Unterlippe einer Lippenblüte. Da der Fruchtknoten aber ungeteilt ist, handelt es sich um eine *Rachenblüte*. Auf der Unterlippe finden sich feine Linien, die auf den gelben Schlund der Blütenkrone

32,8: *Die Rundblättrige Glockenblume (Campanula rotundifolia) blüht von Mai bis Oktober. Sie wächst auf trockenen Wiesen, in Wäldern und in Felsspalten. Der Name bezieht sich auf die rundlichen Grundblätter.* **32,9:** *Der Wiesen-Augentrost (Euphrasia rostkoviana) blüht im Sommer. Die Pflanze wurde früher als Heilmittel gegen Augenleiden benützt. Der Augentrost zapft mit Saugwurzeln die Wurzeln anderer Pflanzen an und entzieht ihnen Nährstoffe.*

32,5: *Blüten des Gamander-Ehrenpreises. Sie besitzen einen abwärts gerichteten Griffel und 2 seitwärts gespreizte Staubblätter. Die untere Blüte zeigt die Stellung der Staubblätter beim Insektenbesuch.* **32,6:** *Junge Blüte des Wiesen-Labkrauts mit reifen Staubblättern und* **32,7:** *alte Blüte mit reifen Narben und gespreizten Griffeln.*

zulaufen. Diese auffallende Färbung zeigt den blütenbesuchenden Bienen an, wo der Nektar zu finden ist. Solche *Saftmale* besitzen viele Blüten. Bei jungen Blüten ragt der Griffel mit der Narbe unter der Oberlippe hervor, verwelkt aber bald **(32,4).** Die Kronröhre wächst, und die 4 reifen Staubbeutel stehen danach an der Stelle, die früher die Narbe eingenommen hat. Wenn die Besucher die von den Staubbeuteln in den Blüteneingang ragenden Zipfel berühren, wird trockener Blütenstaub auf ihren Kopf geschüttelt. Von dort gelangt er auf die Narben junger Blüten. Die Blüten sind *nachstäubend.*

Der Gamander-Ehrenpreis (32,10) besitzt blaue Blütenblätter. Die Besucher, hauptsächlich Schwebfliegen, setzen sich auf das kleinere untere Blütenblatt und saugen Nektar aus
32 der kurzen Kronröhre. Dabei berühren sie mit der Unterseite zuerst die Narbe, auf der mitgebrachter Pollen hängenbleibt. Dann ergreifen sie die 2 Staubblätter mit den Vorderbeinen. Da diese drehbar sind, werden sie nach innen und unten gedrückt, wobei Pollen auf der Unterseite der Fliegen abgelagert wird **(32,5).**

Das Wiesen-Labkraut (32,11) besitzt kleine, weiße, vierblättrige Blüten. Die scheibenförmige Nektardrüse sitzt dem Fruchtknoten auf und umschließt die beiden Griffel. Fliegen können dort mit ihrem Rüsselpolster den Nektar auftupfen. Bei jungen Blüten stehen die 4 Staubblätter aufrecht **(32,6).** Blütenstaub bleibt an Rüssel und Füßen der Insekten hängen. In alten Blüten sind die Staubblätter verwelkt und nach außen gebogen, die beiden Griffel mit den Narben sind gespreizt **(32,7).** Obwohl die Blüten *vorstäubend* sind, ist auch *Selbstbestäubung* wirksam.

32,10: *Auf Wiesen, an Wegrändern und im Wald ist der Gamander-Ehrenpreis (Veronica chamaedrys) zu finden. Er blüht im Frühjahr. Wir erkennen ihn an zwei Reihen feiner Haare längs des Stengels. Wie der Augentrost gehört die Pflanze zur Familie der Rachenblütler.* **32,11:** *Eine Wiesenpflanze ist das Wiesenlabkraut (Galium mollugo). Es enthält Stoffe, die Milch zum Gerinnen bringen; und wurde daher früher zur Käsebereitung verwendet.*

33,1

33,2

33,

Falterblumen

Karthäusernelke, Rote Lichtnelke und Frühlingsenzian (33,7–33,9), die von Tagfaltern besucht werden, besitzen lange und enge Blütenröhren, an deren Grund Nektar ausgeschieden wird. Bei den beiden Nelken **(33,1** und **33,2)** wird die Röhre von den senkrecht stehenden schmalen unteren Abschnitten der 5 Blütenblätter *(Nägel)* gebildet. Der röhrenförmige, fünfzipflige Kelch hält die Blütenblätter zusammen. Der obere Teil der Blütenblätter *(Platte)* steht waagrecht. Beim *Frühlingsenzian* **(33,3)** sind die 5 Blütenblätter unten miteinander verwachsen. Auch der röhrenförmige Kelch ist verwachsenblättrig. Der Raum in den Blütenröhren wird durch die Staubblätter (10 bei den Nelken, 5 beim Enzian) und dem Stempel weiter eingeengt. Beim Frühlingsenzian steht außerdem die kreisförmige Narbe im Blüteneingang. Unter diesen Umständen können nur Schmetterlinge mit ihren langen, schmalen Rüsseln zum Nektar gelangen. Die Falter setzen sich auf den waagrechten Teil der Kronblätter und senken den Rüssel in den Grund der Blüte **(31,3).** Dabei kommen sie mit den Staubbeuteln und den Narben in Berührung und vollziehen die Bestäubung. Die Blüten der *Karthäusernelke* sind *vorstäubend.* Bei der *Roten Lichtnelke* enthalten die einen Blüten nur Staubblätter, die anderen nur Stempel.

Aronstab und Haselwurz

Der Blütenstand des **Aronstabes (33,10)** wird von einem *Hochblatt* eingehüllt, das sich unten zu einem geschlossenen Kessel erweitert. Der Blütenstand ist ein *Kolben.* Dessen

33,7

33,8

33

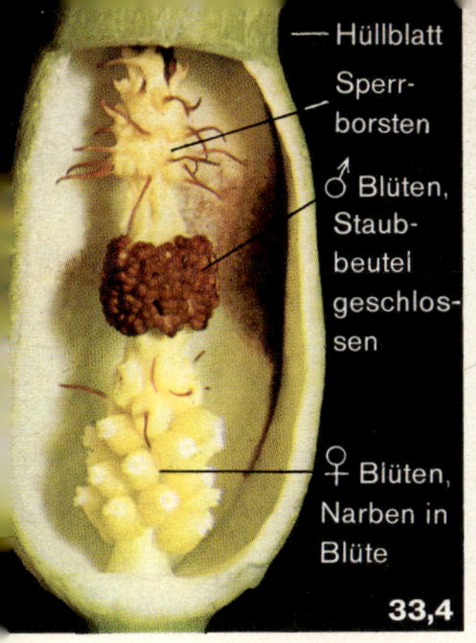

33,4

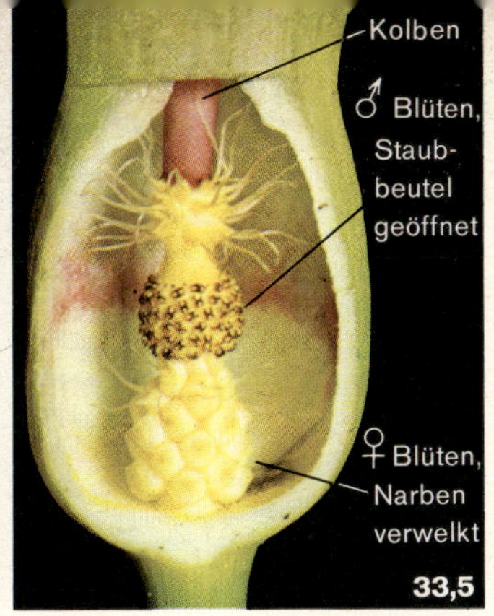

33,5

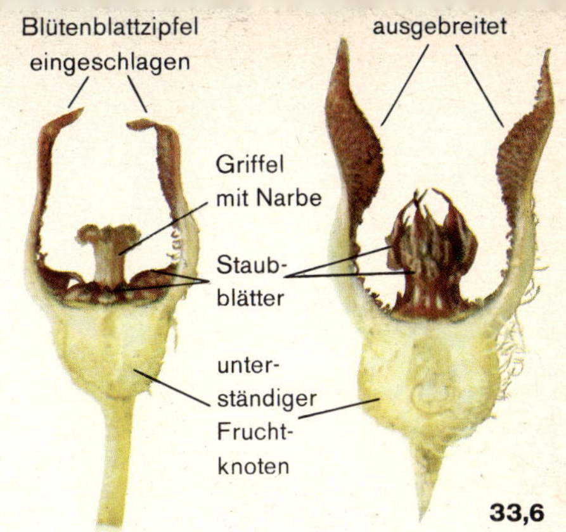

33,6

keulig verdicktes, violettes Ende ragt aus dem Hochblatt hervor und verbreitet einen Aasgeruch. Am Eingang zum Kessel sitzen *Hindernisblüten* mit abwärts gerichteten Borsten (Sperrborsten). Es folgen nach unten *Staubblüten* und dann *Stempelblüten* **(33,4).** Beiderlei Blüten sind ohne Blütenhülle. Vom Aasgeruch angelockte Fliegen setzen sich auf die Keule oder auf die Innenseite des Hochblatts. Da beide sehr glatt sind, gleiten die Tiere aus und stürzen in den Kessel. Ein Entweichen ist nicht möglich, weil auch die Oberfläche der Sperrborsten glatt ist. Beim Herumkriechen im Kessel belegen die Fliegen die Narben mit mitgebrachtem Blütenstaub. Diese sind weiße Haarbüschel, die einen schleimigen Saft absondern, welcher den Gefangenen als Nahrung dient. Während der
33 Nacht streuen die Staubblüten Blütenstaub aus, der an den Fliegen hängenbleibt. Nun welken Sperrborsten und Kolbenstiel und werden gangbar **(33,5).** Die Tiere verlassen am nächsten Tag die Gleitfalle, um meist bald erneut in Gefangenschaft zu geraten.

Unter den glänzenden, nierenförmigen Blättern der **Haselwurz (33,11)** findet man im Frühjahr glockige, braunrote Blüten mit pfefferartigem Geruch. Durch den Geruch angelockt, dringen kleine Fliegen durch 3 Öffnungen in die Blüten ein. Diese entstehen dadurch, daß die 3 Blütenzipfel unten auseinanderweichen, während ihre Spitzen einwärts gebogen sind. Die 6 Narbenlappen der jungen Blüten sind empfängnisbereit und können von den Gästen bestäubt werden **(33,6 links).** Später richten sich die 12 Staubblätter, die zunächst nach unten gebogen sind, auf und geben mehligen Blütenstaub ab, den die Tiere in andere Blüten tragen **(33,6 rechts).** Von einer Fallenblume unterscheidet sich die Blüte durch das Fehlen einer Sperreinrichtung, die ein Entweichen der Gäste verhindert.

33,7: *Auf trockenem Grasland wächst die Karthäusernelke (Dianthus carthusianorum).* **33,8:** *Die Rote Lichtnelke (Melandrium rubrum) ist im Wald und auf Wiesen zu finden.* **33,9:** *Der Frühlingsenzian (Gentiana verna) blüht von April bis Mai auf Halbtrockenrasen und Bergwiesen. Die düngerfeindliche Pflanze verschwindet, wenn die Wiesen stärker gedüngt werden.* **33,10:** *Aronstab (Arum maculatum) und* **33,11:** *Haselwurz (Asarum europaeum) sind Waldpflanzen.*

33,10

33,11

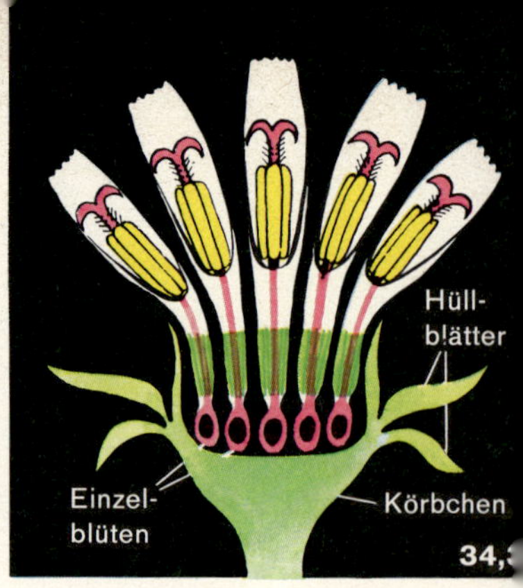

34,1: *Das Blütenköpfchen des Löwenzahns besteht aus 100–200 Einzelblüten.* **34,2:** *Längsschnitt durch den Blütenstand. Die Zungenblüten sitzen auf dem scheibenförmig verbreiterten Ende eines hohlen, blattlosen Stengels (Schaft). Sie blühen von außen nach innen auf. Das Köpfchen wird von 2 Reihen Hüllblättern umgeben.* **34,3:** *Schemazeichnung des längsgeschnittenen Blütenstands.*

34 Der Löwenzahn (Taraxacum officinale)

Vorkommen. Während der Hauptblütezeit (Ende April bis Anfang Mai) gibt der *Löwenzahn* **(34,8)** gut gedüngten Wiesen, auf denen er besonders zahlreich vorkommt, eine gelbe Farbe. Außerdem wächst die Pflanze auf Äckern, in Gärten und an Wegrändern. Sie wird vom Weidevieh gerne gefressen (Kuhblume), gibt jedoch ein minderwertiges Heu. 34

Blüte. Die „Blüte" entpuppt sich bei näherem Zusehen als *Blütenstand*, der aus vielen *Einzelblüten* zusammengesetzt ist **(34,1–34,3).** Er ist außen von *Hüllblättern* umgeben, ähnelt einem Körbchen und wird daher auch so genannt. Wegen ihres zungenförmigen Blütenblatts heißen die Einzelblüten *Zungenblüten* **(34,4).** Die äußeren Hüllblätter des Körbchens sind schon vor dem Aufblühen nach unten geschlagen, während die inneren die Blüten umschließen. Im Sonnenschein öffnen sie sich. Die Öffnungsbewegung wird durch Licht und Wärme hervorgerufen. Bei Beschattung und abends schließen sich die Köpfchen wieder; bei schlechtem Wetter öffnen sie sich überhaupt nicht. Obwohl die Blüten reichlich Nektar absondern, ist die Bestäubung bedeutungslos, da sich die Früchte ohne Bestäubung entwickeln *(Jungfernfrüchtigkeit)*.

34,8: *Der Löwenzahn bildet eine grundständige Blattrosette, aus der die Blütenschäfte emporwachsen.* **34,9:** *Pfahlwurzel des Löwenzahns. Aus Knospen des Wurzelhalses entstehen kurze Stengel mit Blattrosetten.* **34,10:** *Links Schatten- und rechts Sonnenblatt des Löwenzahns. Die Sonnenblätter besitzen schmale Blattzipfel und verdunsten deshalb weniger Wasser; die Schattenblätter sind dagegen groß und zart. Ursache für die abweichende Blattgestalt ist die verschiedene Belichtung am Standort.*

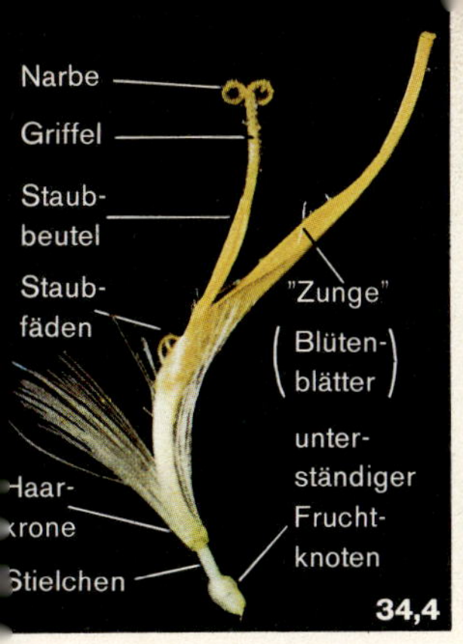

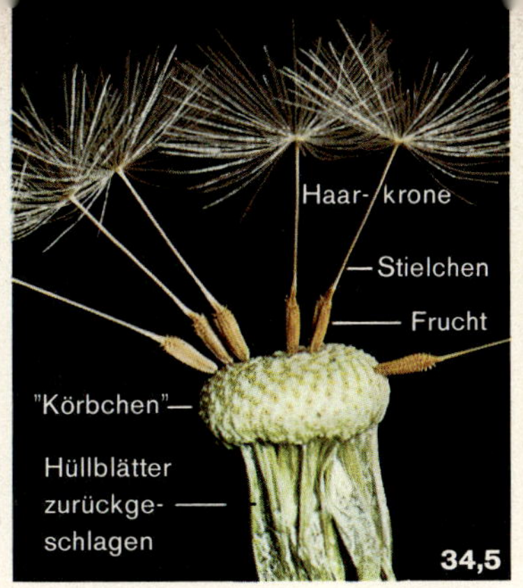

34,4: *Die Einzelblüte besitzt ein zungenförmiges, aus 5 verwachsenen Blütenblättern zusammengesetztes Blütenblatt, das unten zur Röhre geschlossen ist. Aus dieser ragt der Griffel mit der zweiästigen Narbe hervor. Die 5 Staubbeutel sind miteinander zu einer Röhre verklebt, die den Griffel umschließt. Unter der Blütenkrone befindet sich eine aus umgewandelten Kelchblättern bestehende Haarkrone. Am unteren Ende eines Stielchens sitzt der unterständige Fruchtknoten.* **34,5:** *Fruchtstand mit Fallschirmfrüchtchen.* **34,6:** *Einzelne Früchte.* **34,7:** *Gewebespannung des Schaftes.*

Frucht. Die von den Hüllblättern umschlossenen Fruchtknoten entwickeln sich zu einsamigen *Schließfrüchten* (Nüßchen), die beim Löwenzahn und seinen Verwandten *Achäne* genannt werden. An dem verlängerten Stielchen hat sich gleichzeitig die Haarkrone vergrößert. Bei Sonnenschein öffnet sich der Fruchtstand, die Haare der Haarkrone spreizen sich **(34,5),** und der Wind kann die Früchtchen weit übers Land wehen. Sie segeln wie ein kleiner Fallschirm durch die Luft *(Schirmflieger)*. Sobald die Frucht auf den Boden gelangt, wird sie dort mit ihren kleinen Häkchen verankert **(34,6).**

Sproß und Wurzel. Die lange Hauptwurzel, die man *Pfahlwurzel* nennt, erreicht Tiefen bis zu 1,50 m. Aus Knospen des Wurzelhalses (Übergangsbereich zwischen Sproß und Wurzel) entwickeln sich alljährlich kurze Stengel mit Blattrosetten **(34,9).** Die Pfahlwurzel ist ein *Dauerorgan*. Auch auf der Schnittfläche abgeschnittener Wurzeln bilden sich Knospen, die Blattrosetten hervorbringen. Die Blätter sind fiederspaltig **(34,10).** Deren spitze Blattzähne haben der Pflanze den Namen gegeben. Man kann das Blatt auch mit einer Schrotsäge (Waldsäge) vergleichen und nennt es daher *schrotsägeförmig*. Die fiederspaltigen Blätter und die Pfahlwurzel, die die tieferen, wasserreicheren Bodenschichten erreicht, ermöglichen es dem Löwenzahn, an trockenen Standorten zu wachsen. Wenn man Stücke des Blütenschafts am Ende kreuzweise einschneidet und in Wasser legt, dann rollen sich die Spaltstücke nach außen auf. Offenbar suchen sich die inneren Schichten auszudehnen, woran sie von den äußeren gehindert werden. Dadurch entsteht eine Spannung *(Gewebespannung)*, die die Festigkeit des Schaftes erhöht **(34,7).** Die Pflanze enthält einen weißen, klebrigen *Milchsaft*, in dem sich unter anderem Kautschuk findet. Aus Blättern und Wurzeln gewinnt man Heilmittel gegen Erkrankungen von Magen, Darm, Leber und Nieren. Junge Löwenzahnblätter werden als Wildgemüse verzehrt.

Merkstoff. Der Blütenstand des Löwenzahns ist ein Köpfchen, das von Hüllblättern umgeben ist und Körbchen genannt wird. Die Einzelblüten sind Zungenblüten. Die Nüßchen werden vom Wind verbreitet und haben als Flugorgan eine Haarkrone. Die schrotsägeförmigen Blätter sind zu Rosetten vereinigt. Als Dauerorgan dient eine Pfahlwurzel.

35,1: *Blühende Sonnenblume. Die Pflanze blüht im Sommer; ihre Blütenstände wenden sich der Sonne zu. Sie sind von grünen Hüllblättern umgeben. In der Anordnung der Blüten liegen reizvolle Muster verborgen, wie Stern-, Bogen- und Spiralmuster.* **35,2:** *Längsschnitt durch den Blütenstand mit Blüten verschiedenen Alters. Die äußersten Blüten sind am weitesten aufgeblüht, während sich die Blüten in der Mitte noch im Knospenzustand befinden.* **35,3:** *Blütenknospe, Längsschnitt. Die Staubbeutel sind geschlossen, der Griffel ist noch kurz. Neben der Blüte befindet sich ein Spreublatt.* **35,4:** *Blüte nach Abgabe des Blütenstaubs in die Staubbeutelröhre.* **35,5:** *Blüte mit reifen Narben.* **35,6:** *Früchte.*

35 Sonnenblume und Wiesen-Flockenblume
(Helianthus annuus und Centaurea jacea)

Die *Sonnenblume* **(35,1)** stammt aus den warmen Gebieten Nordamerikas. Die stattliche Zierpflanze lebt nur eine Wachstumsperiode lang. Nur die Früchte mit den Samen überdauern den Winter. Deshalb gehört die Sonnenblume zu den *einjährigen Pflanzen*. Der mit lockerem Mark erfüllte Stengel trägt große, herzförmige, wechselständige Blätter. Stengel und Blätter sind mit steifen Haaren bedeckt. Oben verzweigt sich der Stengel. Die Zweige schließen mit einer „Blüte" ab. In unseren Gärten wird sie in mehreren Sorten angepflanzt, die einfache oder gefüllte, gelbe, purpurrote oder braune Blüten haben.

Blüte. Der kopfige *Blütenstand* ist wie beim Löwenzahn ein Korb **(35,1** und **35,2).** An seinem Rand finden sich große, gelbe *Zungenblüten*. Diese Zungenblüten bringen keine Früchte hervor, sie dienen nur zur Erhöhung der Schauwirkung. Es sind Schaublüten. Innerhalb dieses Kranzes von Zungenblüten entspringen auf der Scheibe des Korbes kleinere Blüten. Sie stehen dicht nebeneinander in den Achseln kleiner Blätter, der *Spreublätter* **(35,3).** Aus ihnen entstehen die Früchte. Zwischen unfruchtbaren Rand- und fruchtbaren Scheibenblüten besteht also eine Arbeitsteilung. Die Krone der Scheibenblüten ist zu einer Röhre verwachsen, die in 5 gleiche Zipfel ausläuft und unten kugelig erweitert ist. Solche Blüten nennt man *Röhrenblüten*. Unter der Blütenkrone sitzen 2 kleine Kelchblätter. Der Fruchtknoten ist unterständig. Die Staubbeutel der 5 mit ihren Staubfäden am Grund der Kugel angewachsenen Staubblätter sind zu einer Röhre verklebt. Geschlossene Staubbeutel gibt es nur in Blütenknospen **(35,3).** Die Narbenäste des noch kurzen Griffels sind eng aneinander gelegt. Später entleeren die Staubbeutel den Blütenstaub in die Staubbeutelröhre. Der behaarte Griffel wächst in diese hinein und schiebt

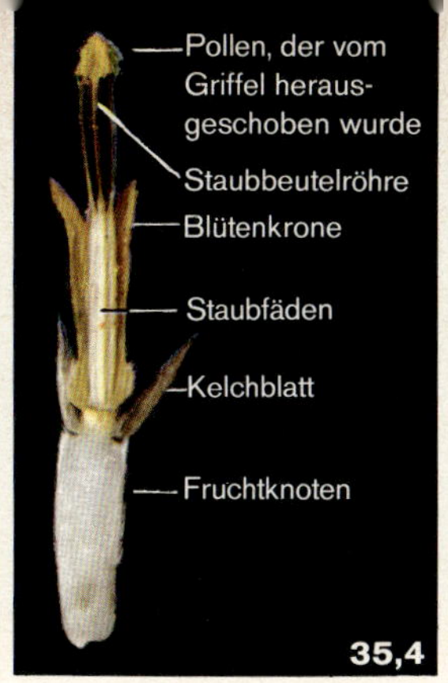

den Pollen vor sich her **(35,4).** Jetzt öffnet sich die Blüte. Staubfäden und Griffel wachsen weiter und die Staubbeutelröhre wird aus der Blütenkrone herausgehoben. Der Pollen wird aus der Röhre gedrückt und bleibt am Bauch der blütenbesuchenden Bienen hängen, die den reichlich vorhandenen Nektar aus der Kronröhre saugen. Nun durchwächst der Griffel die Staubbeutelröhre, die beiden Narbenäste spreizen sich und die Besucher können den von jungen Blüten stammenden Blütenstaub auf deren Innenfläche abstreifen **(35,5).** Da sich die Narbenäste später nach außen umrollen, wobei ihre Innenfläche mit noch am Griffel hängenden Pollen in Berührung kommt, ist *Selbstbestäubung* möglich. Nach der Bestäubung zieht sich der Griffel durch Verkürzung in die Kronröhre zurück.
35 Die Staubfäden liegen zusammengeknäuelt in der kugeligen Erweiterung. Die Blüten blühen in einer von außen nach innen laufenden Spirale auf.

Frucht. Beim Heranreifen der Früchte fallen die oberen Teile der Blüte ab; es bleiben nur die junge Frucht und das Spreublatt übrig. Die Frucht ist eine einsamige *Schließfrucht*, die man wie bei den anderen Korbblütlern *Achäne* nennt **(35,6).** Sie enthält einen eiweiß- und ölhaltigen Samen. Durch Auspressen wird das schmackhafte und bekömmliche Sonnenblumenöl gewonnen. Wegen des Öls wird die Sonnenblume in Rußland auf riesigen Flächen feldmäßig angebaut.

Wiesen-Flockenblume (35,7). Das Körbchen der Flockenblume ist von mehreren Reihen Hüllblättern mit braunen fransigen Anhängseln umschlossen. Es enthält *nur Röhrenblüten* und keine Zungenblüten wie die Sonnenblume. Die am Rande des Körbchens sitzenden Röhrenblüten sind jedoch anders gestaltet als die übrigen; es sind unfruchtbare Schaublüten mit langen Kronzipfeln. Die weiter innen sitzenden Blüten tragen nur eine unscheinbare Blütenkrone. Sie weisen einen ähnlichen Bau auf wie die der Sonnenblume. Auch hier wird der Blütenstaub in die Staubbeutelröhre abgegeben, die von dem in sie hineinragenden Griffel unten abgeschlossen wird. Die gebogenen Staubfäden besitzen Haare. Sobald diese von Besuchern berührt werden, verkürzen sich die Staubfäden, die Staubbeutel werden nach unten gezogen und der Griffel drückt den Blütenstaub auf den Bauch der Biene. Später durchwächst der Griffel die Staubbeutelröhre und die Narben spreizen sich.

35,7: *Sproßstück und Blütenstand der Wiesenflockenblume.*

36,1

36,2

36

36,1–36,3: Röhrenblütige Korbblütler. 36,1: *Der Rainfarn (Chrysanthemum vulgare), ein Schuttunkraut, besitzt gelbe, flache Blütenstände, die nur Röhrenblüten enthalten. Die Pflanze ist auch Zier- und Arzneipflanze (Wurmmittel, verdauungsförderndes Mittel).* **36,2:** *Die Gewöhnliche Kratzdistel (Cirsium vulgare). Blattzipfel und Hüllblätter sind bei den Disteln stachelig gezähnt.* **36,3:** *Große Klette (Arctium lappa). Die Hüllblätter der Fruchtstände besitzen hakig umgebogene Spitzen. Daher bleiben die Fruchtstände im Fell von Tieren hängen und werden so verbreitet. Aus Klettenwurzeln stellt man Heilmittel gegen Hautkrankheiten her.* **36**

36,4–36,6: Zungenblütige Korbblütler. 36,4: *Die Wegwarte (Cichorium intybus) wächst an Wegrändern. Ihre blauen Köpfchen sind nur vormittags geöffnet und abends verblüht. Aus den Wurzeln stellt man Kaffee-Ersatz (Zichorie) her. Die bleichen Blattrosetten von in Kellern gezogenen Pflanzen werden als Salat (Chicorée) genossen. Mit ihr ist die Winterendivie verwandt.* **36,5:** *Kopfsalat (Lactuca sativa) beim Blühen. Nur vor dem Blühen sind die Blätter zu einem Kopf zusammengeschlossen.* **36,6:** *Die Dornige Gänsedistel (Sonchus asper) ist ein verbreitetes Unkraut.*

36,7–36,9: Strahlenblütige Korbblütler. 36,7: *Gänseblümchen (Bellis perennis). Das Pflänzchen, das fast das ganze Jahr hindurch blüht, hat grundständige Blattrosetten.* **36,8:** *An trockenen Standorten wächst die Schafgarbe (Achillea millefolium). Die zu Doldenrispen vereinigten Körbchen enthalten nur wenige Blüten. Aus der Pflanze gewinnt man Heilmittel gegen Asthma und Bronchitis.* **36,9:** *Die Echte Kamille (Matricaria chamomilla) ist eine Pflanze der Äcker und Schuttplätze. Echt heißt sie deshalb, weil ihre Blütenköpfchen als Arznei gesammelt werden. Sie liefern einen entzündungshemmenden und darmberuhigenden Tee.*

36,7

36,8

3

36,4

36,5

36,6

36 Die Familie der Korbblütler (Compositae)

36

Die Pflanzen der *Korbblütler* besitzen ein *Körbchen* als Blütenstand. An diesem bezeichnenden Blütenstand sind die Angehörigen der Familie leicht zu erkennen. Es sind Köpfchen, die von *Hüllblättern* umgeben sind. Man teilt die Familie in 2 Unterfamilien ein. Zur Unterfamilie der *Röhrenblütigen Korbblütler* gehören Pflanzen, die nur *Röhrenblüten* besitzen, wie z. B. die Flockenblume **(36,1–36,3),** und auch solche, deren Röhrenblüten von einem Kranz Zungenblüten umgeben sind, wie z. B. die Sonnenblume **(36,7–36,9).** Die mit den außen liegenden Zungenblüten nennt man manchmal auch Strahlenblütige Korbblütler. Die Unterfamilie der *Zungenblütigen Korbblütler* haben nur *Zungenblüten*, wie z. B. der Löwenzahn **(36,4–36,6).** Zwischen den Einzelblüten sitzen oft Spreublätter, die aber auch fehlen können. Die röhrenförmige, fünfzipflige Krone der Röhrenblüten besteht aus 5 verwachsenen Blütenblättern. Auch die Zunge der Zungenblüten kann aus 5 Blütenblättern entstanden sein, was man an den 5 Zähnchen am Ende der Zunge ablesen kann (Wegwarte **36,4**). Zungen mit 3 Zähnchen werden dementsprechend nur von 3 Blütenblättern gebildet (Kamille **36,9**). Die Blüten besitzen 5 Staubblätter, deren Staubbeutel zu einer Röhre verwachsen sind. Durch diese wächst der Griffel hindurch. Seine zweiästige Narbe spreizt sich erst nach Abgabe des Blütenstaubs *(vorstäubende Blüten)*. Der Kelch ist zurückgebildet oder fehlt ganz. Oft ist er zu einem Haarkranz umgewandelt, der der Verbreitung der Früchte durch den Wind dient. Diese gehen aus dem unterständigen Fruchtknoten hervor und sind *einsamige Nüßchen (Achänen)*. Die Randblüten können unfruchtbar sein. Oft sind auch nur ihre Staubblätter zurückgebildet (Kamille). Der Blütenstand ist einer Einzelblüte vergleichbar (Scheinblüte). Die Hüllblätter übernehmen die Aufgaben des Kelchs. Oft erhöhen große Randblüten lediglich die Schauwirkung, während die unscheinbaren Scheibenblüten der Samenbildung dienen. Bei Zierpflanzen kommen auch „gefüllte" Blütenstände vor, bei denen die röhrenförmigen Scheibenblüten zu Zungenblüten umgewandelt sind. So züchten die Gärtner gefüllte Gänseblümchen, die Tausendschönchen heißen. Mit über 300 Arten ist die Familie die artenreichste in Mitteleuropa. Auf der Erde umfaßt sie etwa 14 000 Arten.

37,1: *Blüten des Besenginsters. Vor dem Insektenbesuch sind Staubblätter und Stempel im Schiffchen eingeschlossen (oben). Danach liegen sie der Fahne an (unten).* **37,2:** *Blüten des Hornklees. Der Pollen liegt im Hohlraum der Spitze des Schiffchens. Beim Insektenbesuch drücken die Staubblätter den Blütenstaub durch eine Öffnung an der Schiffchenspitze nach außen.*

37 Die Familie der Schmetterlingsblütler (Papilionaceae)

37

Schon mehrfach wurden Pflanzen mit *Schmetterlingsblüten* beschrieben (Erbse S. 12, Bohne S. 13, Klee S. 31). Schmetterlingsblüten sind zweiseitig symmetrisch, haben 5 Blütenblätter, nämlich 1 Fahne, 2 Flügel und ein aus 2 verwachsenen Blättern bestehendes Schiffchen **(37,1)**. Das Schiffchen umschließt 10 Staubblätter und einen Stempel. Pflanzen mit solchen Blüten gehören zur *Familie der Schmetterlingsblütler*. Bestäubt werden die Schmetterlingsblüten hauptsächlich von Bienen und Hummeln. Von den Bestäubungseinrichtungen haben wir die *Bürstenvorrichtung* (Erbse) und die *Klappvorrichtung* (Klee) kennengelernt. Als Beispiel für eine *Schnellvorrichtung* wählen wir die Blüten des Besenginsters **(37,1)**. Hier haben die Staubblätter das Bestreben, sich nach oben zu krümmen, werden jedoch vom Schiffchen zurückgehalten. Beim Insektenbesuch wird das Schiffchen nach unten gedrückt, Staubblätter und Griffel schnellen nach oben und schlagen dem Besucher gegen den Bauch. Dieser wird dabei mit Pollen eingestäubt, der bei der nächsten Blüte an der Narbe hängenbleibt. Eine *Pumpvorrichtung* weist z. B. der Hornklee auf **(37,2)**. Sobald Blütenbesucher das Schiffchen niederdrücken, pressen die Staubblätter den Pollen durch eine Öffnung der Schiffchenspitze. Wenn der Blütenstaub abgeholt ist,

37,4: *Der Besenginster (Sarothamnus scoparius) wird vornehmlich an Waldrändern und auf Waldlichtungen angetroffen.* **37,5:** *Auf trockenen Wiesen wächst der Gewöhnliche Hornklee (Lotus corniculatus).* **37,6:** *Die Frühlings-Platterbse (Lathyrus vernus) ist ein Frühblüher unserer Wälder.*

37,3: *Wurzelknöllchen der Lupine. Aus dem Boden dringen Bakterien in die Wurzeln ein und regen diese zur Bildung von Knöllchen an. Bakterien sind sehr kleine Lebewesen, die nur bei starker Vergrößerung zu sehen sind. Bekanntlich brauchen die Pflanzen Bodensalze, darunter auch solche, die Stickstoff enthalten. Vier Fünftel der Luft bestehen aus gasförmigem Stickstoff, der jedoch von den grünen Pflanzen nicht verwertet werden kann. Die Knöllchenbakterien vermögen aber den Luftstickstoff zu binden. Dieser gebundene Stickstoff kann dann von der Wirtspflanze aufgenommen werden. Wurzelknöllchen finden sich auch bei anderen Schmetterlingsblütlern. Sie gedeihen daher auch auf stickstoffarmem Boden und werden zur Bodenverbesserung angepflanzt.*

37,3

kommt die Narbe zum Vorschein und berührt den Bauch des Insekts an derselben Stelle, an der auch der Blütenstaub abgelagert wird.

Die Früchte der Schmetterlingsblütler sind *Hülsen* (vgl. S. 19). Diese bestehen aus einem Fruchtblatt, das sich an der Bauch- und Rückennaht öffnet. Die Samen sitzen an den Rändern des Fruchtblatts. Traubige Blütenstände treten in der Familie häufig auf, wie bei Frühlings-Platterbse **(37,6),** Goldregen **(37,8)** und Lupine **(37,9).** Der Klee besitzt Köpfchen **(31,5),** der Hornklee Dolden **(37,5).** Die in der Familie vorkommenden Blattformen lassen sich von unpaarig gefiederten Blättern ableiten. Durch Verlust der Endblättchen entstehen paarig gefiederte Blätter (Platterbse). Ist außer dem Endblättchen nur ein Blattpaar vorhanden, dann ist das Blatt dreizählig (Besenginster, Goldregen, Klee, Bohne). Durch Verkürzung der Blattachse entstehen gefingerte Blätter (Lupine). Fiederblättchen können zu Ranken umgebildet sein (Zaunwicke, Erbse). Zur Familie gehören wichtige Nutzpflanzen. Bohne, Erbse und Linse liefern Nahrungsmittel. Als Futterpflanzen sind u. a. die Kleearten und die Luzerne von Bedeutung. Da die Futterpflanzen Stickstoffsammler sind **(37,3),** kann man mit ihnen durch Unterpflügen auch den Boden düngen (Gründüngung).

Merkstoff. Schmetterlingsblütler besitzen Schmetterlingsblüten und Hülsen. In Wurzelknöllchen leben stickstoffbindende Bakterien. Zur Familie gehören viele Nutzpflanzen.

37,7: *Auf Wiesen, an Zäunen und dergl. ist die Zaunwicke (Vicia sepium) häufig.* **37,8:** *Der giftige Goldregen (Laburnum anagyroides) ist eine beliebte Zierpflanze.* **37,9:** *Zur Bodenverbesserung (Stickstoffsammler) wird die Lupine (Lupinus polyphyllus) vielfach auf Waldschlägen angepflanzt.*

37,7

37,8

37,9

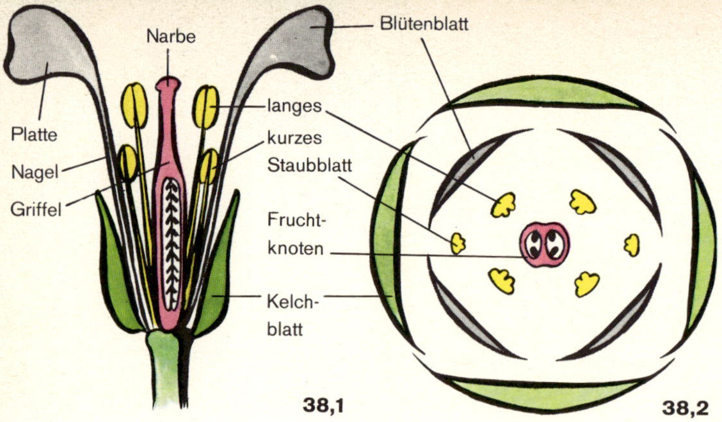

38,1: *Längsschnitt durch eine Kreuzblüte. Die Nägel der Blütenblätter und die Kelchblätter bilden eine Röhre. Die Platte lockt Insekten an und dient ihnen als Sitzplatz. Der Nektar wird von Nektardrüsen am Grunde des Fruchtknotens abgeschieden.* **38,2:** *Über die Stellung der einzelnen Blütenteile gibt der Blütengrundriß Auskunft.*

38–39 Die Familie der Kreuzblütler (Cruciferae)

Familienmerkmale. Die Blüten des Rapses (S. 4) und des Wiesenschaumkrauts (S. 23) nannten wir *Kreuzblüten*. Kreuzblüten **(38,1** und **38,2)** sind regelmäßig gebaut und besitzen je 4 übers Kreuz stehende Kelchblätter und Blütenblätter. Kelch- und Blütenblätter stehen auf Lücke. Ein wichtiges Erkennungsmerkmal sind auch die 6 Staubblätter, von denen die 2 äußeren kurz und die 4 inneren lang sind. Der oberständige Fruchtknoten wird von 2 Fruchtblättern gebildet. Die Blüten sondern Nektar ab und werden von Insekten bestäubt. Solche Blüten finden wir bei etwa 170 weiteren Pflanzenarten in Mitteleuropa (auf der ganzen Erde sind es rund 3000 Arten). Alle diese Pflanzen faßt man zur Familie der Kreuzblütler zusammen. Einen Kreuzblütler erkennt man außer am Bau der Blüte auch am Bau der Frucht. Die Früchte der Kreuzblütler sind *Schoten* **(38,3)**. Schoten springen bei der Fruchtreife mit 2 Klappen auf. Die Samen sitzen am Rand einer Scheidewand, die die Frucht der Länge nach durchzieht. Schoten, die nur 3× so lang wie breit oder noch kürzer sind, heißen *Schötchen* **(38,5)**. Die Schote des Hederichs ist zwischen den Samen eingeschnürt **(38,4)**. Bei der Reife zerbricht sie an diesen Stellen, wodurch einsamige Teilfrüchte entstehen. Eine solche Schote heißt *Gliederschote*.

38,6: *Kohlrübe (Brassica napus var. napobrassica). Die Rübe trägt eine Rosette fiederspaltiger, blaugrüner Blätter.* **38,7:** *Beim Rettich (Raphanus sativus var. nigra) ist die Hauptwurzel und der untere Stengelabschnitt verdickt*; **38,8:** *beim Radieschen (var. radicula) nur der Stengel.*

38,3: *Schote des Ackersenfs. Schoten sind lang und schmal. Sie springen mit 2 Klappen auf. Die Samen sitzen am Rand der Scheidewand.* **38,4:** *Die Gliederschote des Hederichs ist zwischen den Samen eingeschnürt und zerfällt bei der Reife in einsamige Teilfrüchte.* **38,5:** *Schötchen des Hirtentäschelkrauts. Schötchen sind kurz und breit.*

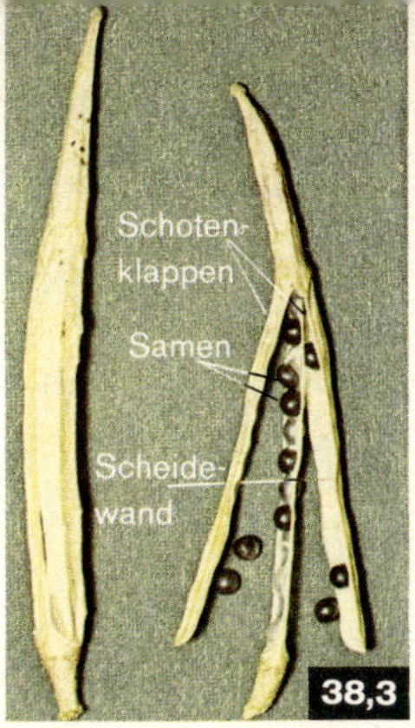

Einige Kreuzblütler. Die *Kohlrübe* **(38,6)** ist eine Futter- und Gemüsepflanze. Sie ist eine Spielart des Rapses, an der sich eine fleischige Rübe ausbildet. Diese entsteht teils durch Verdickung der Hauptwurzel und teils durch Verdickung des Stengelabschnitts unterhalb der Keimblätter. An dem von der Wurzel gebildeten Teil der Rübe entspringen Nebenwurzeln. Eine gleichartig gebaute Rübe besitzt der *Rettich* **(38,7).** Beim Radieschen dagegen wird die Rübe nur von dem unteren Stengelabschnitt gebildet, die Wurzel beginnt erst darunter **(38,8).** Auch der *Meerrettich* (Armoracia rusticana) hat Rüben, die als Gewürz verwendet werden. Beim Meerrettich verdicken sich auch einzelne Seitenwurzeln. Die Rüben von Rettich und Meerrettich enthalten Senföle. Diese sind es, die den scharfen Geschmack verursachen. Der *Ackersenf* **(38,9)** ist einerseits ein lästiges Unkraut, andererseits eine wertvolle Bienenweide, weil er viel Nektar bildet. Die Samen des Ackersenfs sind senfölhaltig. Senf stellt man jedoch aus den Samen des *Weißen* und *Schwarzen Senfs* (Sinapis alba und Brassica nigra) her. Auch der *Hederich* **(38,10)** ist ein häufiges Unkraut. Im Unterschied zum Ackersenf sind seine weißen oder blaßgelben Blütenblätter violettadrig. Die Kelchblätter stehen aufrecht, während sie beim Ackersenf abstehen (**H**ederich **h**ebt, **S**enf **s**enkt den Kelch). Das *Hirtentäschelkraut* **(38,11)** ist ein Unkraut. Der Name bezieht sich auf die Form der Früchte. Die Keimpflanzen der *Gartenkresse* (Lepidium sativum 63,8) werden als Salat gegessen.

38,9: *Der Ackersenf (Sinapis arvensis) ist ein Ackerunkraut, das Lehm anzeigt.* **38,10:** *Auf bodensaueren Äckern wächst der Hederich (Raphanus raphanistrum).* **38,11:** *Das Hirtentäschelkraut (Capsella bursa-pastoris) gedeiht auf Äckern, in Gärten und auf Schuttplätzen.*

Die Spielarten des Gemüsekohls (Brassica oleracea)

Eine für unsere Ernährung wichtige Pflanze aus der Familie der Kreuzblütler ist der *Gemüsekohl*, der in verschiedenen Rassen oder Spielarten auftritt. Der **Grünkohl (39,1)** ist ein Beispiel für einen *Blattkohl*, bei dem die Blätter keinen Kopf bilden. Ein hoher Stengel trägt stark gekräuselte Blätter. Die Pflanze ist winterhart und nach dem 1. Frost besonders schmackhaft. Beim *Kopfkohl* **(39,5–39,7)** schließen sich die Blätter zu einem Kopf zusammen. Da der Stengel kurz bleibt, stehen die Blätter dicht beieinander. Diese wachsen auf der Unterseite stärker als auf der Oberseite und krümmen sich infolgedessen empor. Ein solcher Kopf ist eine riesige Knospe. Er ist entweder abgerundet **(39,5)** oder spitz zulaufend **(39,7).** Der Kopfkohl ist zweijährig. Im 1. Jahr bildet sich der Kopf, im 2. wächst der die Blüten tragende Stengel in die Länge. Zum Kopfkohl gehören der **Weißkohl** (Weißkraut – **39,5**), der **Rotkohl** (Blaukraut – **39,6**) und der **Spitzkohl** (Filderkraut – **39,7**). Die Blätter des Blaukrauts enthalten einen blauen Farbstoff, der rot wird, wenn er mit Säuren (z. B. Essig) zusammenkommt. Aus dem Weißkohl stellt man Sauerkraut her. Die Blätter werden mit dem Krauthobel oder maschinell fein geschnitten und kommen dann zusammen mit Kochsalz in Töpfe oder große Bottiche, wo sie festgestampft werden. Das Kraut bedeckt man mit einer Lage Blätter und einem mit Steinen beschwerten Holzdeckel. Bei der nun einsetzenden Gärung entsteht Milchsäure, die dem Kraut den saueren Geschmack verleiht und es haltbar macht. Der **Wirsing (39,4)** vermittelt den Übergang vom Blattkohl zum Kopfkohl. Der Stengel ist zwar gestaucht, doch bilden die blasigen Blätter nur einen lockeren Kopf. Rosenkohl und Kohlrabi gehören zum *Stengelkohl*. Vom **Rosenkohl (39,3)** verzehren wir die Seitenknospen, die sich in den Achseln bilden. Beim **Kohlrabi (39,2)** ist der untere Stengelteil knollig verdickt. Auf der Knolle bemerkt man die Narben abgefallener Blätter. Die oberen Blätter und die Blütenstiele des **Blumenkohls (39,8)** sind fleischig. Wenn man die Pflanze bis zum Herbst stehen läßt, entwickeln sich Blüten und Samen. Der Blumenkohl ist einjährig.

39,1: *Der Grünkohl (Brassica oleracea var. acephala) trägt an langem Stiel krause Blätter.* **39,2:** *Der Stengel des Kohlrabi (var. gongylodes) ist zu einer Knolle (Sproßknolle) verdickt, die ein schmackhaftes Gemüse liefert.* **39,3:** *Vom Rosenkohl (var. gemmifera) werden die Seitenknospen in den Blattachseln gegessen.*

39,4: Die blasigen Blätter des Wirsings (var. sabauda) bilden einen lockeren Kopf. **39,5–39,7:** *Vom Kopfkohl (var. capitata), zu dem Weißkohl* **(39,5)**, *Rotkohl* **(39,6)** *und Spitzkohl* **(39,7)** *gehören, verzehren wir die inneren zarten Blätter. Der Kopf ist eine Endknospe mit dicht zusammenschließenden Blättern.* **39,8:** *Die fleischigen oberen Blätter und Blütenstiele des Blumenkohls (var. botrytis) werden als wohlschmeckendes Gemüse geschätzt.*

39,4

39,5

39,6

39,7

39,8

Entstehung der Kulturrassen. Obwohl die Rassen des Kohls sehr verschieden aussehen, gehören sie doch zu nur einer Pflanzenart. Sie stammen nämlich alle vom *Wildkohl* ab, der an steinigen und felsigen Standorten der Mittelmeer- und Atlantikküste gedeiht. Mit diesem zusammen bilden sie die *Art Gemüsekohl.* Im allgemeinen gleichen nun die Nachkommen den Eltern in hohem Grade, denn gerade die Körpergestalt ist es, die vererbt wird. Manchmal aber treten unter den Nachkommen einer Pflanzenart Pflanzen mit einem veränderten Aussehen auf, das auch bei deren Nachkommen erhalten bleibt. So war es auch beim Wildkohl. Die Veränderungen kamen den Wünschen des Menschen zustatten, und deshalb las er diese Pflanzen aus und baute sie an,
39 wodurch sie erhalten blieben. So entstanden die *Kulturrassen des Gemüsekohls.* Meist handelte es sich dabei um Mißbildungen (Kopfkohl, Blumenkohl), die ohne die Pflege des Menschen sich nicht am Leben erhalten hätten. Der Gemüsekohl ist aber schon eine alte Kulturpflanze. Schon die alten Römer bauten verschiedene Spielarten von ihm an.

Gemüse als Nahrungsmittel. Da Gemüse viel Wasser enthält, ist es nicht besonders nahrhaft. Deshalb wird es auch nicht als Hauptkost, sondern nur als Beigabe zu anderen Speisen zubereitet. Trotzdem ist das Gemüse ein wichtiger Nahrungsbestandteil, da es unentbehrliche Vitamine und Salze liefert, die manchen anderen Nahrungsmitteln fehlen.

Merkstoff. Pflanzen mit Kreuzblüten gehören zur Familie der Kreuzblütler. Kennzeichen der Kreuzblüten sind 4 Kelchblätter, 4 Blütenblätter, 2 kurze und 4 lange Staubblätter und ein oberständiger Fruchtknoten. Die Früchte sind Schoten. Besondere Formen der Schote sind das Schötchen und die Gliederschote. Manche Kreuzblütler besitzen Rüben. Diese entstehen durch Verdickung der Hauptwurzel und des unteren Stengelabschnitts, der auch allein verdickt sein kann. Der Gemüsekohl tritt in verschiedenen Kulturrassen auf, die durch Auslese und Weiterzucht abgeänderter Pflanzen gewonnen wurden. Gemüse ist als Vitamin- und Salzlieferant für unsere Ernährung wichtig.

40,1

40,2

40,3

40 Die Familie der Storchschnabelgewächse (Geraniaceae)

Der Wiesenstorchschnabel (Geranium pratense)

Sproß. Nach der Heuernte entwickelt sich auf manchen Wiesen der ausdauernde *Wiesenstorchschnabel.* Da die Pflanze sehr lichthungrig ist, meidet sie den Schatten der Gebüsche. Die großen, langstieligen Grundblätter weisen geteilte Spreiten auf **(40,3).** Je höher am Stengel die Blätter stehen, desto kleiner und kurzstieliger sind sie. So können die oberen Blätter die unteren nicht beschatten. Die Pflanze ist stark behaart. Dadurch wird die Wasserabgabe gedrosselt, was für eine im vollen Licht wachsende Pflanze von Bedeutung ist. Oben am Stengel und auf den Kelchblättern finden sich außerdem köpfchentragende Haare *(Drüsenhaare).* In den Köpfchen bildet sich ein klebriger Saft, welcher nach außen abgegeben wird. Diese Haare sollen kleinen Tieren, die den Stengel emporklettern und unrechtmäßig Nektar naschen wollen, den Zugang zur Blüte verwehren.

Blüte. Die hängenden Blütenknospen richten sich vor der Entfaltung der Blüte auf. Die geöffnete Blüte schließt sich bei Verdunklung (Wolken, Sonnenuntergang) wieder und neigt sich. Blütenstaub und Nektar werden dadurch vor den Unbilden der Witterung geschützt. Die fünfzählige Blüte ist regelmäßig gebaut **(40,2).** Sie besteht aus 5 Kelchblättern, 5 blauen Blütenblättern, 2×5 Staubblättern und einem oberständigen Fruchtknoten, der von 5 Fruchtblättern gebildet wird. Am 1. Blütentag richten sich die 10 Staubblätter auf, die Staubbeutel öffnen sich und geben Blütenstaub ab, der an blütenbesuchenden Bienen und Fliegen hängenbleibt. Diese Tiere saugen Nektar von den Nektardrüsen am Grund der Staubblätter. Am 2. Tag spreizen sich die 5 Narbenäste, die nun mit Blütenstaub aus jüngeren Blüten belegt werden. Die Blüte ist also *vorstäubend.*

Frucht. Nach der Bestäubung fallen Blütenblätter und Staubblätter ab, der Blütenstiel krümmt sich nach unten und richtet sich erst bei der Fruchtreife wieder auf. Die 5 langen, verwachsenen Fruchtblätter bilden unten je 1 Fruchtfach, das 1 Samen enthält **(40,1).** Der obere, spitz zulau-

40,1: *Früchte des Wiesenstorchschnabels. Die Grannen der Teilfrüchte lösen sich ruckartig von der Mittelsäule, wobei die Samen aus den Fruchtfächern geschleudert werden.* **40,2:** *Die blauen Blüten des Wiesenstorchschnabels stehen paarweise beieinander.* **40,3:** *Sproß des Wiesenstorchschnabels mit Blättern und Blüten.*

40,4: *Blüten und Früchte des Reiherschnabels. Die kleinen Blüten haben rote Blütenblätter, die oft gestreift oder gefleckt sind. Mehrere Blüten sind an den Sproßenden zu Dolden vereinigt.* **40,5:** *Teilfrucht des Reiherschnabels. Die Teilfrüchte werden bei der Reife fortgeschleudert. Die untere Hälfte der behaarten Granne rollt sich bei Befeuchtung auf und dreht das Früchtchen in den Boden.*

40,4

40,5

fende Teil der Frucht wird *Schnabel* genannt (Name der Pflanze!). Bei der Reife lösen sich die Fruchtblätter von der Mittelsäule ab, mit der sie durch eine Granne verbunden sind. Die Granne biegt sich plötzlich nach oben um. Dadurch wird der Same aus dem Fruchtfach geschleudert, welches auf der Innenseite eine Öffnung aufweist.

Der Reiherschnabel (Erodium cicutarium)

Der *Reiherschnabel* **(40,4)** wächst auf warmen, trockenen Äckern, an Wegen und an Böschungen. Im Herbst entwickelt sich aus den Samen eine Blattrosette, mit der die Pflanze überwintert. Sie ist *einjährig überwinternd.* Die tiefgehende Pfahlwurzel, die zerteilten Blätter (sie sind unpaarig gefiedert) und die starke Behaarung sind Anpassungen an den trockenen Standort. Die roten Blüten ähneln denen des Wiesenstorchschnabels, doch tragen nur 5 der 10 Staubblätter Staubbeutel. Auch die Frucht stimmt bei beiden Pflanzen weitgehend überein **(40,4).** Beim Reiherschnabel wird aber die ganze Teilfrucht samt der Granne fortgeschleudert. Die trockenen Grannen sind geradegestreckt. Bei Befeuchtung rollen sie sich spiralig auf. Wird das obere Ende der Granne durch ein Hindernis an der Drehung gehindert, dann kann sie sich nur aufrollen, wenn sich das Früchtchen mitdreht, welches dabei in den Boden gebohrt wird **(40,5).**

Merkstoff. Wiesenstorchschnabel, Reiherschnabel, Ruprechtskraut und Pelargonie (Geranie) gehören zur Familie der Storchschnabelgewächse. Die regelmäßigen Blüten sind fünfzählig. Nektarsammelnde Insekten übertragen den Blütenstaub. Die Frucht erinnert an einen Storchschnabel. Bei der Reife zerfällt sie in 5 Teilfrüchte. Entweder werden diese als Ganzes weggeschleudert, oder es wird nur der Same aus dem Fruchtfach geschnellt.

40,6: *Das Ruprechtskraut (Geranium robertianum) ist eine Schattenpflanze. Man findet das einjährige Kraut im Wald, an Mauern und auf beschattetem Schutt. Die Blätter bestehen meist aus 3 getrennten, doppelt fiederspaltigen Blättchen.* **40,7:** *Die aus dem Kapland stammenden Pelargonien (vielfach Geranien genannt) sind beliebte Topfpflanzen.*

40,6

40,7

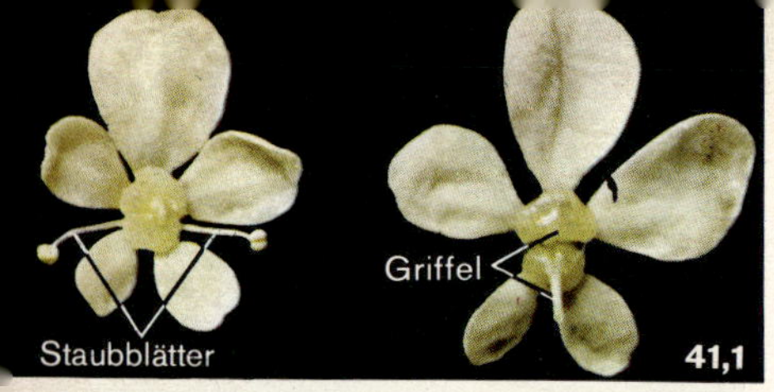

41–42 Die Familie der Doldengewächse (Umbelliferae)

Der Wiesenkerbel (Anthriscus silvestris)

Im Frühjahr blüht auf unseren Wiesen der *Wiesenkerbel* **(41,4).** Die Pflanze gedeiht besonders bei reichlich vorhandenem Stickstoff und tritt daher auf gut gedüngten Wiesen oft massenhaft auf. Die weißen Blüten sind nur klein. Da sie aber in großer Zahl beieinander stehen, sind die Blütenstände recht auffällig. Der Blütenstand ist eine *zusammengesetzte Dolde* oder *Doppeldolde* **(41,3).** Im Gegensatz zur einfachen Dolde tragen die etwa gleich langen Nebenachsen oder Strahlen keine Einzelblüten, sondern noch einmal kleine Dolden, die man *Döldchen* nennt **(41,2).** Die Hochblätter am Grund der Doldenstrahlen bilden die *Hülle*, die am Grund der Döldchenstrahlen das *Hüllchen*. Beim Wiesenkerbel fehlt gewöhnlich die Hülle. Die Einzelblüten **(41,1)** besitzen 5 weiße Blütenblätter, 5 Staubblätter und einen unterständigen Fruchtknoten. Der fünfblätterige Kelch ist stark zurückgebildet. Der Fruchtknoten besteht aus 2 Fruchtblättern. Eine Scheidewand teilt ihn in 2 Fruchtfächer mit je 1 Samenanlage. Auf dem Fruchtknoten findet sich ein rundliches Polster, das die beiden Griffel trägt und deshalb *Griffelpolster* genannt wird. Das Griffelpolster scheidet den Nektar ab. Da dieser offen dargeboten wird, ist er auch Insekten zugänglich, die keinen langen Rüssel haben, wie z. B. Fliegen und Käfern. Zuerst reifen die Staubblätter. Sie richten sich der Reihe nach auf und geben ihren Blütenstaub ab. Ist aller Blütenstaub abgegeben, dann verwelken die Staubblätter und fallen ab. Inzwischen sind die beiden Griffel mit den Narben herangewachsen. Die Blüten sind *vorstäubend* und sichern so die *Fremdbestäubung* **(41,1).** Die reife Frucht spaltet sich der Länge nach in 2 einsamige Teilfrüchtchen. Sie ist eine *Spaltfrucht* (Tab. S. 42). Die Teilfrüchtchen hängen zunächst am zweischenkeligen *Fruchthalter*, fallen später aber ab.

41,1–41,4: *Wiesenkerbel.* **41,4:** *Der gefurchte Stengel trägt zwei- bis dreifach gefiederte Blätter und viele Blütenstände.* **41,3:** *Zusammengesetzte Dolde des Wiesenkerbels. Von der Hauptachse gehen viele Nebenachsen ab, die alle Döldchen tragen.* **41,2:** *Die Blüten eines Döldchens bilden ein hübsches Sternmuster, ohne sich gegenseitig zu verdecken. Die Randblüten haben außen größere Blütenblätter, wodurch die Schauwirkung vergrößert wird.* **41,1:** *Junge Blüte mit reifen Staubblättern (links) und alte Blüte mit Griffeln (rechts). Die inneren Blüten der Döldchen enthalten nur Staubblätter und sind daher unfruchtbar.*

41,5

41,5: *Doppelt gefiedertes Blatt der Wilden Möhre. Im Schutz des zur Blattscheide verbreiterten Blattstiels entwickeln sich die jungen Seitensprosse.*

41,6: *Im 1. Jahr entsteht aus dem Möhrensamen eine verdickte Pfahlwurzel (Rübe) mit einer Blattrosette. Mit der Rübe überdauert die Pflanze den Winter. Im 2. Jahr entwickelt sich aus der Sproßknospe ein verzweigter Stengel mit Blättern und Blüten. Die Rübe gibt Nährstoffe ab und schrumpft.*

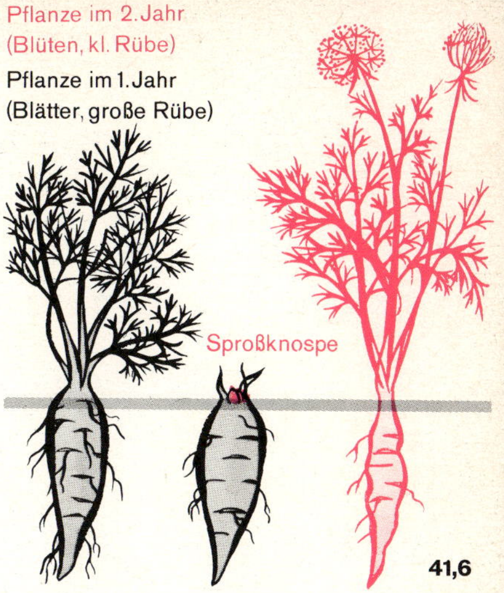

41,6

Die Wilde Möhre (Daucus carota)

Standort. Die *Wilde Möhre* findet sich hauptsächlich in Halbtrockenrasen, in Steinbrüchen und an Dämmen. Dies sind trockene, warme Standorte. Welche Einrichtungen ermöglichen es der Pflanze, solche trockenen Stellen zu besiedeln? Die tiefgehende Pfahlwurzel kann noch Wasser aufnehmen, wenn die oberen Bodenschichten ausgetrocknet

sind. Sodann sind die Blätter stark zerteilt, wodurch die Gesamtblattfläche klein ist **(41,5).** Daher verdunsten die Blätter nur wenig Wasser. Der Stengel ist holzig und zäh. Er wird deshalb bei Wassermangel nicht schlaff.

Lebensdauer. Aus den im Frühjahr keimenden Samen geht im 1. Jahr eine Rübe hervor, die eine *Blattrosette* trägt **(41,6).** Die von den Blättern erzeugte Nahrung wird in der Rübe gespeichert. Die gespeicherten Nährstoffe werden im nächsten Jahr beim Aufbau des Sprosses verbraucht. Nach der Fruchtreife im Herbst des 2. Jahres stirbt die Pflanze ab. Die Wilde Möhre ist eine *zweijährige Pflanze.*

Blüte und Frucht. Die zusammengesetzte Dolde weist *Hülle* und *Hüllchen* auf **(41,8).** Die fiederspaltigen Hüllblätter sind Erkennungsmerkmal der Möhre. Das mittelste Döldchen des Blütenstands ist meist verkümmert und trägt nur 1 dunkelrote Blüte **(41,7).** Vielleicht hat von diesem „Möhrchen" die Pflanze ihren Namen bekommen. Der Blütenbau-

41,7: *Der Blütenstand der Wilden Möhre ist eine zusammengesetzte Dolde. In der Mitte des Blütenstands sitzt oft eine dunkelrote Blüte. Die Randblüten sind vergrößert.* **41,8:** *Fruchtstand der Wilden Möhre. Vor der Fruchtreife und im feuchten Zustand schließt sich der Fruchtstand zum „Vogelnest" zusammen.* **41,9:** *Die Spaltfrucht der Möhre trägt mit Widerhaken versehene Stacheln.*

41,7

41,8

41,9

42,1: *Mohrrübe ganz und längsgeschnitten. Die Rübe entsteht durch Verdickung der Hauptwurzel und des untersten Stengelabschnitts. Die Wurzel trägt Seitenwurzeln, die in 4 Reihen angeordnet sind. Der oberste wurzelfreie Teil der Rübe entspricht dem Stengel. Der sehr kurze Stengel schließt mit einer Endknospe ab, aus der sich später der Sproß entwickelt.* **42,2:** *Karottenrübe ganz und im Längsschnitt. Während die Mohrrübe eine langgestreckte Rübe besitzt, ist die ihrer Spielart, der Karotte, kurz und dick.*

plan stimmt mit dem der Kerbelblüte überein. Auch hinsichtlich der Bestäubung gleichen sich die beiden Pflanzen. Die Wilde Möhre blüht von Juni bis September. Die späte Blütezeit hängt mit der Tageslänge zusammen. Erst wenn diese 12 Stunden überschreitet, bildet unsere Pflanze Blüten. Sie ist eine *Langtagspflanze*. Andere Pflanzen, die *Kurztagspflanzen*, blühen schon bei kürzerer Beleuchtungsdauer (für manche das ganze Jahr über blühende Pflanzen ist die Tageslänge für die Blütenbildung ohne Bedeutung). Die Schließbewegungen des Fruchtstands **(41,8)** werden durch die Feuchtigkeitsverhältnisse hervorgerufen. Mit der Fruchtreife trocknen die Doldenstrahlen aus und strecken sich. Der Fruchtstand ist ausgebreitet. Bei Befeuchtung krümmen sich die Strahlen einwärts, der Fruchtstand schließt sich zum „Vogelnest" zusammen. Die *Spaltfrüchte* tragen Stacheln mit Widerhaken **(41,9).** Sie werden von Tieren verbreitet, an denen sie hängen bleiben.

Die *Mohrrübe* oder *Gelbe Rübe* ist eine Unterart der Wilden Möhre. Ihre Rübe **(42,1** und **42,2)** ist dicker und fleischiger als die der Wildpflanze, mit der sie sonst weitgehend übereinstimmt. Der gelbe Farbstoff der Rübe heißt *Karotin*; er ist für unsere Ernährung wichtig. Die Mohrrüben geben daher ein gesundes Gemüse. Die großen Rüben der Riesenmöhre dienen als Viehfutter.

42,3: *Nach dem 1. Schnitt erscheint auf der Wiese der Bärenklau (Heracleum sphondylium).* **42,4:** *Der Geißfuß (Aegopodium podagraria) ist ein wegen seiner unterirdischen Ausläufer schwer auszurottendes Unkraut.* **42,5:** *Der Dill (Anethum graveolens) ist eine alte Gewürz- und Heilpflanze.* **42,6:** *Der auf Schuttplätzen wachsende Gefleckte Schierling (Conium maculatum) enthält ein gefährliches Gift.* **42,7:** *Die Sterndolde (Astrantia major) ist eine Waldpflanze.*

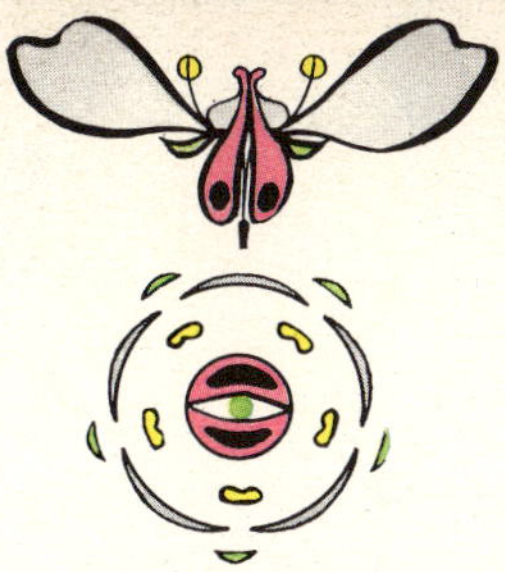

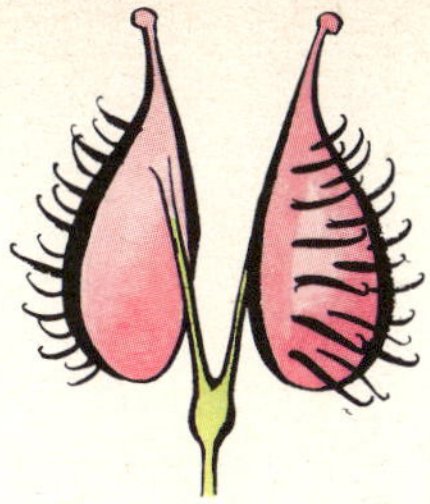

Familienmerkmale der Doldengewächse

Der Blütenstand ist fast immer eine zusammengesetzte Dolde. Die Hochblätter sind zur Hülle und bei den Döldchen zum Hüllchen zusammengedrängt.	Die regelmäßigen Blüten weisen 5 Blütenblätter und 5 Staubblätter auf. Der Kelch ist meist zurückgebildet. Der Fruchtknoten ist unterständig.	Die beiden Fruchtblätter der Spaltfrucht trennen sich bei der Fruchtreife. Die zwei einsamigen Teilfrüchte hängen am zweischenkeligen Fruchthalter.

Die Familie der Doldengewächse. Wiesenkerbel und Wilde Möhre gehören zu den *Doldengewächsen.* Die Merkmale dieser Pflanzenfamilie sind in der Tabelle zusammengestellt. Weitere Vertreter zeigen die Abbildungen **42,3** bis **42,7.** Zur Familie gehören viele Nutzpflanzen. Aus den Rüben des *Selleries* wird Salat bereitet. Früchte und andere Pflanzenteile von Doldengewächsen weisen beim Zerreiben vielfach einen würzigen Geruch auf. Dieser rührt von flüchtigen Ölen her, die in allen Pflanzenteilen enthalten sind. Wegen dieser Öle dienen viele Doldengewächse als Gewürz. Von *Kümmel* und *Anis* verwendet man die Früchte, von *Dill* **(42,5)** und *Fenchel* Blätter und Früchte und von *Petersilie*, *Sellerie* und *Liebstöckel* (Maggikraut) die Blätter. Auch Giftpflanzen gehören zur Familie. Am bekanntesten ist der *Gefleckte Schierling* **(42,6).** Sein bläulich bereifter Stengel ist rot gefleckt. Der Pflanze entströmt ein Geruch nach Mäusen. Im alten Athen wurden Menschen mit Schierlingssaft hingerichtet, so auch der bekannte Philosoph Sokrates.

Merkstoff. Die Familie der Doldengewächse ist durch doldige Blütenstände ausgezeichnet. Die unscheinbaren Blüten werden von Fliegen und Käfern besucht, die den vom Griffelpolster ausgeschiedenen Nektar verzehren. Die Blüten sind vorstäubend. Die Spaltfrucht zerfällt bei der Reife in 2 Teilfrüchte. Die meist zerteilten, wechselständigen Blätter umfassen den Stengel mit einer Blattscheide. Die Familie enthält 2600 Arten. Darunter befinden sich viele Nutzpflanzen.

42,5

42,6

42,7

43,1: *Kürbispflanze mit Blüten und Früchten. Die gelben Blüten stehen in den Blattachseln. Die Achselsprosse sind zu verzweigten Ranken umgebildet.* **43,2:** *Männliche ♂ und weibliche ♀ Kürbisblüte.* **43,3:** *Die bei uns wildwachsende, ausdauernde Zweihäusige Zaunrübe besitzt Blütenstände mit gelbgrünen Blüten und rote Beerenfrüchte. Die Blätter sind fünflappig.*

43 Die Familie der Kürbisgewächse (Cucurbitaceae)

Der Kürbis (Cucurbita pepo)

Sproß. Der *Kürbis* stammt aus dem tropischen Amerika. Seine Herkunft aus warmen Ländern zeigt sich an dem Wärmebedürfnis und an der Frostempfindlichkeit der Pflanze. Auch die Samen brauchen zum Keimen Wärme. Deshalb werden sie erst im Mai ausgesät. Aus dem Samen geht ein Sproß mit einem saftigen, hohlen, behaarten Stengel hervor. An ihm sitzen wechselständige Blätter. Ihre herzförmige Blattspreite ist fünflappig **(43,1).** Durch Krümmungen des Blattstiels kann sie senkrecht zum Lichteinfall eingestellt werden. Der schwache Stengel liegt entweder dem Boden auf, oder klettert mit Ranken an geeigneten Stützen empor. Die Ranken sind umgewandelte Blätter von Achselsprossen; es sind *Blattranken.* Die Rankenspitzen führen kreisende Suchbewegungen aus. Sobald sie einen nicht zu dicken Gegenstand berühren, umgreifen sie diesen und wickeln sich mehrmals um ihn herum. Der rückwärtige Teil der Ranke rollt sich spiralfederartig auf, so daß der Sproß federnd mit der Stütze verbunden ist.

Blüte und Frucht. Die gestielten Blüten sitzen einzeln in den Blattachseln. Der fünfzipfelige Kelch und die ebenfalls fünfzipfelige, gelbe Blumenkrone sind verwachsenblättrig. Die Blüten enthalten entweder nur Staubblätter oder nur einen Stempel **(43,2).** Wir müssen also *Staubblüten* oder männliche Blüten und *Stempelblüten* oder weibliche Blüten unterscheiden. Jede Pflanze bringt beiderlei Blüten hervor. Sie „wohnen in einem Haus": der Kürbis ist *einhäusig.* Die männlichen Blüten enthalten 5 Staubblätter. Vier der Staubfäden sind paarweise miteinander verwachsen. In den weiblichen Blüten befindet sich ein unterständiger, dreiblättriger Fruchtknoten mit Griffel und dreilappiger

43,4

43,4: *Gurkenpflanze. Der dem Boden aufliegende Sproß trägt fünflappige Blätter. Im Gegensatz zum Kürbis sind die Ranken unverzweigt. Die Blüten weichen im Bau wenig von der Kürbisblüte ab. Männliche und weibliche Blüten kommen auf einer Pflanze vor. Die Gurke ist einhäusig. Die männlichen Blüten sind oft gebüschelt. Die Gurke ist eine einjährige Pflanze.*

Narbe. Honigbienen, die den im Blütengrund abgeschiedenen Nektar saugen, bestäuben die Blüten. Aus dem Fruchtknoten entwickelt sich eine fleischige, vielsamige, derbschalige und runde *Beerenfrucht*, die zentnerschwer werden kann. Nach der Fruchtbildung stirbt die Kürbispflanze ab. Sie ist *einjährig*. Der Kürbis wird in vielen Sorten angebaut. Die Früchte werden gegessen oder dienen zur Zierde (Zierkürbisse – **43,5**).

Weitere Kürbisgewächse. Rund 800 Pflanzenarten sind mit dem Kürbis verwandt. Sie bilden die *Familie der Kürbisgewächse*. Die bekannte *Gurke* (Cucumis sativa) besitzt langgestreckte Beeren **(43,4).** Diese werden als Salat genossen oder als Gewürz verwendet (Gewürzgurken, Essiggurken). Bei manchen Gurkensorten entwickeln sich Früchte ohne
43 Bestäubung *(Jungfernfrüchtigkeit)*. Solche Früchte sind aber dann samenlos. Die wärmebedürftige Pflanze stammt aus Vorderindien. In wärmeren Ländern gedeihen die Melonen, deren Früchte als Obst beliebt sind. Die Frucht der *Zuckermelone* (Cucumis melo – **43,6**) schmeckt süß und aromatisch. Bei der *Wassermelone* (Citrullus vulgaris) sind die schwarzen Samen in das rote, besonders saftige Fruchtfleisch eingebettet. Einheimische Kürbisgewächse sind nur die *Weiße* und die *Zweihäusige Zaunrübe* (Bryonia alba und dioica). Die Zweihäusige Zaunrübe wächst in Hecken, an Waldrändern und an Zäunen **(43,3).** Sie klettert mit einfachen Ranken. Männliche und weibliche Blüten finden sich auf verschiedenen Pflanzen. Man kann daher männliche und weibliche Pflanzen unterscheiden. Wie schon der Name sagt, ist die Pflanze *zweihäusig*. Ihre Beeren sind rot. Dagegen hat die seltene, einhäusige Weiße Zaunrübe schwarze Beeren.

Merkstoff. Die regelmäßigen, fünfzähligen Blüten der Kürbisgewächse sind in der Regel männlich oder weiblich. In der Familie kommen einhäusige und zweihäusige Arten vor. Aus dem unterständigen Fruchtknoten entstehen Beerenfrüchte. Oft klettern die rauhhaarigen Kräuter mit einfachen oder verzweigten Blattranken.

43,5: *Zierkürbisse sind wegen ihrer eigenartigen Früchte beliebt.*
43,6: *Frucht der Zuckermelone ganz und quer geschnitten. Das Fruchtfleisch ist gelb. Die Früchte dienen als erfrischendes Obst. Die Pflanze gleicht der Gurke. Sie kann bei uns nur in den wärmsten Gegenden angebaut werden.*

43,5

43,6

44,1: Der Gewöhnliche Dost (Origanum vulgare) ist eine Pflanze der Wald- und Heckenränder und lichter Eichen- und Kiefernwälder. **44,2:** *Die Große Brunelle (Brunella grandiflora) wächst auf Halbtrockenrasen und an sonnigen Wald- und Wegrändern.* **44,3:** *Sonnige Orte bewohnt der Feldthymian (Thymus serpyllum).*

44 Die Familie der Lippenblütler (Labiatae)

Familienmerkmale. Bei der *Taubnessel* (S. 9) und beim *Wiesensalbei* (S. 31) haben wir zweiseitig symmetrische Blüten mit Ober- und Unterlippe vorgefunden. In diesen *Lippenblüten* sind gewöhnlich 2 lange und 2 kurze Staubblätter vorhanden, und der Fruchtknoten ist vierteilig. Die Blüten scheinen oft quirlförmig rings um den Stengel zu sitzen. Bei genauer Betrachtung zeigt sich jedoch, daß nur die Blattachseln Blütenstände tragen *(Scheinquirle)*. Pflanzen mit solchen Blüten gehören zur *Familie der Lippenblütler*, die sehr artenreich ist. Die wichtigsten Familienmerkmale sind in der Tabelle nebenan zusammengestellt. Vielfach entströmt den Lippenblütlern ein mehr oder weniger angenehmer Duft, der von flüchtigen Ölen (ätherischen Ölen) herrührt. Diese hinterlassen auf Papier einen Fettfleck, der mit der Zeit verschwindet, da das Öl verdunstet. Flüchtige Öle werden z. B. in Drüsenhaaren erzeugt **(44,4).** Das Öl wird im Köpfchen gebildet und später nach außen abgegeben. Auf dem Gehalt an flüchtigen Ölen beruht die Verwendung vieler Lippenblütler als Küchenkräuter und Heilpflanzen.

Einige Vertreter der Familie. Die *Pfefferminze* (Mentha piperita) wird als Arzneipflanze häufig angebaut **(44,5).** Die Pflanze verbreitet einen starken Pfefferminzgeruch. Der

44,4: *Drüsenhaare. Drüsenhaare besitzen ein endständiges Köpfchen, in dem bei den Lippenblütlern flüchtige Öle gebildet werden.* **44,5:** *Blüte der Pfefferminze. Obwohl die Minzen zu den Lippenblütlern gehören, sind ihre Blüten keineswegs deutlich 2-lippig, sondern haben fast regelmäßige Blumenkronen.*

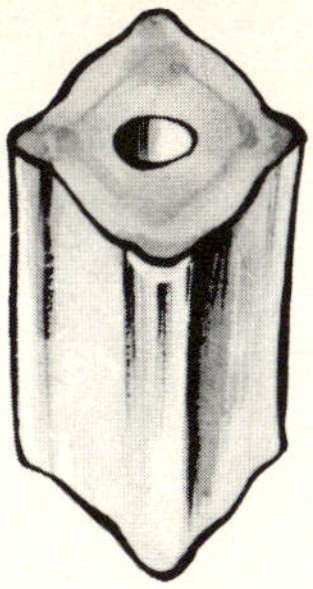
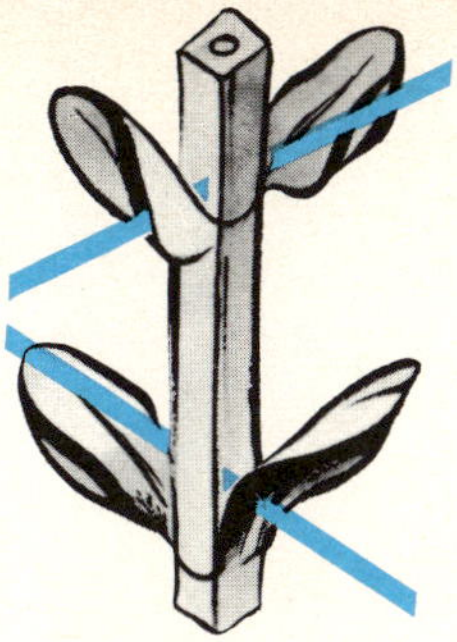

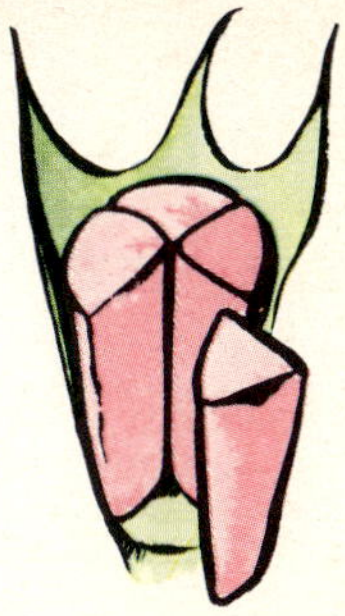

Familienmerkmale der Lippenblütler

Der Stengel ist vierkantig. Die Kanten sind versteift. Oft sind die Stengelglieder hohl.

An den Knoten stehen sich immer 2 Blätter gegenüber. Je 2 Blattpaare stehen übers Kreuz (kreuzgegenständige Blätter)

Die Lippenblüten haben gewöhnlich eine Ober- und eine Unterlippe. Manchmal ist die Oberlippe zurückgebildet.

Der vierteilige Fruchtknoten zerfällt bei der Reife in 4 Teilfrüchte. (Klausen).

Hauptbestandteil des in der Pflanze enthaltenen Pfefferminzöls ist das *Menthol*, das uns von den Papiertaschentüchern her bekannt ist. Pfefferminzöl benützt man zur Herstellung von Zuckerwaren, Likör, Mundwasser und Zahnpasta. Aus den getrockneten Pflanzenteilen wird der Pfefferminztee zubereitet. Er wird als Heiltee bei Erkrankungen von Magen, Darm, Leber und Gallenblase eingenommen, ist aber auch als Getränk beliebt. Eine Heilpflanze ist ferner der *Feldthymian* oder *Quendel* **(44,3).** Er zeigt bei verschiedenen Krankheiten (z. B. Husten, Darmerkrankungen) Heilwirkung. Weitere Gewürz- und Heilpflanzen sind *Bohnenkraut*, *Majoran* und *Melisse* (Melissengeist), die im Garten gezogen werden. *Gundermann* **(44,7)** und *Kriechender Günsel* **(44,6)** pflanzen sich außer durch Samen auch noch durch Ausläufer fort. Bei dieser Art der samenlosen Vermehrung entwickeln sich aus den unteren Achselknospen eines aufrechten Sprosses lange, waagrechte, auf dem Boden kriechende Seitensprosse. Diese Ausläufer wachsen in die Länge durch starke Streckung der Sproßglieder. Nach außen zu nimmt deren Länge ab. Die Knoten sind hier eng zusammengerückt und die Blätter rosettenartig gehäuft. Außerdem sind die Ausläufer am Ende verdickt und aus dem verdickten Ausläuferende entspringen Wurzeln. Am Ende des 1. Jahres werden die Tochterpflanzen selbständig und überwintern mit der Blattrosette. Im 2. Jahr erhebt sich aus der Rosette ein aufrechter Blütentrieb. Gleichzeitig entstehen neue Ausläufer, und der geschilderte Vorgang wiederholt sich. Da von einer Pflanze immer mehrere Ausläufer gebildet werden, ist mit dieser Art der Fortpflanzung auch eine Vermehrung der Pflanze verknüpft.

44,6: *Der Kriechende Günsel (Ajuga reptans) ist eine Wiesen- und Waldpflanze. Die Oberlippe der blauen Blüten ist sehr kurz. Aus Knospen bilden sich Ausläufer.*
44,7: *Ebenfalls Ausläufer bringt der Gundermann (Glechoma hederaceum) hervor, der an ähnlichen Standorten wie der Günsel wächst.*

44,6

44,7

45 Blütenstände

Es sind verhältnismäßig wenige Pflanzen, die an einem Sproß nur eine einzige Blüte tragen. Häufig sind viele Blüten zu *Blütenständen* vereinigt. Blütenstände sind auffälliger als Einzelblüten. Für Pflanzen, deren Blüten von Insekten bestäubt werden, ist dies nicht ohne Bedeutung.

Die Anordnung der Blüten zu Blütenständen geschieht nach bestimmten Plänen. Bei den verzweigten Blütenständen unterscheidet man zwischen einer *Hauptachse* und *Nebenachsen*, die ihrerseits wieder verzweigt sein können. Die Nebenachsen gehen aus Achselknospen von *Hochblättern* hervor; jede Achse schließt mit einer Blüte ab.

Die *traubigen Blütenstände* kann man als Umbildungen der **Traube** auffassen. Bei der Traube sitzen an der Hauptachse unverzweigte Nebenachsen. Durch Zurückbildung der Nebenachsen entsteht die **Ähre** mit sitzenden Blüten (obere Reihe). Von dieser unterscheidet sich der **Kolben** durch Verdickung der Hauptachse. Verkürzung der Hauptachse führt zum **Köpfchen,** das **Körbchen** heißt, wenn es von einer Hülle umgeben ist. Eine Traube, bei der alle Blüten etwa in gleicher Höhe stehen, heißt **Doldentraube** (mittlere Reihe). Bleiben die Stengelglieder der Hauptachse zwischen den Nebenachsen kurz, dann liegt eine **Dolde** vor. Durch Verzweigung der Nebenachsen entsteht aus der Traube die **Rispe** (untere Reihe). Diese heißt **Doldenrispe,** wenn alle Blüten in gleicher Höhe stehen. Durch Verkürzung der Stengelglieder von Hauptachse und Nebenachsen entsteht die **zusammengesetzte Dolde** oder **Doppeldolde.**

Bei der **Trugdolde** schließt die Hauptachse mit einer Endblüte ab, unter der an einem Punkt mehrere Nebenachsen entspringen, die sich wie die Hauptachse weiterverzweigen können. Bei der **zweigliedrigen Trugdolde** sind es jeweils 2 Nebenachsen.

Von der Traube kann man verschiedene Blütenstände ableiten. Die obere Reihe führt über die Ähre zum Kolben und Köpfchen, die mittlere über die Doldentraube zur Dolde und die untere über die Rispe und Doldenrispe zur zusammengesetzten Dolde. Damit soll nicht gesagt sein, daß diese Blütenstände tatsächlich so entstanden sind. Die Trugdolde, der ein ganz anderer Bauplan zugrunde liegt, kann nicht an die Traube angeschlossen werden. Von ihr leiten sich weitere Blütenstände ab.

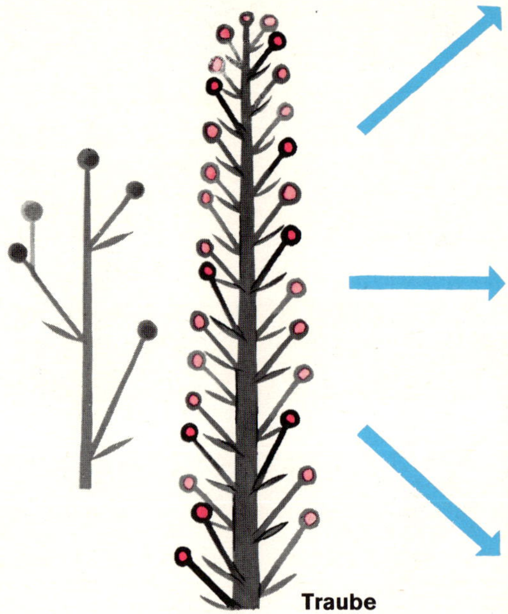

Traube

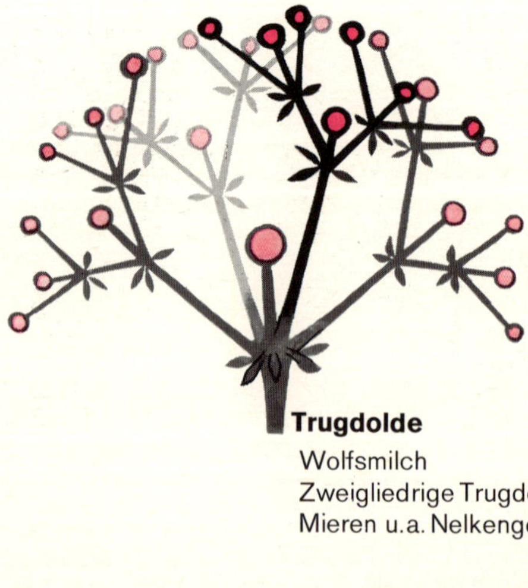

Trugdolde
Wolfsmilch
Zweigliedrige Trugdolde:
Mieren u.a. Nelkengewäc

Ähre
Wegerich
Ährengräser

Kolben
Aronstab

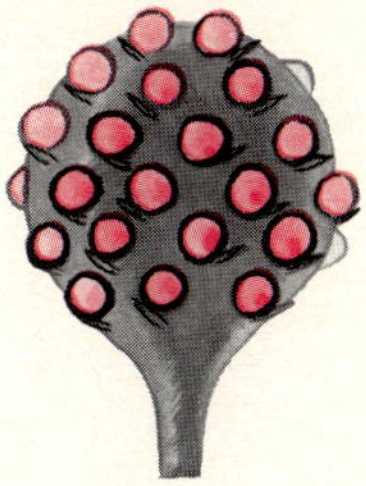

Köpfchen
Klee
Großer Wiesen-
knopf

Körbchen
Löwenzahn
Flockenblume
und andere
Korbblütler

Traube
Raps, Odermennig,
Goldregen, Besen-
ginster, Feuerbohne

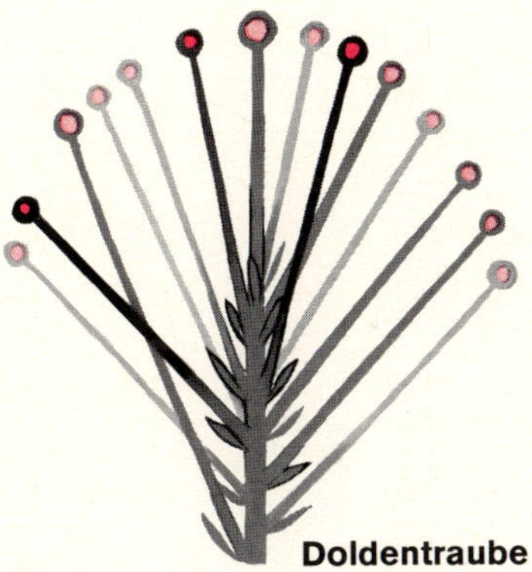

Doldentraube
Zahnwurz

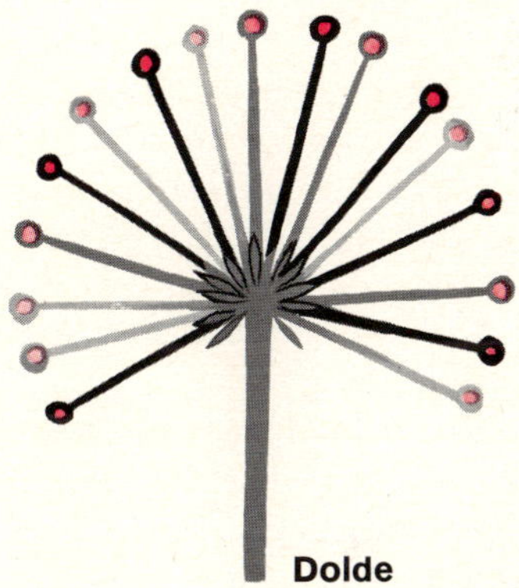

Dolde
Schlüsselblume
Reiherschnabel
Hornklee
Laucharten

Rispe
Rispengräser
Weinrebe

Doldenrispe
Eberesche
Weißdorn

Doppeldolde
Wiesenkerbel
Wilde Möhre
und andere
Doldengewächse

46,1

46,5

46

46,4

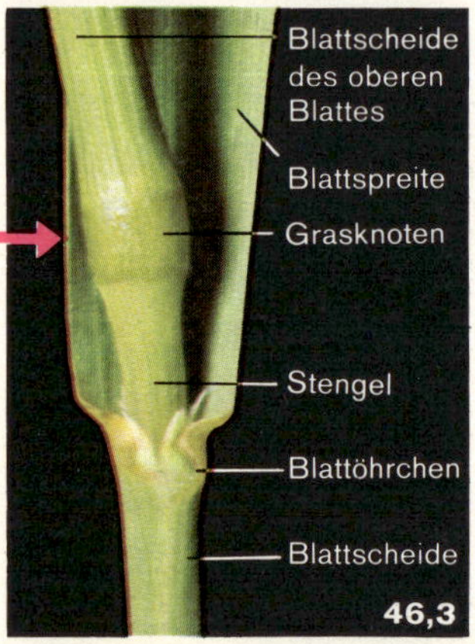

46,3

46,2

46,1: *Halm des Glatthafers mit sproßbürtigen Wurzeln und Blütenrispe. Die Blätter sind zweizeilig angeordnet.* **46,2:** *Längsschnitt durch einen Knoten.* **46,3:** *Grasknoten und Blattscheide.* **46,4:** *Am Übergang der Blattspreite in die Blattscheide sitzt das Blatthäutchen.*

46 Der Glatthafer (Arrhenaterum elat.)

Der *Glatthafer* **(46,1)** ist unser häufigstes Wiesengras. Im Frühjahr, wenn die Gräser nur Blätter tragen, können wir ihn von anderen Gräsern schwer unterscheiden. Jedoch an den Blüten und Blütenständen können wir die Grasarten leichter erkennen.

Blütenbau. Der Blütenstand des Glatthafers ist eine *Rispe*. Die Rispenäste tragen jedoch keine Einzelblüten, sondern zweiblütige *Ährchen* **(46,5; 46,6).** Die trockenhäutigen Blättchen, die die Blüten umgeben, heißen *Spelzen*. Das Ährchen beginnt unten mit 2 *Hüllspelzen*. Zu jeder Blüte gehören 2 Spelzen, die äußere *Deckspelze* und die innere *Vorspelze*. Sie umschließen 3 Staubblätter und den Fruchtknoten, der 2 *federartige Narben* trägt **(46,6).** Der Fruchtknoten der unteren Blüte ist beim Wiesenhafer meist verkümmert. In der Blüte finden sich außerdem 2 kleine Schüppchen, die *Schwellkörper* **(46,7).** Auf dem Rücken der Deckspelze der unteren Blüte entspringt eine knieförmig gebogene Borste, die *Granne* genannt wird.

Bestäubung (46,9). Die Blüten öffnen sich bei trockenem Wetter morgens gegen 7 Uhr.

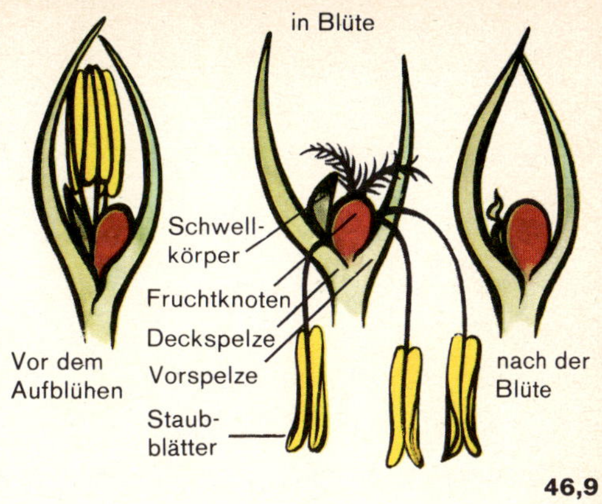

46,5: *Schemazeichnung des Ährchens vom Glatthafer. Unten am Ährchen sitzen die beiden Hüllspelzen. Die zwei Blüten sind in verschiedener Höhe an der Ährenachse festgewachsen. An der Blütenachse folgt auf die Deckspelze die Vorspelze, dann die beiden Schwellkörper, die 3 Staubblätter und der Fruchtknoten.* **46,6:** *Ährchen des Glatthafers.* **46,7:** *Schwellkörper.* **46,8:** *Staubbeutel des Glatthafers mit dem Löffelchen zur Aufnahme des Blütenstaubes.* **46,9:** *Blühvorgang. Von links nach rechts: Geschlossene Blüte vor dem Aufblühen, geöffnete Blüte, Blüte nach dem Blühvorgang.*

Die Schwellkörper nehmen Wasser auf, schwellen an und drücken die Spelzen auseinander. Innerhalb von 20 Minuten wachsen die Staubfäden auf das Drei- bis Vierfache ihrer ursprünglichen Länge heran. Sie kippen nach außen, so daß die Staubbeutel aus der Blüte heraushängen. Ihre beiden Hälften weichen an der Spitze etwas auseinander und biegen sich nach oben um **(46,8).** Dadurch entstehen 2 kleine Löffelchen, in die der Blütenstaub aus den Staubbeuteln herunterrieselt. Der Wind bläst ihn aus den Löffelchen fort. Er wird von den federartigen Narben, die aus den Blüten herausragen, aufgefangen. Bei den Gräsern wird die Bestäubung also nicht von Tieren, sondern *vom Wind* besorgt. Der in großer Menge abgeschiedene trockene, staubartige Pollen kann leicht verweht werden. Die großen Narben sind zum Auffangen des Blütenstaubs gut geeignet. Nach 2 Stunden schrumpfen die Schwellkörper und die Blüten schließen sich. Staubblätter und Narben welken und fallen ab. Aus dem Fruchtknoten entsteht eine *einsamige Schließfrucht.*

Grashalm. Der runde Stengel der Gräser heißt *Halm* **(46,1).** Sein unterster Abschnitt erzeugt die *sproßbürtigen Wurzeln.* Die Blätter sitzen auf 2 Seiten des Halms übereinander, sie sind *zweizeilig* angeordnet. Die Blattspreiten sind lang und schmal. Ihre Nerven verlaufen parallel. Nach unten zu geht die Spreite in eine stengelumfassende Blattscheide über. An der Grenze zwischen Blattspreite und Blattscheide findet sich das feine *Blatthäutchen* **(46,4).** Die Blattscheide entspringt am *Stengelknoten* **(46,2).** Dicht über dem Stengelknoten ist sie zum *Grasknoten verdickt* **(46,3).** Der hohle Halm wird durch Querwände der Stengelknoten in einzelne Abschnitte unterteilt **(46,2).** Wie kann der lange, verhältnismäßig dünne Halm den Blütenstand tragen und dem Wind widerstehen? Die schmalen Blätter setzen dem Wind wenig Widerstand entgegen. Durch die Gliederung des Halms in kleine Abschnitte wird er nicht so leicht geknickt (lange Hölzchen kann man leichter zerbrechen als kurze). Auch die Blattscheiden tragen zur Festigung bei. Sie schützen die weichste Stelle des Halms, die *Wachstumszone*, die unmittelbar über dem Knoten liegt. Von dieser Stelle aus geht das Wachstum des Halmes vor sich. Liegende Halme richten sich mit Hilfe der Grasknoten auf. Die Unterseite der Wachstumszone an den Knoten wächst schneller als die Oberseite, wodurch sich der Halm aufrichtet.

Ähren-
gräser

47,1

47,1: Ährengräser (obere Reihe)

47,1 l.: Englisch Raygras (Lolium perenne)
47,1 r.: Quecke (Agropyron repens)

47,2–47,3: Ährenrispengräser (mittl. Reihe)

47,2 l.: Ruchgras (Anthoxanthum odoratum)
47,2 r.: Kammgras (Cynosurus cristatus)
47,3 l.: Wiesenfuchsschwanz (Alopecurus pratensis)
47,3 r.: Wiesenlieschgras (Phleum pratense)

47,4–47,7: Rispengräser (untere Reihe)

47,4 l.: Goldhafer (Trisetum flavescens)
47,4 r.: Knäuelgras (Dactylis glomerata)
47,5 l.: Wiesenschwingel (Festuca pratensis)
47,5 r.: Weiche Trespe (Bromus mollis)
47,6 l.: Honiggras (Holcus lanatus)
47,6 r.: Straußgras (Agrostis tenuis)
47,7 l.: Wiesenrispengras (Poa pratensis)
47,7 r.: Zittergras (Briza media)

47

Ähren-
rispen-
gräser

47,2

Rispen-
gräser

47,4

47 Die Familie der Gräser (Gramineae)

Um die Vielzahl der Gräser besser übersehen zu können, unterscheidet man nach den Blütenständen die 3 Gruppen der *Ährengräser*, *Ährenrispengräser* und *Rispengräser*. Bei den **Ährengräsern** sitzen die Ährchen unmittelbar an der Ährenachse oder sind nur kurzgestielt *(Englisches Raygras* und *Quecke* – **47,1**). Beim Raygras kehren die Ährchen der Ährenachse die schmale Seite zu, bei der Quecke die breite. Das Raygras ist trittfest. Es eignet sich daher zum Bepflanzen von Rasen und Sportplätzen. Die Quecke ist ein sehr lästiges Unkraut. Selbst aus Bruchstücken der langen, unterirdischen Ausläufer entwickeln sich neue Pflanzen. Die **Ährenrispengräser (47,2; 47,3)** weisen einen walzlichen Blütenstand auf, der einer Ähre gleicht. Beim Umbiegen bemerkt man jedoch, daß die Ährchen auf verzweigten Stielchen sitzen. Das getrocknete *Ruchgras* verleiht dem Heu
47 den bezeichnenden Duft. Die Ährchen des *Kammgrases* haben eine kammförmige Hülle. *Wiesenfuchsschwanz* und *Wiesenlieschgras* werden oft miteinander verwechselt. Die Ährchen des Fuchsschwanzes sind einspitzig, die des Lieschgrases zweispitzig. Bei den **Rispengräsern** ist der Blütenstand eine *Rispe* **(47,4–47,7).** An verzweigten Rispenästen sitzen ein- oder mehrblütige Ährchen. Die Wiesengräser sind *ausdauernde Pflanzen.*

Hohe Gräser nennt man Obergräser, niedrige Untergräser. Wichtige Obergräser sind *Wiesenfuchsschwanz*, *Wiesenlieschgras*, *Knäuelgras*, *Wiesenschwingel* und *Glatthafer*. Alle fünf sind gute Futtergräser. *Wiesenrispengras*, *Goldhafer* und *Englisches Raygras* gehören zu den Untergräsern. Auch diese Pflanzen liefern ein gutes Futter.

Die Grasarten bilden die *Familie der Gräser* (Gramineae). Diese enthält etwa 4000 Arten. Davon wachsen 220 in Mitteleuropa. Zu den Gräsern gehören die Getreidearten, unsere wichtigsten Nutzpflanzen. Die Futtergräser ermöglichen die Viehhaltung. Die Gräser sind daher für unsere Ernährung von besonderer Bedeutung. In Steppen und Savannen, die große Teile der Erdoberfläche bedecken, sind Gräser die herrschenden Pflanzen.

Merkstoff. Die Blütenstände der Gräser sind Ähren, Rispen oder Ährenrispen. Die Grasblüte wird von der Deck- und Vorspelze umhüllt. Sie enthält 3 Staubblätter, einen Fruchtknoten mit 2 federartigen Narben und 2 Schwellkörper. Die Blüten werden vom Wind bestäubt. Die Frucht ist eine einsamige Schließfrucht. Der Grashalm ist durch Grasknoten unterteilt. Die Blätter bestehen aus der Blattscheide und der parallelnervigen Blattspreite. Zur Familie der Gräser gehören unsere wichtigsten Nutzpflanzen.

47,6

47,7

48,1: *Wiese vor der Heuernte. Sie befindet sich zu dieser Zeit im 1. Hochstand. Mit zunehmender Wärme im Frühjahr ergrünt die Wiese. Ende April ist sie gleichmäßig grün. Knapp 2 Monate später ist die Hauptblütezeit der Wiesenpflanzen. Daher gewährt die Wiese vor der Heuernte den schönsten Anblick.*

48–51 Die Wiese

Im Mai und Juni prangen unsere Wiesen in saftigem Grün **(48,1)**, das von den bunten Farbflecken der Wiesenblumen anmutig belebt wird. Untersuchen wir den Pflanzenbestand einer solchen Wiese, so zeigt sich, daß *Gräser* vorherrschen. Daneben findet sich eine Reihe *Kräuter*. Sträucher und Bäume fehlen jedoch gänzlich, falls sie nicht absichtlich gepflanzt worden sind. Dies ist deshalb erstaunlich, weil Deutschland ein Waldland ist und unsere Wiesen auf ehemaligem Waldboden (oder Moorboden) stehen. Warum bleiben Holzgewächse der Wiese fern? Wiesen werden alljährlich ein- bis zweimal *gemäht*. Auf der Wiese können sich deshalb nur solche Pflanzen halten, die nach dem Schnitt wieder ausschlagen oder dem Schnitt auf irgendeine Weise entgehen. Holzgewächse ertragen den Schnitt ganz und gar nicht und sind deshalb auf der Wiese nicht zu finden. Sie würden sich jedoch alsbald dort einstellen, wenn man das Mähen unterlassen würde. Im Lauf der Jahre entstünde dann ein Wald. *Durch die Mahd werden die Wiesen geschaffen und erhalten.* Natürliche Wiesen gibt es in Deutschland nicht. Sie verdanken ihr Dasein allein dem Menschen. Wiese heißt daher ein solches Grasland, das mindestens einmal im Jahr gemäht wird.

48,2–48,4: *Leitpflanzen der trockenen Fettwiese.* **48,2:** *Echtes Labkraut (Galium verum).* **48,3:** *Tauben-Skabiose (Scabiosa columbaria).* **48,4:** *Wundklee (Anthyllis vulneraria). Diese Trockenlandpflanzen besitzen Blätter mit kleiner Fläche. Dadurch wird die Wasserverdunstung herabgesetzt.*

Die Fettwiese

Die Wiesenpflanzen dienen frisch oder getrocknet als Viehfutter. Man kann den Ertrag einer Wiese wesentlich steigern, wenn man *düngt*. Vielfach wird dazu Jauche oder Stalldünger verwendet. Da viele Wiesenpflanzen, z. B. Glatthafer, Goldhafer, Knäuelgras, Weißklee, Wiesenkerbel und Bärenklau *düngerliebend* sind, wird der Pflanzenwuchs durch die Düngung üppiger. Solche gedüngten Wiesen heißen *Fettwiesen*. Fettwiesen können zweimal im Jahr gemäht werden. Der 1. Schnitt erfolgt im Juni und wird *Heuernte* genannt. Die getrockneten Futterpflanzen bezeichnet man entsprechend als Heu. Im Sommer, meist im August, wird nochmals gemäht. Dieser 2. Schnitt heißt *Öhmd-Ernte*. Er liefert das Öhmd. Die Fettwiese ist die weitaus häufigste Wiesenform. Daher wollen wir uns nur mit ihr beschäftigen und andere, seltenere Wiesenformen vernachlässigen. Die Fettwiese ist durch eine Reihe von Pflanzen gekennzeichnet, die nur auf ihr vorkommen. Man kann an solchen *Leitpflanzen* eine Fettwiese erkennen. Zu den Leitpflanzen der Fettwiese gehören: Glatthafer (46,1), Wiesenschwingel, Wiesenfuchsschwanz, Weiche Trespe, Lieschgras (s. Gräser 47,1–7), Wiesenkerbel (41,4), Bärenklau (42,3), Wiesenschaumkraut (23,1) und Wiesenstorchschnabel (40,3). Die Fettwiesen sind jedoch in ihrem Pflanzenbestand durchaus nicht einförmig. Manche Pflanzen gedeihen nur in trockenen Fettwiesen, andere nur in feuchten. Sie können daher als Leitpflanzen für die trockene und die feuchte Fettwiese dienen. Die *trockene Fettwiese* ist durch starkes Auftreten des Wiesensalbeis (31,4) gekennzeichnet *(Salbeiwiese)*. Andere Leitpflanzen für diese Wiesenform sind
48 das Echte Labkraut **(48,2)**, die Tauben-Skabiose **(48,3)** und der Wundklee **(48,4)**. Die *feuchte Fettwiese* enthält viel Honiggras (47,6). Wir können sie deshalb als Honiggraswiese bezeichnen. Als weitere Leitpflanzen sind die Kohldistel **(48,5)**, die Kuckucksnelke **(48,6)** und die Sumpfdotterblume (21,3) zu erwähnen. Bei stockender Nässe treten auch Sauer- oder Riedgräser auf, die nur ein minderwertiges Futter liefern und daher beim Bauern nicht beliebt sind **(48,7)**. Manche Wiesen enthalten so reichlich Doldengewächse, daß deren weiße Blütenfarbe vorherrscht. Da diese Pflanzen düngerliebend sind, weist ihr Massenvorkommen auf übermäßige Düngung hin. Die mit Obstbäumen bestandenen Baumwiesen, die während der Baumblüte besonders schön sind, weichen in ihrem Pflanzenbestand von der normalen Fettwiese nicht wesentlich ab. Da sie meist in Siedlungsnähe liegen und daher in der Regel gut gedüngt werden, werden sie oft von Doldengewächsen beherrscht.

48,5–48,7: *Leitpflanzen der feuchten Fettwiese.* **48,5:** *Die Kohldistel (Cirsium oleraceum) ist ein Korbblütler.* **48,6:** *Kuckucksnelke (Lychnis flos-cuculi).* **48,7:** *Sauergras (Carex). Die Sauergräser unterscheiden sich von den Süßgräsern u. a. durch den knotenlosen, dreikantigen Stengel.*

48,5

48,6

48,7

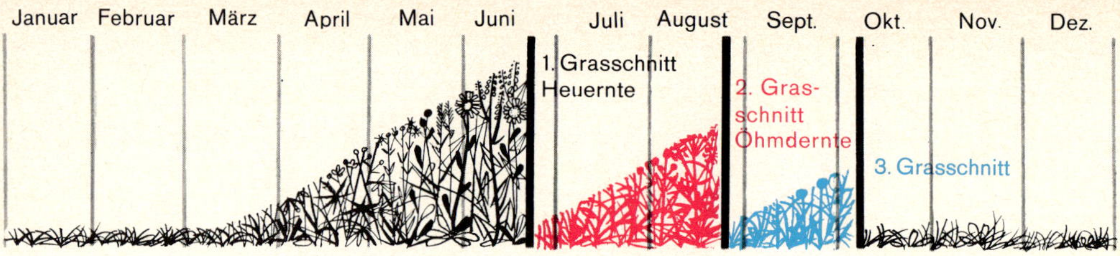

49,1

49,1: *Die Wiese im Jahreslauf. Während des Winters und im Vorfrühling ist die Wiese niedrig. Vom März an wachsen die Wiesenpflanzen und erreichen im Juni ihre größte Höhe (1. Hochstand). Nach der Heuernte im Juni folgt ein zweiter, kurzdauernder Tiefstand, der im August in den 2. Hochstand übergeht. Dieser wird durch die Öhmdernte beendet. Manchmal gibt es im September noch einen 3. Hochstand mit einer 3. Mahd. Ab Oktober geht die Wiese in den Wintertiefstand über.*

Die Wiese im Jahreslauf

Das Aussehen der Wiese ändert sich im Ablauf des Jahres außerordentlich stark. Dies hat verschiedene Ursachen. Einmal blühen die Wiesenpflanzen zu verschiedenen Zeiten. Damit ist ein dauernder, verhältnismäßig rasch ablaufender Farbwechsel verbunden. Ferner ist auch zu bedenken, daß die Entwicklung durch den Schnitt mehrmals unterbrochen wird. Auch während der Winterruhe zeigen die Pflanze nicht ihren gewohnten Anblick. Wir wollen nun die Veränderungen der Wiese im Jahreslauf näher betrachten **(49,1).**

Nach der Schneeschmelze im Frühjahr sind die Wiesenpflanzen, die vielfach mit oberirdischen Pflanzenteilen überwintert haben, noch niedrig. Dies gilt insbesondere auch für die Gräser. Die Wiese befindet sich im **1. Tiefstand.** Als erste Pflanzen blühen das Gänseblümchen und das Schneeglöckchen, denen bald Veilchen und Schlüsselblumen folgen. Die Hauptmasse der Wiesenpflanzen treibt junge, grüne Sprosse, sobald die zunehmende Temperatur dazu den Anstoß gibt. Um Georgi (23. April) ist die Wiese ganz mit frischem Grün geschmückt. Von diesem Zeitpunkt an dürfen die Wiesen nicht mehr betreten werden. In wenigen Wochen wachsen von nun an die Wiesenpflanzen in die Höhe und die Wiese nähert sich dem **1. Hochstand (48,1).** Während der Entwicklung bis zum 1. Hochstand macht eine Reihe Pflanzen ihre Hauptblütezeit durch. Zuerst färben die Löwenzahnblüten (34,8) die Wiese leuchtend gelb. Dann überziehen die Blüten des Wiesenschaumkrauts (23,1) die Wiesen mit einem zarten, blaßvioletten Schleier. Sobald der Hahnenfuß (3,1) und die Wiesenfeste (Wiesenpippau, Crepis biennis) aufblühen, ist die Wiese wieder gelb. Manche Wiesen zeigen jetzt auch reichlich das Weiß des Wiesenkerbels (41,4). Von da ab wird die Wiese immer farbenprächtiger. Das Blau der Glockenblumen, des Salbeis (31,4) und des Wiesenstorchschnabels (40,3) mischt sich mit dem Gelb des Wiesenbocksbarts, dem Rot von Kuckucksnelke (48,6), Lichtnelke (33,8), Klee (31,5) und Esparsette und dem Weiß von Wucherblume (Marguerite – 50,6) und Wiesenlabkraut (32,11). Zuletzt entfalten sich die feinen Rispen der Gräser. In dem dichten Pflanzengewirr finden Pflanzen mit schwachen Stengeln Halt, so etwa die Zaunwicke (37,7), die sich mit Ranken festhält, oder das Labkraut, das seine Seitentriebe abspreizt und sich so verankert (Spreizklimmer). In der 2. Junihälfte (oder früher) bereitet der 1. Schnitt der ganzen Pracht ein Ende. Unter den günstigen Wachstumsbedingungen des Sommers (hohe Temperatur, reichliche Niederschläge) dauert der nun folgende **2. Tiefstand** nur kurze Zeit **(49,1).** Die Wiesenpflanzen wachsen wieder, bleiben aber niedriger als vor der Heuernte. Manche Pflanzen des 1. Hochstands kommen nochmals zum Blühen, andere,

49,2

49,2: *Wiese im 2. Hochstand. Viele Wiesengräser und andere Wiesenpflanzen, wie etwa der Salbei, der Hahnenfuß und der Wiesenstorchschnabel, haben neue Triebe gebildet. Die Wiese zeigt im 2. Hochstand mehr trübe Farben und bleibt niedriger als im 1. Hochstand.*

wie der Bärenklau, die Kohldistel, der Augentrost und der Große Wiesenknopf entfalten jetzt erst ihre Blüten. Doch wird im **2. Hochstand** die alte Farbenpracht nicht wieder erreicht **(49,2).** Schon in der 2. Augusthälfte kann zum zweitenmal geschnitten werden. Dem 2. Hochstand folgt der **3. Tiefstand.** Jetzt erst blüht als letzte Wiesenblume die Herbstzeitlose (50,7). Auf den 3. Tiefstand folgt entweder die Winterruhe oder unter günstigen Umständen ein **3. Hochstand (49,1).** Dieser ist jedoch nur noch schwach ausge-
 bildet. Die Pflanzen werden nochmals geschnitten oder vom Vieh abgeweidet.

Winterruhe. Im Winter sind die Pflanzen nicht nur der *Gefahr des Erfrierens*, sondern vor allem auch der *Gefahr des Austrocknens* ausgesetzt. Blätter verdunsten nämlich auch winters Wasser, das bei gefrorenem Boden nicht ersetzt werden kann. Wie begegnen die Pflanzen diesen Gefahren? Einjährige Pflanzen überwintern mit den sehr *widerstandsfähigen Samen*, die gegen die Kälte wie gegen das Austrocknen gleichermaßen geschützt sind. Bei den mehrjährigen Stauden sterben die oberirdischen Pflanzenteile ganz oder teilweise ab. Im ersten Fall überwintern die Pflanzen im Schutz des Bodens mit unterirdischen *Wurzelstöcken*, *Zwiebeln* oder *Knollen*. An diesen Organen befinden sich die Erneuerungsknospen, die im nächsten Frühjahr austreiben. Im zweiten Fall bleiben die *unteren Sproßteile*, an denen die Erneuerungsknospen sitzen, erhalten. Die Erneuerungsknospen befinden sich in der Nähe der Erdoberfläche, wo sie vom Schnee bedeckt werden. So sind sie vor Austrocknen und Erfrieren einigermaßen geschützt. Die Abb. **49,3** bringt Beispiele für die erwähnten Überwinterungsmöglichkeiten.

49,3: *Die Abbildung zeigt von links nach rechts die Überwinterung mit Samen und unterirdischen Organen. Die 3 rechten Pflanzen überwintern mit Knospen in Bodennähe. Vielfach überdauern auch bodennahe Blätter den Winter (Pflanzen mit Rosetten und Ausläufern, Gräser).*

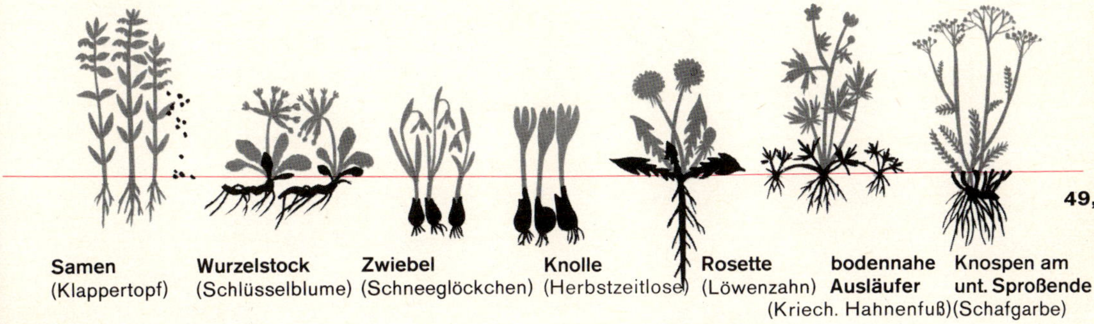

49,3

Die Anpassung der Wiesenpflanzen an den Schnitt

Wie schon eingangs erwähnt, können sich auf der Wiese nur solche Pflanzen halten, die den Schnitt ertragen. Welche *Anpassungen an den Schnitt* weisen diese nun auf? Die Hauptmasse der Wiesenpflanzen besitzt die Fähigkeit, nach der Mahd wieder auszutreiben. Die Ersatzsprosse entstehen aus Knospen, die an unterirdischen Sproßteilen oder am oberirdischen Stengelstumpf sitzen. So verhalten sich die *Gräser* **(50,4** Foto und Zeichnung**)**, die Kleearten, der Bärenklau, der *Salbei* **(50,2)**, das Wiesenlabkraut u. a. Der *Weißklee* treibt einen auf dem Boden kriechenden Sproß, der an den Knoten Wurzeln bildet und sich nur an der Spitze erhebt. Bei der Mahd werden lediglich die langgestielten Blätter und Blütenköpfchen abgeschnitten, während der Stengel selbst unverletzt bleibt **(50,5** Foto und Zeichnung**)**. Andere Pflanzen treiben zwar nur einmal aus, ihre Früchte reifen jedoch schon vor dem Schnitt. Zu dieser Gruppe gehören die Frühblüher, wie die Schlüsselblumen und das Wiesenschaumkraut. Die Früchte des Schneeglöckchens, des Märzenbechers, des Wohlriechenden Veilchens und des Rauhen Veilchens liegen auf dem Erdboden und können daher auch bei frühem Schnitt nicht beschädigt werden. Es gibt außerdem Wiesenpflanzen, die zwischen Heu- und Öhmdernte blühen und fruchten. Eine weitere Pflanze, die zufällig in die Entwicklung der Wiese hineinpaßt, ist die *Herbstzeitlose*. Sie blüht erst im 3. Tiefstand **(50,7** Foto**)**. Im Frühjahr bildet die Herbstzeitlose Blätter und Fruchtkapseln **(50,3)**. Die Früchte reifen schon vor der Heuernte. Den Sommer überdauert die Pflanze als Knolle im Boden. So ist sie zu keiner Zeit durch den Schnitt gefährdet **(50,7** Zeichnung**)**. Manche Anpassungsformen sind erst durch den Schnitt entstanden. Bei der *Wucherblume* kann man eine Ackerform und eine Wiesenform unterscheiden. Die langsamwüchsige Ackerform treibt Seitenzweige, die mit einer Korbblüte abschließen **(50,1)**. Die raschwüchsige Wiesenform besitzt einen einfachen Stengel mit nur einem Blütenkörbchen **(50,6** Foto**)**. Auf dem Acker ist die Ackerform im Vorteil, da sie mehr Früchte erzeugt. Dagegen kann sie sich wegen der langsamen Entwicklung auf der Wiese, die früher als der Acker abgemäht wird, nicht halten. Dort ist die Wiesenform begünstigt, die ihre Entwicklung vor der Heuernte abschließt **(50,6** Zeichnung**)**. So bleibt sie dort erhalten.

50,1: *Ackerform der Wucherblume.* **50,2:** *Wiesensalbei mit Ersatzsprossen.* **50,3:** *Blätter und Fruchtkapsel der Herbstzeitlose im Frühjahr.* **50,4 Zeichnung:** *Bildung von Ersatzsprossen beim Ruchgras. Die nach der Heuernte gebildeten Ersatzsprosse sind rot, die nach der Öhmdernte gebildeten blau gezeichnet.* **50,4 Foto:** *Ersatzsprosse bei einem Gras.* **50,5 Zeichnung:** *Der Weißklee treibt nach dem Schnitt aus dem unverletzten Stengel neu aus.* **50,5 Foto:** *Kriechender Stengel des Weißklees mit Blättern und Blütenköpfchen.* **50,6 Zeichnung:** *Die Wucherblume blüht noch vor der Heuernte.* **50,6 Foto:** *Wiesenform der Wucherblume.* **50,7 Zeichnung:** *Die Herbstzeitlose fügt sich in die Entwicklung der Wiese ein.* **50,7 Foto:** *Blüte der Herbstzeitlose.*

50,1

50,2

50

50,4

50,5

50,6

50,7

Die Lebensbedingungen auf der Wiese

Pflanzen. Die Wiesenpflanzen wachsen nicht beziehungslos nebeneinander. Jede übt vielmehr einen entscheidenden *Einfluß* auf ihre Nachbarn aus. Wir wollen das an einigen Beispielen betrachten. Alle Mitglieder der *Pflanzengesellschaft* zusammen schaffen erst die Bedingungen, die für das Gedeihen dieser Pflanzen wichtig sind. Manche Pflanzen fördern ihre Nachbarn durch Abscheidung von meist noch unbekannten Stoffen. Neben fördernden Stoffen werden jedoch auch Hemmstoffe abgegeben. Sodann stehen die Pflanzen untereinander im *Wettbewerb* um *Raum*, *Licht*, *Wasser* und *Nährstoffe*. Der Wettbewerb wirkt sich besonders unter den Artgenossen aus, da ja alle die gleichen Lebensansprüche haben. Allein die hohen Samenzahlen mancher Pflanzen zeigen, wieviel Keime im Wettbewerb unterliegen. Zwischen den Arten ist der Wettbewerb durch verschiedene Einrichtungen gemildert, so etwa durch die *Höhenschichtung* der Wiesenpflanzen. Auf eine dünne Moosschicht folgt eine untere Krautschicht (Rosettenpflanzen, kriechende Pflanzen), eine mittlere Krautschicht und eine obere Krautschicht (Unter- und Obergräser!). Durch diese Schichtung wird eine bessere Ausnützung der Raum- und Lichtverhältnisse ermöglicht. Eine *Schichtung* ist auch *im Wurzelbereich* festzustellen **(51,1)**, wodurch eine bessere Versorgung mit Wasser und Nährsalzen gewährleistet ist. Die Wurzelstöcke und Wurzeln der rasenbildenden Gräser sind miteinander verflochten und verfilzt *(Grasnarbe)*. In den Wurzeln der Orchideen und mancher Gräser (z. B. Honiggras) leben Pilzfäden, die diese Pflanzen mit Nährstoffen versorgen. *Wirt* und *Gast* haben von diesem Zusammenleben Vorteile *(Symbiose)*. Es gibt jedoch auch Fälle, bei denen der Wirt einseitig ausgenützt wird. Sommerwurz und Kleeseide **(51,2; 51,3)** entziehen dem Klee alle ihre zum Leben nötigen Nährstoffe, sie sind *Schmarotzer*. Dagegen entnehmen die *Halbschmarotzer* Klappertopf und Augentrost (32,9) den Graswurzeln nur Wasser und Nährsalze.

Tiere. Die Wiese beherbergt eine reiche *Tierwelt*. Es bestehen Beziehungen zwischen Pflanze und Tier und zwischen den Tieren untereinander. Blütenbesucher, wie Bienen, Hummeln, Schmetterlinge, Käfer vermitteln die *Bestäubung* und finden in den Blüten ihre *Nahrung*. Andere Blütengäste fressen lediglich Blütenteile ohne Gegenleistung (z. B. viele Käfer). Manche Tiere, die wir auf Blüten finden, haben es auf diese *Pflanzenfresser* abgesehen (Wespen, Raubfliegen, Weichkäfer, Spinnen). Die Blätter der Wiesenpflanzen

51,2–51,3: *Auf Klee schmarotzt die Kleeseide (Cuscuta epithymum). Sie besitzt keine Wurzeln und Blätter, sondern nur Blüten* **(51,3)**. *Mit Saugorganen entzieht sie der Wirtspflanze Wasser und Nährstoffe* **(51,2)**. **51,4:** *Blütenstand eines Doldengewächses mit Blattwespe als Blütengast.*

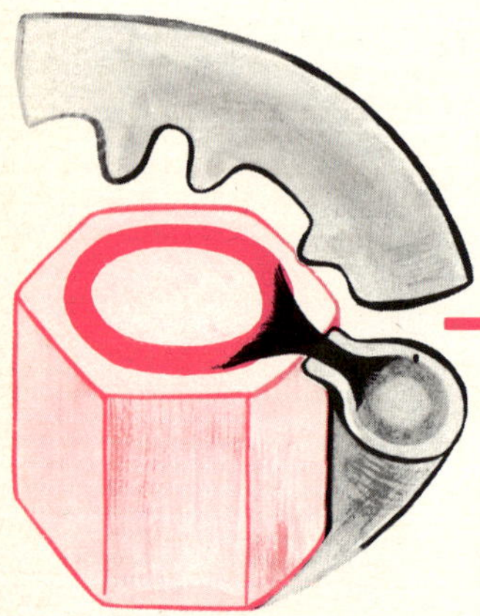

Anzapfstelle eines Seidenstengels (am Hopfen) 51,2

51,3

51,4

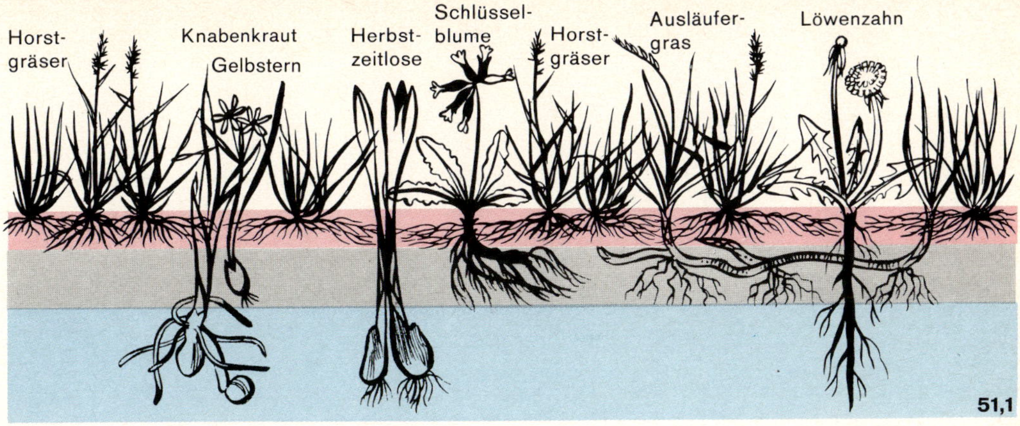

51,1

51,1: *Die Durchwurzelung des Wiesenbodens. Manche Wiesenpflanzen, wie die Gräser, wurzeln flach (Flachwurzler, rot). Andere sind Tiefwurzler, z. B. Löwenzahn, Doldengewächse, Orchideenarten und die Herbstzeitlose (blau). Flach- und Tiefwurzler sind durch Übergänge verbunden (grau).*

liefern Schmetterlingsraupen, Heuschrecken, Schnecken, Käfern und Käferlarven Nahrung. Die bekannten Blattläuse und andere Insekten saugen Pflanzensäfte. Von den süßen Ausscheidungen der Blattläuse leben Ameisen. Die Läuse selbst werden von Marienkäferchen und ihren Larven verzehrt. Die Engerlinge des Maikäfers und anderer Käfer,
51 sowie die Maulwurfgrille leben von Pflanzenwurzeln. Die Regenwürmer, die als Bodenlockerer wichtig sind, ernähren sich von abgestorbenen Pflanzenteilen. Diesen Bodenbewohnern stellt der Maulwurf nach. Ihn und die Wühlmäuse, die ebenfalls im Boden hausen, fressen wiederum die Wiesel. Fleischnahrung finden auf der Wiese außerdem der Grasfrosch, die Zauneidechse und viele Vögel, die jedoch mit Ausnahme von Feldlerche, Wiesenpieper und Wiesenschmätzer keine Wiesenbewohner sind.

Die Tiere der Wiese ernähren sich teils von Pflanzen und teils von anderen Tieren. Sie bilden ein Verhältnis von Nährern zu Zehrern. Doch werden die Pflanzen auch von den Tieren gefördert (Bestäubung der Blüten, Verbreitung von Samen, Verbesserung und Lockerung des Bodens durch Bodenbewohner). *Die Lebewesen der Wiese, Pflanzen und Tiere, sind aufeinander angewiesen, sie bilden eine Lebensgemeinschaft.*

51,5: *Die Ameisen der Wiese verbreiten die Samen von Schneeglöckchen und Veilchen. Besondere Samenanhängsel dienen den Tieren als Nahrung.* **51,6:** *Feldheuschrecken leben von Pflanzenkost.* **51,7:** *Die Wiesenschnake saugt Pflanzensäfte. Ihre Larven leben im Boden, wo sie Wurzeln benagen.*

51,5

51,6

51,7

52,1: *Fruchtstand des Wiesenbocksbarts (Tragopogon pratensis). Bei schönem Wetter ist die Haarkrone mit den federartigen Haaren ausgebreitet.* **52,2:** *Weidenröschen (Epilobium). Aus dem unterständigen Fruchtknoten entwickelt sich eine Kapsel. die mit 4 Klappen aufspringt.* **52,3:** *Samen des Weidenröschens tragen Samenhaare, welche als Flugorgan dienen.* **52,4:** *Die Kapseln der Wiesenglockenblume (Campanula patula) öffnen sich bei trockenem Wetter mit 3 Klappen, die herabgeschlagen werden.*

52 Die Verbreitung von Samen und Früchten

Für die Pflanzen ist es von großer Bedeutung, daß ihre Samen oder Früchte *verbreitet* werden. Wenn nämlich die jungen Pflanzen alle in unmittelbarer Nähe der Mutterpflanze aufwachsen müßten, würde ihnen die größere Pflanze Platz, Licht und Nahrung wegnehmen. Auch untereinander würden sie dann in Wettbewerb treten, da sie alle die gleichen Lebensansprüche haben. Außerdem können Pflanzen nur durch Ausbreitung ihrer Früchte und Samen „wandern“ und neue Räume besiedeln. Als Transportmittel kommen der *Wind*, das *Wasser* und *Tiere* in Frage. Ferner besitzen viele Pflanzen Einrichtungen, die es ihnen ermöglichen, Früchte oder Samen *fortzuschleudern*. Innerhalb dieser verschiedenen Arten der Pflanzenverbreitung gibt es zahllose Möglichkeiten, von denen wir nur einige als Beispiele für die Verbreitung durch Wind, durch Schleudervorrichtungen und durch Tiere auswählen.

Verbreitung durch den Wind. Der Wind führt Samen oder ganze Früchte mit sich fort. Bei manchen Pflanzen sind die Samen so *klein*, daß sie ohne besondere Einrichtungen vom Wind verweht werden. Dies gilt z. B. für die Sommerwurz (Orobanche). Andere vom Wind verbreitete Samen weisen *Auswüchse* verschiedener Art oder *Hüllen* auf, die eine derartige Verbreitung erleichtern. So tragen die kleinen Samen des Weidenröschens **(52,2; 52,3)** zahlreiche *Samenhaare*, die wie ein Fallschirm wirken. Der Wind trägt diese Samen oft weit übers Land. Andere Samen besitzen *Flügelchen* (Klappertopf) oder eine *ballonartige Hülle* (Knabenkräuter). Vorrichtungen, die das Windwandern fördern, finden sich auch bei vielen Früchten. Bei einem großen Teil der Korbblütler ist der Kelch zu einer *Haarkrone* umgewandelt, die am oberen Ende der Frucht sitzt. Bei trockenem Wetter spreizen sich deren Haare, welche einfach wie beim Löwenzahn (34,5) oder federartig wie beim Wiesenbocksbart **(52,1)** sein können. An diesem Schirm segelt die Frucht durch die Luft. Andere Früchte, wie etwa die vom Bärenklau, sind flach und *geflügelt* und bieten dadurch dem Wind eine größere Angriffsfläche. Bei der Glockenblume werden die Samen vom Wind aus der Kapsel geschüttelt und verbreitet **(52,4).**

52,5: *Das Springkraut (Impatiens noli-tangere) wächst in feuchten Wäldern. Bei Berührung lösen sich plötzlich die 5 Fruchtblätter der Frucht und rollen sich ein, wobei die Samen fortgeschleudert werden.* **52,6:** *Färberginster (Genista tinctoria). Die Fruchtklappen rollen sich auf und schleudern die Samen weg.* **52,7:** *Der Odermennig (Agrimonia eupatoria) trägt am Blütenboden Widerhaken, welche am Fell von Tieren haften bleiben.*

Früchte mit Schleudervorrichtungen. Der die Fruchtkapsel tragende Stengel wird bei Klatschmohn (8,5), Schlüsselblume u. a. elastisch. Wenn er abgebogen wird, etwa vom Wind, schnellt er wieder in die Ruhelage zurück, wodurch die Samen aus der Kapsel geschleudert werden. Die Kapsel des Veilchens (22,8) öffnet sich mit 3 Klappen, welche in der Mitte 2 Reihen von Samen tragen. Die aufgebogenen Klappenränder drücken gegen die glatten, runden Samen, die dadurch bis zu 5 m weit weggeschnellt werden. Bei Hornklee, Wicke, Platterbse und Ginster **(52,6)** springen die reifen Hülsen plötzlich mit 2 Klappen auf und schleudern die Samen mehrere Meter weit weg. Weitere Schleudereinrichtungen gibt es bei den Storchschnabelgewächsen (40,1). Das Springkraut oder „Rühr mich nicht an" **(52,5)** besitzt eine fünffächerige Frucht, deren Wände unter hoher Spannung stehen. Bei reifen Früchten wird der Schleudermechanismus schon durch eine leichte Berührung ausgelöst. Die 5 Fruchtblätter trennen sich voneinander, rollen sich plötzlich ein und schleudern dadurch die Samen fort.

Verbreitung durch Tiere. Viele Früchte bleiben an Tieren hängen und werden so verschleppt. Diese Früchte weisen Haken auf, mit denen sie am Fell haften *(Klettfrüchte)*. Bei der Klette (36,3) sind die Spitzen der Hüllblätter hakenförmig umgebogen, während beim Odermennig der Blütenboden Widerhaken trägt **(52,7)**. Auch auf den Früchten selbst können Haken sitzen, wie es bei der Wilden Möhre (41,9) der Fall ist. Andere Früchte sind fleischig und oft auffällig gefärbt. Sie werden von Tieren (Vögel, Fuchs, Dachs u. a.) verzehrt, welche die von derben Schalen umgebenen Samen nicht verdauen können und sie deshalb mit dem Kot unversehrt abscheiden. Solche Früchte sind beispielsweise die Beeren, die Steinfrüchte, das Kernobst sowie Erdbeeren und Hagebutten. Manche Samen besitzen ein öl- oder eiweißhaltiges *Anhängsel*, das von den Ameisen verzehrt wird. Die Tierchen tragen dabei die Samen fort und verbreiten sie dadurch. Taubnesseln (9,6), Veilchen (21,8), Schöllkraut u. a. haben derartige Samen. Vielfach bleiben auch Samen mit Erdteilchen zusammen an den Füßen von Tieren und am Schuhwerk des Menschen hängen und gelangen auf diese Weise an neue, günstige Standorte.

53,1: *Weizenfeld.* 53,2: *Blattöhrchen, Ähren und Körner des Weizens.*

53–56 Getreide

Weizen (Triticum aestivum; **53,1** und **53,2**). Unsere Getreidearten gehören zur *Familie der Gräser*. Sie sind daher wie die Wiesengräser gebaut. Der *Weizen* stammt wahrscheinlich aus Afghanistan. Er wird in verschiedenen Sorten angebaut, und zwar hauptsächlich im Süden unseres Landes (54,4). Der bis $1\frac{1}{2}$ m hohe Halm trägt eine vierseitige *Ähre*. Auf den Absätzen der *Ährenspindel* sitzt je 1 vierblütiges *Ährchen*. Die *Spelzen* sind bauchig und eiförmig. Meist tragen sie keine *Grannen*. Doch gibt es auch begrannte Sorten (Bartweizen). Als *Langtagspflanze* blüht der Weizen im Juni. In der Regel findet *Selbstbestäubung* statt. Die reifen Körner fallen aus den Spelzen heraus. Da sie von diesen nicht umschlossen sind, heißen sie *nackt*. Am Übergang von der Blattspreite zur Blattscheide finden sich 2 *Öhrchen* mit steifen Haaren. Daran kann man junge Weizenpflanzen erkennen. Der Weizen wird als *Sommer*- oder *Winterfrucht* gebaut.

Gerste (Hordeum; **53,5** und **53,6**). Die *Gerste* gehört zu den *Ährengräsern*. Sie stammt aus Abessinien oder Südostasien. Auf jedem Absatz der *Ährenspindel* sitzen 3 einblütige *Ährchen*. Bei der *Zweizeiligen Gerste* (H. distichum) bilden nur die mittleren Ährchen Früchte, die dann in 2 Zeilen stehen. Bei der *Vierzeiligen Gerste* (H. vulgare) sind auch die seitlichen Ährchen fruchtbar. Die Ährchen tragen lange *Grannen*. Im Juni oder Juli blüht die Pflanze *(Langtagspflanze)*. Ihre Blüten bestäuben sich selbst. Das Korn ist von den mit ihm *verwachsenen Spelzen* eingeschlossen. Die Gerste ist unser niedrigstes Getreide. Ihre langen, unbehaarten *Blattöhrchen* umfassen den Halm. Die Zweizeilige Gerste wird bei uns als *Sommerfrucht* gebaut, die Vierzeilige als *Winterfrucht*.

53,5: *Gerstenfeld.* 53,6: *Lange, stengelumfassende Blattöhrchen, Ähren und Körner der Gerste.*

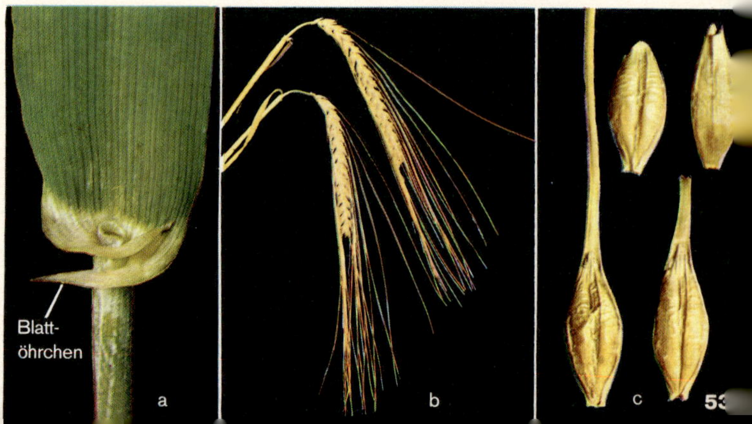

53,3: *Roggenfeld.* **53,4:** *Der Roggen besitzt nur kleine Blattöhrchen. Roggenähren und -körner.*

Roggen (Secale cereale; **53,3** und **53,4**). Der aus Iran stammende *Roggen* war ursprünglich ein Unkraut im Weizenfeld. Mit dem Weizenbau breitete sich auch der Wildroggen aus. Der Roggen ist ein *Ährengras.* Auf den Absätzen der *Ährenspindel* sitzen einzelne *Ährchen* mit 2 fruchtbaren Blüten. Ihre *Hüllspelzen* sind pfriemenförmig. Die *Deckspelzen* der Blüten weisen einen scharfen Kiel und eine 1 bis 3 cm lange Granne auf. Die *Ähre* ist vierkantig. Im reifen Zustand wird sie nickend. Die *Langtagspflanze* blüht Ende Mai. Im Gegensatz zu anderen Getreidearten findet *Fremdbestäubung* statt (Wind!). Die grauen Körner sind *nackt.* Der Roggen ist unser höchstes Getreide, wird doch sein Halm bis 2 m hoch. Halm und Blätter tragen einen blauen Wachsüberzug. Keimpflanzen des Roggens kann man an ihrer rötlichen Färbung erkennen. Die unbehaarten *Blattöhrchen* sind nur klein. Roggen wird als *Winterfrucht,* manchmal auch als *Sommerfrucht* gebaut. Winterfrucht wird im Herbst gesät, überwintert als niedere Pflanze und wächst im Frühjahr in die Höhe. Dagegen wird Sommerfrucht erst im Frühjahr ausgesät (55,9).

Hafer (Avena sativa; **53,7** und **53,8**). Möglicherweise ist der *Hafer* in Mitteleuropa aus dem Windhafer (A. fatua), einem Getreideunkraut, entstanden. Als *Rispengras* ist der Hafer leicht von den übrigen Getreidearten zu unterscheiden. Die *Ährchen* sind zweiblütig. Die *Deckspelzen* tragen eine auf ihrem Rücken entspringende *Granne,* die aber auch fehlen kann. Von Juni bis August blüht der Hafer, ist also wie die anderen Getreidearten eine *Langtagspflanze.* Es findet *Selbstbestäubung* statt. Die langgestreckten Früchte sind von den *Spelzen* umhüllt. Der Haferhalm erreicht etwa die Höhe des Weizenhalms. *Blattöhrchen* fehlen der Pflanze. Da der Hafer wenig winterhart ist, wird er meist als *Sommerfrucht* angebaut (55,9).

53,7: *Haferfeld.* **53,8:** *Der Hafer hat keine Blattöhrchen. Rispe und Körner des Hafers.*

54,1: *Bruchspindel (Dinkel) und feste Spindel (Weizen). Bei der Bruchspindel brechen die Spindelstücke mitsamt den Ährchen auseinander.* **54,2:** *Nackt- und Spelzfrucht der Gerste. Nacktfrüchte lösen sich leicht aus den Spelzen.* **54,3:** *Mehrzeilige und zweizeilige Gerste. Die mehrzeilige Gerste ist eine sehr alte Kulturpflanze. Die zweizeilige Gerste wurde im Gegensatz zur mehrzeiligen in den Pfahlbauten nicht gefunden, sie scheint also erst später angebaut worden zu sein.*

Entstehung und Anbauzonen unserer Getreidearten

Entstehung der Getreidearten. Das Getreide, wie wir es heute kennen, entstand im Laufe von Jahrtausenden aus Wildgräsern, die vom Menschen als Nahrungspflanzen angebaut wurden. Er förderte zunächst durch unbewußte Auslese solche Eigenschaften, die den Ertrag verbesserten. Ein Beispiel dafür bietet die *Festigkeit der Ährenspindel.* Die Wildgräser, von denen der Weizen abstammt, haben Spindeln, die bei der Reife in Teilstücke zerfallen, wie es heute noch beim Dinkel oder Spelz der Fall ist **(54,1).** Für die Pflanzen war das ein Vorteil, weil der Wind die Bruchstücke samt den eingeschlossenen Körnern verbreitete. Für die Ernte war es ein Nachteil, weil der Ertrag gemindert wurde. Gelegentlich kamen aber doch Pflanzen vor, die eine feste Spindel hatten, und weil von diesen bei der Ernte keine Körner verloren gingen, kamen sie auch bevorzugt zur Aussaat. Allmählich verdrängten die Pflanzen mit fester Spindel die anderen, so daß zuletzt Weizenarten mit fester Spindel entstanden waren. Ebenfalls durch Auslese entstanden die *nacktfrüchtigen Formen*, bei denen die Körner sich leicht aus den Spelzen lösen, während sie bei den *spelzfrüchtigen Formen* fest von den Spelzen umschlossen bleiben **(54,2),** oder ein höherer Körnerertrag, sowohl durch die Anzahl der Körner in der Ähre **(54,3)** wie

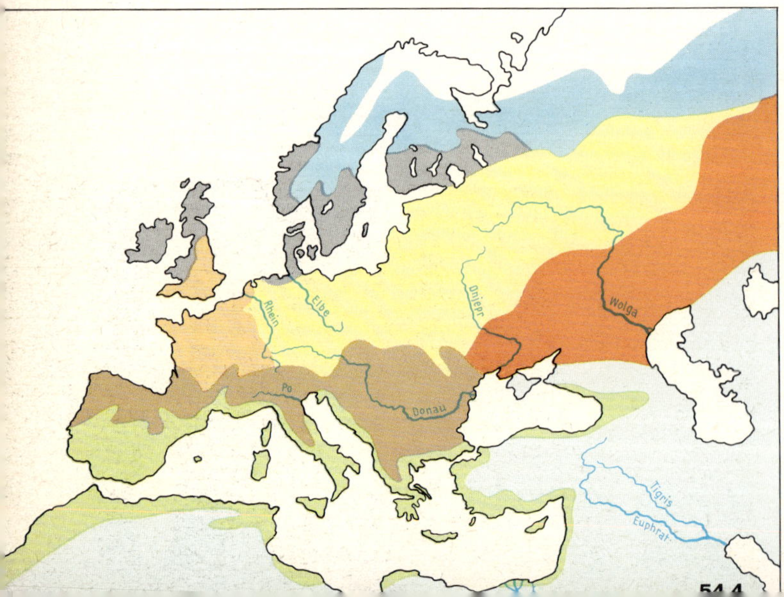

54,4: *Karte der Anbaugebiete für Getreide und Oliven in Europa.*
blau: nördl. Gerstenanbaugebiet.
grau: Haferanbaugebiet.
gelb: Roggen- und Winterweizenanbaugebiet Mittel- und Osteuropas.
hellbraun: Winterweizenanbaugebiet Westeuropas.
orange: russisches Sommerweizenanbaugebiet.
braun: Weizen-Mais-Anbaugebiet.
hellblau: Gerstenanbaugebiet Nordafrikas und Vorderasiens.
olivgrün: Olivenanbaugebiet.

auch durch ihre Größe. Neben der Züchtung durch Auslese wird seit rund 100 Jahren bei der Pflanzenzüchtung auch die *Kreuzung* angewendet. Wenn 2 Sorten je eine erwünschte Eigenschaft aufweisen, bestäubt man die Narben der einen Sorte mit dem Blütenstaub der anderen. Unter den Nachkommen finden sich dann oft Pflanzen, die beide erwünschten Eigenschaften zeigen. Durch Züchtung entsprechender Sorten können Getreidearten in Ländern angebaut werden, wo dies vorher wegen der Ungunst des Klimas nicht möglich war. Roggen und Hafer entstanden als Getreidearten erst nach dem viel älteren Weizen. Ursprünglich waren sie Unkräuter im Weizenfeld. Aus ihnen wurden durch Auslese der Kulturroggen und der Kulturhafer gezüchtet. Über den Ursprung der Gerste weiß man nichts Sicheres. Alle 4 Getreidearten sind alte Kulturpflanzen, die schon in vorgeschichtlicher Zeit bei uns angebaut wurden.

Landbauzonen. Das Kärtchen **(54,4)** gibt uns Auskunft über die Anbauzonen der Getreidearten in Europa. Die *Gerste* bildet im Norden die Getreidegrenze. In der subarktischen Gerstenzone wird Vierzeilige Sommergerste **(54,3)** gepflanzt, die auch in kühlen Sommern gedeiht. Nach Süden folgt die Haferzone. Dort ist der *Hafer* das wichtigste Brotgetreide. Er liebt kühle Sommer und viel Feuchtigkeit. Beides ist in seinem Hauptanbaugebiet gegeben. In Mittel- und Osteuropa wird *Roggen* und *Winterweizen* angebaut. In West- und Südeuropa herrscht Winterweizen, in Südrußland *Sommerweizen* vor. Der Weizen verlangt hohe Sommerwärme und gute Böden, während der Roggen auch in rauherem Klima gedeiht. Der *Mais* braucht warme Sommer und geht daher nicht weit nach Norden. Er meidet aber auch das eigentliche Mittelmeerklima (Olivenzone), weil die Sommer dort für ihn zu trocken sind. In Nordafrika und Vorderasien ist wiederum *Gerste* die Hauptfrucht.

Mais (Zea mays). Der *Mais* ist eine indianische Kulturpflanze, über deren Wildform nichts bekannt ist. Zu uns kam er über die Mittelmeerländer (Welschkorn!). Er wird wegen seines hohen Wärmeanspruchs nur in den wärmeren Gegenden Süddeutschlands hauptsächlich als Grünfutter angebaut. Der markhaltige Stengel einer blühenden Maispflanze schließt oben mit einer Blütenrispe ab **(54,5)**. Sie enthält nur *Staubblüten*. In Blattachseln sitzen kolbenförmige Blütenstände mit *Stempelblüten*. Diese Kolben sind von Hochblättern umhüllt, aus denen die langen Griffel mit den Narben für die Windbestäubung herausragen. Die reifen, meist gelben Früchte **(54,6)** werden zu Süßspeisen, Maisbrei oder Polenta verarbeitet, oder sie werden verfüttert.

54,5

54,6

54,5: *Blühende Maispflanze. Die Blütenrispe am oberen Ende des Halms enthält nur Staubblüten (männliche Blüten). Die Stempelblüten (weibliche Blüten) sind zu kolbenförmigen Blütenständen vereinigt, die in einer Blattachsel am Stengel sitzen und von Hochblättern eingehüllt sind. Aus jedem Blütenstand hängt ein Griffelbüschel heraus.* **54,6:** *Maiskolben mit reifen Früchten. Am Grund des Kolbens sind die vertrockneten Hochblätter zu sehen.*

55,1

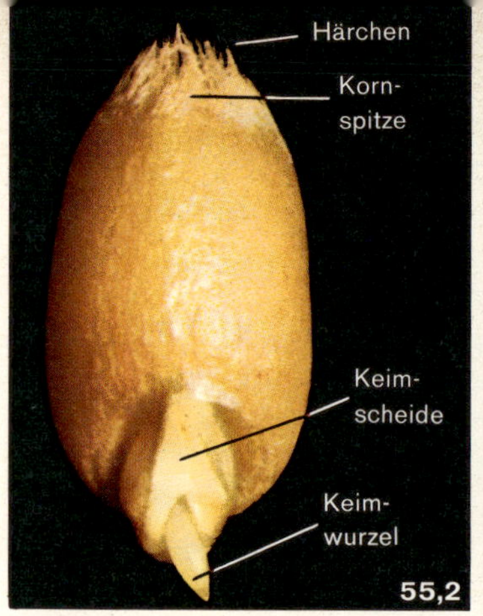

55,2

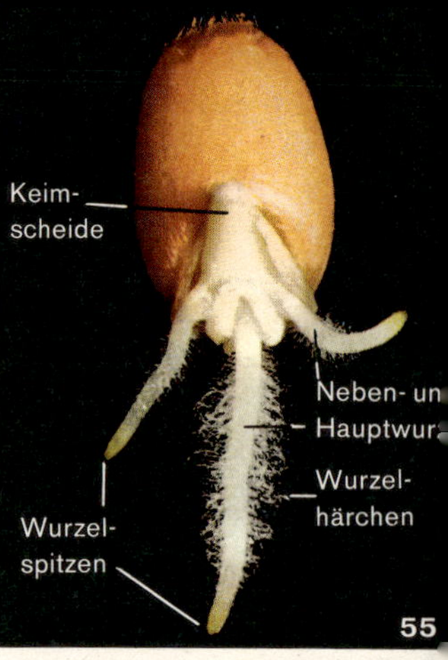

55

55,1: *Aufbau des Getreidekorns (Längsschnitt).* **55,2:** *Bei der Keimung bricht zuerst die Keimwurzel hervor.* **55,3:** *Danach erscheint auch der Sproß, der noch von der Keimscheide umhüllt ist. Inzwi-*

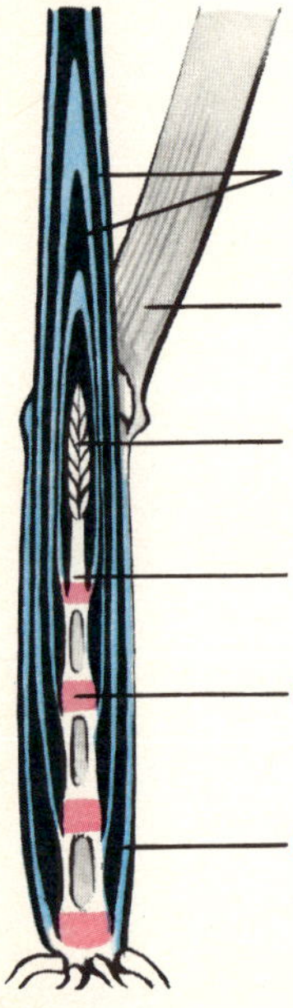

55,7

Getreidekorn – Keimung und Entwicklung des Getreides

Getreidekorn. Die Ähren von Weizen, Roggen und Gerste und die Rispe des Hafers bauen sich aus den Ährchen auf, in denen die *Getreidekörner* liegen. Handelt es sich bei den Körnern um Samen oder Früchte? Die Frage ist für uns schwer zu entscheiden, wenn wir nicht die Entstehung der Körner berücksichtigen. Da sie von einem Fruchtknoten gebildet werden, können es nur Früchte sein. Die *Grasfrucht* enthält nur 1 Samen, dessen *Samenschale* mit der *Fruchtschale* verwachsen ist. Sie ist also eine besondere Form der Nuß. Durchbrechen wir ein Getreidekorn, dann bemerken wir, daß es fast ganz vom weißen *Mehlkörper* ausgefüllt ist **(55,1).** Dieser enthält reichlich Stärke für den Aufbau der jungen Getreidepflanze. Zwischen Mehlkörper und Samenschale wird in einer dünnen Schicht, der *Kleberschicht*, auch Eiweiß gespeichert. Am unteren Ende des Korns befindet sich der *Keimling*. Seine Lage ist schon bei äußerlicher Betrachtung des Korns festzustellen, da die Schale dort besondere Figuren aufweist. Der Längsschnitt unserer Abbildung soll uns über den Bau des Keimlings unterrichten. Der *Keimstengel* schließt oben mit der *Keimknospe* ab, an der man mehrere *Blattanlagen* erkennen kann. Die Keim-

55,8

55,7: *Junge Getreidepflanze vor dem Schossen (Längsschnitt). Schon im jungen Halm sind die Halmglieder und der Blütenstand angelegt. Die Stengelglieder brauchen nur noch in den Blattscheiden emporzuwachsen.* **55,8:** *Junge Getreidepflanze nach der Bestockung. Außer dem Haupthalm können sich auch Seitenzweige bestocken. So entstehen aus einem Korn mehrere Halme. Der Haupthalm ist am kräftigsten ausgebildet und entwickelt sich zuerst.*

55,4

55,5

55,6

schen haben sich Nebenwurzeln gebildet. **55,4:** *Bei weiterem Wachstum durchstößt die Spitze der Keimscheide die Erdoberfläche (Spitzkeimer).* **55,5:** *Das 1. Laubblatt durchbricht die Keimscheide.* **55,6:** *Das 2. Laubblatt erscheint. Das ausgesogene Korn ist zusammengeschrumpft.*

knospe ist von einer Scheide, der *Keimscheide*, umgeben. Eine Scheide umschließt auch die *Keimwurzel*, in die der Keimstengel nach unten übergeht. Das dem Mehlkörper anliegende langgestreckte Gebilde heißt *Schildchen* und hat die Aufgabe, bei der Keimung die Nährstoffe aus dem Mehlkörper aufzusaugen und sie dem Keimling zuzuleiten. Das Schildchen ist das einzige, zum Saugorgan umgebildete Keimblatt. Gräser sind *Einkeimblättrige Pflanzen* (vgl. dazu den Keimling der Zweikeimblättrigen Bohne Abb. 14,3).

Keimung. Die Keimung wird durch Wasseraufnahme und Quellung eingeleitet. Ihren Verlauf zeigen die Bilder **55,2 bis 55,6.**

Bestockung und Schossen. Bevor der Getreidehalm in die Länge wächst, verzweigt er sich. Dieser Vorgang heißt die *Bestockung* des Getreides **(55,8).** Die Seitenzweige entstehen aus blattachselständigen Knospen. Nahe der Erdoberfläche sitzen einige Stengelknoten dicht beieinander, weil sich dort die Halmglieder nicht strecken. Da von hier aus die Bestockung erfolgt, heißt dieser Halmabschnitt *Bestockungsknoten.* Nach der Bestockung kommt es zu einem Entwicklungsstillstand. Dieser dauert beim Sommergetreide nur kurze Zeit, beim Wintergetreide den ganzen Winter **(55,9).** Danach wächst der Halm in die Höhe. Dieses Längenwachstum des Halms bezeichnet man als *Schossen* des Getreides **(55,7).** Oberhalb der Stengelknoten weist der Halm weiche Abschnitte auf. Von dort geht das Wachstum der Halmglieder aus. Auch der Blütenstand wächst weiter. Wenn er über die oberste Blattscheide emporgehoben wird, ist er ausgebildet.

55,9: *Entwicklung von Sommer- und Wintergetreide. Wintergetreide bestockt sich im Herbst und schoßt im Frühjahr. Sommergetreide durchläuft die ganze Entwicklung von Frühjahr bis Sommer.*

55,9

56,1: *Verarbeitung des Getreides. Auf der waagrechten Bildleiste sind das Dreschen und die Vorgänge in der Mühle dargestellt. Zunächst werden dort die Körner gereinigt und dann in mehreren Mahlgängen zu den verschiedenen Produkten vermahlen, die mit jedem weiteren Mahlgang feinkörniger werden. Unter den Mahlprodukten ist ihre Verwendung angegeben (blau). Die senkrechte Bildleiste zeigt die Arbeitsgänge beim Brotbacken.*

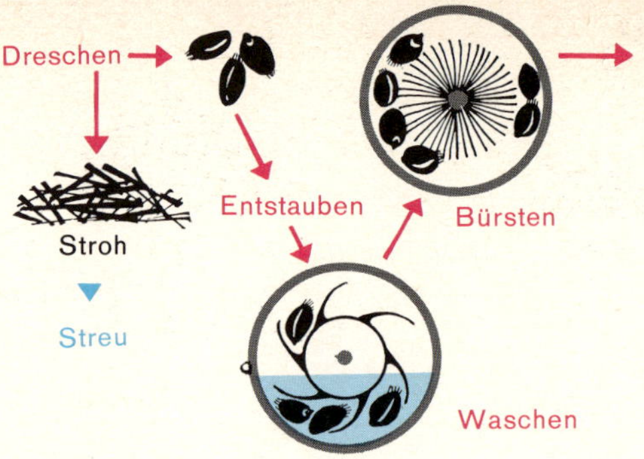

Getreideerzeugnisse

Getreidekörner gehören zu den menschlichen Grundnahrungsmitteln. Aus ihnen stellt man das tägliche Brot her. Auch viele andere Speisen werden aus ihnen bereitet. Die schwer verdaulichen Körner werden erst nach entsprechender Behandlung bekömmlich. Wir wollen einen Einblick in ihre Verarbeitung gewinnen.

In der Mühle. Nach der Getreideernte muß man zunächst die Körner gewinnen. Dies geschieht beim *Dreschen*. Früher schlug man die Körner mit dem Dreschflegel aus den Spelzen. Heute verwendet man Dreschmaschinen. Als Nebenprodukte erhält man beim Dreschen das *Stroh* (Halme) und die *Spreu* (Spelzen, Ähren- und Halmstückchen). Die Körner kommen in die Mühle. Dort werden sie trocken gereinigt, gewaschen und wieder getrocknet **(56,1).** Auf die *Reinigung* folgt das *Mahlen*. Dabei werden die Körner zwischen 56
Stahlwalzen zerrieben. Mühlsteine finden kaum mehr Verwendung. Zunächst entfernt man den Keimling und die Schale, an der ein Teil der Kleberschicht hängen bleibt. Die Abfallprodukte dieses Mahlgangs nennt man *Kleie*. Geschälte Körner heißen *Graupen*. Sie werden aus Gerste und Weizen hergestellt. Je nach Walzenstellung ist das Mahlgut gröber oder feiner. *Schrot* besteht aus grob zertrümmertem Korn. Nicht immer wird bei der Schrotherstellung die Schale vorher entfernt. Schrot aus geschältem Korn nennt man *Grütze*. *Grieß* ist ein feiner Schrot oder ein grobes Mehl (Weizengrieß, Gerstengrieß, Maisgrieß). Bei noch feinerem Zermahlen entsteht das *Mehl*. Die verschiedenen Mahlprodukte werden durch Siebe aus einem feinen Stoff (Müllergaze) voneinander getrennt.

Beim Bäcker. Mehl wird zum Kochen und Backen verwendet. Aus Roggenmehl wird Roggen- oder *Schwarzbrot*, aus Weizen *Weißbrot* gebacken **(56,1).** In manchen Ländern gibt es auch Hafer- und Gerstenbrot. Das Mehl wird mit Wasser zu einem Teig geknetet (Anlassen). Zum Teig kommt beim Schwarzbrot Sauerteig (und auch zusätzlich Hefe),

56,2: *Nährstoffgehalt von Weißbrot, Vollkornbrot und Haferflocken.*

56,2

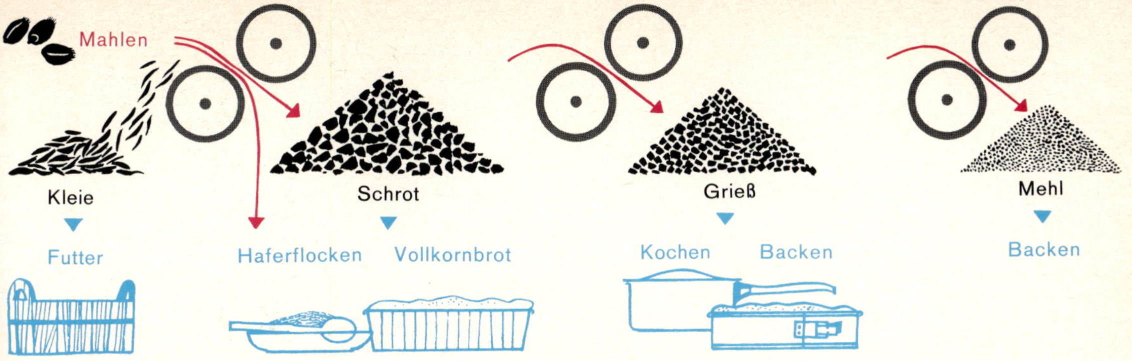

beim Weißbrot nur Hefe. Läßt man nun den Teig stehen, dann bläht er sich auf, er geht (Vorteig). Sauerteig und Hefe zerlegen den im Mehl enthaltenen Zucker in Alkohol und ein Gas (Kohlendioxyd), das den Teig auftreibt. Dadurch wird er locker. Dem Vorteig setzt man nach einiger Zeit Wasser und Kochsalz zu und läßt ihn wieder gehen (Hauptteig). Dann werden die Brote geformt (Wirken des Teigs) und im Backofen gebacken. Beim Backen gerinnt das Klebereiweiß, wodurch das Brot seine fest Gestalt erhält. Die Stärke verkleistert und wird dadurch leichter verdaulich (dies geschieht auch beim Kochen von Mehlspeisen). Der

Hauptbestandteil des Brots ist Stärke **(56,2)**, die im Körper zur Kraft- und Wärmeerzeugung verbrannt wird. Daneben finden sich etwas Eiweiß, wenig Fett, Mineralsalze und ein Vitamin. Das Korn weist mehr Eiweiß auf als das Mehl, weil ein Teil davon beim Schälen verloren geht. Auch der fett-, eiweiß- und vitaminhaltige Keimling wird entfernt. Deshalb schrotet man oft das ganze Korn und bäckt daraus *Schrotbrot*, oder vermahlt es zu Mehl (ohne Keimling) und erhält dann *Vollkornbrot* **(56,2)**. Vollkornbrot und Schrotbrot sind nahrhafter als die übrigen Brotsorten. Sie enthalten auch Schalenbestandteile, die zwar unverdaulich sind, aber die Darmtätigkeit anregen.

Anderweitige Verwendungsmöglichkeiten des Getreides. *Haferflocken* sind geschälte und unter heißem Dampf zu Flocken ausgewalzte Haferkörner. Sie enthalten mehr Eiweiß und Fett als das Brot und sind daher ein sehr nahrhaftes Getreideerzeugnis **(56,2)**. Aus den Körnern der Zweizeiligen Gerste gewinnt man Malz, aus dem man *Bier*, *Malzextrakt*, *Malzzucker* und *Malzkaffee* herstellen kann. Als *Futtermittel* dienen: Haferkörner (Pferde), Gerste, Schrot, Kleie, Spreu und klein zerschnittenes Stroh (Häcksel). Stroh benützt man ferner als *Stallstreu* für Pferde und Rinder und stellt *Seile*, *Matten*, *Strohhüte*, *Papier* und noch einige andere Waren daraus her.

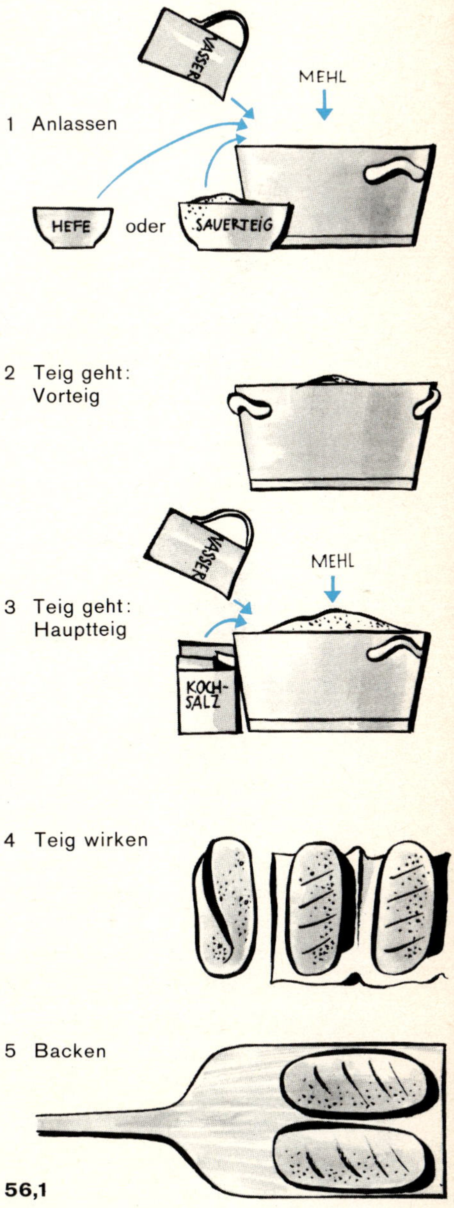

56,1

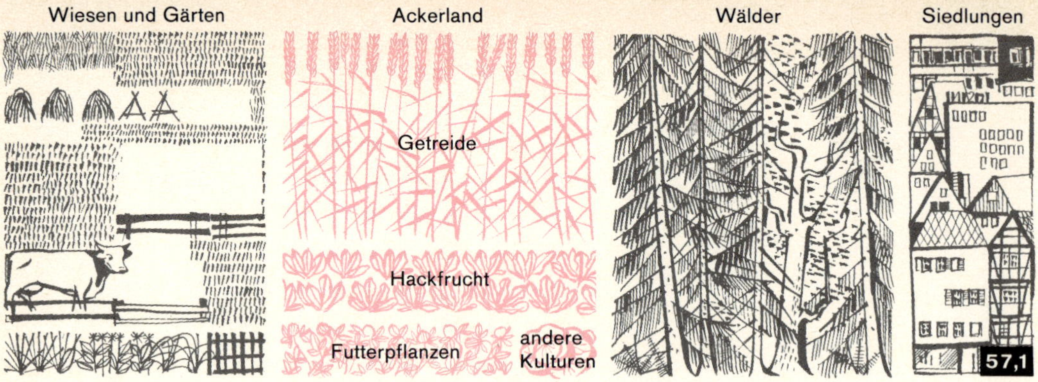

57,1: *Aufteilung der Bodenfläche in der Bundesrepublik. Rund $^1/_3$ der Gesamtfläche entfällt auf das Ackerland, etwa $^1/_4$ auf Wiesen und Gärten und etwas mehr als $^1/_4$ auf den Wald. Nicht ganz $^1/_8$ der Bevölkerung ist in der Landwirtschaft tätig (vor 150 Jahren waren es über $^3/_4$).*

57–58 Ackerfeld und Unkräuter

Der heutige Ackerbau hat sich aus einfachen Anfängen entwickelt. Diese reichen in Mitteleuropa bis in den Anfang der Nacheiszeit zurück, die vor rund 10 000 Jahren begann. Vorher waren weite Gebiete mit Eis bedeckt, und auch in den eisfreien Landstrichen war wegen der tiefen Temperaturen Pflanzenbau nicht möglich. Dadurch wurde der Ackerbau bei uns erst verhältnismäßig spät aus dem Orient übernommen.

Aus der Geschichte des Ackerbaus. Die Leute, die nach der Eiszeit unser Gebiet bewohnten, waren Jäger, die auf ihren Jagdzügen auch allerlei genießbare Früchte, Samen, Wurzeln, Zwiebeln und Knollen fanden. Frauen und Kinder sammelten diese Zukost (Jäger und Sammler). Wenn in der Nähe der Wohnstätten Samen verloren gingen, keimten sie und neue Pflanzen wuchsen heran. Dabei lernten die Menschen der Vorzeit Keimung und Wachstum kennen. Sie gingen dazu über, Pflanzen mit genießbaren Teilen auf einem Stück Land auszusäen, statt sie mühsam zu suchen. Der Boden wurde dazu mit *Stöcken* vorbereitet, und später erfand man die *Hacke* zur Bearbeitung des Bodens. Solchen **Hackbau** findet man noch heute in den tropischen Gebieten Afrikas, Asiens und Amerikas. In Mitteleuropa spielte der Hackbau keine große Rolle, da Menschen, die vor etwa 5000 Jahren aus den ungarischen Steppen hierher einwanderten, mit dem Anbau von Weizen und Gerste auch den *Pflug* mitbrachten. In der damaligen Zeit war das Klima bei uns wärmer als heute, so daß der Weizen gut gedeihen konnte. Rund 2000 Jahre später aber trat eine Klimaverschlechterung ein. An Stelle des empfindlichen Weizens traten in Nord- und Ostdeutschland Roggen und Hafer, die sich aus Getreideunkräutern entwickelten, die mit dem Weizen und der Gerste eingeführt worden waren.

Beim vorgeschichtlichen **Pflugbau** wurde auf einem Acker ein- bis zweimal Getreide gebaut. Dann überließ man den Boden sich selbst, damit er sich erholen konnte. Während der Ruhezeit bedeckte er sich mit Gras. Für diese Wirtschaftsform, die **Feldgraswirtschaft,** die bis in die Römerzeit hinein üblich war, brauchte man eine große Feldmark. Der Boden konnte nur eine kleine Bevölkerung ernähren. Dies mag wohl mit ein Grund gewesen sein, daß germanische Volksstämme nach Süden abwanderten. Während dieser Völkerwanderungszeit (375–568 nach Christi Geburt) kam die **Dreifelderwirtschaft** auf. Die Dorfmark war in einzelne Gebiete aufgeteilt. Auf den einzelnen Gebieten, an denen jeder

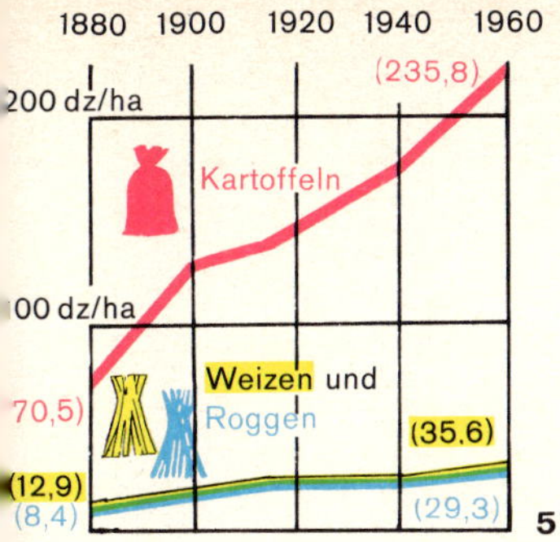

57,2

57,2: *Zunahme der Hektarerträge bei Weizen, Roggen und Kartoffeln seit 1880. Vergleiche den Hektarertrag der Kartoffeln mit dem der beiden Getreidearten!*

57,3: *Die Erntemengen in der Bundesrepublik in Mill. t. Die größten Ernten ergeben die Hackfrüchte. Unter den Getreidearten steht der Weizen an der Spitze.*

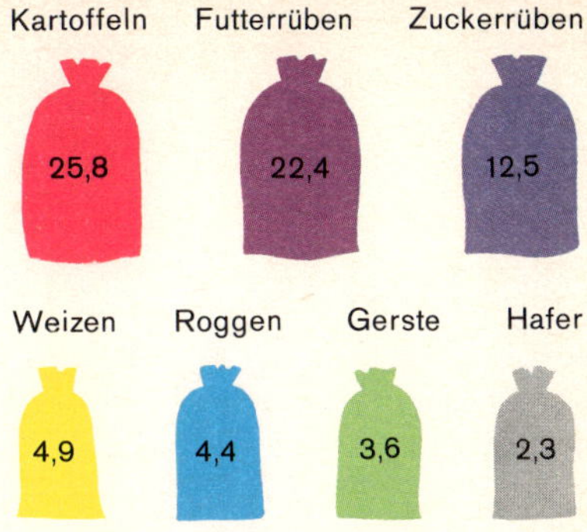

57,3

Bauer seinen Anteil hatte, mußte die gleiche Frucht angebaut werden; es herrschte *Flurzwang*. Dabei wurde eine bestimmte Reihenfolge eingehalten. Im 1. Jahr baute man *Winterfrucht*, im 2. *Sommerfrucht* und im 3. blieb der Acker *brach* liegen **(57,4)**. Der Brachacker diente als Viehweide. In der *Brache* erholte sich der Boden und wurde durch die Ausscheidungen des Viehs etwas gedüngt. Die Dreifelderwirtschaft hat sich bis ins 18. Jahrhundert in dieser Form erhalten. Bei der geringen Bevölkerungszahl fiel der Nachteil, daß ⅓ des Ackerlandes ständig brach lag, ursprünglich nicht ins Gewicht. Besonders im letzten Jahrhundert aber nahm die Bevölkerung stark zu (im Gebiet des Deutschen Reiches steigerte sich die Einwohnerzahl von 25 Millionen im Jahre 1816 auf 66 Millionen im Jahre 1913). Damit stieg auch der Bedarf an Nahrungsmitteln. Auf der Brache wurden nun *Hackfrüchte* (Kartoffeln, Rüben) und *Klee* angebaut (verbesserte Dreifelderwirtschaft). Durch den Anbau von Klee konnte der Viehbestand erhöht werden. Der reichlichere Düngeranfall kam wieder dem Boden zugute. Zugleich gelang es den Pflanzenzüchtern, ertragreichere Kulturpflanzen zu züchten, so daß die Hektarerträge zum Teil beträchtlich anstiegen **(57,2)**. Dadurch wurden dem Boden mehr Nährsalze entzogen, und der natürliche Dünger reichte bei weitem nicht aus, um die Verluste zu decken. Inzwischen konnte aber die chemische Forschung unter Führung des Chemikers Justus von Liebig feststellen, welche Nährsalze die Pflanzen brauchen. Nun ist man in der Lage, dem Boden die nötigen Salze zuzuführen. Dank dieser *künstlichen Düngung* und dank der *Flurbereinigung* (zweckmäßige Einteilung der Feldmark, Anlage von Zugangswegen) ist heute eine so intensive Wirtschaftsform wie die **Fruchtwechselwirtschaft (57,4)** möglich geworden. Durch den Fruchtwechsel wird eine gleichmäßige und ständige Ausnützung des Bodens erreicht.

57,4: *Dreifelderwirtschaft (oben) und Fruchtwechselwirtschaft (unten). Die Bilder zeigen die Fruchtfolge im Ablauf von 7 Jahren. Hackfrüchte und Klee fehlen der Dreifelderwirtschaft.*

57,4

58,1: *Kornblume (Centaurea cyanus).* **58,2:** *Die Kornrade (Agrostemma githago) besitzt giftige Samen, die das Mehl ungenießbar machen können.* **58,3:** *Gauchheil (Anagallis arvensis).* **58,4:** *„Wurzelunkräuter". Der Pflug erfaßt nur die unterirdischen Ausläufer der Quecke völlig, nicht aber die Wurzeln von Distel und Winde und die tief liegenden, waagrechten Sprosse des Ackerschachtelhalms.*

Die Unkräuter im Acker

Die Ackerunkräuter sind ein Schmuck unserer Felder, den wir nicht gerne missen möchten. Wenn die oft schönen Blumen trotzdem abwertend als Unkraut bezeichnet werden, so deshalb, weil sie der Bauer auf seinem Acker begreiflicherweise nicht gerne sieht. Die Zusammensetzung der Unkrautflora hängt von der Art der Bewirtschaftung (Getreide, Hackfrucht) und der Beschaffenheit des Bodens ab. Die Unkräuter geben daher wertvolle Hinweise auf die Bodengüte. Welche Pflanzen können nun auf dem Acker wachsen, und wie sind sie den dort herrschenden Lebensbedingungen angepaßt?

Herkunft und Anpassungen der Unkräuter. Viele Unkräuter sind mit dem Getreide aus den Steppen des Ostens bei uns eingewandert. Dort herrschen nur im Frühjahr und Frühsommer günstige Lebensbedingungen. Von Juli bis September fallen so wenig Niederschläge, daß die Pflanzen vertrocknen. Die Steppenpflanzen haben aber bis zum Eintritt der Trockenheit ihre Entwicklung abgeschlossen. Zum Teil überdauern sie diese und den Winter im Samenzustand. Dies gilt auch für unser Getreide, das bereits im Juli dürr wird. Da das Getreidefeld hinsichtlich seiner Pflanzen und seines Entwicklungsablaufs Steppencharakter aufweist, wird es auch als *Kultursteppe* bezeichnet. Wie das Getreide sind die meisten Ackerunkräuter *einjährige Pflanzen*, so z. B. Hirtentäschel (38,11), Reiherschnabel (40,4), Echte Kamille (36,9), Ackergänsedistel (36,6), Hohlzahn **(58,8),** Vogelmiere **(58,5),** Vogelknöterich (65,8), Ackerstiefmütterchen **(58,6),** Ehrenpreisarten, Hederich (38,10) und Gauchheil **(58,3).** Manche dieser Unkräuter reifen vor dem Getreide. Zur Zeit der Ernte sind ihre Samen ausgestreut, und weder Mahd noch Pflügen können ihnen etwas anhaben. Unsere schönsten Unkräuter, wie der Klatschmohn (8,1), die Kornblume **(58,1),** die Kornrade **(58,2)** und der Ackerrittersporn (25,3) reifen mit dem Ge-

58,5: *Die Vogelmiere (Stellaria media) gehört zur Familie der Nelkengewächse. In ihrem Namen kommt zum Ausdruck, daß sie gern von Stubenvögeln gefressen wird.* **58,6:** *Das Ackerstiefmütterchen (Viola tricolor) ist mit dem Veilchen verwandt. Von ihm stammen manche Gartenstiefmütterchen ab.* **58,7:** *Ackerkratzdistel (Cirsium arvense). Die Pflanze ist ein Korbblütler mit Röhrenblüten. Die tiefgehende Wurzel kennzeichnet sie als Wurzelunkraut. Die Blätter der Disteln sind mit Stacheln bedeckt.* **58,8:** *Ackerhohlzahn (Galeopsis tetrahit). Dieser Lippenblütler verdankt seinen Namen 2 kleinen, hohlen Zähnchen auf der Unterlippe.*

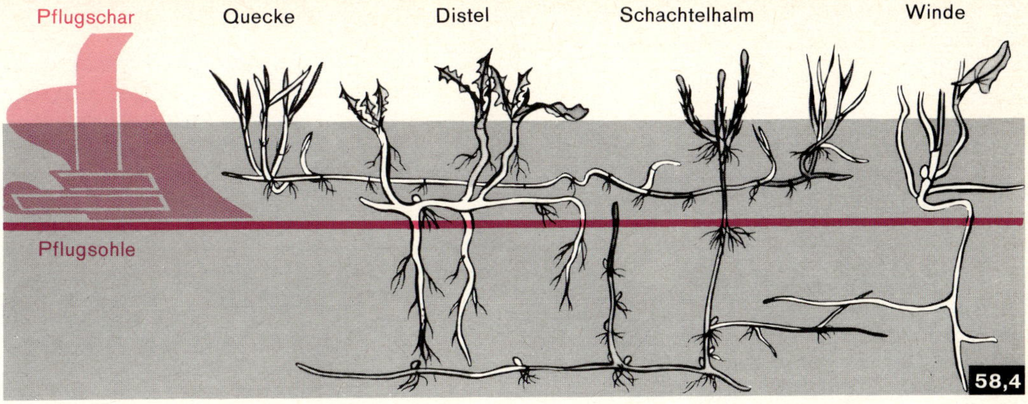

58,4

treide, werden mit ihm geerntet und mit den Getreidekörnern unabsichtlich wieder ausgesät. Im Winterfeld keimen die *einjährigen Unkräuter (Samenunkräuter)* schon im Herbst und überwintern mit dem Getreide. Im Sommerfeld keimen sie erst im Frühjahr. Ihr Bestand wird durch hohe Samenzahlen gesichert. Eine Kornblume erzeugt durchschnittlich 1500 Samen je Pflanze, die Ackerkratzdistel 2000 und das Hirtentäschel 3000. Da die Gesamtzahl dieser Pflanzen etwa gleich bleibt, kommt von diesen vielen Samen jeweils nur einer zur vollen Entwicklung.

Ausdauernde Pflanzen gibt es unter den Ackerunkräutern nur wenige. Holzgewächse werden durch die Mahd und den Pflug vom Acker ferngehalten. Einige Stauden jedoch entgehen der Vernichtung durch den Pflug mit Hilfe unterirdischer Pflanzenteile. Diese Pflanzen nennt man die *Wurzelunkräuter*. Ackerkratzdistel **(58,7)** und Ackerwinde besitzen tiefgehende Wurzeln, die vom Pflug nicht völlig erfaßt und getötet werden können **(58,4)**. Die waagrechten unterirdischen Sprosse des Ackerschachtelhalms liegen unter der Pflugsohle und werden daher vom Pflug nicht beschädigt. Dagegen werden die unterirdischen Ausläufer der Quecke beim Pflügen regelmäßig zerschnitten. Die Teilstücke schlagen jedoch wieder aus.

Bedeutung und Bekämpfung der Unkräuter. Die Unkräuter nehmen den Kulturpflanzen Platz, Nahrung, Wasser und Licht weg. Dadurch sinkt der Ertrag des Ackers. Den Schaden, der alljährlich viele Millionen DM ausmacht, sucht man durch Bekämpfung der Unkräuter zu vermindern. Durch maschinelle Reinigung des Saatguts vermeidet man das Aussäen von Unkrautsamen. Auf dem Feld werden die Unkräuter durch Eggen, Hacken und Jäten vernichtet. Wurzelunkräuter sticht man mit langen Messern aus. Außerdem werden Unkräuter mit chemischen Mitteln getötet. Wie wirksam die moderne Unkrautbekämpfung ist, zeigt das starke Schwinden der Unkräuter in neuerer Zeit.

58,6

58,7

58,8

59,1

59,1: Das Bild zeigt das Aussehen des Bodens in verschiedenen Tiefen (Bodenprofil). Wir können drei Schichten feststellen. Die oberste Schicht heißt Oberboden. Durch ihren Humusgehalt ist sie dunkel gefärbt. Sie ist von Pflanzenwurzeln durchzogen. Auf ihn folgt der Unterboden, der keinen Humus enthält. Der Unterboden liegt dem Ausgangsgestein auf. Dieses braucht kein Fels, sondern kann Sand oder Löß sein, die von den Bodenbildungsvorgängen unbeeinflußt sind. Da in unserem Klima die Bodensalze vom Regen ausgewaschen werden, ist eine Ergänzung des Salzvorrats im Boden wichtig. Diese erfolgt durch die dauernde allmähliche Verwitterung des Ausgangsgesteins. Unser Profil zeigt den Aufbau des Braunen Waldbodens, des häufigsten Bodentyps in Deutschland. Er ist unser wichtigster Ackerboden.

59–60 Boden und Bodenbearbeitung

Alle bisher erwähnten Pflanzen wurzeln im Boden. Ihm entziehen sie wichtige Stoffe, wie Wasser und Nährsalze. Von der Bodenbeschaffenheit hängt die Fruchtbarkeit unserer Äcker, Wiesen und Gärten ab. Wir wollen uns deshalb diesen Boden ansehen.

Entstehung des Bodens. Der Boden ist die oberste Schicht der Erde. Steinbrüche, Baugruben und andere „Aufschlüsse" geben uns Gelegenheit, Beobachtungen über den Aufbau des Bodens anzustellen **(59,1).** Der Boden liegt meist dem Gestein auf. Durch Witterungseinflüsse zerfällt das Gestein allmählich, es verwittert. Die dabei entstehenden Zerfallsprodukte sind der Boden. Eine wichtige Rolle bei der Verwitterung spielt das Wasser. Wasser dehnt sich beim Gefrieren aus. Wenn sich daher in Gesteinsspalten Eis bildet, werden diese erweitert (Spaltenfrost). Außerdem wird durch Lösungsvorgänge das Gestein vom Wasser zersetzt. Doch nicht alle Böden sind *Verwitterungsböden.* Sie können auch anders zustande kommen. Jeder Wasserlauf führt Steine mit sich, die allmählich zerrieben werden, und Bodenteilchen, besonders nach Regenfällen. Werden diese Stoffe vom Wasser angeschwemmt, dann entstehen die fruchtbaren *Schwemmlandböden.*

Untersuchung des Bodens. Wir trocknen eine Bodenprobe. Dann lesen wir etwa vorhandene Steine aus (Bestandteile über 2 cm Durchmesser). Der Rest wird mit Wasser geschüttelt. Wenn man das Glas ruhig stehen läßt, setzen sich die Bodenteilchen ab, zuerst die groben, dann die feinen **(59,2).** Zuunterst lagern *Grobsand* und darüber *Feinsand.* Die oberste Schicht feinster Teile ist *Ton.* Je nach dem Vorherrschen einer dieser Bestandteile unterscheidet man verschiedene *Bodenarten.*

Bodenarten. Die Zusammensetzung der Bodenarten hängt vom Ausgangsgestein ab. So entstehen aus Sandsteinen die viel Sand und wenig Ton enthaltenden *Sandböden.* Bei *Tonböden* ist der Ton Hauptbestandteil, die Sandanteile treten stark zurück. *Lehmböden* sind eine Mischung von Ton und Sand. Ton- und Lehmböden gehen u. a. aus Granit, Gneis, Schiefer und Kalkstein hervor. Aus Kalkstein entstandene Böden heißen, wenn sie viel Kalk enthalten, *Kalkböden.* Mit Salzsäure kann man den Kalk im Boden leicht nachweisen. Wir befeuchten den Boden mit der Säure. Falls Gasbläschen auftreten, enthält er Kalk, und zwar umso mehr, je kräftiger und anhaltender die Gasentwicklung ist.

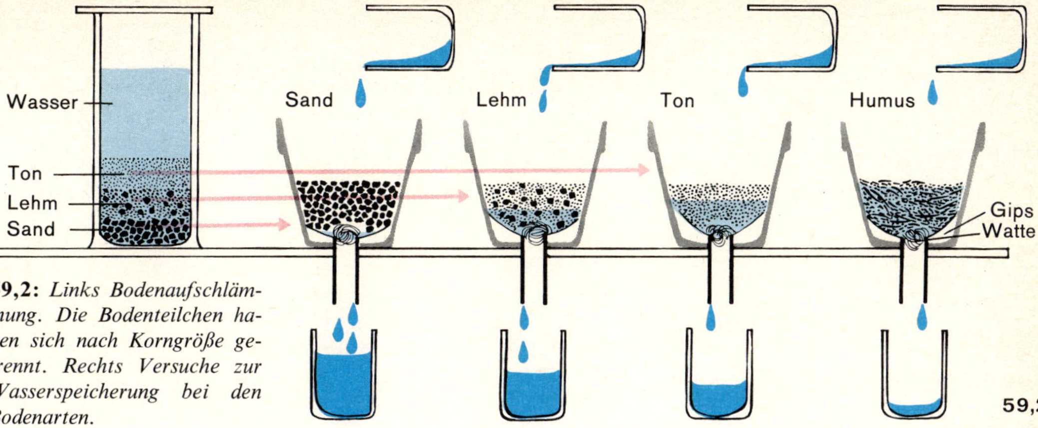

59,2: *Links Bodenaufschlämmung. Die Bodenteilchen haben sich nach Korngröße getrennt. Rechts Versuche zur Wasserspeicherung bei den Bodenarten.*

59,2

Unterscheidung der Bodenarten

Tonboden. Beim Reiben von trockenem Ton zwischen den Fingern sind keine Sandkörner zu spüren. An feuchten Fingern haftet der Ton. Beim Anhauchen ist der bezeichnende Tongeruch wahrzunehmen. Feuchter Ton läßt sich kneten, zu dünnen Schlangen ausrollen und mit dem Fingernagel glätten.

Lehmboden. Bei trockenem Lehm ist der Sand zwischen den Fingerspitzen fühlbar. Er haftet an den Fingern nur wenig und riecht nicht nach Ton. Feuchter Lehm zerreißt beim Ausrollen und läßt sich nicht glätten.

Sandboden. Die Sandkörner sind bei der Fingerprobe zu spüren. Auf den Fingern entstehen keine Flecken. Feuchter Sandboden läßt sich nicht zu einer Wurst ausrollen.

Humus. Wir glühen dunkle Gartenerde in einem Tiegel. Sie wird dabei heller. Beim Glühen sind die Bodenbestandteile verbrannt, die den Boden dunkel färben. Es handelt sich dabei hauptsächlich um teilweise zersetzte Pflanzenteile, die man als Humus bezeichnet. Humus trägt zur Fruchtbarkeit des Bodens bei, falls er nicht sauer ist. Die dunkel gefärbten Moorböden enthalten viel Humus, es sind *Humusböden.*

Eigenschaften der Bodenarten. In besonders vorbereitete Töpfe **(59,2)** kommen trockene Proben verschiedener Bodenarten. Sie werden mit der gleichen Menge Wasser begossen. Das abfließende Wasser wird in Gläschen aufgefangen. Durch den Sandboden fließt fast alles Wasser rasch ab. Lehmboden hält einen Teil des Wassers zurück. Am wenigsten wasserdurchlässig ist der Ton. Humusboden nimmt das Wasser schnell auf und gibt es nur langsam wieder ab. Wir füllen Blumentöpfe je mit trockener und feuchter Erde verschiedener Bodenarten und stellen sie einige Zeit in die Sonne. Vor und nach dem Versuch messen wir die Bodentemperatur. Sand und Humus haben sich am stärksten erwärmt, dann folgen Lehm und Ton. Böden, die sich schnell erwärmen, geben die Wärme auch wieder rasch ab. Die nassen Bodenproben zeigen durchweg eine geringere Temperaturzunahme als die trockenen. Nasse Böden sind kalt.

Sandböden sind nährstoffarm und trocken. Sie erwärmen sich rasch. Tonböden sind nährstoffreich. Sie halten viel Wasser fest und sind daher kalt. Lehmböden vereinigen die günstigen Eigenschaften beider Bodenarten. Sie sind unsere besten Ackerböden. Humusböden, die geregelte Wasserverhältnisse aufweisen, sind für den Ackerbau geeignet.

Die Arbeit des Bauern

Die Schaffung der Bodengare. Bodenbewohnende Lebewesen tragen ganz entscheidend zur Fruchtbarkeit des Bodens bei. Die Lebewelt des Bodens heißt das *Edaphon.* Zu ihm gehören viele kleine Pflanzen und Tiere, die man nur mit Hilfe des Mikroskops sehen kann. Daneben beherbergt der Boden aber auch eine Reihe größerer Tiere, wie Würmer, Insekten, Spinnen, Maulwürfe, Mäuse. Die Zahl der Lebewesen im Boden ist außerordentlich groß. Auf 1 ha Ackerboden kommen 10 dz Lebewesen, wovon 4 dz Regenwürmer sind. Das Gewicht allein der Regenwürmer auf einen Quadratkilometer bezogen ist größer als das Gewicht der Menschen, die diese Fläche selbst in den am dichtesten besiedelten Gebieten Europas bewohnen. Die meisten Bodenbewohner leben in den obersten Bodenschichten. Sie lockern den Boden und zersetzen Tier- und Pflanzenreste. Dadurch kommen die Bestandteile der Tier- und Pflanzenkörper als Nährstoffe wieder in den Boden und können von den Pflanzenwurzeln aufgenommen werden. Es ist also wichtig, daß die Lebewelt des Bodens erhalten und gefördert wird. Durch die *Bodenbearbeitung* werden Lebensbedingungen geschaffen, die den Bodenbewohnern zusagen. Der Mensch lockert den Boden indessen nur grob, während das Edaphon die Feinarbeit selbst besorgt. Beides

60,2: *Arbeiten des Bauern. Die Abbildung zeigt die im Laufe des Jahres zu leistenden Arbeiten bei Winterfrucht, Sommerfrucht und Hackfrucht. Stelle fest, wann die einzelnen Fruchtarten gesät oder gepflanzt und geerntet werden! Welche Monate sind von Feldarbeit frei?*

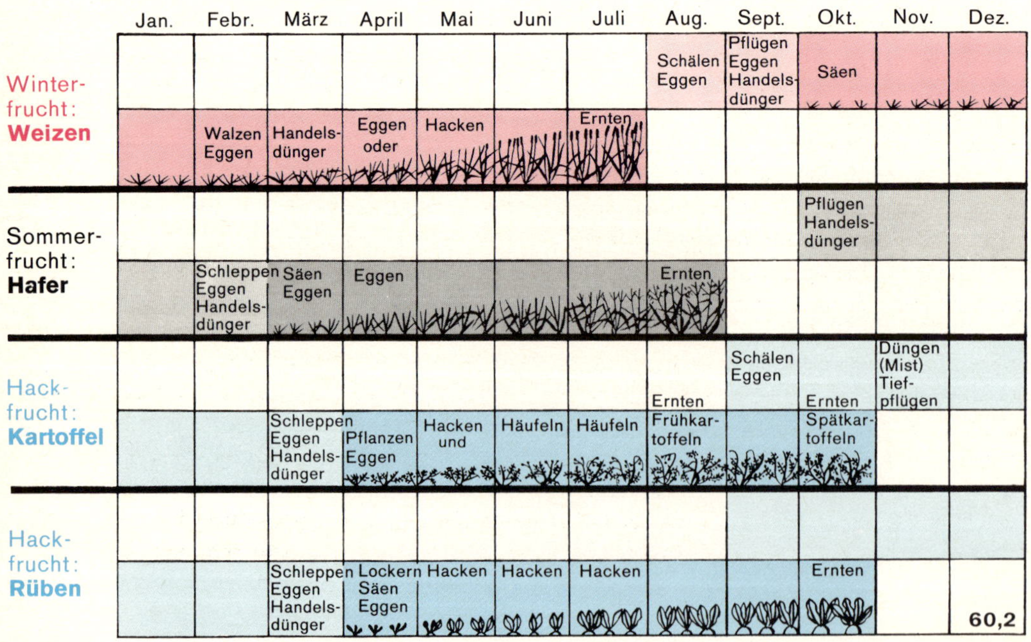

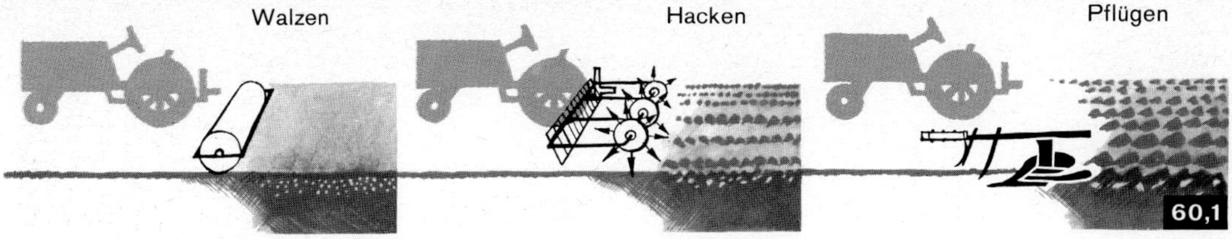

60,1: *Geräte zur Bodenbearbeitung. Zum Schleppen wird eine umgedrehte Egge verwendet. Der Grubber oder Kultivator besitzt kleine Scharen, die den Boden aufreißen. Bei der Egge besorgen diese Arbeit zahlreiche nach unten gerichtete Zinken. Weitere Geräte zur Bodenbearbeitung sind Walze und Hackmaschine. Die schneidenden Teile des Pflugs sind Pflugmesser (Sech) und Pflugschar. Das über der Schar angebrachte Streichbrett legt die Erde nach der Seite und wendet sie.*

zusammen bewirkt, daß der Boden eine erwünschte *Krümelstruktur* erhält. Die Bodenteilchen ballen sich zu Krümeln von durchschnittlich 3 mm Durchmesser zusammen. Die Hohlräume zwischen den Krümeln sind mit Luft gefüllt, die Poren der Krümel selbst mit Wasser. So finden die Pflanzenwurzeln, was sie brauchen, nämlich lockeren Boden, Luft und genügend Wasser. Der Landwirt nennt einen solchen Boden gar. Schaffung und Erhaltung der *Bodengare* sind das wichtigste Ziel der Bodenbearbeitung. Daneben dient die Bodenbearbeitung auch dem *Unterbringen von Stoppeln, Gründüngungspflanzen und Dünger*, sowie der *Bekämpfung der Unkräuter*.

60 **Bearbeitung des Bodens.** Welche Arbeiten auf dem Acker während des Jahres durchzuführen sind, zeigt die Abbildung **60,2.** Wir wollen uns die Bedeutung der einzelnen Maßnahmen klarmachen. Beim **Pflügen** wird der Boden gelockert und gewendet. Die *Schälfurche*, bei der Stoppeln und Unkraut untergepflügt werden, und die *Saatfurche*, die zur Vorbereitung für die Saat ausgeführt wird, sind nur flach (etwa 15 cm tief). Die *Winterfurche* soll jedoch einen tief gelockerten Boden hinterlassen, in den Wasser und Frost eindringen können, und ist daher tief (bis zu 30 cm). Tiefgepflügter Boden ist für alle Arten von Hackfrüchten günstig.

Durch das Pflügen wird das normale Bodenprofil verändert. Der dauernd bearbeitete Teil des Bodens hebt sich als *Ackerkrume* vom Untergrund ab, der nach unten in den Unterboden übergeht. Die Grenze zwischen Ackerkrume und Untergrund heißt *Pflugsohle*. Pflanzenwurzeln finden sich in der Ackerkrume, dringen aber auch in den Untergrund ein. Mit der **Schleppe** ebnet man den Ackerboden ein. **Eggen, Grubbern** und **Hacken** sind Maßnahmen zur Lockerung des Bodens und zur Unkrautbekämpfung. Der Grubber oder Kultivator greift tiefer als die Egge. Das Hacken wird von Hand mit der Hacke oder mit der Hackmaschine durchgeführt. Durch das **Walzen** wird der Ackerboden zusammengepreßt. Dabei verschwinden ungünstige größere Hohlräume im Boden, wie sie beim Wintergetreide entstehen. Dieses kann durch widrige Witterungsverhältnisse im Winter geschädigt werden. Wenn der Boden tagsüber auftaut und nachts gefriert, wird jede Nacht die obere Bodenschicht angehoben. Die Wurzeln reißen ab, die Pflänzchen werden bloßgelegt, fallen um und vertrocknen (die Saat „wintert aus"). Mit der Walze werden die losgerissenen Würzelchen wieder in den Boden gedrückt. Saat und Ernte sind die ehrwürdigsten Arbeiten des Bauern. Sie werden heute fast nur noch mit Maschinen ausgeführt. Zum **Säen** wird die Sämaschine verwendet, zum **Ernten** der Mähdrescher, der das Getreide mäht und sofort drischt. Maschinen erleichtern die Arbeit und sparen Zeit und Arbeitskräfte.

Lein. 61,1: *In den Achseln der kleinen, schmalen Blätter sitzen langgestielte, blaue Blüten. Die Blüten sind fünfzählig (5 Kelch-, 5 Blütenblätter, Fruchtknoten mit 5 Griffeln).* **61,2:** *Aus dem Fruchtknoten entsteht eine kugelige Kapsel, die sich beim Springlein während der Reife öffnet.* **61,3:** *In der Rinde des wenig verzweigten Stengels finden sich lange Bastfasern (Flachsfasern).*

61 Lein, Rüben und Tabak – Nutzpflanzen des Ackers

Neben Getreide, Kartoffeln und Raps werden auf dem Acker noch andere Nutzpflanzen angebaut. Wir wollen von diesen *Lein*, *Runkelrübe*, *Zuckerrübe* und *Tabak* kennenlernen.

61

Lein oder Flachs (Linum usitatissimum). Die alte Kulturpflanze stammt von einer Wildpflanze aus dem Mittelmeergebiet ab. Der einjährige Lein wird im Frühjahr ausgesät und blüht im Juni und Juli. Er erreicht eine Höhe von über $\frac{1}{2}$ m. Über den Bau der Pflanze unterrichten die Abbildungen **61,1–61,3.** Beim *Springlein* springen die Fruchtkapseln auf, beim *Schließlein* bleiben sie geschlossen. Der Schließlein wurde durch Auslese gewonnen, bei ihm gehen die Samen nicht verloren, müssen aber aus den Kapseln geschlagen werden (Dreschlein). Aus den Samen des Leins gewinnt man durch Auspressen das *Leinöl.* Leinöl wird zur Herstellung von Firnis, Ölfarbe, Seife, Druckerschwärze und Linoleum verwendet. Auch in der Heilkunde spielen Leinöl und Leinsamen eine Rolle. Der Lein ist aber auch als *Faserpflanze* von Bedeutung. Das Verfahren zur Gewinnung der Flachsfasern **(61,3)** ist schon alt. Die Stengel rauft man aus, sobald sie gelb werden, und stellt sie zum Trocknen auf. Dann zieht man sie durch eiserne Kämme (man riffelt sie), wodurch die Kapseln entfernt werden. Nun werden die Pflanzen zur Flachsröste in Wasser gelegt oder auf dem Feld ausgebreitet und so Tau und Regen ausgesetzt. Bei der Röste gehen die weichen Teile des Stengels zugrunde. Durch Brechen und anschließendes Schlagen mit einem Holzmesser werden die holzigen Teile des Stengels von den Fasern getrennt. Diese zieht man durch die Zähne einer Hechel. Dabei werden die langen Fasern von den kurzen, dem Werg, getrennt. Die Fasern können jetzt zu Garn versponnen werden, aus dem man Leinwand webt.

Runkelrübe und Zuckerrübe (Beta vulgaris). Die *Runkelrübe* wird bei uns seit dem Mittelalter angebaut. Die Wildpflanze, von der sie abstammt, wächst heute noch im Mittelmeergebiet und ist ein- oder zweijährig. Die angebaute Runkelrübe ist *zweijährig* und entwickelt im 1. Jahr eine dicke Rübe mit einer Rosette großer Blätter **(61,4).** Auf dem Acker findet man aber einzelne Pflanzen, die einjährig sind wie die Wildpflanze und

61,4: *Runkelrübe. Die zur Rübe verdickte Hauptwurzel ist mehr oder weniger walzenförmig und schaut ein Stück weit aus dem Boden heraus.* **61,5:** *Die Rübe der Zuckerrübe läuft spitz zu und steckt fast ganz im Boden.* **61,6:** *Virginischer Tabak (Nachtschattengewächs). Der Stengel trägt große, kurzgestielte, ganzrandige Blätter. Aus den Blüten entstehen vielsamige Kapselfrüchte.*

keine Rübe bilden. Der Sproß der Runkelrübe trägt unscheinbare Blüten mit fünfblättriger, grüner Hülle, 5 Staubblättern und einem Stempel. Blüten und Früchte (Nüßchen) sind zu Knäueln vereinigt. Die Runkelrübe gehört zu den *Hackfrüchten* (60,2). Sie wird im April ausgesät oder im Zuchtbeet gezogen und dann ausgepflanzt. Bei den gesäten Rüben läßt man nur die kräftigsten stehen, die übrigen reißt man aus (Verziehen der Rüben). Im Oktober werden die Rüben ausgegraben und in Kellern oder Mieten gelagert. Sie sind ein wichtiges Winterfutter für das Vieh. Im Jahre 1747 entdeckte der Berliner Apotheker Marggraf, daß Runkelrüben Zucker enthalten (auf 100 g Rüben 6 g). Aus der Runkelrübe wurde die *Zuckerrübe* gezüchtet, bei der auf je 100 g 15–20 g Zucker kommen **(61,5).** Die ausgegrabenen und von den Blättern befreiten Rüben kommen in die Zuckerfabrik. Dort werden sie zerschnitten und mit Wasser ausgelaugt. Die ausgelaugten Schnitzel dienen als Viehfutter. Der zuckerhaltige Saft ist dunkelgrau gefärbt. Er wird gereinigt und entfärbt. Dann dickt man ihn ein, wobei sich Zucker abscheidet. Der bräunliche Rohrzucker muß nochmals gereinigt werden. Spielarten der Runkelrübe sind die *Rote Rübe* und der *Mangold.* Der *Spinat* ist mit der Runkelrübe verwandt. Beide Pflanzen gehören zur *Familie der Gänsefußgewächse.*

Tabak. Schon vor der Entdeckung Amerikas wurde dort der Tabak von den Indianern angebaut und geraucht. 1518 kamen Tabaksamen erstmals nach Europa, wo der Tabak heute in verschiedenen Ländern gepflanzt wird. In Deutschland liegen Tabakanbaugebiete in Baden, in der Pfalz, in Mitteldeutschland und Norddeutschland. Feldmäßig wird hauptsächlich der rotblühende *Virginische Tabak* (Nicotiana tabacum – **61,6**) angepflanzt. Den *Bauerntabak* (Nicotiana rustica) mit grüngelben Blüten findet man mehr in Gärten. Die einjährige Pflanze wird im März ins Frühbeet gesät und im Mai ausgepflanzt. Ende August bis Mitte September erntet man die Blätter. An Schnüren aufgereiht werden sie in Schuppen zum Trocknen aufgehängt. In der Fabrik schichtet man die angefeuchteten Blätter zu Haufen auf, in denen Gärungsvorgänge stattfinden *(Fermentation).* Dabei bekommt der Tabak seine braune Farbe. Er kann nun zu Rauchwaren verarbeitet werden. Da Tabak das Gift *Nikotin* enthält, *schädigt Tabakgenuß die Gesundheit.*

62,1

62,1: *Wurzelsystem einer Keimpflanze der Zweikeimblättrigen Pflanzen (Ackerbohne). An der senkrecht nach unten wachsenden Hauptwurzel haben sich Seitenwurzeln gebildet, die schräg abwärts wachsen. Sie werden in der Reihenfolge von oben nach unten angelegt.*

62,2: *Maispflanze mit sproßbürtigen Wurzeln. Die Wurzeln entspringen an den unteren Stengelknoten. Da sie den Stengel stützen, heißen sie Stützwurzeln.* **62,3:** *Rübe des Rettichs. Die Rübe besteht aus der verdickten Hauptwurzel und dem verdickten unteren Sproßstück (seitenwurzelfreier oberster Abschnitt der Rübe).* **62,4:** *Wurzelknollen der Dahlie. Da die knollenbildenden Wurzeln ihr Längenwachstum einstellen und sich nicht verzweigen, sind Wurzelknollen rundlich oder keulenförmig.*

62 Die Wurzel

Bei der Betrachtung einer Pflanze richten wir unser Augenmerk hauptsächlich auf den Sproß, da sich dieser über den Erdboden erhebt und daher ohne weiteres sichtbar ist. Die im Erdboden verborgenen *Wurzeln* werden weniger beachtet. Diese erfüllen wichtige Aufgaben und fehlen nur wenigen Blütenpflanzen (z. B. manchen Wasserpflanzen). Die Wurzeln verankern die Pflanze im Boden und nehmen aus diesem Wasser und Nährsalze auf. Von unterirdischen Sprossen unterscheiden sie sich durch das Fehlen von Blättern.

62

Wurzelhaare. Bei der Keimung eines Samens (vgl. S. 14 und S. 55) entwickelt sich zunächst die *Keimwurzel*, die dann weiterwachsen und sich verzweigen kann. Diese Entwicklung ist am besten zu beobachten, wenn man Keimpflanzen auf feuchtem Filtrierpapier zieht (63,8). Dicht hinter der Spitze sind die Wurzeln von einem Filz feiner Haare bedeckt (55,3; 63,8). Diese Haare heißen *Wurzelhaare*. Sie leben nur kurze Zeit. Die älteren Wurzelhaare sterben ab, während spitzenwärts laufend neue gebildet werden. Daher finden sie sich nur an dem der Spitze folgenden Wurzelabschnitt. Die Wurzelhaare treten in eine besonders enge Berührung mit den Bodenteilchen. Sie nehmen das Wasser und die im Wasser gelösten Nährsalze auf. Erst hinter den Wurzelhaaren verzweigt sich die Wurzel. Durch die Bildung von Seitenwurzeln entsteht das *Wurzelwerk* oder das *Wurzelsystem* **(62,1).**

Wurzelsysteme. Die *Wurzelsysteme* von Einkeimblättrigen und Zweikeimblättrigen Pflanzen sind ganz verschieden aufgebaut. Wir müssen sie daher gesondert betrachten. Bei den Einkeimblättrigen Pflanzen stirbt die aus der *Keimwurzel* entstandene *Hauptwurzel* bald ab. Neue Wurzeln entstehen an den unteren Stengelknoten. Da sie vom Sproß gebildet werden, heißen sie *sproßbürtig*. Die sproßbürtigen Wurzeln laufen in einem Bogen nach unten und verzweigen sich weiter **(62,5 links).** Solche Wurzelsysteme können erstaunliche Ausmaße aufweisen, besonders bei den Gräsern. So erreichen die Wurzeln einer freistehenden Roggenpflanze eine Tiefe von 1,6 m. Etwa gleichweit erstrecken sie sich nach den Seiten. Die Pflanze durchwurzelt also 4 m^3 Erde. Diese ist dicht von Wurzelfasern durchzogen. Die Gesamtlänge aller Wurzeln einer solchen Pflanze beträgt beinahe 80 km. Auf dem Acker, wo die Pflanzen dicht beieinander stehen und sich gegenseitig beengen, sind die Wurzeln in ihrer Entwicklung behindert. Daher schrumpft dort ihre Gesamtlänge auf 1 km zusammen. Andere Familien der Einkeimblättrigen Pflanzen

62,2

62,3

62,4

haben kein so stark entwickeltes Wurzelwerk. Den Stengel vom Mais und anderen Pflanzen stützen sproßbürtige Wurzeln und halten ihn aufrecht (Stützwurzeln; **62,2**). Bei den Zweikeimblättrigen Pflanzen wächst die *Keimwurzel* senkrecht nach unten und wird zur *Hauptwurzel*. Die nötige Festigkeit erlangt sie durch Dickenwachstum. Von der Hauptwurzel gehen die *Seitenwurzeln* schräg ab **(62,1)**. Diese können sich weiter verzweigen (**62,5** rechts). Bei den verschiedenen Pflanzenarten treten Abweichungen auf. Außerdem beeinflußt die Bodenbeschaffenheit die Ausbildung des Wurzelsystems. Trockenlandpflanzen haben oft lange Hauptwurzeln, sogenannte *Pfahlwurzeln*, die noch aus größeren Tiefen Wasser aufnehmen, wenn die oberen Bodenschichten trocken sind. Bei Wüstenpflanzen werden solche Wurzeln unter besonderen Umständen bis zu 10 m lang. Auch bei den Zweikeimblättrigen Pflanzen kommen sproßbürtige Wurzeln vor. So bewurzeln sich etwa ins Wasser gestellte Zweigstücke der Weide, sowie Ausläufer und Wurzelstöcke. Umgekehrt können sich an den Wurzeln Knospen bilden, aus denen oberirdische Triebe heranwachsen.

Wurzelumbildungen. Wurzeln dienen oft als Nährstoffspeicher und sind dann verdickt. Eine verdickte Hauptwurzel heißt *Rübe* **(62,3)**. *Wurzelknollen* sind verdickte Seitenwurzeln oder verdickte sproßbürtige Wurzeln **(62,4)**. *Zugwurzeln* können sich verkürzen. Dadurch werden unterirdische Pflanzenteile in einer bestimmten Tiefenlage gehalten.

Merkstoff. Wurzeln verankern die Pflanzen im Boden und nehmen Wasser und Nährsalze auf. Die Wasser- und Nährsalzaufnahme wird von Wurzelhaaren besorgt. Das Gesamtwurzelwerk einer Pflanze heißt Wurzelsystem. Dieses wird bei den Einkeimblättrigen Pflanzen von sproßbürtigen Wurzeln gebildet, bei den Zweikeimblättrigen entsteht es durch Verzweigung der Hauptwurzel. Als Vorratsspeicher dienen Rüben und Wurzelknollen.

62,5: *Links das Wurzelsystem einer Haferpflanze. Wie bei anderen Einkeimblättrigen Pflanzen entspringen die verzweigten Wurzeln am unteren Ende des Sprosses. Rechts das Wurzelsystem der Saubohne (Zweikeimblättrige Pflanze). Von der Hauptwurzel gehen Seitenwurzeln, die sich verzweigen, schräg ab.*

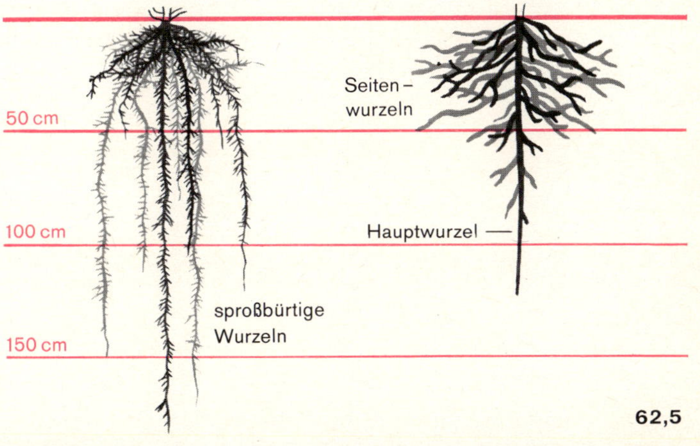

62,5

63,1

63,2

63,3

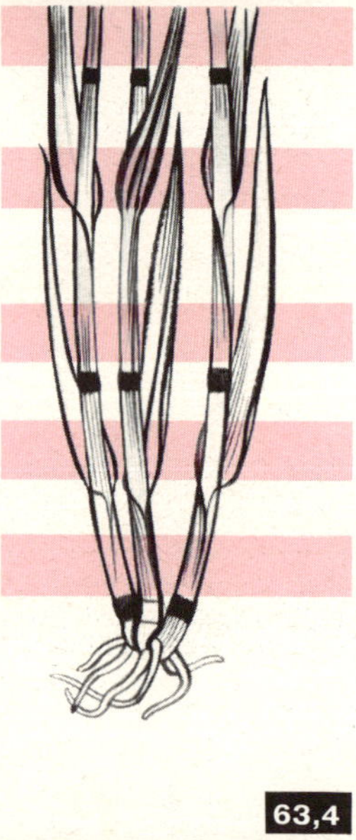
63,4

63,5

63,6

63 Beobachtungen zum Wachstum

Was eine Pflanze zum Wachsen braucht und welchen Einfluß das Licht auf das Wachstum ausübt, ist uns schon bekannt (vgl. S. 15). Wir wollen jetzt darauf achten, wie die Pflanzen wachsen.

Orte des Wachstums. Schon die Neuanlage von Stengeln und Blättern, die dem unbewaffneten Auge unsichtbar bleibt, ist Wachstum, das wir *Bildungswachstum* nennen wollen. Bildungswachstum findet z. B. an den Knospen der Stengelspitzen und in anderen Knospen statt **(63,3).** Die neu angelegten Sproßstücke sind aber noch klein, sie müssen noch in die Länge wachsen. Diesen Vorgang bezeichnet man als *Streckungswachstum.* Es unterbleibt bei Knospen, die nicht austreiben. Erstreckt sich nun das Längenwachstum über den ganzen Sproß, wie bei uns Menschen über den ganzen Körper, oder verläuft es anders? Ein Versuch soll unsere Frage beantworten **(63,1).** Junge Stengel der Feuerbohne werden in regelmäßigen Abständen mit Tuschemarken versehen. Weichen diese Marken bei weiterem Wachstum auseinander, so hat sich der betreffende Stengelabschnitt gestreckt. Nach einigen Stunden haben sich die Abstände zwischen den Marken aber nur im oberen Stengelabschnitt vergrößert, den man deshalb *Streckungszone* nennt, im unteren dagegen nicht **(63,2).** Somit werden in den Endknospen wachsender Stengel laufend neue Sproßteile gebildet, die sich später verlängern, dann aber nicht mehr weiterwachsen. Entsprechende Versuche mit Wurzeln haben das gleiche Ergebnis **(63,5; 63,6).** Das Bildungswachstum ist bei ihnen auf die Wurzelspitze beschränkt. Die Streckungszone ist noch viel kürzer als beim Stengel. Sie geht schon wenige Millimeter hinter der Wurzelspitze zu Ende. Deutlich durch Knoten gegliederte Stengel, z. B. Grashalme **(63,4),** weisen eine andere Art des Streckungswachstums auf. Bei Grashalmen werden jeweils über den Grasknoten neue Stengelabschnitte gebildet, die hernach in die Länge wachsen.

63,1: *Junger Stengel der Saubohne mit Tuschemarkierung.* **63,2:** *Der Stengel hat sich gestreckt. Wo die Marken auseinandergerückt sind, liegt die Streckungszone.* **63,3:** *Orte des Wachstums bei einer Zweikeimblättrigen Pflanze. Die dunkelrote Farbe zeigt Stätten des Bildungswachstums an. Pflanzenteile auf hellrotem Untergrund wachsen noch in die Länge, Pflanzenteile auf weißem Untergrund sind ausgewachsen.* **63,4:** *Lage der Wachstumszonen bei einem Grashalm.* **63,5:** *Mit Tusche markierte Hauptwurzel der Saubohne.* **63,6:** *Die Tuschestriche rücken bei weiterem Wachstum hinter der Spitze auseinander. Dort liegt die Streckungszone.*

Wachstumsbewegungen. Vielen Bewegungen der Pflanzen liegen Wachstumsvorgänge zugrunde. So wenden sich z. B. Pflanzensprosse vielfach *dem Licht zu.* Unser Versuch **(63,10)** zeigt dies deutlich. Wir sehen aber gleichzeitig, daß sich die Wurzeln *vom Licht abwenden.* Wie kommen diese Bewegungen zustande? Zuerst nimmt die Pflanze das Licht wahr. Dann wächst die dem Licht abgekehrte Stengelseite stärker in die Länge als die dem Licht zugekehrte. Dadurch krümmt sich der Sproß zum Licht hin. Die Wurzel verhält sich gerade umgekehrt.

Woher kommt es, daß die Hauptsprosse der meisten Pflanzen *nach oben*, die Wurzeln aber *nach unten* wachsen, obwohl die Samen in der Erde ganz verschiedene Lagen einnehmen? Dreht man normal gewachsene Keimpflanzen der Kresse **(63,8)** in die Waagrechte, dann krümmen sich die Stengel nach oben und die Wurzeln nach unten **(63,9).** Auch liegende Grashalme richten sich auf (S. 46). Dieses Einstellen des Sprosses nach oben und der Wurzel nach unten wird durch die *Schwerkraft* bewirkt. Ein auf die Handfläche gelegter Stein übt auf diese einen Druck aus und fällt senkrecht nach unten, wenn man die Hand wegnimmt. Der Stein wird von der Erde angezogen. Auch an ihm greift die Schwerkraft an, die eine senkrecht nach unten gerichtete Kraft ist. Pflanzen können Schwerkraft wahrnehmen. Viele Sprosse wachsen nun *in die der Schwerkraft entgegengesetzte Richtung*, viele Wurzeln *in Richtung der Schwerkraft.* Die Krümmung unseres waagrecht gelegten Kressestengels wird durch verstärktes Wachstum seiner Unterseite, die der Wurzel durch verstärktes Wachstum der Oberseite verursacht. Seitenzweige und Seitenwurzeln stellen sich *quer zur Schwerkraft* ein. Dies gilt auch für manche dem Boden aufliegende Hauptsprosse **(63,7)** und für Wurzelstöcke.

Das Öffnen und Schließen der Blüten beruht auf *verstärktem Wachstum* der Blütenblattoberseite bzw. -unterseite.

63,7

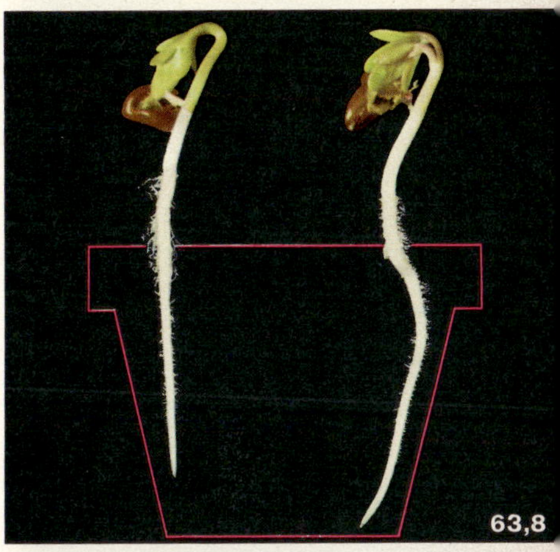
63,8

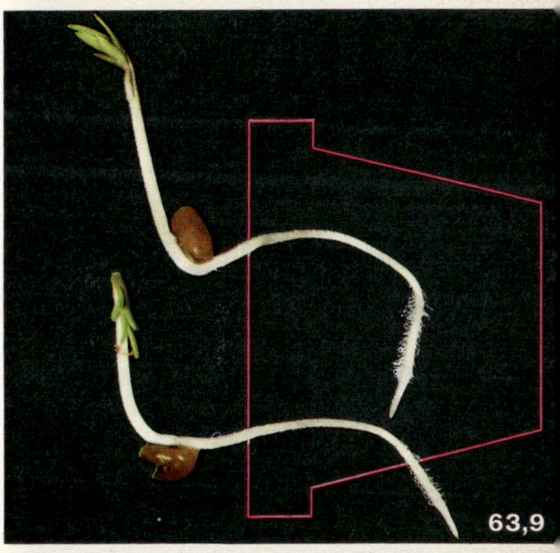
63,9

63,10

63,7: *Waagrechtes Wachstum des dem Boden anliegenden Hauptsprosses beim Pfennigkraut (Lysimachia nummularia).* **63,8:** *4 Tage alte Keimpflanzen der Kresse auf Fließpapier gezogen. Die Stengel wachsen senkrecht nach oben, die Wurzeln senkrecht nach unten.* **63,9:** *Die Kressepflanzen wurden in die Waagrechte gedreht. Nach 8 Stunden hat sich der Stengel durch verstärktes Wachstum der Unterseite aufgerichtet, die Wurzel durch verstärktes Wachstum der Oberseite nach unten gekrümmt.* **63,10:** *Einseitig belichtete, auf Wasser gezogene Pflanze der Saubohne. Der Sproß wendet sich dem Licht zu, während die Wurzel sich vom Licht abwendet.*

64,1

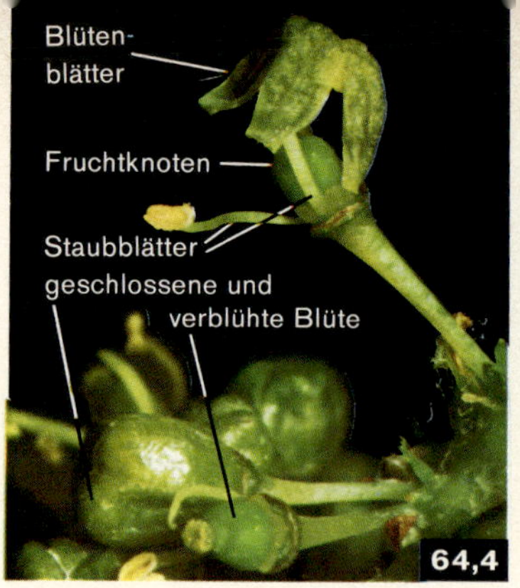

64,4

64,

64,2

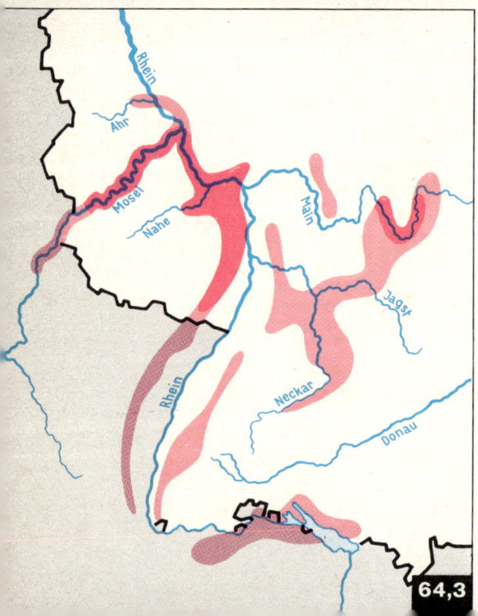

64,3

64 Die Weinrebe (Vitis vinifera)

Wilde Weinreben wachsen in den Auwäldern Westasiens, des Mittelmeergebietes, des Rheins und der Donau. Von dieser Wildrebe stammt unsere *Kulturrebe* ab, die in vielen Sorten angebaut wird. Den *Weinbau* brachten die Römer nach Deutschland. Da die Weinrebe eine wärmebedürftige Pflanze ist, wird sie nur in den wärmeren Gegenden Deutschlands angebaut **(64,3)**, hauptsächlich an sonnigen Berghängen, den *Weinbergen*.

Bau der Weinrebe. Tiefreichende Wurzeln können die Weinrebe in den trockenen Weinbergen mit genügend Wasser versorgen. Stamm und Äste (Reben) sind verholzt und von einer graubraunen Borke bedeckt, die sich in Streifen ablöst **(64,1)**. Aus den Knospen der vorjährigen Reben (Tragreben) entwickeln sich im Frühjahr lange Triebe, die *Lotten*. An diesen sitzen die fünflappigen, grobgezähnten Blätter in zweizeiliger Anordnung **(64,2)**. Den Blättern gegenüber stehen gabelig verzweigte *Ranken* oder *Blütenstände*. Da die Ranken umgebildete Sproßteile sind, heißen sie *Sproßranken*. Mit diesen hält sich die Pflanze, deren Äste nur schwach sind, an geeigneten Stützen fest. Im Weinberg steckt man dazu Pfähle in die Erde. Aus den Blattachseln wachsen kurze Triebe, die *Geizen*. Diese schneidet man ab *(ausgeizen)*, damit die für ihren Aufbau nötigen Nährstoffe den Trauben zugute kommen. Am Grund der Geizen sitzende Knospen überwintern und entwickeln sich im nächsten Frühjahr zu Lotten. Die Gestalt eines Weinstocks hängt sehr davon ab, wie ihn der Weingärtner durch Beschneiden „erzieht". 64

Blüten. Die Blütenstände sind aufrechte *Rispen* (die Weingärtner nennen sie Gescheine) mit nur etwa 1 mm großen Blüten. Der schüsselförmige Blütenkelch besteht aus 5 verwachsenen Kelchblättern. Die 5 grünen Blütenblätter blei-

64,1: *Weinstock im Frühjahr vor dem Austreiben.* **64,2:** *Lotte mit Blättern und Ranken.* **64,3:** *Weinbaugebiete in Deutschland. Hauptweinbaugebiete liegen im Oberrheintal, am Mittelrhein, an der Mosel, am Main und am Neckar.* **64,4:** *Blüte des Weins beim Abheben der Blütenblätter.* **64,5:** *Fruchtstand der Weinrebe („Traube").* **64,6:** *Weinherstellung. Die Beeren werden in der Traubenmühle zerquetscht. In der Kelter wird der Saft von den Trebern abgepreßt. Dann läßt man den Wein in Fässern gären. Aus dem Traubenzucker entsteht Alkohol und ein Gas (Kohlendioxyd). Die Gärung wird von Hefepilzen (Weinhefe) hervorgerufen. Der Wein reift noch einige Zeit im Faß und wird später in Flaschen abgefüllt.*

ben an der Spitze miteinander verbunden. Beim Aufblühen lösen sie sich vom Blütenboden und werden von den wachsenden Staubblättern angehoben und schließlich abgeworfen **(64,4).** Nun kommen die 5 Staubblätter und der Stempel zum Vorschein. Vom Blütenduft angelockte Insekten holen sich Nektar, der von 5 Nektardrüsen am Grund des Fruchtknotens abgesondert wird. Die Insekten oder der Wind bestäuben die Blüten.

Frucht. Aus dem Fruchtknoten entstehen gelbliche, grüne, rote oder blaue *Beeren*, die von einer Wachsschicht überzogen sind. Der Fruchtstand, den man allgemein als „Traube" bezeichnet, obwohl er eine Rispe ist, hängt wegen seines Gewichts nach unten **(64,5).** Die Beeren enthalten die Samen. Kulturreben vermehrt man jedoch nicht durch Samen, sondern durch Stecklinge. Die Beeren werden als *Obst* frisch gegessen oder kommen getrocknet als *Rosinen* und *Sultaninen* in den Handel. Aus den Beeren preßt man *Traubensaft*, aus dem Wein gewonnen wird **(64,6).** Dieser enthält den *giftigen Alkohol* und ist daher *kein Getränk für die Jugend.*

Der Anbau von Weinreben und die Gewinnung des Weins sind ein bedeutender Erwerbszweig in der Bundesrepublik. Etwa 1 Million Menschen sind mit Weinbau, Weinherstellung und Weinhandel beschäftigt. Den härtesten Teil dieser Arbeit übernimmt der *Weingärtner* oder *Winzer*, da die Weinreben meist an steilen und oft schwer zugänglichen Hängen gezogen werden. Bodenbearbeitung, Pflege der Pflanzen und Ernte sind deshalb mit ständigem Auf- und Absteigen und Lastentragen verbunden.

Merkstoff. Die Weinrebe ist ein Holzgewächs und eine Kletterpflanze. Blütenstände, Blätter und Ranken sitzen an Langtrieben, den Lotten. Der Blütenstand ist eine Rispe. Aus unscheinbaren Blüten gehen Beeren hervor, die frisch gegessen werden und zur Weinherstellung dienen.

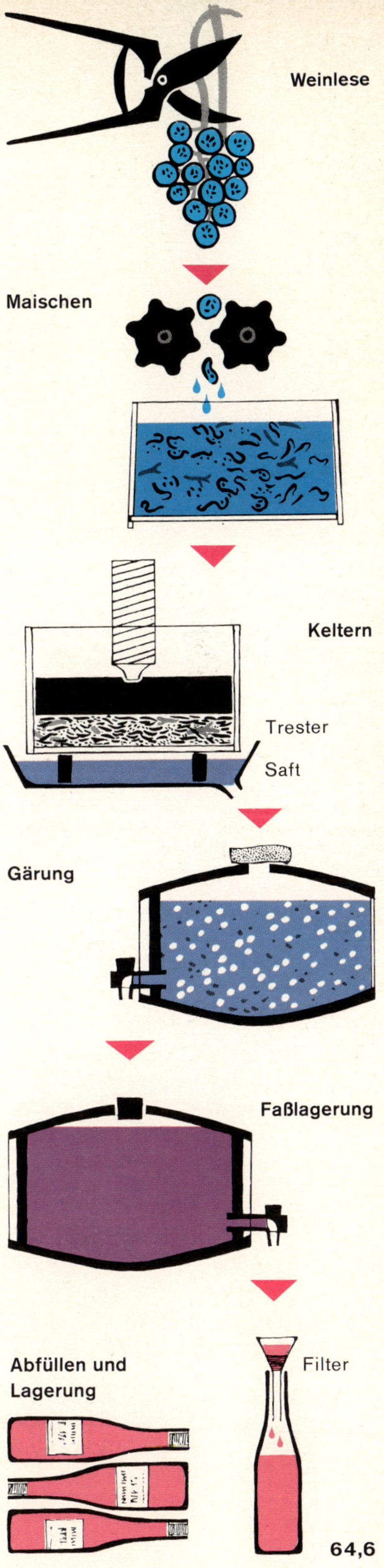

64,6

Pflanzen der Wegränder. 65,1: *Die Zypressenwolfsmilch (Euphorbia cyparissias) enthält einen weißen, klebrigen und giftigen Milchsaft.* **65,2:** *Die Wegerauke (Sisymbrium officinale) ist eine bezeichnende Trockenlandpflanze (Kreuzblütler).* **65,3:** *Eisenkraut (Verbena officinalis).*

65 Pflanzen der Wege und Wegränder 65

Wer bei seinen Spaziergängen und Wanderungen auf die Pflanzen achtet, wird bemerken, daß auf Wegen und an Wegrändern ganz bestimmte Pflanzenarten vorkommen. Sogar die Fugen zwischen den Pflastersteinen bieten manchen von ihnen noch Lebensraum, z. B. dem Einjährigen Rispengras. Die Wege selbst werden von anderen Pflanzen besiedelt als die Wegränder. Da an beiden Standorten verschiedene Lebensbedingungen herrschen, sind die entsprechenden Pflanzen auch in ihrer Tracht verschieden.

Pflanzen der Wege. Pflanzen der häufiger begangenen Wege sind dem Tritt ausgesetzt. Deshalb können sich dort nur *trittfeste Pflanzen* halten, während andere, deren Samen zufällig dort keimen, zugrunde gehen. Der Tritt bestimmt also die Zusammensetzung der auf Wegen wachsenden Pflanzengesellschaften, die man deshalb *Tretgesellschaften* nennt. Zu den Tretpflanzen gehören das Einjährige Rispengras **(65,7),** der Vogelknöterich **(65,8),** der Große Wegerich **(65,9),** das Englische Raygras (47,1), der Weißklee (50,5) und der Löwenzahn (34,8). Viele dieser Pflanzen zeichnen sich durch eine niedrige Wuchsform aus. So sind beim Vogelknöterich die Triebe dem Boden angepreßt. Bei Rosettenpflanzen (Großer Wegerich, Löwenzahn) liegen die Blätter dem Boden auf. Den großen Wegerich wollen wir etwas eingehender betrachten. Er hat breite, langgestielte, derbe Blätter. Seine unscheinbaren vierzähligen Blüten sind zu langen Ähren vereinigt. Sie werden vom Wind bestäubt. Da die Staubbeutel erst nach der Narbe reifen, ist nur Fremdbestäubung möglich *(nachstäubende Blüten).* Die aus der Kapselfrucht fallenden Samen werden bei Befeuchtung klebrig, bleiben daher am Schuhwerk hängen und werden so auf Wegen verbreitet. Zwei Verwandte, der Mittlere Wegerich und der Spitzwegerich, wachsen in der Wiese. Der Mittlere Wegerich hat ebenfalls breite Blätter, die aber ungestielt oder kurzgestielt sind, während der Spitzwegerich schmale Blätter aufweist.

Pflanzen steiniger Wegränder. 65,4: *Der Natternkopf (Echium vulgare) besitzt einen derben Stengel und behaarte Blätter.* **65,5:** *Der Echte Steinklee (Melilotus officinalis) ist ein Schmetterlingsblütler.* **65,6:** *Die Nachtkerze (Oenothera biennis) blüht bei Nacht. Blütenbesucher sind Nachtschmetterlinge.*

65 **Pflanzen der Wegränder.** Die Pflanzen der Wegränder sind nicht dem Tritt ausgesetzt und zeigen daher eine andere Wuchsform als die Wegbewohner. Sie haben einen aufrechten Stengel, der oft sparrig verzweigt und verholzt ist. Die Blattflächen sind klein und die Wurzeln vielfach tiefgehend. Die Bewohner der sonnigen, trockenen Wegränder sind also *Trockenlandpflanzen.* Wir sehen uns daraufhin folgende Wegebegleiter an: Zypressenwolfsmilch **(65,1),** Wegerauke **(65,2),** Eisenkraut **(65,3),** Wegwarte (36,4), Odermennig (30,5) und Hirtentäschel (38,11). Manche Pflanzen der Wegränder besitzen Klettfrüchte, wie etwa die Kletten (36,3), der Odermennig (52,7) und die Wilde Möhre (41,9). So können sie von Tier und Mensch leicht entlang der Wege verbreitet werden. Natternkopf **(65,4),** Echter Steinklee **(65,5)** und Gewöhnliche Nachtkerze **(65,6)** sind ebenfalls wärmeliebende Pflanzen. Sie bevorzugen kiesigen oder steinigen Boden und finden sich daher auf entsprechenden Böschungen und Halden, sowie im Schotter der Bahnanlagen.

Pflanzen der Wege. 65,7: *Einjähriges Rispengras (Poa annua).* **65,8:** *Der Vogelknöterich (Polygonum aviculare) hat kleine, weißliche, blattachselständige Blüten und einen durch Knoten gegliederten Stengel.* **65,9:** *Großer Wegerich (Plantago maior) mit dem Boden anliegender Rosette.*

66,1: Eine Pflanzengruppe der Großen Brennessel. Die ausdauernde Pflanze besitzt verzweigte unterirdische Wurzelstöcke, mit denen sie sich auch samenlos vermehrt. Sie tritt daher truppweise auf. Die einzelnen Trupps bestehen entweder aus männlichen oder aus weiblichen Pflanzen, da sie aus demselben Samen entstanden sind. **66,2:** *Stempelblüten der Brennessel und heranreifende Frucht.* **66,3:** *Staubblüten der Brennessel. In der Blütenknospe sind 4 Staubblätter nach innen gebogen. Wenn sich die Blüte öffnet, richten sie sich ruckartig auf. Die Staubbeutel werden dabei geleert.* **66,4:** *Brennhaare der Brennessel. Brennhaare, deren Köpfchen abgebrochen ist, haben ihr Gift abgegeben.*

66 Pflanzen der Schutt- und Abfallplätze
(Ruderalpflanzen)

Auf Schuttplätzen, Auffüllplätzen und in der Nähe von Dungstätten finden wir gewöhnlich recht unscheinbare Pflanzen. Neben Acker- und Gartenunkräutern siedeln sich Pflanzen an, die für diese Standorte bezeichnend sind. Was bindet nun die eigentlichen *Schutt-* oder *Ruderalpflanzen* (rudera lat. = Trümmer) an solche Orte? Die Abfälle der menschlichen Wirtschaft, die sich dort ansammeln, *düngen* den Boden. Vor allem handelt es sich um *stickstoffhaltige Salze*. Infolgedessen finden sich Pflanzen ein, denen ein hoher Stickstoffgehalt des Bodens zusagt. Die Ruderalpflanzen sind *stickstoffliebend*. Neugeschaffene Schuttplätze werden von ihnen rasch besiedelt, da sie meist viele Samen erzeugen, die von Mensch, Tier und dem Wind verbreitet werden. Da die Standorte der Ruderalpflanzen ihre Entstehung dem Menschen verdanken, müssen wir nach ihren natürlichen Standorten suchen. Als solche kommen etwa Waldlichtungen, Auwälder und Flußufer in Betracht, deren Böden sämtlich stickstoffreich sind. Wir wollen uns einige Ruderalpflanzen etwas näher ansehen.

Die Große Brennessel (Urtica dioica – **66,1**). Die Pflanze gedeiht umso besser, je mehr Stickstoff der Boden enthält. So kann man aus ihrem Höhenwachstum unmittelbar Rückschlüsse auf den Stickstoffgehalt des Bodens ziehen.

Brennhaare. Wenn wir an einer Brennessel vorbeistreifen, spüren wir an der Berührungsstelle ein unangenehmes Brennen. Wie geht das zu? Schon mit bloßem Auge bemerken wir zahlreiche borstenartige Haare. Betrachten wir diese *Brennhaare* durch eine Lupe,

66,5

66,6

66,7

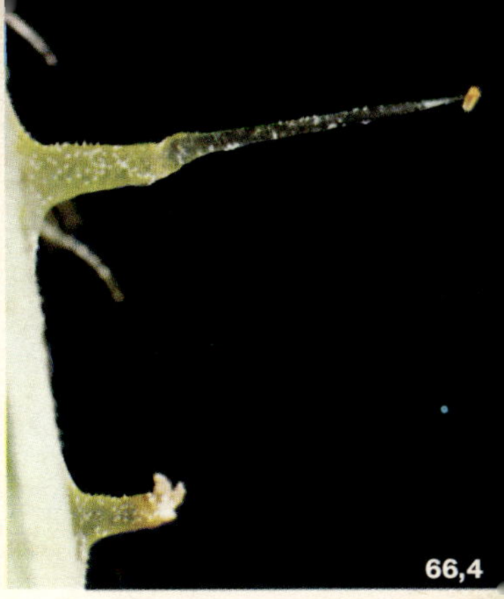

dann zeigt sich, daß die Haare oben ein schräg aufgesetztes Köpfchen tragen und mit ihrem angeschwollenen Fußteil in einer becherartigen Ausstülpung der Oberhaut sitzen **(66,4).** Die im oberen Teil glasharte Wand des Haares ist unter dem Köpfchen dünn. Dieses bricht daher bei Berührung leicht ab. Dabei entsteht eine schräge Spitze, die in die Haut eindringt. Der giftige Inhalt des Haares ergießt sich in die Wunde und erzeugt eine kleine, schmerzende Entzündung. Trotz dieser Einrichtung wird die Brennessel von vielen Tieren gefressen.

Blüte. Die unauffällig gefärbten Blüten sind zu hängenden *Rispen* vereinigt. Sie sind einfach gebaut und weisen außer einer vierblätterigen Blütenhülle entweder nur 1 Stempel mit pinselartiger Narbe *(Stempelblüten* oder *weibliche Blüten* – **66,2)** oder nur 4 Staubblätter *(Staubblüten* oder *männliche Blüten* – **66,3)** auf. Da die einzelnen Brennesselpflanzen nur einerlei Blüten tragen, kann man weibliche und männliche Pflanzen unterscheiden. Die Pflanze ist *zweihäusig* (männliche und weibliche Blüten „bewohnen 2 Häuser"). Die Bestäubung wird vom Wind besorgt. Bei den männlichen Blüten sind die Staubblätter in der Knospe nach innen gebogen und werden in dieser Lage von den Blütenblättern festgehalten. Wenn sich die Blüten öffnen, schnellen die Staubblätter ruckartig zurück, die Staubbeutel reißen auf und ihr Blütenstaub wird weggeschleudert. Bei schönem Wetter können wir diesen Vorgang beobachten. Wir bemerken dann Wölkchen von trockenem Blütenstaub, der vom Wind fortgetragen und von den Narben der weiblichen Blüten aufgefangen wird. Aus den Fruchtknoten entwickeln sich Nüßchen **(66,2).**

Weitere Ruderalpflanzen zeigen die Bilder **66,5–66,9.** Die gefährlichen Gifte aus Kraut und Samen von Bilsenkraut und Stechapfel dienen dem Arzt als Heilmittel. Der Gewöhnliche Beifuß wird ebenfalls als Heilmittel und gelegentlich als Küchengewürz angewandt.

66,5: *Der Gute Heinrich (Chenopodium bonus-henricus) wächst an Dunghaufen und an Mauern.* **66,6:** *Weißer Gänsefuß (Chenopodium album) und* **66,7:** *Gewöhnlicher Beifuß (Artemisia vulgaris) kommen auf Schutt vor.* **66,8:** *Bilsenkraut (Hyoscyamus niger) und* **66,9:** *Stechapfel (Datura stramonium) sind Nachtschattengewächse. Der Stechapfel besitzt weiße, langröhrige Blüten.*

67 Die Lebensdauer der Pflanzen

Über die *Lebensdauer der Blütenpflanzen* haben wir schon mehrfach etwas erfahren. Wir wollen unsere Kenntnisse ordnen und erweitern. Zuerst teilen wir die Blütenpflanzen in 2 große Gruppen ein. Die eine Gruppe umfaßt Pflanzen, die nur *einmal blühen* und dann absterben, die andere solche, die *mehrmals in ihrem Leben Blüten hervorbringen.*

Einmal blühende Pflanzen. Zu dieser Gruppe gehören die *einjährigen Pflanzen*, die ihre Entwicklung im Frühjahr beginnen und vor dem Winter abschließen, wie wir das beim Sommergetreide gesehen haben. Bei einigen Unkräutern, z. B. bei der Vogelmiere, können in dieser Zeitspanne mehrere Generationen aufeinander folgen. Den Winter überdauern diese Pflanzen im Samenzustand. In den wasserarmen Samen sind die Lebensvorgänge nahezu zum Stillstand gekommen. Sie befinden sich in einem Ruhezustand, der erst bei der Keimung aufgehoben wird. Aus diesem Grund sind Samen gegen Witterungsunbilden unempfindlich. Samen können im allgemeinen 5–10 Jahre am Leben bleiben. Kleesamen und Samen anderer Schmetterlingsblütler keimen aber noch nach 80 bis 160 Jahren. 250 Jahre alte Samen der Lotosblume waren noch voll keimfähig. Doch das sind Ausnahmen! Manche einjährigen Pflanzen keimen schon im Herbst, überwintern und bilden dann Blüten (Wintergetreide). Es sind dies *einjährig überwinternde Pflanzen* **(67,1).** 67

Zweijährige Pflanzen beginnen ihre Entwicklung im Frühjahr des 1. Jahres. Blüten und Früchte werden erst nach Überwinterung im 2. Jahr gebildet. Danach sterben diese Pflanzen ab. Zweijährig sind etwa die Wilde Möhre **(67,1)** und die Runkelrübe. Manche Pflanzen leben mehrere Jahre, um dann ihr Leben mit der Blütenbildung abzuschließen *(mehrjährige Pflanzen)*. Bei den Agaven dauert es z. B. je nach Art 10 bis 100 Jahre, bis sie Blüten hervorbringen.

Mehrmals blühende oder ausdauernde Pflanzen. Das *Ausdauern* ist bei diesen Gewächsen möglich, weil sie Knospen besitzen, die alljährlich neue Sprosse bilden. Man nennt sie daher *Erneuerungsknospen.* Zudem haben ausdauernde Pflanzen die Fähigkeit, Nahrungsstoffe zu speichern, die im Frühjahr zum Aufbau der Erneuerungstriebe gebraucht werden. Je nach Lage der Erneuerungsknospen wird diese Gruppe weiter unterteilt **(67,2).** Bei den *Luftpflanzen* sitzen die Erneuerungsknospen an oberirdischen Sprossen. Zu den Luftpflanzen gehören die Bäume und Sträucher. Nahrungsstoffe werden bei den Holzgewächsen in der ganzen Pflanze gespeichert. Besondere Speicherorgane fehlen daher.

67,1: *Lebensdauer von einjährigen, einjährig überwinternden und zweijährigen Pflanzen. Als Beispiele wurden Hederich, Winterraps und Wilde Möhre gewählt.*
67,2: *Lage der Erneuerungsknospen bei Luftpflanzen und Erdpflanzen (Knospen bei der Anemone am Wurzelstock, beim Schneeglöckchen in der Zwiebel und bei der Herbstzeitlose an der Knolle). Erneuerungsknospe rot, ausdauernde Teile schwarz.*

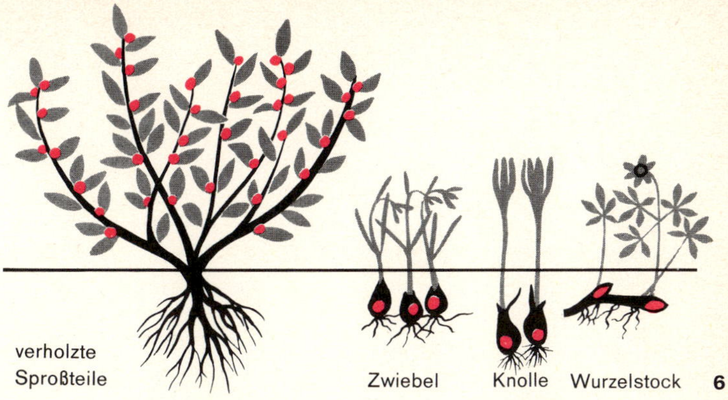

67,2

Bäume können sehr alt werden. Ihr Alter wird durch Abzählen der Jahresringe festgestellt **(67,3).** Birken erreichen ein Alter von rund 120 Jahren, Hainbuchen von 150, Buchen von 250, Nadelhölzer von 500 und Eichen und Linden von 1000 Jahren. In Kalifornien gibt es Mammutbäume, die mit Sicherheit 4000 Jahre alt sind. Wir können eine Vorstellung dieser langen Zeitspanne gewinnen, wenn wir bedenken, daß diese Bäume zur Zeit Christi schon etwa 2000 Jahre alt waren.

Die oberirdischen Sprosse vieler ausdauernder Kräuter (Stauden) sterben ganz ab. Diese Kräuter überdauern den Winter mit unterirdischen Sprossen, an denen die Erneuerungsknospen sitzen. Solche Stauden heißen *Erdpflanzen.* In besonderen Speicherorganen werden Nahrungsstoffe über den Winter aufbewahrt. Es handelt sich dabei, wie wir schon wissen, um Wurzelstöcke, Zwiebeln, Sproßknollen, Wurzelknollen und Rüben.

Zwischen den Luftpflanzen und den Erdpflanzen vermitteln Stauden, deren Erneuerungsknospen *dicht über der Erdoberfläche* liegen, wo sie vom Schnee oder von abgefallenem Laub vor dem Vertrocknen geschützt werden. Diese Knospen befinden sich entweder an oberirdischen, niederliegenden Stengeln, wie beim Thymian, oder an Erdsprossen, wie bei ausdauernden, ständig beblätterten Rosettenpflanzen (Löwenzahn, Gänseblümchen).

Merkstoff. Die Blütenpflanzen kann man in einmal und mehrmals blühende Pflanzen einteilen. Zu den einmal blühenden Pflanzen gehören die ein-, zwei- und mehrjährigen Gewächse. Holzgewächse und Stauden sind mehrmals blühende Pflanzen. Sie besitzen Erneuerungsknospen, aus denen Erneuerungssprosse hervorgehen, und speichern Nährstoffe. Nach der Lage der Erneuerungsknospen werden Erd- und Luftpflanzen unterschieden.

67,3: *Jahresringe. Wenn wir den Stammquerschnitt eines Baumes oder die Schnittfläche eines abgeschnittenen Zweiges betrachten, bemerken wir viele Ringe. Bäume wachsen nicht nur jedes Jahr in die Höhe, sondern Stamm und Zweige werden auch dicker. Jeder Ring entspricht dem Dikkenzuwachs eines Jahres. Deshalb heißt er Jahresring. Der äußerste Jahresring ist der jüngste, der innerste der älteste. Die Zahl der Jahresringe gibt bei jedem Stück des Stamms oder eines Astes an, wie alt es ist.*

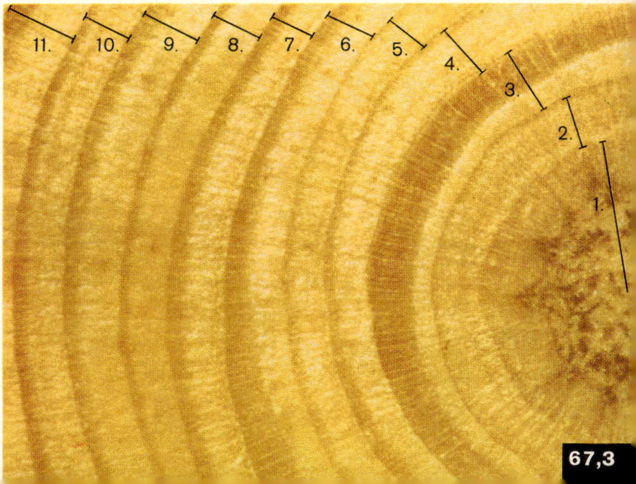

67,3

68–69 Geschützte Pflanzen

Unser Land ist dicht bevölkert, und die Bevölkerung nimmt weiter rasch zu. Alte Siedlungen dehnen sich aus, neue kommen dazu. Straßen, Brücken, elektrische Leitungen, Arbeitsstätten und andere Bauwerke entstehen neu. Infolge dieser Entwicklung, die nicht aufzuhalten ist, schrumpft die freie Landschaft immer mehr zusammen. Der Mensch braucht aber die Natur auch, um sich von der Hetze des Alltags und der Arbeit zu erholen. Dort kann er sich an Tier und Pflanze erfreuen. Deshalb suchen viele Menschen übers Wochende und im Urlaub die Natur auf. Wir reisen in den Ferien ans Meer, ins Mittelgebirge, ins Hochgebirge oder an einen See. Es muß also dafür gesorgt werden, daß dem Menschen diese Erholungsstätten mit all ihren Naturschönheiten erhalten bleiben. Dazu wurde im Jahre 1935 das *Reichsnaturschutzgesetz* und 1936 die *Naturschutzverordnung* erlassen. Ihnen folgten inzwischen weitere Gesetze und Verordnungen der Bundesländer. *Naturschutzbehörden* sorgen für deren Ausführung. Diese Behörden können abgegrenzte Gebiete, die wegen ihrer Schönheit oder wegen ihrer Pflanzen- und Tierwelt erhaltungswürdig sind, unter Schutz stellen. In solchen *Naturschutzgebieten* sind Eingriffe, die zu Veränderungen führen, verboten. Auch einzelne Bäume, Quellen, Wasserläufe und dergleichen können geschützt werden (Naturdenkmale).

Der Naturschutz ist jedoch nicht allein eine Angelegenheit der Behörden. Jeder von uns muß mithelfen, unsere Heimatnatur zu erhalten, sonst bleiben die besten Gesetze wir-

68,1–68,3: *Geschützte Waldpflanzen;* **68,1:** *Seidelbast (Daphne mezereum);* **68,2:** *Türkenbund (Lilium martagon);* **68,3:** *Gelber Fingerhut (Digitalis grandiflora).* **68,4:** *Bergwohlverleih, Arnika (Arnica montana) und* **68,5:** *Silberdistel (Carlina acaulis) wachsen im Magerrasen. Für beide Pflanzen besteht Sammelverbot.* **68,6:** *Auf sandigem Meeresstrand kommt die Stranddistel (Eryngium maritimum) vor.* **68,7–68,10:** *Geschützte Hochgebirgspflanzen;* **68,7:** *Stengelloser Enzian (Gentiana kochiana);* **68,8:** *Aurikel (Primula auricula);* **68,9:** *Edelweiß (Leontopodium alpinum);* **68,10:** *Alpenrose (Rhododendron ferrugineum). Für diese Pflanze besteht Sammelverbot.*

68,4

68,5

68,6

kungslos. Wir wollen die uns anvertraute Natur unseren Nachkommen so hinterlassen, daß sich auch noch die kommenden Geschlechter an ihren Schönheiten erfreuen können. Jeder ist dafür verantwortlich. Die Tiere und Pflanzen sind unsere Mitgeschöpfe und nicht unser Spielzeug. Niemand hat das Recht, sie mutwillig zu töten oder gar auszurotten. So verbietet die Naturschutzverordnung, *Bestände wildwachsender Pflanzen zu verwüsten.* Dazu gehören: Die übermäßige Entnahme von Blumen und Farnkräutern, das böswillige Niederschlagen von Stauden, das unbefugte Abbrennen der Pflanzendecke und dergleichen mehr. Wie oft wird gegen diese Bestimmung verstoßen! Wir wollen uns mit einem kleinen Strauß begnügen und Blumen nur dann pflücken, wenn wir sie mit nach Hause nehmen können. Zum Wegwerfen sind sie nicht gewachsen! Auch das gedankenlose Abreißen von Zweigen, das Ausreißen von Pflanzen oder das Umtreten von Pilzen wollen wir unterlassen. Teile von Bäumen oder Sträuchern abzuschneiden, ist verboten. Oft werden diese Gewächse dadurch so geschädigt, daß die mühevolle Arbeit des Försters umsonst gewesen ist. Wer verbotenerweise im Wald raucht oder Feuer anmacht, kann einen Waldbrand verursachen, der oft große Waldflächen zerstört. Unermeßliche Werte gehen dabei verloren. Es dauert Jahrzehnte, bis der Wald wieder nachgewachsen ist. Das in manchen Gegenden übliche Abbrennen von Hecken ist ein Unfug, der mit Recht verboten ist. Vielen Vögeln wird dadurch ihre Nistgelegenheit genommen, und die Zusammensetzung der Pflanzendecke wird durch das Abbrennen in ungünstiger Weise beeinflußt. Pflanzen kommen auch zu Schaden, wenn wir Wildgatter offenstehen lassen. Diese schützen näm-

68,8

68,9

68,10

Die einheimischen Orchideen sind vollkommen geschützt. 69,1: *Das Rote Waldvögelein (Cephalanthera rubra) ist eine Waldpflanze.* **69,2:** *Die Berg-Waldhyazinthe (Platanthera chlorantha) wächst in Wäldern und auf Heiden.* **69,3:** *Die Blüte der Hummelragwurz (Ophrys fuciflora) erinnert an eine Hummel.* **69,4** *und* **69,5:** *Eine sehr seltene Waldpflanze ist der Frauenschuh (Cypripedium calceolus).* **69,6:** *Langblättriges Waldvögelein (Cephalanthera longifolia).* **69,7:** *Das Breitblättrige Knabenkraut (Orchis latifolia) trifft man auf nassen Grasländern an.* **69,8:** *In lichten Trockenwäldern finden wir das Purpurkraut (Orchis purpurea). Die Orchideen bilden die Familie der Knabenkrautgewächse (Orchidaceae). Die meist in Trauben stehenden Blüten sind zweiseitig symmetrisch. Auf dem unterständigen Fruchtknoten sitzen 6 Blütenblätter in 2 Kreisen. Das ursprünglich obere Blütenblatt des inneren Kreises kommt durch Drehung des Fruchtknotens nach unten zu stehen. Es ist zu einer Lippe umgestaltet und oft nach hinten in einen Sporn verlängert. Das einzige ausgebildete Staubblatt (manchmal sind es auch zwei) ist mit Griffel und Narbe verwachsen.*

69,4

69

lich Jungpflanzen vor dem Wildverbiß. Auch Weidezäune nützen nur, wenn sie geschlossen sind. In der Feldflur wollen wir alles unterlassen, was Flurschaden anrichtet. Das sind wir dem hart arbeitenden Bauern schuldig. Manche Menschen verlassen ihren Rastplatz so, daß der Naturgenuß beträchtlich gestört ist. Papier, Schachteln, Büchsen und Flaschen verschandeln die Natur. Am besten nimmt man solche Dinge wieder mit oder vergräbt sie wenigstens. Reklame-Tafeln in der freien Natur stören und dürfen daher dort nicht angebracht werden. Das Aussäen oder Anpflanzen von standortfremden oder ausländischen Gewächsen verfälscht die Heimatnatur, so gut es manchmal gemeint ist. Man braucht dazu die Genehmigung der zuständigen Naturschutzbehörde.

Für manche Pflanzen, die wegen ihrer Schönheit und Seltenheit besonders gefährdet sind, genügt der allgemeine Schutz nicht. So sind eine Reihe von Pflanzen *ganz oder teilweise geschützt.* Wir wollen alles unterlassen, was sie schädigen könnte, und uns streng an die Bestimmungen halten. Eine Auswahl dieser schönen Pflanzen zeigen die Bilder **68,1–68,10** und **69,1–69,8** auf S. 68–69.

69,1

69,2

69,3

Vollkommen geschützte Pflanzenarten. *Es ist verboten, wildwachsende Pflanzen der folgenden Arten zu beschädigen oder von ihrem Standort zu entfernen: Straußfarn (Matteuccia struthiopteris); Königsfarn (Osmunda regalis); Federgras (Stipa joannis); Hirschzunge (Phyllitis scolopendrium); Lilien (Lilium) alle einheimischen Arten; Schachblume (Fritillaria meleagris); Schwertel, Siegwurz (Gladiolus) alle einheimischen Arten; Orchideen, Knabenkräuter (Orchidaceae); Pfingstnelke (Dianthus gratianopolitanus); Berghähnlein (Anemone narcissiflora); Alpenanemone (A. alpina); Großes Windröschen (A. silvestris); Akelei (Aquilegia); Küchenschelle (Pulsatilla); Frühlingsadonisröschen (Adonis vernalis); Weiße und Gelbe Seerosen (Nymphaea und Nuphar); Diptam (Dictamnus albus); Seidelbast (Daphne); Stranddistel (Eryngium maritimum); Alpenmannstreu (Eryngium alpinum); Alpenveilchen (Cyclamen purpurascens); Aurikel (Primula auricula); alle rotblühenden Arten der Gattung Schlüsselblume (Primula); Gelber Fingerhut (Digitalis grandiflora und lutea); die Enzianarten (Gentiana); Edelweiß (Leontopodium alpinum); Edelraute (Artemisia), alle Hochgebirgsarten.*

Teilweise geschützte Pflanzenarten. *Es ist verboten, die unterirdischen Teile (Wurzelstöcke, Zwiebeln) oder die Rosetten wildwachsender Pflanzen der folgenden Arten zu beschädigen oder von ihrem Standort zu entfernen: Maiglöckchen (Convallaria majalis); Meerzwiebel (Scilla), alle einheimischen Arten; Wilde Hyazinthe (Muscari); alle einheimischen Arten; Gemeines Schneeglöckchen (Galanthus nivalis); Großes Schneeglöck-*
69 *chen (Leucojum vernum); Christrose (Helleborus niger); Grüne Nieswurz (Helleborus viridis); alle rosetten- und polsterbildenden Arten der Gattungen Leimkraut (Silene), Hauswurz (Sempervivum), Steinbrech (Saxifraga), Mannsschild (Androsace); alle Arten der Schlüsselblumen, soweit sie nicht vollkommen geschützt sind.*

69,6

69,7

69,8

auß/ vermehret den natürlichen Samen. Desselbigen aber viel gessen / beschädiget die Vernunfft / derhalben sol man sein nit viel noch stäts gebrauchen. Deß Corianders frischer Safft mit Cerusa oder Bleyweiß/ Silberglet/ Essig vnnd Rosen öl wol vermischt/ heylet die brennende hitzige geschwulst der eusserste haut/ dieselbige damit bestrichen.

Groß Habich kraut.

Groß Habich kraut / Hieratium maius, Lactuca erratica maior. Cap. lxix.

Beschreibung.

GRoß Habich kraut/ Griechisch Hieraticon maius, zu Latein/ Lactuca eratica maius, hat einen dornechten / rauhen / rohtlechten / holen Stengel / seine Blätter sind nach etlicher weite / rings vmb ein wenig zerkerbt/ wie der Hasen Köl/ vnd hat geele Blumen auß langechtem köpfflin wachsend.

Krafft vnnd Vermögen.

Das Habich kraut hat ein Krafft damit es kület vnd sänfftiglich zusammen zeucht / wirdt derohalben wider die hitze deß Magens / vnnd andere hitzige Geschwulst vbergelegt. Sein Safft getruncken / sänfftiget das beissen vnnd nagen deß Magens. Das kraut sampt seinen Wurtzeln vbergelegt / heylet der Scorpionen Stich.

Klein Habich kraut.

Klein Habich kraut/ Hieratium minus, Lactuca erratica minor. Cap. lxx.

Beschreibung.

DAs kleine Habich kraut / Griechisch Hieratium minus, zu Latein Lactuca erratica minor / hat blätter nach etlicher weite / rings vmb zerkerbt/ grüne/ zarte Stengel/ vnd auff denselbigen Circkel ronde/ dotter geele Blumen. Das kleine Habich kraut hat dieselbige Tugent vnnd Krafft wie bey den grossen ist vermeldt.

70–72 Das System der Pflanzen

Unsere Kenntnisse über die Pflanzen beruhen auf der Arbeit vieler Forscher vergangener Jahrhunderte. Auch in Zukunft wird die Forschung laufend neue Tatsachen auffinden und neue Erkenntnisse gewinnen. Wir wollen hier die geschichtliche Entwicklung verfolgen, die zum heutigen Pflanzensystem führte.

Aus der Geschichte der Botanik. Eine wissenschaftliche Bearbeitung der Pflanzen wurde erstmals von dem griechischen Philosophen *Aristoteles* (gest. 322 v. Chr.) und vor allem von seinem Schüler *Theophrastos* („Vater der Botanik") durchgeführt. Die Bezeichnung Botanik für die Wissenschaft von den Pflanzen ist griechischen Ursprungs (botane = Pflanze). Zahlreiche Wissenschaftler befaßten sich im Altertum mit der Natur. So konnte der römische Admiral *Plinius* (gest. 79 n. Chr. beim Vesuvausbruch), gestützt auf über 2000 Arbeiten von rund 100 Verfassern, eine Naturgeschichte schreiben, die 37 Bücher umfaßte. Darin war auch die Botanik berücksichtigt. Sein Zeitgenosse, der griechische Arzt *Dioskorides*, beschrieb in seinem medizinischen Werk immerhin etwa 800 Heilpflanzen (vgl. Legende zu nebenstehendem Bild). In den Klöstern des Mittelalters schrieben die Mönche die Werke der Alten fleißig ab und erhielten sie dadurch der Nachwelt. Nach der Erfindung des Buchdrucks erschienen zu Beginn der Neuzeit eine Anzahl Kräuterbücher, so die von *Brunfels*, *Fuchs*, *Bock* u. a. In diesen Büchern wurden hauptsächlich Heilpflanzen beschrieben und mit Holzschnitten abgebildet (S. 70). Ein Fort-
70 schritt war, daß die Verfasser der Kräuterbücher ihre Kenntnisse durch Betrachten der Pflanzen selbst gewannen, was früher nicht üblich war. Allmählich wurden immer mehr Pflanzen bekannt und auch beschrieben. Während das Buch von *Fuchs* (1542) 500 Pflanzen enthielt, waren es bei *Caspar Bauhin* (1623) bereits 6000. Wenn man bei der wachsenden Zahl der bekannten Pflanzen die Übersicht nicht verlieren wollte, mußte man sie in einem **System** anordnen. Dies versuchte schon der Italiener *Caesalpino* (1519–1603). Weitere Forscher folgten. Aber erst dem großen schwedischen Botaniker *Carl v. Linné* gelang es unter Benützung der Arbeiten seiner Vorgänger, ein brauchbares System der Pflanzen zustande zu bringen (1735). Er trennte die blütenlosen Pflanzen von den Blütenpflanzen ab und teilte diese nach der Zahl der Staubblätter und anderer Blütenteile weiter unter. So faßte er etwa alle Pflanzen mit 3 Staubblättern zu einer Klasse zusammen. In dieser Klasse sind nun Pflanzen vereinigt, die nicht näher miteinander verwandt sind, wie z. B. der Baldrian, die Spurre (Nelkengewächs) und die Gräser. Dies gilt auch für seine anderen Klassen. Da dem Linnéschen System nicht die Verwandtschaft der Pflanzen zugrunde liegt, ist es ein *künstliches System*. Wegen seiner Übersichtlichkeit wurde es bis zum Beginn unseres Jahrhunderts benützt, namentlich in Pflanzenbestimmungsbüchern. Die Benennung der Pflanzen mit 2 lateinischen Namen, dem Gattungs- und dem Artnamen, geht auf *Linné* zurück. Schon *Linné* bemühte sich um ein System, in dem die Pflanzen nach ihrer *natürlichen Verwandtschaft* geordnet sind. Jedoch erst späteren Forschern gelang es in mühevoller Arbeit, das *natürliche System* zu errichten. Das System in seiner heutigen Form geht auf *Alexander Braun* zurück (1864). Die Botaniker *Eichler*, *Engler* und *v. Wettstein* haben es weiter ausgebaut.

◀ *Seite aus einem Kräuterbuch des Pedanios Dioskorides (1. Jahrh. n. Chr., vgl. Text), übersetzt von dem Frankfurter Arzt Johann Dantz (gest. 1547) und gedruckt 1610 in Frankfurt.*

Blütenpflanzen oder **Samenpflanzen**

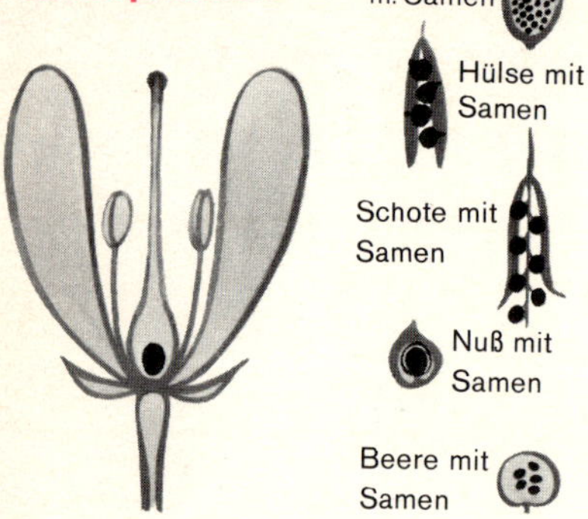

Bedecktsamer

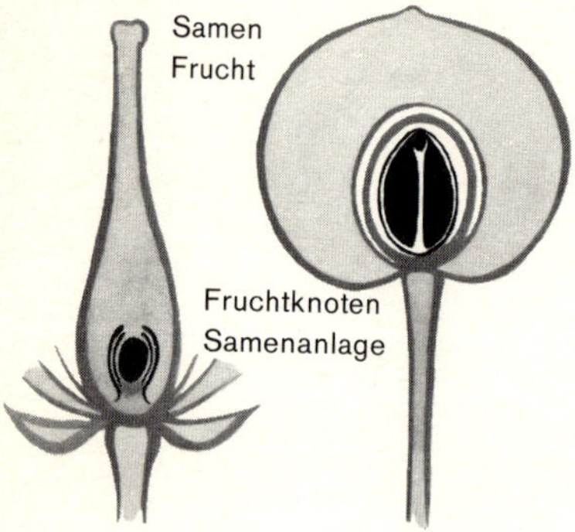

Einkeimblättler

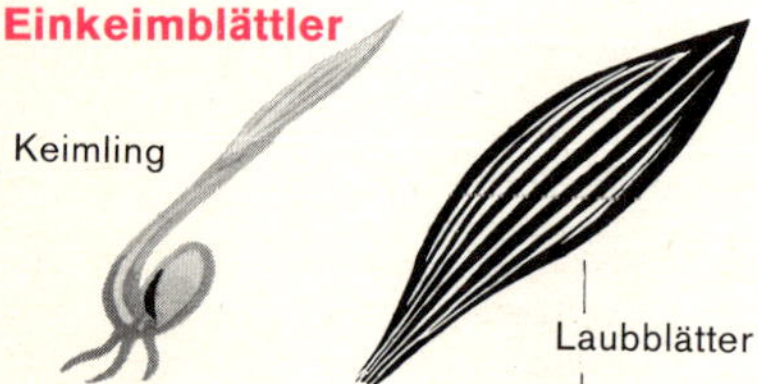

Zweikeimblättler

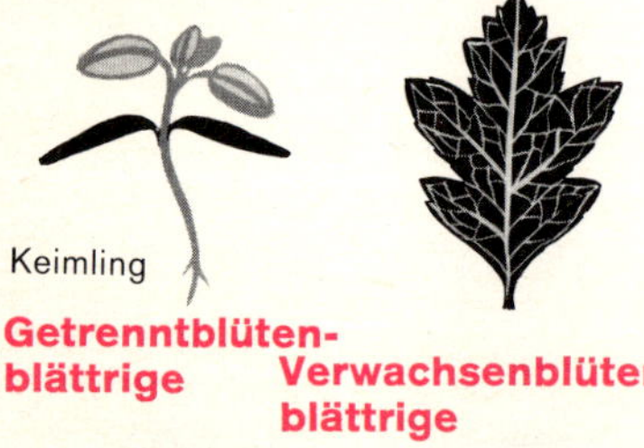

Getrenntblüten-blättrige **Verwachsenblüten-blättrige**

Mit einfacher Blütenhülle

Die **Blüten- oder Samenpflanzen** bilden *Blüten* und *Samen* aus. Die *Blüten* sind Abschnitte des Sprosses mit umgebildeten Blättern. Staubblätter und Fruchtblätter sind für die Fortpflanzung unentbehrlich, während die Blütenhülle fehlen kann. In den Staubbeuteln der Staubblätter wird der Blütenstaub erzeugt. Die Fruchtblätter tragen die *Samenanlagen*, aus denen sich nach der Bestäubung die *Samen* entwickeln. Samen sind von der Samenschale umschlossen. Sie enthalten eine noch unentwickelte, kleine Pflanze, den Keimling, und meist auch Nährstoffe.

Bei den **Bedecktsamigen Pflanzen** sind die *Samenanlagen in ein Gehäuse eingeschlossen*, welches von den Fruchtblättern gebildet wird. Dieses Gehäuse heißt *Fruchtknoten*. Zur Aufnahme des Blütenstaubs besitzt dieser eine Narbe. Der Fruchtknoten entwickelt sich zur *Frucht*. Diese umschließt die aus den Samenanlagen entstandenen Samen. Die Samen werden entweder aus der Frucht entlassen oder mit ihr zusammen verbreitet. Zu den *Bedecktsamern* gehören Holzgewächse und Kräuter. Es gibt auch Blütenpflanzen, bei denen die *Samenanlagen und Samen offen auf den Fruchtblättern* sitzen. Man nennt sie deshalb **Nacktsamer.** Nacktsamer sind immer Holzgewächse, wie z. B. unsere Nadelhölzer.

Bei den **Zweikeimblättrigen Pflanzen** weist der Keimling *2 Keimblätter* auf (s. Keimpflanze der Bohne, S. 14). Die Blätter der *Zweikeimblättrigen Pflanzen* sind einfach oder zusammengesetzt. Außerdem sind sie meist gestielt und netznervig. Die Keimwurzel entwickelt sich zur Hauptwurzel. Die Keimlinge der **Einkeimblättrigen Pflanzen** besitzen nur *1 Keimblatt*. Dieses ist vielfach zu einem Saugorgan umgewandelt (s. Getreidekorn, S. 55). Die Blätter der *Einkeimblättrigen Pflanzen* sind oft sitzend. Manche haben eine Blattscheide. Sie sind meist schmal oder eiförmig, ganzrandig und parallelnervig. An die Stelle der kurzlebigen Hauptwurzel treten sproßbürtige Wurzeln.

Die **Getrenntblütenblättrigen Pflanzen** haben eine in Kelch und Blumenkrone gegliederte doppelte Blütenhülle. Kelch- bzw. Blütenblätter sind nicht miteinander verwachsen. Bei den **Pflanzen mit einfacher Blütenhülle** besteht diese aus unscheinbaren Blütenblättern oder fehlt auch ganz. Die **Verwachsenblütenblättrigen Pflanzen** weisen eine doppelte Blütenhülle auf. Die Kelch- bzw. Blütenblätter sind miteinander verwachsen.

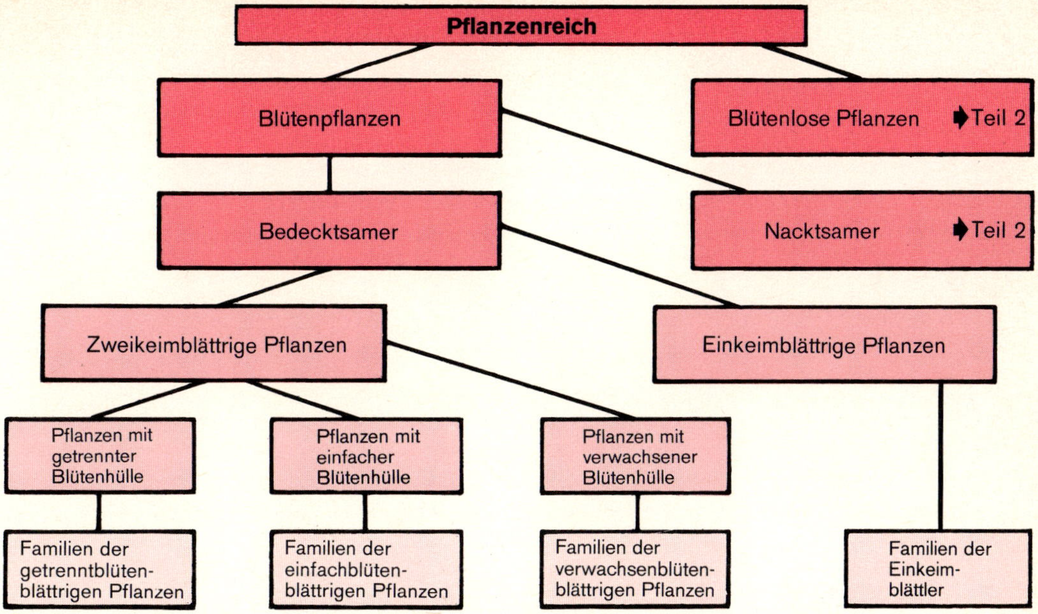

71 *Übersicht über das System der Blütenpflanzen. Einheiten gleichen Ranges sind durch gleichen Farbton gekennzeichnet. Je höher die Begriffe in der Tabelle stehen, desto mehr Pflanzen schließen sie ein. Unter den Begriff Pflanzenreich an der Spitze fallen alle Pflanzen.*

Übersicht über die Einteilung des Pflanzenreiches

Wir kennen schon die Verwandtschaftsverhältnisse der Pflanzen innerhalb der Pflanzenfamilie (S. 24). Verwandte **Pflanzenarten** werden zu **Gattungen** und diese zu **Familien** zusammengefaßt. Nun gibt es aber auch Familien, die gemeinsame Merkmale aufweisen. Diese Familien sind miteinander verwandt. Verwandte Familien bilden **Ordnungen,** die wir hier nicht weiter berücksichtigen wollen. Alle Familien, deren Angehörige 2 Keimblätter aufweisen, gehören zur **Klasse** der *Zweikeimblättrigen Pflanzen.* Dagegen werden in die *Klasse der Einkeimblättrigen Pflanzen* solche Familien eingereiht, deren Pflanzen nur 1 Keimblatt besitzen. Die Klasse der Zweikeimblättrigen Pflanzen unterteilt man in *3 Unterklassen.* Diese umfassen die *Getrenntblütenblättrigen Pflanzen,* die Pflanzen *mit einfacher Blütenhülle* und die *Verwachsenblütenblättrigen Pflanzen.* Beispiele dafür sind auf S. 72 zu finden. Einkeimblättrige und Zweikeimblättrige Pflanzen besitzen Samenanlagen, die in einen Fruchtknoten eingeschlossen sind. Sie bilden zusammen die **Unterabteilung** der *Bedecktsamigen Pflanzen.* Die *Nacktsamigen Pflanzen* weisen zwar keinen Fruchtknoten, aber ebenfalls Blüten auf. Nacktsamer und Bedecktsamer sind *Blütenpflanzen.* Durch den Besitz von Blüten ist die **Abteilung** *der Blütenpflanzen* vor den *Blütenlosen Pflanzen* ausgezeichnet. Blütenpflanzen und Blütenlose Pflanzen bilden zusammen das **Pflanzenreich.** Wir wollen das oben abgebildete vereinfachte Schema in Gedanken erweitern, indem wir die einzelnen Ordnungen mit ihren Familien, Gattungen und Arten eintragen. Nacktsamer und Blütenlose Pflanzen unterteilen wir in gleicher Weise. Wir bekommen so eine vollständige Gliederung des gesamten Pflanzenreichs, die man das **System der Pflanzen** nennt.

Systematische Einordnung der im 1. Teil erwähnten und behandelten Pflanzen

I. Klasse: Zweikeimblättrige Pflanzen
(Dicotyledoneae)

Unterklasse Getrenntblütenblättrige Pflanzen (Dialypetalae)

Familie der Hahnenfußgewächse (Ranunculaceae)	Doppel-Seite
Scharfer Hahnenfuß	3
Scharbockskraut, Sumpfdotterblume	21
Trollblume	25
Stinkende Nieswurz, Akelei	25
Ackerrittersporn, Blauer Eisenhut	25
Buschwindröschen	21
Leberblümchen	23
Küchenschelle, Waldrebe	25
Pfingstrose	25

Familie der Osterluzeigewächse (Aristolochiaceae)	
Haselwurz	33

Familie der Steinbrechgewächse (Saxifragaceae)	
Rote Johannisbeere	29
Schwarze Johannisbeere	29
Stachelbeere	29

Familie der Rosengewächse (Rosaceae)	
Heckenrose	5
Kulturrosen	6
Erdbeere	6
Birnbaum, Apfelbaum	28
Kirschbaum, Pflaume	28
Aprikose, Pfirsich	28
Mirabelle, Reineclaude	28
Himbeere, Brombeere	29
Bachnelkenwurz, Odermennig	30
Großer Wiesenknopf	30

Familie der Schmetterlingsblütler (Papilionaceae)	
Feuerbohne, Gartenbohne	13
Saaterbse	12

Unterklasse Pflanzen mit einfacher Blütenhülle (Monochlamydeae)

Familie der Walnußbäume (Juglandaceae)	Doppel-Seite
Walnußbaum	29

Familie der Brennesselgewächse (Urticaceae)	
Große Brennessel	66

Familie der Wolfsmilchgewächse (Euphorbiaceae)	
Zypressenwolfsmilch	65

Familie der Knöterichgewächse (Polygonaceae)	
Vogelknöterich	65

Familie der Nelkengewächse (Caryophyllaceae)	
Karthäusernelke	33
Rote Lichtnelke	33
Kuckucksnelke	48
Kornrade	58
Vogelmiere	58

Familie der Meldengewächse (Chenopodiaceae)	
Weißer Gänsefuß	66
Guter Heinrich	66
Runkelrübe	61
Zuckerrübe	61

Unterklasse Verwachsenblütenblättrige Pflanzen (Sympetalae)

Familie der Heidekrautgewächse (Ericaceae)	Doppel-Seite
Alpenrose	68

Familie der Primelgewächse (Primulaceae)	
Hohe Schlüsselblume	22
Echte Schlüsselblume	22
Aurikel	68
Ackergauchheil	58

Familie der Enziangewächse (Gentianaceae)	
Frühlingsenzian	33
Stengelloser Enzian	68

Familie der Windengewächse (Convolvulaceae)	
Ackerwinde, Zaunwinde	16
Kleeseide	51

Familie der Rauhblattgewächse (Boraginaceae)	
Lungenkraut	23
Natternkopf	65

Familie der Lippenblütler (Labiatae)	
Kriechender Günsel	44
Gundermann, Kleine Brunelle	44
Ackerhohlzahn	58
Weiße Taubnessel, Gefleckte Taubnessel	9
Wiesensalbei	31
Thymian, Echte Pfefferminze	44

Familie der Eisenkrautgewächse (Verbenaceae)	
Eisenkraut	65

Familie der Nachtschattengewächse (Solanaceae)	
Kartoffel	17
Tomate, Bittersüßer Nachtschatten	18

II. Klasse: Einkeimblättrige Pflanzen
(Monocotyledoneae)

Familie der Liliengewächse (Liliaceae)	Doppel-Seite
Herbstzeitlose	50
Schnittlauch	26
Lauch	26
Sommerzwiebel	26
Weiße Lilie	26
Türkenbund	68
Gartentulpe	1
Wildtulpe	1
Sternhyazinthe	26
Traubenhyazinthe	26
Hyazinthe	26
Spargel	26

Familie der Narzissengewächse (Amaryllidaceae)	
Schneeglöckchen	27
Frühlingsknotenblume	27
Weiße Narzisse	27
Gelbe Narzisse	27

Familie der Schwertliliengewächse (Iridaceae)	
Schwertlilie	27
Gladiole	27
Krokus	27

Familie der Riedgräser (Sauergräser – Cyperaceae)	
Segge	48

Familie der Gräser (Süßgräser – Gramineae)	
Englisches Raygras	47
Quecke	47
Weizen	53
Roggen	53

Im 1. Teil eingehender besprochene Familien sind durch kräftigen Farbton gekennzeichnet.

73 Der Wald

Mitteleuropa ist von Natur aus ein Waldland. Ohne menschliche Einwirkung würde der Wald fast die ganze Bodenfläche bedecken. Waldfrei wären nur die Marschen, die vom Wind bewegten Dünen, manche Moore und die Hochgebirge über der Waldgrenze. Aber der Wald wurde zum größten Teil gerodet, und auf dem ehemaligen Waldboden legte der Mensch Äcker, Wiesen und Gärten an, sowie seine Siedlungen und Verkehrswege. Meist blieb der Wald nur dort erhalten, wo Ackerbau nicht möglich ist. So bedeckt er die Hänge der Gebirge und Täler oder steht auf magerem Boden. In der Bundesrepublik Deutschland ist über $^1/_4$ der Bodenfläche von Wald bestanden. Aber dieser Wald ist kein ursprünglicher Wald mehr. Der Mensch hat auch hier eingegriffen und das natürliche Waldbild verändert.

Forstämter, Naturschutzbehörden und andere verantwortliche Stellen versuchen, den Waldbestand möglichst zu erhalten, denn der Wald ist für uns in mancher Hinsicht von großer Bedeutung. So reguliert er als Wasserspeicher den Wasserhaushalt in der Natur und sorgt für eine gleichmäßige Wasserspeisung von Bächen und Flüssen. Auch das örtliche Klima

73,1

73 wird von ihm in günstiger Weise beeinflußt. An den Hängen hält er den Boden fest und schützt ihn vor Abtragung. Damit wird auch verhindert, daß die fruchtbaren, tiefer liegenden Böden von Schutt überdeckt werden. Wirtschaftliche Bedeutung hat der Wald vor allen Dingen als Holzlieferant. Zwar ist die Nachfrage nach Brennholz in neuester Zeit stark zurückgegangen, aber immer noch ist Holz ein wichtiger Baustoff. Unsere Möbel sind größtenteils aus Holz verfertigt. Aus Holz bestehen Masten, Eisenbahnschwellen, Boote und manche Sportgeräte. Holz wird außerdem zu Papier, Zellwolle und Holzkohle verarbeitet. Schließlich ist der Wald mit seinen Tieren ein beliebtes Erholungsgebiet für die Stadtbewohner, die sich in seiner reinen Luft von der Unrast und Hetze des Alltags erholen.

Je nachdem, welche Bäume vorherrschen, zeigt der Wald ein verschiedenes Gesicht. Der freundliche Laubwald mit seiner Blütenpracht der Frühblüher unterscheidet sich wesentlich vom düsteren Fichtenwald mit seinen Farnen und Moosteppichen. Ganz bestimmte Bäume und Sträucher wiederum säumen die Ufer der Wasserläufe. Wir wollen den Wald kennenlernen. Zunächst werden wir uns Bäumen, Sträuchern, Waldkräutern, Farnen und Moosen zuwenden, um etwas über ihre Lebensweise zu erfahren.

74 **Die Hasel** (Corylus avellana)

Im Winter finden wir im Wald einen Strauch mit brauner Rinde, an dessen Zweigen kleine starre Walzen nach allen Richtungen abstehen. Es handelt sich um einen Haselstrauch mit im Herbst angelegten, überwinternden Kätzchen **(74,2)**. Wir besuchen die Pflanze an einem warmen Februar- oder Märztag wieder. Die Kätzchen haben sich in die Länge gestreckt, hängen nach unten und pendeln im Wind hin und her, der ganze Wolken gelben Blütenstaubs mit sich fortführt **(74,1)**. Zahlreiche Bienen haben sich eingestellt, die eifrig Blütenstaub sammeln. Betrachten wir die Kätzchen etwas näher!

Blüten. An einem das Kätzchen der Länge nach durchziehenden Stengel, der Achse, sitzen zahlreiche schuppenförmige Blättchen **(74,3)**. Unter je 3 Schuppenblättchen bemerken wir 8 Staubblätter **(74,4** bis **74,6)**. Diese stellen eine Blüte dar. Die Blütenhülle fehlt. Fruchtknoten suchen wir in diesen Blüten vergeblich; es sind *Staubblüten* oder *männliche Blüten*. Das Kätzchen der Hasel ist ein Blütenstand, der nur männliche Blüten enthält. Wo sind aber die Stempel? Nach einigem Suchen bemerkt man Knospen, aus denen ein Büschel roter Fäden herausragt **(74,7)**. Wir öffnen eine solche Knospe. Sie enthält neben noch unentwickelten Laubblättern Schuppenblätter, an deren Grund je zwei Stempel stehen **(74,8** u. **74,9)**. Es sind *Stempelblüten* oder *weibliche Blüten*. Der noch kleine und unentwickelte Fruchtknoten trägt je zwei rote, fadenförmige, klebrige Narben. Die Narben der 6 bis 10 in einer Knospe vereinigten Blüten bilden das erwähnte Büschel. Auch den weiblichen Blüten fehlt eine Blütenhülle, doch sind sie von kleinen behaarten Blättchen umgeben. Da sich männliche und weibliche Blüten auf demselben Strauch finden, ist unsere Pflanze *einhäusig*. Die weiblichen Blüten bieten den Bienen keine Nahrung und werden von ihnen auch nicht besucht und bestäubt. Die Bestäubung wird vielmehr vom Wind besorgt. Wenn sich bei Windstille die Staubbeutel öffnen, fällt der glatte, leichte und nicht klebrige

74

74,1: *Blühende Hasel.* **74,2:** *Kätzchen mit Staubblüten vor der Blüte und* **74,3** *während der Blüte.* **74,4:** *Teil eines Kätzchens.* **74,5:** *Männliche Blüte, Schema und* **74,6** *Foto.* **74,7:** *Der weibliche Blütenstand ist in einer Knospe eingeschlossen.* **74,8:** *Zwei weibliche Blüten mit Fruchtknoten und je 2 Narben.* **74,9:** *Weibliche Blüte, Schema.* **74,10:** *Eiförmiges, fiedernerviges Blatt und Fruchtstand.* **74,11:** *Schnitt durch die Frucht. Die harte Fruchtschale umschließt nur einen Samen.*

74,3

74,4

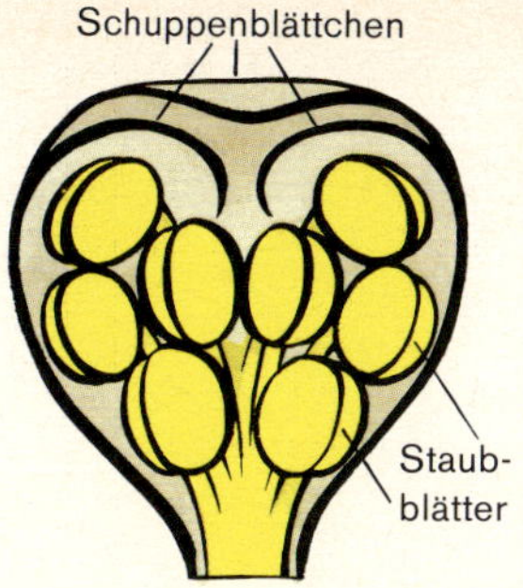

74,5

74,6

Blütenstaub auf unter der Blüte stehende Schuppenblättchen, wo er zunächst liegen bleibt. Schon jeder leise Lufthauch kann den Blütenstaub verfrachten. Dabei bleibt hin und wieder ein Blütenstaubkorn an der Narbe einer weiblichen Blüte hängen. Da die Bestäubung in hohem Maße vom Zufall abhängt, kann sie nur durch die Erzeugung großer Pollenmengen gesichert werden. So bringen die rund 200 männlichen Blüten eines Kätzchens etwa 2 Millionen Pollenkörner hervor. Das Fehlen von Laubblättern zur Blütezeit ist für die Bestäubung durch den Wind günstig.

Blatt. Die behaarten Laubblätter sind rundlich eiförmig. Am Ansatz des Blattstiels sind sie herzförmig eingeschnitten **(74,10)**. Der Blattrand besitzt große Zähne, die ihrerseits kleinere Zähne tragen (doppelt gesägtes Blatt).

Frucht. Im Herbst reifen die bekannten Haselnüsse **(74,10)**. Sie haben sich aus den Fruchtknoten entwickelt. Die Fruchtwand ist hart und holzig. Wenn wir eine Frucht aufknacken, sehen wir in ihrem Inneren den von einer dünnen, braunen Schale umhüllten Samen **(74,11)**. Die Frucht der Hasel ist eine *einsamige Schließfrucht,* eine *Nuß.* Die Früchte sitzen in einer zerschlitzten grünen Hülle, die sich aus den die weiblichen Blüten umschließenden Blättchen gebildet hat. Eichhörnchen, Eichelhäher, Spechte und andere Tiere verzehren die Nüsse. Die Tiere verschleppen oder verstecken auch Früchte. Vielfach vergessen sie die Verstecke oder verlieren einzelne Nüsse. So tragen sie unfreiwillig zur Verbreitung der Hasel bei. Vom Menschen werden die Samen gegessen. Man verwendet sie auch beim Kuchenbacken und bei der Weihnachtsbäckerei.

Merkstoff. Der Haselstrauch blüht schon im Vorfrühling. Der Blütenstand der männlichen Blüten ist ein Kätzchen. Die weiblichen Blüten sitzen in Knospen. Sie werden vom Wind bestäubt. Die Pflanze ist einhäusig, da beiderlei Blüten auf einem Strauch zu finden sind. Die Frucht ist eine Nuß, die von Tieren verbreitet wird.

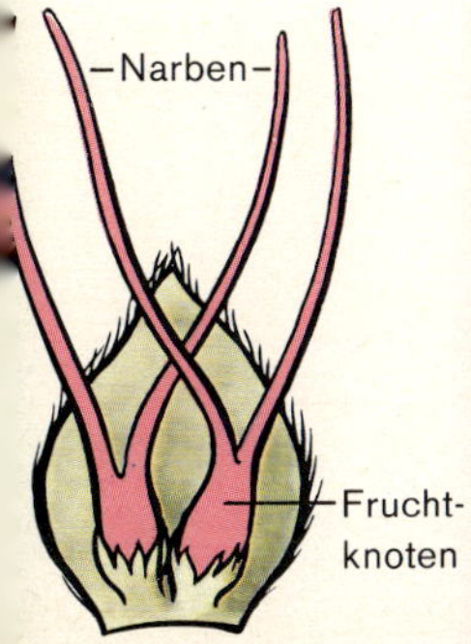

74,9

74,10

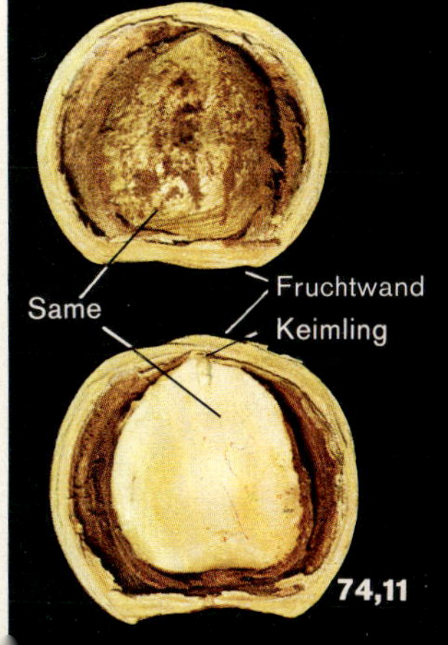

74,11

75,1: *Buchenwald im Frühling.* **75,2:** *Freistehende Rotbuche in der Herbstfärbung. Der allseitig belichtete Baum hat eine weit herunterreichende Krone entwickelt. Vergleiche die freistehende Rotbuche mit im Bestand gewachsenen Rotbuchen!*

75 Die Rotbuche (Fagus silvatica)

Die Rotbuche ist der Hauptbaum im Buchenwald. Gleich Säulen streben die silbergrauen, dichte Kronen tragenden Stämme in die Höhe. So gleicht der belaubte Buchenwald einer riesigen Halle, durch deren grünes Dach nur wenig Licht zum Boden gelangt.

Blatt. Die eiförmigen, fiedernervigen, glattrandigen Laubblätter der Rotbuche sind gestielt **(75,6)**. Im Frühjahr trägt der Blattrand der jungen Blätter feine weiße Härchen. Betrachten wir die Baumkrone genauer, dann zeigt sich, daß Blätter nur an den äußersten Zweigenden sitzen. Nur diesjährige Triebe tragen Laub. Warum ist aber dann die Krone so dicht? Die langen Äste tragen kurze Seitenäste, die alljährlich belaubte Triebe hervorbringen. Daher sind die Blätter nicht auf den Randbereich der Krone beschränkt, sondern finden sich auch im Kroneninneren. Die kurzen Seitenzweige können ein beträchtliches Alter aufweisen. Da aber bei ihnen der Jahreszuwachs gering ist (oft nur einige mm), verlängern

75,3: *Männliche und weibliche Blütenstände der Rotbuche. Die kugeligen Staubblütenkätzchen hängen an einem langen, weichen, behaarten Stiel; die weiblichen Blütenstände befinden sich am Ende eines starren Stengels.* **75,4:** *Zwei dreikantige Bucheckern im Fruchtbecher.*

sie sich wenig. Die Jahrestriebe werden von den ringförmigen Narben der Knospenschuppen begrenzt und sind daher leicht zu erkennen.

Baumgestalt und Licht. Freistehende Rotbuchen weisen eine andere Gestalt auf als im Waldesinneren aufgewachsene Bäume **(75,1** und **75,2)**. Der freistehende Baum ist auch unten beastet, während der Baum im Wald weit hinauf astlos ist. Wie kommt es dazu? Bäume am Waldesrand gleichen auf ihrer Außenseite freistehenden Bäumen, auf ihrer Innenseite tragen sie jedoch erst in größerer Höhe Äste. Die Außenseite kommt in den vollen Genuß des Sonnenlichts, die Innenseite nicht. Offenbar übt das Licht einen großen Einfluß auf die Ausbildung der Baumgestalt aus. Im Waldesinnern bekommen nur die oberen Äste genügend Licht, während die unteren unter Lichtmangel leiden. Diese gehen daher zugrunde und fallen ab. Der Förster nennt das Selbstreinigung der Bäume.

Blüte und Frucht. Im Frühjahr erscheinen mit den Blättern die Blüten. An einem langen, behaarten Stiel hängen kugelige Kätzchen **(75,3)**. Ihre Einzelblüten weisen neben einer vier- bis siebenzipfeligen Hülle nur Staubblätter auf. Es sind *Staubblüten* oder *männliche Blüten*. Am Ende eines kurzen Stengels sitzen zu je 2 die *weiblichen Blüten* **(75,3)**. Sie bestehen aus einem dreikantigen Fruchtknoten mit 3 Narben und einer stark zurückgebildeten Blütenhülle. Die 2 weiblichen Blüten sind von einer gemeinsamen vierteiligen Hülle umgeben (diese wird später zum Fruchtbecher). Beiderlei Blüten finden sich auf dem gleichen Baum. Die Rotbuche ist *einhäusig*. Die unscheinbaren Blüten werden vom Wind bestäubt. Die Früchte, die bekannten Bucheckern, sind dreikantige *Nüsse,* die in einem stacheligen *Fruchtbecher* sitzen **(75,4)**. Dieser springt im Herbst mit 4 Klappen auf; die Früchte fallen heraus und werden von Tieren verschleppt. Die Samen enthalten Öl, das als Speiseöl verwendet werden kann. Aus den Bucheckern gehen im nächsten Frühjahr Keimpflänzchen hervor, die an den beiden dicken, fleischigen Keimblättern zu erkennen sind **(75,5)**. Die Keimblätter enthalten Stärke und Öl als Nahrung für die junge Pflanze. Nur alle 5–10 Jahre bildet die Buche zahlreiche Früchte aus (Mastjahr).

Holz. Buchenholz wird zur Herstellung von Möbeln, Werkzeugen, Sperrholz u. a. benützt. Seiner Verwendung als Brennholz kommt keine große Bedeutung mehr zu.

Merkstoff. Die Rotbuche besitzt männliche und weibliche Blüten. Diese werden vom Wind bestäubt. Der Baum ist einhäusig. Die Früchte sind Nüsse, von denen je 2 in einem stacheligen Fruchtbecher sitzen. Rotbuchenholz wird als Brenn- und Nutzholz verwendet.

75,5: *Keimpflanze der Rotbuche. Solche Pflänzchen finden wir im Frühsommer im Buchenwald. Kennzeichen sind die 2 nierenförmigen, dickfleischigen Keimblätter.* **75,6:** *Buchenzweig. Beschreibe die Blattform und Blattanordnung, und betrachte die verschiedene Länge der Zweige!*

75,5

75,6

76 Die Stieleiche (Quercus robur)

Baumgestalt. Staunend stehen wir zuweilen vor den mächtigen Gestalten alter Eichen, die oft schon Hunderte von Jahren Wind und Wetter getrotzt haben **(76,1)**. Ein hoher, kräftiger Stamm trägt knorrige, winkelig geknickte Äste. Vielfach dient ein solcher Baum als Sinnbild der Kraft. In der Jugend ist die Eiche jedoch sehr empfindlich. Sie braucht nämlich viel Licht und kann, im Gegensatz zur Rotbuche, Beschattung nicht ertragen. Die Eiche ist eine *Lichtholzart,* die Buche eine *Schattenholzart.* Aus diesem Grund ist auch die Krone der Eiche licht, da Zweige, die zu wenig Licht bekommen, zugrunde gehen. Der Stamm ist von einer dunklen, rissigen *Borke* umgeben. Diese besteht aus abgestorbenen Rindenteilen, die den Stamm vor Wasserverlust und raschem Temperaturwechsel schützen. Da die tote Borke nicht mehr wachsen kann, zerreißt sie beim *Dickenwachstum* des Stamms. Bei der Eiche besteht die Borke aus einzelnen Schuppen, und sie wird daher Schuppenborke genannt.

Blatt. Das Eichenblatt ist allgemein bekannt, schmückt doch ein Kranz aus Eichenblättern den Sieger im sportlichen Wettkampf. Kennzeichnend für das Eichenblatt ist der Blattrand mit seinen rundlichen Einbuchtungen **(76,5)**. Bei der Stieleiche bildet der Grund der Blattspreite kleine Öhrchen. Der Blattstiel ist nur kurz. Im April oder Mai schlägt die Eiche aus.

76,1: *Stieleiche.* **76,2:** *Weiblicher Blütenstand der Stieleiche. Die weiblichen Blüten sitzen einzeln an einem langen Stiel.* **76,3:** *Der männliche Blütenstand ist ein lockeres, hängendes Kätzchen.* **76,4:** *Frucht. Die Nußfrucht sitzt in einem schuppigen Fruchtbecher.* **76,5:** *Blatt und Fruchtstand der Stieleiche.* **76,6:** *Blatt und Frucht der Traubeneiche.* **76,7:** *Blatt und Frucht der Roteiche. Wie kann man die drei Eichenarten an ihren Blättern und Früchten unterscheiden?*

Blüte und Frucht. Mit den Blättern erscheinen die Blüten. *Männliche Blüten* sind zu lockeren, gelbgrünen Kätzchen vereinigt, die an den vorjährigen Trieben hängen **(76,3)**. Diese Blüten besitzen eine fünfblätterige Blütenhülle und 7 Staubblätter. Die weiblichen Blüten sitzen an einem langen Stiel, wovon der Baum seinen Namen bekommen hat **(76,2)**. Sie bestehen nur aus einem Fruchtknoten mit dreilappiger Narbe. Der Fruchtknoten ist von einer Hülle umgeben, die später zum Fruchtbecher wird. Die Bestäubung vermittelt der Wind. Der Baum ist *einhäusig*. Aus dem Fruchtknoten entsteht eine Nuß, die Eichel, die in einem schuppigen, schüsselförmigen *Fruchtbecher* sitzt **(76,4)**. Bei der Reife fallen die Früchte zu Boden und werden von Tieren, wie z. B. von Eichelhähern und Eichhörnchen, verbreitet. Diese fressen nicht alle Früchte, die sie verschleppen. Da Eicheln ein geeignetes Mastfutter für Schweine sind, ließ man das Borstenvieh früher gerne im Eichenwald weiden.

Verwandte. Wie die Stieleiche ist auch die *Traubeneiche* (Quercus petraea) ein Waldbaum. Durch gleichmäßiger gebuchtete Blätter, keilförmigen Blattspreitengrund und längeren Blattstiel unterscheidet sie sich von der Stieleiche **(76,6)**. Die weiblichen Blüten, und entsprechend auch die Früchte, stehen zu traubenförmigen Knäueln vereinigt an der Spitze diesjähriger Triebe (Name!). Die Eichel ist kürzer als die der Stieleiche. Hin und wieder trifft man im Wald die aus Amerika stammende *Roteiche* (Quercus borealis) an. Große Blätter mit spitzigen Blattlappen sind für sie kennzeichnend **(76,7)**. Ihre Blätter färben sich im Herbst leuchtend rot, worauf sich wohl der deutsche Name des Baumes
76 bezieht. Die immergrüne *Korkeiche* (Quercus suber) wächst im Mittelmeergebiet, besonders in Spanien, Portugal und Algerien. Stamm und Äste tragen einen dicken Korküberzug. Sobald der Baum 15 Jahre alt ist, kann man den Kork erstmals abschälen. Dieser erste Kork ist minderwertig. Da aber der Kork nachwächst, kann man alle 6–8 Jahre schälen, wobei wertvoller Kork gewonnen wird. Aus ihm schneidet man z. B. Flaschenkork. Linoleum stellt man aus Kork und Leinöl her.

Holz und Rinde. Das schwere Eichenholz ist gerbstoffhaltig und daher sehr dauerhaft. Es ist besonders für Wasserbauten und den Schiffsbau geeignet, aber auch als Möbel- und Bauholz. Die gleichfalls gerbstoffhaltige Rinde liefert zerkleinert Gerberlohe. Tierhäute, die man in Gerberlohe legt, werden zu Leder und damit haltbar.

Merkstoff. Die Stieleiche ist ein lichtbedürftiger Waldbaum. Ihr Stamm ist von einer Schuppenborke bedeckt. Das Blatt ist durch seinen gebuchteten Blattrand gekennzeichnet. Die männlichen Blüten sind zu Kätzchen vereinigt, die weiblichen sitzen an langen Stielen. Sie werden vom Wind bestäubt. Die Eichel sitzt in einem Fruchtbecher.

76,5

76,6

76,7

77 Schwarzerle, Warzenbirke und Hainbuche

Die Schwarzerle (Alnus glutinosa)

Die feuchten Boden bevorzugende Schwarzerle begleitet vielfach unsere Bachläufe. Sie ist auch in unbelaubtem Zustand an dem bis zur Kronenspitze durchgehenden Stamm und an den gestielten Knospen zu erkennen **(77,1** und **77,2)**. Der deutsche Name weist auf die dunkle, rissige Borke hin, der lateinische auf die Klebrigkeit der dunkelgrünen Blätter, die im Herbst grün abgeworfen werden **(77,3)**. Das rote Holz wird für Wasserbauten und Schnitzarbeiten verwendet. Die Baumstümpfe schlagen wieder aus. Schon vor der Belaubung, im März oder April, blüht die windblütige Schwarzerle **(77,2)**.

77,4: *Staub- und Stempelkätzchen der Hainbuche. Beide finden sich auf demselben Baum, die Hainbuche ist einhäusig.* **77,5:** *Fruchtstand der Hainbuche. Die Früchte sind Nüßchen mit dreilappigem Flugorgan.* **77,6:** *Blatt der Hainbuche (links) und der Rotbuche (rechts). Vergleiche!*

Die Warzenbirke (Betula pendula)

Die Warzen- oder Weißbirke mit ihrer weißen Borke und der lichten Krone mit den zarten, hängenden Zweigen ist einer unserer schönsten Bäume und daher auch als Zierbaum beliebt **(77,7)**. Die wenig dichte Krone weist den Baum als *Lichtholzart* aus. Daher wächst er hauptsächlich auf Waldlichtungen. Da die Zweige im Wind peitschen und dabei den Nachbarbäumen die Äste abschlagen, kann sich die erwachsene Birke auch selbst einen Lichthof schaffen. Wo die Birke, wie in Nord- und Osteuropa, Wälder bildet, sind diese nur sehr licht. Die zähen Birkenruten eignen sich zum Besenbinden. Aus dem weißgelben Holz stellt man Schnitzwaren her, z. B. Tröge und Holzschuhe. Der zuckerhaltige Saft wird zu Haarwasser verarbeitet. Ende April, Anfang Mai schlägt die Warzenbirke aus. Ihre kahlen, anfangs klebrigen Blätter sind rautenförmig und doppelt gesägt, d. h. die großen Blattzähne tragen nochmals kleinere Zähnchen **(77,8)**. Mit den Blättern erscheinen die Blüten, die zu *Staub-* und *Stempelkätzchen* vereinigt sind **(77,8)**. Der einhäusige Baum wird vom Wind bestäubt, der auch die Früchte verbreitet **(77,9; 85,3)**.

77,1: *Schwarzerlen am Bach.* **77,2:** *Die einhäusige Erle hat Staub- und Stempelkätzchen. Durch Verholzung der Stempelkätzchenschuppen entstehen Zäpfchen, aus denen im Winter oder Frühjahr Nüßchen ausfallen.* **77,3:** *Das vorne ausgerandete, gezähnte und fiedernervige Blatt der Schwarzerle.*

Die Hainbuche oder Weißbuche (Carpinus betulus)

Die Hainbuche ähnelt in mancher Beziehung der Rotbuche, ohne mit ihr näher verwandt zu sein. So ist dieser Waldbaum ebenfalls eine *Schattenholzart* mit glatter, silbergrauer Rinde. Doch weist der Stamm gedrehte Längswülste auf, er ist spannrückig. Die eiförmigen und fiedernervigen Blätter unterscheiden sich von Rotbuchenblättern durch den doppelt gesägten Blattrand und die faltige Blattfläche **(77,6)**. Das fast rein weiße Holz der Weißbuche (das Holz der Rotbuche ist rötlichweiß – Namen!) ist sehr hart und wird daher zur Herstellung von Hammer- und Axtstielen, Schuhleisten und dgl. verwendet. Außerdem ist es ein gutes Brennholz. Baumstümpfe der Hainbuche schlagen wieder aus. Wegen des guten Ausschlagvermögens eignet sich der Baum zur Anpflanzung von Hecken. Nach jedem Schnitt wird die Hecke dichter, da bisher ruhende Knospen austreiben und neue Zweige bilden. Über den Winter bleiben die vertrockneten Blätter hängen. So ist die Hecke nie ganz kahl. Im April oder Mai erscheinen mit den Blättern die Staub- und Stempelkätzchen **(77,4)**. Die lockeren *Stempelkätzchen* sind wenig auffällig. Mehr ins Auge fallen die *Fruchtkätzchen,* die sich nach der Bestäubung durch den Wind entwickeln. Die *Nüßchen* haben als Flugorgan eine blattartige, dreilappige Hülle **(77,5; 85,3)**.

77,7: *Warzenbirke.* **77,8:** *Zweig der Warzenbirke mit Staub- und Stempelkätzchen und jungen Blättern.* **77,9:** *Fruchtkätzchen. Die Früchte sind geflügelte Nüßchen. Im Herbst lösen sie sich mit den dreilappigen Fruchtschuppen von der Kätzchenachse.*

78,1: *Blühende Weide.* **78,2:** *Die Staubblüten oder männlichen Blüten der Salweide sind zu einem eiförmigen Kätzchen vereinigt.* **78,3:** *Die von Stempelblüten oder weiblichen Blüten der Salweide gebildeten Kätzchen sind walzenförmig.* **78,4:** *Einzelne Staubblüte (oben) und einzelne Stempelblüte (unten).*

78 Weiden und Pappeln

Weiden. Jeder kennt die schmalblättrigen Weiden, die unsere Fluß- und Bachufer begleiten. Die einzelnen Weidenarten auseinanderzuhalten, ist jedoch schwierig. Wir wollen eine Weide betrachten, die im Wald wächst, die *Salweide* (Salix caprea). Ihre Blätter entsprechen nicht der Vorstellung, die man von einem Weidenblatt hat. Sie sind eiförmig und auf der Unterseite filzig behaart **(78,6)**. Im März und April blüht der niedrige Baum **(78,1–78,4)**. Auf *einem* Baum finden wir entweder nur Staubkätzchen (männliche Blüten) oder nur Stempelkätzchen (weibliche Blüten). Die Salweide ist also zweihäusig. Je 1 Staubblüte sitzt in der Achsel einer behaarten Kätzchenschuppe. Solange sich das Kätzchen noch nicht gestreckt hat, stehen die Schuppen dicht beieinander, und ihre Haare bilden das Pelzchen des Palmkätzchens. Die Staubblüte besteht lediglich aus 2 Staubblättern und einer Nektardrüse. Die ebenso einfach gebaute weibliche Blüte enthält statt der Staubblätter einen gestielten Stempel. Nektarsammelnde Bienen besorgen die Bestäubung. Weidenkätzchen stehen als wichtige Bienenweide unter Naturschutz. Schon im Mai öffnen sich die reifen Fruchtkapseln **(78,5)**, und die kleinen, einen Haarschopf tragenden Samen können vom Wind verbreitet werden.

78

Die am Ufer von Wasserläufen wachsende *Korbweide* (Salix viminalis) ist an den langen, schmalen Blättern mit eingerolltem Blattrand und seidig behaarter Unterseite zu erkennen. Wie andere Weiden trägt sie wesentlich zur Uferbefestigung bei, da ihr Wurzelwerk die Erde festhält. Aus den Ruten der Korbweide und anderer Weidenarten kann man Körbe

78,8: *Blatt der Schwarzpappel (links) und der Zitterpappel (rechts).* **78,9:** *Männliches und* **78,10:** *weibliches Kätzchen der Schwarzpappel. Bezeichnend sind die zerschlitzten Kätzchenschuppen. Wie die Weiden sind auch die Pappeln zweihäusige Bäume. Ihre Blüten werden jedoch vom Wind bestäubt.* **78,11:** *Die Frucht der Schwarzpappel ist eine Kapsel, die sich mit 2 Klappen öffnet. Der Wind verbreitet die einen Haarschopf tragenden Samen.* **78,12:** *Schwarzpappel.*

78,5

78,6

78,7

78,5: *Frucht der Salweide. Die Kapsel öffnet sich mit 2 Klappen. Die Haare sind Samenhaare.* **78,6:** *Blatt von Salweide (links) und Silberweide (rechts).* **78,7:** *Kopfweiden. Das obere Ende des Stamms, dessen Ruten für Flechtarbeiten verwendet werden, verbreitert sich im Laufe der Zeit.*

flechten. Die abenteuerlichen Kopfweiden **(78,7)** entstehen dadurch, daß man Weiden köpft. Aus der Wunde wachsende Ruten werden alle 2–3 Jahre abgeschnitten. Oft werden Weiden gepflanzt. Dazu steckt man Zweigstückchen, die Knospen tragen, in die Erde. Am unteren Ende dieser Stecklinge bilden sich Wurzeln, die Knospen schlagen aus. So entsteht aus dem kleinen Steckling ein neuer Baum. Weiden und Pappeln lassen sich besonders leicht durch Stecklinge vermehren.

Pappeln. *Blüten und Früchte der Pappeln* **(78,9–78,11)** weisen auf die nahe Verwandtschaft mit den Weiden hin. Weiden und Pappeln gehören zur *Familie der Weidengewächse.* Pappeln sind raschwüchsige Bäume mit gutem Holzertrag. Aus dem weichen Holz stellt man Schaufeln, Holzschuhe, Zündhölzer, Zündholzschachteln und Zellwolle her.
Ein stattlicher Baum ist die *Schwarzpappel* (Populus nigra), die in Flußauen wächst **(78,12)**. Ihr Name weist auf die schwärzliche, rissige Borke hin. Die Blätter haben eine dreieckige bis rhombische Form **(78,8)**. Die *Pyramiden-* oder *Spitzpappel* ist eine Abart der Schwarzpappel (var. italica). Der säulenförmige, beliebte Alleenbaum wurde um 1740 aus Italien eingeführt. Wegen der Vermehrung durch Stecklinge gibt es bei uns fast nur männliche Bäume. Im Wald wächst die *Zitterpappel* oder *Espe* (Populus tremula). Da die rundlichen, gebuchteten Blätter einen langen Stiel besitzen, der wie bei allen Pappeln seitlich zusammengedrückt ist **(78,8)**, zittert das Laub schon bei geringer Luftbewegung. Darauf bezieht sich der sprichwörtlich gebrauchte Ausdruck „er zittert wie Espenlaub". Espenrinde ist gelbgrau gefärbt. Wurzeln und Stümpfe treiben leicht Schößlinge mit Blättern abweichender Form.

78,9

78,10

78,11

78,12

79 **Der Spitzahorn** (Acer platanoides)

Der Spitzahorn kommt im Wald vereinzelt vor. Häufiger finden wir ihn als Zierbaum angepflanzt. Schönes Laub und Anspruchslosigkeit empfehlen ihn als Alleebaum. Der Baum stellt weder hohe Lichtansprüche, noch gedeiht er im tiefen Schatten. Er nimmt also eine Mittelstellung zwischen einer Schatten- und Lichtholzart ein. Der Spitzahorn ist eine Halbschattenholzart. Bis zu 150 Jahre wird er alt und erreicht eine Höhe von 10 bis 20 Metern.

Laub. Ahornblätter sind gelappt und weisen daher eine bezeichnende Form auf. Beim
Spitzahorn zählen wir 5 oder mehr Blattlappen **(79,6)**. Diese sind zu langen, schmalen 79
Zipfeln ausgezogen, wovon der Baum seinen Namen bekommen hat. Die Blätter eines Zweiges stehen alle mit ihren Blattflächen fast in der gleichen Ebene. Wie die Steinchen eines Mosaiks liegen sie nebeneinander, ohne sich gegenseitig zu überdecken: sie bilden ein *Blattmosaik* **(79,1)**. Das Blattmosaik ist beim Spitzahorn besonders deutlich, findet sich jedoch auch bei anderen Waldbäumen. Durch diese Blattanordnung wird für alle Blätter ein ausreichender Lichtgenuß gewährleistet. Wie kommt aber das Blattmosaik bei unserem Baum zustande? Die Blätter stehen sich paarweise gegenüber, und die einzelnen Blattpaare sind um 90 Grad gegeneinander versetzt. Es handelt sich um *kreuzgegenständige Blätter*. So können sich die Blätter gegenseitig nicht beschatten, zumal die kleineren Spreiten der oberen Blätter in der Mitte des Mosaiks liegen und die größeren der unteren Blätter weiter außen. Schließlich nimmt die Länge der Blattstiele von unten nach oben ab, wodurch die Blattflächen in einer Ebene angeordnet sind.

Blüte und Frucht. Im April oder Mai erscheinen die Blüten mit den Blättern. Die regelmäßig gebauten Blüten haben 5 gelbgrüne Kelchblätter und ebensoviele gleichfarbene

79,1: *Blattmosaik des Spitzahorns. Die Blattflächen liegen in einer Ebene und überdecken sich gegenseitig nicht.* ***79,2:*** *Blütenstand des Spitzahorns. Der Blütenstand ist eine Doldenrispe.* ***79,3:*** *Einzelblüte des Spitzahorns in der Aufsicht und im Längsschnitt. Die obere Blüte ist nur männlich, die untere ist zwittrig.* ***79,4:*** *Fruchtstand des Spitzahorns.* ***79,5:*** *Blatt und Frucht des Bergahorns (Acer pseudoplatanus).* ***79,6:*** *Blatt und Frucht des Spitzahorns.* ***79,7:*** *Blatt und Frucht des Feldahorns (Acer campestre). An den Blättern kann man die 3 Ahornarten gut unterscheiden. Suche bezeichnende Unterschiede, und präge dir die Form der Blätter ein! Auch die Früchte sind bei diesen Bäumen verschieden. Beim Spitzahorn bilden die Flügel einen sehr stumpfen Winkel, beim Bergahorn einen spitzen, und beim Feldahorn stehen sie nahezu waagrecht. Außerdem sind die Früchte des Feldahorns filzig behaart.*

79,2

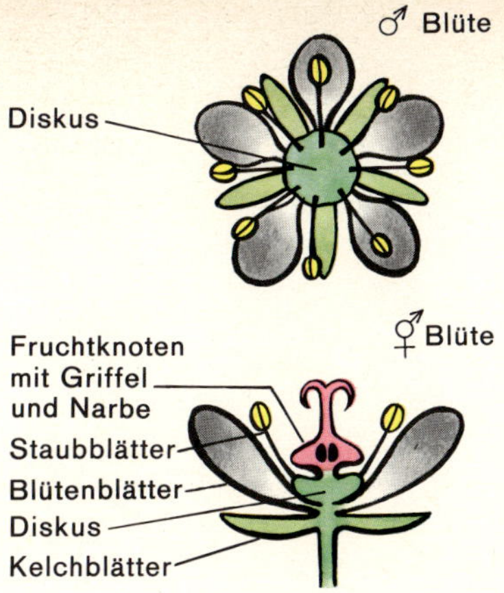

79,3

79,4

Blütenblätter **(79,3)**. Auf dem polsterförmigen, nektarabsondernden Blütenboden, dem *Diskus,* stehen 8 Staubblätter und in der Mitte der zweifächerige Fruchtknoten. Für blütenbesuchende Insekten, besonders Honigbienen, werden die unscheinbaren Blüten durch Häufung in Blütenständen auffälliger **(79,2)**. Der Blütenstand ist eine aufrechte, doldenähnliche Rispe (Doldenrispe). Wenn sich die Frucht bildet, wächst gleichzeitig die Wand jedes Fruchtfachs zu einem Flügel aus **(79,4)**. Bei der Fruchtreife spalten sich die beiden Fruchtfächer in 2 einsamige, geflügelte Teilfrüchtchen *(Spaltfrucht).* Abgelöste Teilfrüchtchen fallen verhältnismäßig langsam, da sie eine Drehbewegung ausführen. Der Wind kann sie daher leicht verbreiten **(85,3)**.

Verwandte. Ein Baum des Bergwaldes ist der *Bergahorn* **(79,5)**. Er kann bis zu 500 Jahre alt und 35 m hoch werden. Seine gesägten Blattlappen sind kürzer zugespitzt als die des Spitzahorns; die Blattstiele sind lang und rot gefärbt. Die Blüten sind zu langen, hängenden Rispen vereinigt. Das weiße Holz des Bergahorns wird als Schnitzholz, als Laubsägeholz und für Schuhmacherstifte verwendet. Der *Feldahorn* wird nur 3 bis 5 m hoch. Seine Blätter sind kleiner als die der beiden anderen Arten. Sie haben stumpfe Blattlappen **(79,7)**. Das schöngemaserte Holz ist ein geschätztes Furnierholz. Der Baum erträgt den Schnitt gut und ist daher für Hecken geeignet. Diese und andere Ahornarten werden zur *Familie der Ahorngewächse* zusammengefaßt.

Merkstoff. Die genannten Ahornarten sind Waldbäume mit gelappten, kreuzgegenständigen Blättern, die ein Blattmosaik bilden. Ihre Blüten scheiden Nektar ab und werden von Insekten bestäubt. Bei der Reife zerfällt die Spaltfrucht in 2 einsamige Teilfrüchtchen. Flügel ermöglichen die Verbreitung durch den Wind.

79,5

79,6

79,7

80,1

80,2

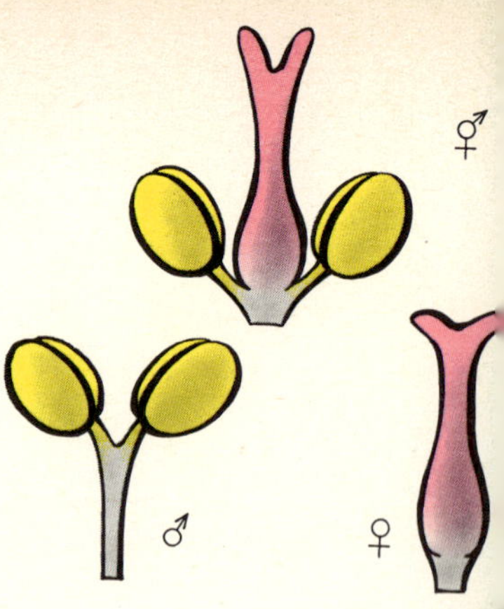

80

80,1: *Kreuzgegenständige Fiederblätter der Esche.* **80,2:** *Die unscheinbaren Blüten der Esche stehen in aufrechten, büschelartigen Rispen.* **80,3:** *Zwitterblüte, Staubblüte und Stempelblüte der Esche. Alle 3 Blütenarten finden sich auf einem Baum. Eine Blütenhülle fehlt völlig.*

80 Esche, Robinie, Ulme und Vogelbeere

Die Esche (Fraxinus excelsior). Unter einer Esche, der Weltenesche, hausten in der germanischen Göttersage die 3 Nornen, welche die Schicksalsfäden der Menschen spannen. Die Esche ist ein hoch aufstrebender Baum mit lichter Krone. Dadurch weist sie sich als **80**
Lichtholzart aus. Wir finden unseren Baum, der viel Bodenfeuchtigkeit braucht, an Ufern von Wasserläufen, in Auwäldern und feuchten Laubwäldern. Er vermag jedoch auch auf Felsen zu wachsen, da er mit seinen Wurzeln das Wasser in Felsspalten erreichen kann. Große, unpaarig gefiederte Blätter mit scharf gesägten, zugespitzten Fiedern sind ein Kennzeichen der Esche **(80,1)**. Im unbelaubten Zustand ist sie an den schwarzen Knospen leicht zu erkennen. Alte Stämme sind mit einer braungrauen, rissigen Borke bedeckt. Eschenholz ist fest und biegsam. Man verfertigt aus ihm allerlei Werkzeug und Sportgerät, z. B. Skier. Die Esche blüht im April oder Mai vor der Belaubung **(80,2)**. Ihre Blüten **(80,3)** besitzen entweder 1 Stempel (Stempelblüten) oder 2 Staubblätter (Staubblüten) oder beides (Zwitterblüten). Sie werden vom Wind bestäubt. Die Eschenfrucht ist eine geflügelte Nuß, welche vom Wind verbreitet wird **(80,4)**.

Die Robinie (Robinia pseudacacia) oder Falsche Akazie empfinden wir, besonders wenn sie im Wald wächst, als fremdartig. Sie ist auch keine einheimische Holzart, sondern stammt aus Nordamerika. Heute ist die Robinie jedoch bei uns völlig eingebürgert. Häufig finden wir den Baum auf Schutthalden und Eisenbahnböschungen, wo er mit seinem weitverzweigten Wurzelwerk die Erde festhält und so Rutschungen verhindert. Oft wird er als Zierbaum angepflanzt. Am schönsten ist die Robinie während der Blütezeit. Dann hängen an ihren Zweigen Trauben mit weißen, weithin duftenden Schmetterlingsblüten, die wegen ihres Nektarreichtums von zahlreichen Bienen besucht werden **(80,5)**. Als Schmetterlingsblütler besitzt die Robinie Hülsenfrüchte **(80,6)**. Ihre Blätter sind unpaarig gefiedert. Nachts senken sich die eiförmigen, ganzrandigen Fiederchen nach unten (Schlafstellung), um sich am nächsten Morgen wieder aufzurichten. Am Grund des Blattstiels stehen zwei, mehrere Jahre überdauernde Dornen. Diese sind durch Umwandlung der Nebenblätter entstanden und heißen daher Blattdornen.

80,4: *Fruchtstand der Esche.* **80,5:** *Blütenstand der Robinie. Die Blüten sind Schmetterlingsblüten.* **80,6:** *Die Frucht der Robinie ist eine Hülse.* **80,7:** *Blatt und Früchte der Bergulme.* **80,8:** *Fruchtstand und Blatt der Eberesche. Das Blatt ist unpaarig gefiedert. Die Fiederchen haben einen gesägten Blattrand.*

Ulmen. Die Ulmen sind Waldbäume, die wir häufig auch in Parkanlagen antreffen. Bei uns kommen 3 Ulmenarten vor, die *Feldulme,* die *Bergulme* und die *Flatterulme* (Ulmus carpinifolia, U. scabra und U. laevis). Alle 3 Arten haben starre Langtriebe, die 2 Reihen von Kurztrieben tragen. Bei den Ulmenblättern sind die Hälften der Blattspreiten ungleich groß, die Blätter sind unsymmetrisch **(80,7)**. Der Blattrand ist doppelt gesägt. Für die Bergulme ist die oft dreiteilige Blattspitze bezeichnend. Schon vor der Belaubung erscheinen die in Büscheln sitzenden, wenig auffälligen Zwitterblüten, die nur eine einfache Blütenhülle besitzten. Sie werden vom Wind bestäubt. An den Früchten sind die Ulmen leicht zu erkennen. Die Nüßchen sind von einem breiten, häutigen Saum umgeben, der ihre Verbreitung durch den Wind ermöglicht **(80,7)**. Bei der Feldulme sitzt das Nüßchen am oberen Ende des Saums, bei der Bergulme in der Mitte. Die Früchte der Flatterulme sind langgestielt und flattern daher im Wind. Ulmenholz wird als Möbelholz (Rüster) und als Werkholz geschätzt.

Die Eberesche oder Vogelbeere (Sorbus aucuparia), ein Waldbaum, ähnelt wegen der unpaarig gefiederten Blätter der Esche, gehört jedoch zur *Familie der Rosenartigen Gewächse.* Insekten bestäuben die in Doldenrispen stehenden Zwitterblüten. Aus ihnen gehen rote, fleischige Früchte hervor **(80,8)**. Sie werden hauptsächlich von Vögeln gefressen, die dabei die Samen verbreiten. Heute wird der Baum vielfach in Gärten, Parks und Alleen angepflanzt.

81,1

81,2

81,3

81 Die Sommerlinde (Tilia platyphyllos)

In freier Landschaft oder auf Dorfplätzen treffen wir oft einzelstehende prächtige, alte Linden an. Ein mit dunkler, rissiger Borke bedeckter Stamm trägt eine dichte gewölbte Krone mit weit herabreichenden Ästen **(81,1)**. Oft leben solche Bäume schon mehrere Jahrhunderte, können doch Linden ein Alter von über 1000 Jahren erreichen. Unter manchem dieser altehrwürdigen Bäume hielten unsere Vorfahren Gericht (Gerichtslinden). In der Regel handelt es sich bei den erwähnten Bäumen um Sommerlinden. Die Sommerlinde ist im Berg- und Schluchtwald zu Hause.

Blätter. Wie schon die dicht belaubte Krone zeigt, kann der Baum Schatten ertragen, er ist eine *Schattenholzart*. Die verhältnismäßig großen Blätter haben herzförmige, lang zugespitzte Spreiten. Der Blattrand ist gesägt **(81,4)**. Da die beiden Hälften der Blattfläche verschiedene Größe aufweisen, liegt ein unsymmetrisches Blatt vor. Weiche Haare bedecken die Blätter. Auf der Unterseite fallen in den Winkeln der Blattnerven von weißen Haaren gebildete Bärtchen auf **(81,5)**. In den Bärtchen wohnen Milben, kleine Spinnentiere von noch nicht 2 mm Größe. Bei trockenem Sommerwetter oder zur Zeit der Nachtfröste verlassen die Tierchen ihre Milbenhäuschen überhaupt nicht. Sonst unternehmen sie gelegentlich Streifzüge, wobei sie nach anderen Milben fahn-

81,1: *Alte Linde. Da freistehende Bäume von Nachbarbäumen im Wachstum nicht behindert werden, zeigen sie gleichmäßigen Wuchs.* **81,2:** *Blütenstand der Sommerlinde und Schemazeichnung der Einzelblüte.* **81,3:** *Fruchtstand der Sommerlinde.* **81,4:** *Blatt der Sommerlinde (links) und der Winterlinde (rechts). Beachte die Größenunterschiede!* **81,5:** *Weiße Milbenhäuschen der Sommerlinde (links) und rostrote der Winterlinde (rechts). An der Farbe der Milbenhäuschen kann man die beiden Arten unterscheiden.*

den, die aus den Lindenblättern Saft saugen. Sie fressen aber auch winzige, auf der Blattfläche haftende Pilzchen. So sind die Bewohner der Milbenhäuschen dem Baum von Nutzen.

Blüte und Frucht. Die Sommerlinde blüht erst im Juni, weil die Winterknospen keine Blütenanlagen enthalten und diese sich an den jungen Trieben erst bilden müssen. Drei bis fünf Blüten sind zu einer Trugdolde vereinigt **(81,2)**. Mit deren Hauptachse ist ein Hochblatt verwachsen, das man Deckblatt nennt. Die regelmäßigen Zwitterblüten weisen je 5 grünliche Kelch- und Blütenblätter, viele Staubblätter und in der Mitte einen Stempel auf **(81,2)**. Vom aromatischen Duft der Blüten werden Insekten angelockt, hauptsächlich Honigbienen. Wenn wir uns unter einer blühenden Linde aufhalten, vernehmen wir das Summen der unzähligen Besucher. Da die Blüten reichlich Nektar absondern, sind sie eine gute Bienenweide, weshalb man die Linde im Mittelalter des „Heiligen Römischen Reiches Bienengarten" nannte. Aus dem Fruchtknoten entwickelt sich ein einsamiges Nüßchen **(81,3)**. Bei der Fruchtreife löst sich der Fruchtstand vom Baum und fällt, da er sich dreht, nur langsam zu Boden. So kann ihn der Wind leicht fortwehen.

Nutzen. Das weiche, weiße Lindenholz ist als Bauholz nicht zu verwenden und ist auch kein gutes Brennholz. Holzschnitzer schätzen es jedoch sehr. Aus Zweigen stellt man Zeichenkohle her. Lindenblütentee kocht man aus getrockneten Blüten. Der schweißtreibende Tee wird bei Erkältungskrankheiten getrunken.

81 **Verwandte.** Neben der *Sommerlinde* wird die *Winterlinde* (Tilia cordata) angepflanzt. Auch sie ist ein einheimischer Waldbaum. Da es Kreuzungen zwischen den beiden Arten gibt, sind sie nicht immer leicht zu unterscheiden. In der Tabelle sind einige Unterscheidungsmerkmale zusammengestellt (beachte auch **81,4** und **81,5!**).

	Sommerlinde	**Winterlinde**
Blütenstand	Trugdolde mit 2–5 Blüten	Trugdolde mit 5–11 Blüten
Frucht	Nüßchen kantig gerippt	Nüßchen mit undeutlichen Kanten
Blatt	groß, unterseits grün, behaart	klein, unterseits blaugrün, kahl
Milbenhäuschen	weiß	rostrot

Merkstoff. Linden sind Laubhölzer mit regelmäßigen Zwitterblüten, die zu Trugdolden vereinigt sind und von Honigbienen bestäubt werden. Die Frucht ist ein Nüßchen. Der Wind verbreitet die Fruchtstände, wobei das Deckblatt als Flugorgan dient.

81,4

81,5

82 Familien der Laubhölzer

Wir wollen die wichtigsten Laubbäume des Waldes in Familien zusammenfassen. Dadurch gewinnen wir eine Übersicht, die das Einprägen der Merkmale erleichtert. Da bei der systematischen Gliederung der Bau von Blüten und Früchten eine große Rolle spielt, sind beide nochmals abgebildet. Bei den 3 ersten Familien finden wir als Blütenstände Kätzchen (Kätzchenblütler). In der graphischen Darstellung des Vegetationsablaufes bedeutet B Blütezeit und F Fruchtreife. Die grüne Farbe gibt die Zeit der Belaubung an.

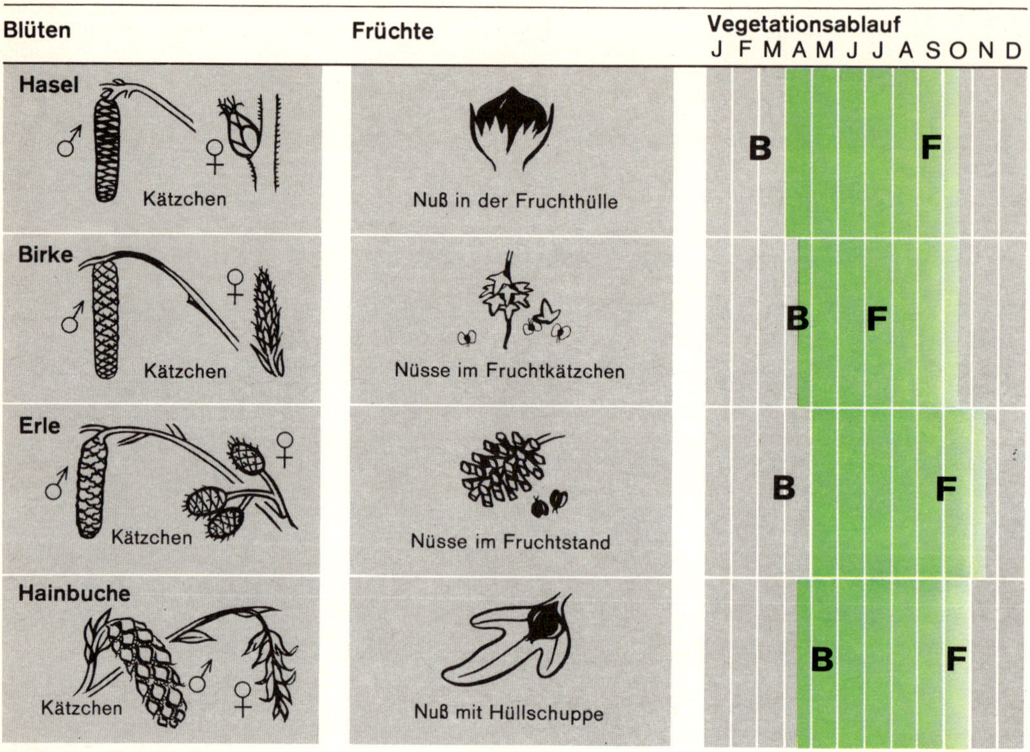

82

Familie der Birkengewächse *(Betulaceae). Die Vertreter der Familie sind einhäusige Holzgewächse. Die männlichen Blüten sind immer, die weiblichen meist zu Kätzchen vereinigt. Die Bestäubung erfolgt durch den Wind. Als Früchte kommen Nüsse vor.*

Familie der Buchengewächse *(Fagaceae). Nur die männlichen Blüten stehen in Kätzchen. Die Pflanzen sind einhäusig. Bestäubung erfolgt durch den Wind. Die Früchte sind Nüsse, die von einem Fruchtbecher umgeben sind (Becherfrüchtler). Zur Familie gehört auch die Edelkastanie.*

Blüten | Früchte | Vegetationsablauf J F M A M J J A S O N D

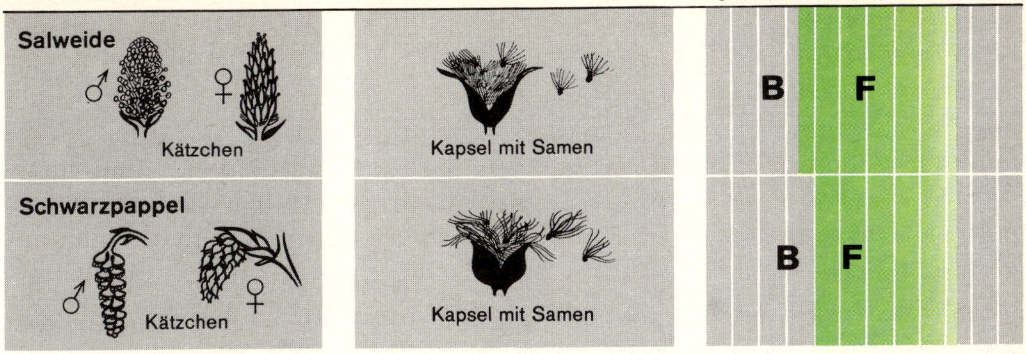

Familie der Weidengewächse *(Salicaceae). Männliche und weibliche Blüten stehen in Kätzchen. In der Regel sind die Pflanzen zweihäusig. Die Pappeln sind windblütig, die Weiden insektenblütig. Als Früchte finden sich Kapseln. Die Samen tragen Samenhaare.*

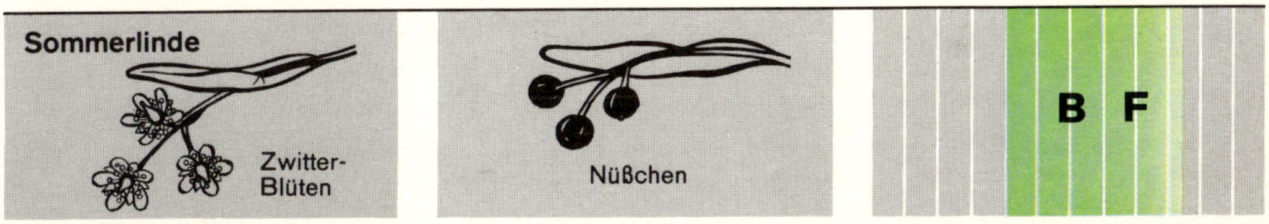

Familie der Lindengewächse *(Tiliaceae). Die Blüten sind regelmäßige Zwitterblüten. Sie werden von Insekten bestäubt. Der Blütenstand trägt ein auffälliges Hochblatt. Die Frucht ist ein Nüßchen. Zur Familie gehört die aus dem Kapland stammende Zimmerlinde.*

Familie der Ölbaumgewächse *(Oleaceae). Außer der Esche, die auch eingeschlechtige Blüten aufweist, besitzen alle Vertreter Zwitterblüten. Die Früchte sind Nüsse (Esche), Kapseln (Flieder), Beeren (Liguster) oder Steinfrüchte (Ölbaum). Als Zierstrauch wird die Forsythie gepflanzt.*

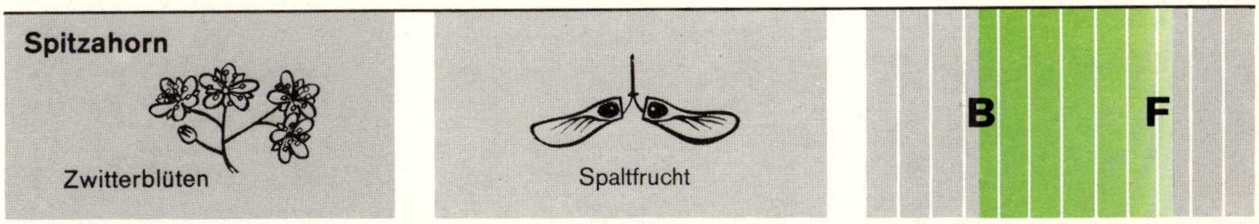

Familie der Ahorngewächse *(Aceraceae). Alle einheimischen Ahornarten haben eingeschlechtige oder scheinzwittrige Blüten, die von Insekten bestäubt werden. Sie sind in der Regel einhäusig. Bei der Reife spaltet sich die Frucht in 2 einsamige, geflügelte Teilfrüchte (Spaltfrucht).*

Familie der Ulmengewächse *(Ulmaceae). Unsere einheimischen Ulmenarten besitzen unscheinbare Zwitterblüten, die vom Wind bestäubt werden. Die Früchte sind breitgeflügelte Nüßchen.*

83,1

83,2

83,3

83 Winterknospen der Bäume

Unsere Laubbäume überwintern in unbelaubtem Zustand. Schon im Herbst haben sie *Erneuerungsknospen* angelegt, aus denen im nächsten Frühjahr beblätterte Sprosse hervorgehen. Die dazu nötigen Baustoffe sind im Holz gespeichert. An Form und Stellung der Knospen kann man die Laubhölzer auch im Winter erkennen. In unsere Bestimmungstabelle sind die wichtigsten Laubbäume des Waldes aufgenommen. Unter jeder roten Ziffer der Tabelle stehen 2 verschiedene Aussagen (rote Ziffer ohne und rote Ziffer mit Sternchen), von denen eine auf die zu bestimmende Pflanze zutrifft. Die rotgedruckte Zahl am Ende jeder Aussage gibt an, unter welcher Ziffer man mit der Bestimmung fortfahren muß. Wenn man am Ziel angelangt ist, findet sich an dieser Stelle der Name der betreffenden Pflanze.

Bestimmungstabelle

1 Knospen wechselständig 3
*1** Knospen gegenständig 2

2 Unterste Knospenschuppe bis zur Knospenspitze reichend. Knospen samtig schwarz. Endknospe immer größer als die Seitenknospen **(83,1)**
Esche (Fraxinus excelsior)
*2** Unterste Knospenschuppe kürzer als die Knospe. Knospenschuppen wie Dachziegel angeordnet **(83,2)**
Ahornarten (Acer)

83,4

83,

83

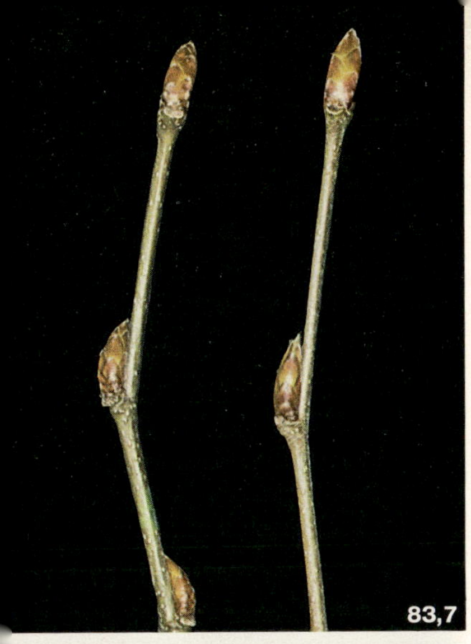

83,7

83,8

3,9

3 Knospe mit nur 1 Schuppe
(83,3) Weiden (Salix)

*3** Knospe mit 2 oder mehr Knospenschuppen 4

4 Unterste Knospenschuppen fast so lang wie die Knospe. Knospen gestielt **(83,4)**
Erlen (Alnus)

*4** Unterste Knospenschuppe viel kürzer als die Knospe. Knospen sitzend 5

5 zwei bis drei Knospenschuppen **(83,5)**
Linden (Tilia)

*5** Mehr als 3 Schuppen 6

6 Seitenknospen am Zweig mehr oder weniger anliegend 7

*6** Seitenknospen abstehend 8

7 Knospen kahl **(83,6)**
Pappeln (Populus)

*7** Knospen an der Spitze schwach behaart, mit vielen Schuppen **(83,7)**
Weißbuche (Carpinus betulus)

8 Knospen 1 bis 2 cm lang, schmal, spitz **(83,8)**
Rotbuche (Fagus silvatica)

*8** Knospen kürzer, dicker 9

9 Knospenschuppen zweizeilig angeordnet. Spitze, eiförmige Blattknospen und rundliche Blütenknospen **(83,9)**
Ulmen (Ulmus)

*9** Knospenschuppen spiralig angeordnet. Alle Knospen gleichartig 10

10 Knospen am Ende der Langtriebe gehäuft **(83,10)**
Eichen (Quercus)

*10** Knospen nicht gehäuft 11

11 Knospen rundlich. Zweige im Winter behaart **(83,11)**
Hasel (Corylus avellana)

*11** Knospen spitz zulaufend. Bäume mit dünner, weißer Borke **(83,12)**
Birken (Betula)

83,10

83,11

83,12

84 Sträucher des Waldes

Sträucher sind meist lichtbedürftige Pflanzen, die im Schatten schlecht gedeihen. Sie wachsen daher dort, wo sie genügend Licht bekommen, etwa auf Waldlichtungen, an Waldwegen und am Waldrand.

84,1: *Stumpfgelappter Weißdorn (Crataegus oxyacantha), ein Rosengewächs, das zur Unterfamilie der Kernobstgewächse gehört (unterständiger Fruchtknoten). Die Blüten stehen in Doldentrauben. Im Fruchtfleisch der leuchtend roten Früchte finden sich 2–3 Steinkerne. Aus Blüten und Früchten gewinnt man ein Herzmittel.* **84,2:** *Schwarzdorn oder Schlehe (Prunus spinosa). Der Schwarzdorn gehört wie der Weißdorn zur Familie der Rosengewächse und ist mit der Pflaume näher verwandt. Aus seinen weißen Blüten entstehen kugelige, schwarzblaue Steinfrüchte. Diese sind eßbar, schmecken aber außerordentlich herb und sauer. Die eiförmigen Blätter sind kurzgestielt und haben einen gesägten Blattrand. Der Name der Pflanze bezieht sich auf die schwarze Rinde und die stechende Sproßdornen tragenden Zweige. Blüten und Früchte dienen als Heilmittel bei Erkrankungen der Verdauungsorgane.* 84

84,3: *Rote Heckenkirsche (Lonicera xylosteum). Der zur Familie der Geißblattgewächse gehörende Strauch wird bis zu 2 m hoch. Seine jungen Zweige und die eiförmigen, glatten, gegenständigen Blätter sind zottig behaart. Auf Stielen, die aus Blattachseln entspringen, sitzen je 2 weiße bis blaßgelbe Blüten. Aus den unterständigen Fruchtknoten gehen rote Beeren hervor, die zu Paaren vereinigt und am Grund miteinander verwachsen sind.*

84,4: *Gewöhnlicher Schneeball (Viburnum opulus) fruchtend. Der Strauch wächst im Auenwald. Wenn wir ihn in anderen Waldarten treffen, weist dies auf Bodenvernässung hin. Blüten und Früchte stehen in Trugdolden. Besonders auffällig sind die weißen, größeren, aber unfruchtbaren Randblüten. Sie dienen lediglich der Anlockung von Insekten. Die leuchtend roten Früchte gehen aus den unscheinbaren Blüten im Inneren des Blütenstands hervor. Kennzeichnend für die Pflanze sind außerdem dreilappige Blätter.*

Am Waldrand bilden sie oft ein dichtes Gebüsch, das man als Waldmantel bezeichnet **(100,1)**. Auch außerhalb des Waldes finden wir Sträucher, z. B. in Feld- und Ufergehölzen, an Wegrainen und in den Knicklandschaften von Schleswig-Holstein.

84,5: *Fruchtender Traubenholunder (Sambucus racemosa). Die gelblichen Blüten und die roten Früchte sind zu einer eiförmigen Trugdolde vereinigt. Bei den Früchten handelt es sich um Steinfrüchte.* **84,6:** *Schwarzer Holunder (Sambucus nigra), fruchtend. Die Blüten stehen in aufrechten, schirmförmigen Trugdolden. Die schwarzen Früchte des hängenden Fruchtstandes enthalten 2 bis 3 einsamige Steinkerne. Beide Holunderarten besitzen unpaarig gefiederte Blätter. Aus den Blüten des Schwarzen Holunders bäckt man Holunderkuchen. Blüten und Blätter liefern einen schweiß- und harntreibenden Tee, während die Früchte bei Darm- und Nervenerkrankungen heilend wirken. Das Mark der Zweige benützt man bei der Herstellung botanischer Schnitte und für Versuche in der Elektrizitätslehre. Die Holunderarten und der Schneeball gehören zur Familie der Geißblattgewächse (Caprifoliaceae).*

84,7: *Gewöhnliches Pfaffenhütchen (Evonymus europaeus), fruchtend. Der Name der Pflanze bezieht sich auf die eigenartige Form der hellroten Fruchtkapseln, die einer Kopfbedeckung katholischer Geistlicher ähneln. Bei der Fruchtreife hängen die Samen aus den Früchten heraus. Sie sind von einem orangeroten Samenmantel umgeben, der zwar für uns giftig ist, nicht aber für Vögel, die ihn fressen und dadurch die Samen verbreiten.*

84,8: *Efeu (Hedera helix). Der Efeu besitzt immergrüne Lederblätter. Blätter an jungen Zweigen sind drei- bis fünflappig. Sobald ältere Zweige die Blühreife erlangen, erscheinen eiförmige Blätter. Die sich im Herbst öffnenden Blüten werden von Fliegen bestäubt. Im Frühjahr reifen die giftigen, schwarzen Beeren. Die schwachen Zweige liegen dem Boden auf oder klettern an Bäumen oder Mauern empor. Dort halten sie sich mit aus den Zweigen hervorbrechenden Haftwurzeln fest (Wurzelkletterer).*

85

85 Verbreitung von Samen und Früchten bei Holzgewächsen

Samen und Früchte unserer Laubhölzer werden entweder vom Wind oder von Tieren verbreitet. Die Bedeutung dieser Verbreitung ist schon auf S. 52 erörtert worden.

Verbreitung durch Tiere (85,2). Niedere Bäume und Sträucher kommen mit dem Wind weniger in Berührung als hohe Bäume. Ihre Samen werden daher vorwiegend von Tieren verbreitet. Dies ist jedoch auch bei der Eiche und der Rotbuche der Fall. Deren Trockenfrüchte, die Bucheckern und Eicheln, werden wie die Haselnüsse von Vögeln (Spechten, Häher) und Nagern (Eichhörnchen, Haselmaus) gefressen. Diese Tiere vertilgen die Mehrzahl der nährstoffreichen Nüsse, nur wenige verlieren sie oder vergessen sie in den Verstecken. Die Früchte werden jedoch in großer Zahl erzeugt. So kommen auf 1 ha Buchenwald rund 4 Millionen Bucheckern, während auf dieser Fläche nur 300 erwachsene Buchen Platz haben. Daher können diese Gewächse den Tribut an die Tiere ohne Gefahr für ihr Fortbestehen entrichten. Die allermeisten Sträucher haben fleischige Früchte. Bei den Beeren ist die ganze Fruchtwand fleischig, bei den Steinfrüchten deren äußerer Teil, während der innere als harte Schale den Samen umschließt. Das Fruchtfleisch der Kernobstgewächse (Weiß-

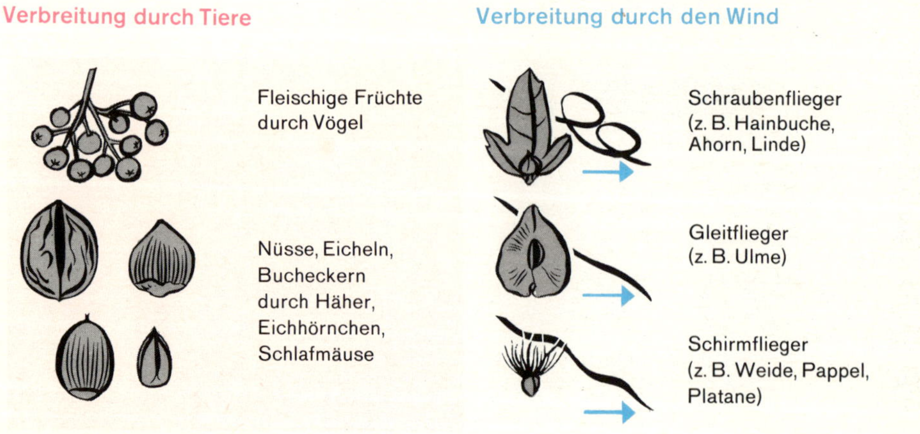

85,2

dorn, Eberesche) wird vom Blütenboden gebildet, was auch für Heckenrose und Erdbeere gilt. Wenn Tiere, besonders Vögel, derartige Früchte fressen, werden die hartschaligen Samen bzw. die Steinkerne nicht verdaut, sondern unversehrt mit dem Kot ausgeschieden und dabei verbreitet. Zur Anlockung der Tiere sind die fleischigen Früchte auffällig gefärbt. Bei früh reifenden Früchten herrscht die rote Farbe vor, später reifende sind vorwiegend blauschwarz oder schwarz gefärbt und daher auch während der Laubfärbung deutlicher sichtbar. Während der Eiszeit wanderten unsere Holzgewächse mehrmals unter Umgehung der Alpen in die Mittelmeerländer und zurück. So wirksam sind ihre Verbreitungseinrichtungen!

Verbreitung durch den Wind (85,2). Diese Art der Verbreitung findet sich hauptsächlich bei Bäumen, die ja auch dem Wind mehr ausgesetzt sind als die Sträucher. Die Flugfähigkeit der Früchte wird durch Flügel oder Häute verbessert, da solche Einrichtungen dem Wind eine entsprechende Angriffsfläche bieten. Bei der Linde dient das Deckblatt des Fruchtstandes, bei der Hainbuche die dreilappige Fruchthülle als Flugorgan. Birken, Erlen, Ulmen, Ahornarten und Esche weisen Auswüchse der Fruchtknotenwand auf, die die gleiche Aufgabe erfüllen. An Flugarten kommen der Gleitflug, der Schraubenflug und der Schirmflug vor. *Gleitflieger* sind die Ulmenfrüchte mit ihrer großen, trockenen Flughaut. Bei geringer Luftbewegung erfolgt der Gleitflug in großen Kurven, während bei Wind die Flugbahn unregelmäßig ist. Die Früchte von Weißbuche, Ahornarten, Linden und Birken sind *Schraubenflieger*. Durch Drehung um sich selbst wird der Fall dieser Früchte wesentlich verlangsamt. Daher hat der Wind Gelegenheit, die Früchte wegzuwehen **(85,2)**. Die Drehung beginnt erst, nachdem sie eine gewisse Strecke durchfallen haben (etwa 50 cm bei der Hainbuche). Überhaupt versprechen die beiden erwähnten Flugarten nur bei genügender Fallhöhe einen Erfolg. Deshalb kommen sie nur bei höheren Bäumen vor. Über die Flugweite einiger Samen und Früchte unterrichtet Abbildung **85,3**. *Schirmflieger* sind die Samen von Weiden und Pappeln. Die kleinen, leichten Gebilde tragen einen Schopf von Samenhaaren, die Auswüchse der Samenschale sind. Schon ein leichter Luftzug kann sie weit übers Land führen. Dabei haben die Haare die Wirkung eines Fallschirms. Alle erwähnten Bäume erzeugen weit mehr Früchte und Samen als zur Erhaltung der Art notwendig sind. Bei einer Birke sind es Millionen! Viele Keime gelangen jedoch an keinen ihnen zusagenden Standort und gehen zugrunde.

Wie weit fliegen Früchte und Samen?

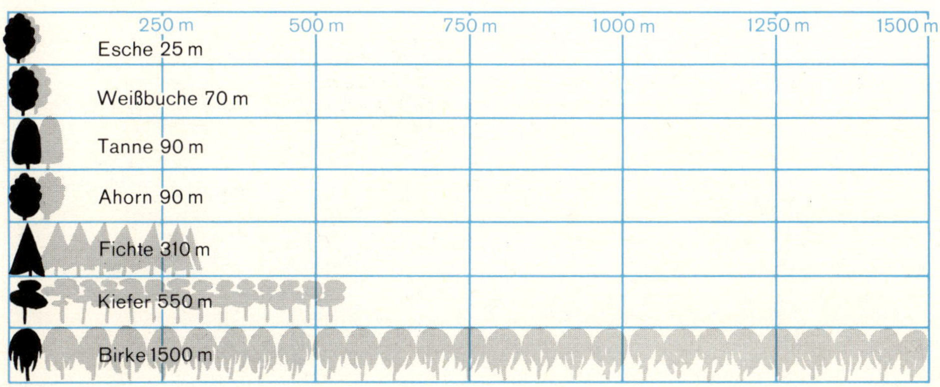

85,3

86–87 Bodenpflanzen des Waldes

Sauerklee (Oxalis acetosella). Im Nadel- und Buchenwald bedeckt ein zartes Pflänzchen oft weite Flächen **(86,1)**. Seine Blätter sind dreizählig und ähneln daher Kleeblättern **(86,2)**. Sie schmecken angenehm sauer, doch kann schon der Genuß von nur wenigen Gramm dieser Blätter schwere Vergiftungen hervorrufen. Wegen Form und Geschmack der Blätter heißt unsere Pflanze Sauerklee. Der Sauerklee ist eine ausgesprochene Schattenpflanze, kommt er doch mit weniger als 1% des vollen Sonnenlichts aus. Bei Besonnung senken sich die zarten Blättchen nach unten, wodurch die Wasserverdunstung herabgesetzt wird. Diese Stellung nehmen sie auch während der Nacht ein (Schlafstellung; **86,1**). Wenn wir eine Pflanze aus dem Boden nehmen, bemerken wir dünne, verzweigte, unterirdische Triebe, die waagrecht im Boden liegen und Wurzeln und kleine Blättchen tragen **(86,3)**. Es handelt sich um einen Wurzelstock. An seinem vorderen Ende sitzt hinter den Blättern eine Reihe rundlicher Gebilde. Diese sind Reste abgestorbener Blätter, die als Vorratsbehälter dienen. Der Wurzelstock wird etwa 5 Jahre alt und stirbt dann von hinten her ab. Dadurch werden die Seitenzweige selbständig (samenlose Vermehrung). Die weißen Frühjahrs-Blüten des Sauerklees **(86,1)** sind regelmäßig und fünfzählig. Mit dem Klee ist er also nicht verwandt! Seine Sommerblüten bleiben geschlossen, bestäuben sich selbst und bringen normale Früchte hervor. Diese sind fünffächerige Kapseln mit 1 bis 2 Samen in jedem Fach. Zur Zeit der Fruchtreife stehen die vorher nickenden Kapseln aufrecht **(86,5)**. Bei Berührung werden die Samen durch die Fruchtwand geschossen. Wie geht das vor sich? Der innere Teil des Samens ist hartschalig und von einem Schwellgewebe umgeben, das von einer Haut umschlossen wird. Diese platzt, wenn das Schwellgewebe durch Wasseraufnahme quillt. Durch rasches Umstülpen des Schwellgewebes wird nur der innere Teil des Samens abgeschossen **(86,4)**.

86

86,2

86,3

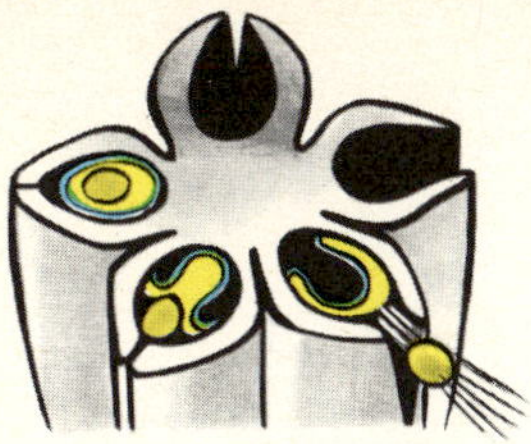

86,4

86,5

Heidelbeere (Vaccinium myrtillus). Die Heidelbeere finden wir als niedrigen Zwergstrauch überwiegend im Fichtenwald. Wie ein Teppich überzieht sie weithin den Waldboden **(86,6)**. Wo sie wächst, ist der Boden sauer. Die Heidelbeere kann den beschatteten Waldboden besiedeln, weil sie mit wenig Licht auskommt. Nur 5% des vollen Tageslichts genügen ihr. Die Pflanze gedeiht jedoch auch im vollen Sonnenlicht. Bei Pflanzen, die im Schatten wachsen, sind die eiförmigen Blättchen zart, bei Sonnenpflanzen dagegen derb und kleiner. Im Herbst werden sie abgeworfen. Die kantig gerieften Zweige des Strauches bleiben 5 bis 9 Jahre grün, dann bekommen sie eine Borke. Insgesamt kann der Strauch bis zu 28 Jahre alt werden. Erst nach mehreren Jahren kommt er zum Blühen. Dann bemerken wir im Frühjahr grüne, rot überlaufene, hängende Glöckchen, deren kurzer, gebogener Stiel in einer Blattachsel festgewachsen ist **(86,7)**. Die 5 Blütenblätter dieser Blüten sind bis auf dreieckige Zipfelchen zu einer kugeligen, krugförmigen Blumenkrone verwachsen, aus deren Öffnung der Griffel hervorragt. Zwischen Krone und Stiel sehen wir eine grünliche Anschwellung, den unterständigen Fruchtknoten. Die Staubbeutel (insgesamt 10) sitzen auf gebogenen Staubfäden und legen sich deshalb an den Griffel an **(86,8)**. Die Staubbeutelhälften sind zu einer Röhre ausgezogen, die sich vorne mit einer Pore öffnet. Außerdem tragen sie je einen hornartig gebogenen Fortsatz. Die Fortsätze versperren den Zugang zum Nektar, der am Grund der Blüte ausgeschieden wird. Nektarsammelnde Bienen und Hummeln hängen sich außen an die Blüten und stecken ihren Rüssel in die Blumenkrone. Dabei berühren sie mit dem Kopf die Narbe, mit dem Rüssel aber die Hörnchen. Die Staubblätter werden erschüttert, und aus den Poren der Staubbeutel fällt auf den Kopf des Besuchers Blütenstaub, den dieser bei der nächsten Blüte an der Narbe abstreift. Aus den blauschwarzen Beeren (Blaubeeren; **86,9**) bereitet man Kompott und Wein. Bei Durchfall wirken die Beeren heilend. Abbildung **86,10** zeigt die verwandte *Preiselbeere* (Vaccinium vitis-idaea).

86,7

86,8

86,9

86,10

87,1

87,2

87

Lebensbedingungen der Bodenpflanzen

Von großer Bedeutung für den Unterwuchs des Waldes sind die Lichtverhältnisse. Im Laubwald gelangen nur im Frühjahr vor der Belaubung und dann wieder im Herbst größere Lichtmengen auf den Boden, während er im Sommer von den Baumkronen beschattet wird. Pflanzen können dort nur wachsen, wenn sie diesen Lichtverhältnissen angepaßt sind. Welches sind solche Anpassungen? Manche Pflanzen, die Schattenpflanzen, kommen mit wenig Licht aus. Da Pflanzen das Sonnenlicht brauchen, um in ihren grünen Teilen Nahrung herstellen zu können, handelt es sich letztlich um Pflanzen mit bescheidenen Nahrungsbedürfnissen. Bezeichnend für Schattenpflanzen sind die zarten, oft großen Blätter **(87,1; 87,3; 87,4; 87,5; 87,10)**. Waldluft ist feucht, ein Verdunstungsschutz kann daher fehlen. Außerdem ist im windgeschützten Waldesinneren Festigungsgewebe nur in geringem Maße nötig. Andere Pflanzen machen ihre Hauptentwicklung im Frühjahr vor der Belaubung durch. Schon im April erscheinen Anemone, Scharbockskraut, Schlüsselblume und Waldveilchen (S. 21–23). **Im Mai, wenn der Wald sich zu belauben beginnt, blühen Maiglöckchen (87,1)**, Weißwurz **(87,3)**, Bärlauch **(87,4)**, Waldmeister **(87,7)**, Einbeere **(87,5)**, Flattergras **(87,10)**, Wald-Hainsimse **(87,11)** und Waldsegge **(87,12)**. Die Teufelskralle **(87,9)**, blüht erst im Juni. Bei einem Teil der Frühjahrspflanzen sterben die oberirdischen Teile im Sommer ab, so etwa bei Anemone, Schlüsselblume und Scharbockskraut. Andere, z. B. Waldmeister, Veilchen und Gräser setzen ihre Nahrungsansprüche herab und werden zu Schattenpflanzen. Efeu, Haselwurz und Immergrün **(87,6)** können mit ihren derben, lederigen Blättern den Winter überdauern. Diese immergrünen Gewächse nützen den Lichteinfall im Frühjahr und dann, nach einer sommerlichen Hungerzeit, im Herbst voll aus. Hin und wieder treffen wir

87,7

87,8

8

87,1: *Maiglöckchen (Convallaria majalis).* **87,2:** *Beeren des Maiglöckchens.* **87,3:** *Vielblütige Weißwurz (Polygonatum multiflorum).* **87,4:** *Bärlauch (Allium ursinum).* **87,5:** *Frucht der Einbeere (Paris quadrifolia).* **87,6:** *Immergrün (Vinca minor).*

im Wald die Nestwurz, eine blasse Pflanze, der das Blattgrün fehlt **(87,8)**. Sie kann daher auch keine Nahrung herstellen und ist folglich vom Licht unabhängig. In ihren nestartig verflochtenen Wurzeln leben Pilzfäden, die Humus abbauen. Dabei freiwerdende Nährstoffe werden der Nestwurz zugeführt. Außer der Nestwurz gibt es im Wald noch andere solche Humus- oder Fäulnisbewohner *(Saprophyten),* z. B. den Fichtenspargel **(117,5)**. Vier der abgebildeten Pflanzen, nämlich Maiglöckchen, Weißwurz, Bärlauch und Einbeere, gehören zu den Liliengewächsen. Der Name der Einbeere bezieht sich auf die einzige, blauschwarze, giftige Beere, die aus einer grünlichen Blüte mit je 8 Blüten- und Staubblättern hervorgeht. Bezeichnend für die Pflanze ist weiterhin ein Quirl aus 4 Blättern. Quirlständig sind auch die Blätter des Waldmeisters, der mit dem Labkraut verwandt ist. Man sammelt den Waldmeister vor der Blüte für die Maibowle. Von den Waldgräsern ist das Flattergras abgebildet. Die grasblattähnlichen Blätter der Hainsimsen sind lang bewimpert und daran zu erkennen. Die Sauergräser, von denen z. B. die Waldsegge im Wald zu finden ist, haben im Gegensatz zu den Süßgräsern knotenlose, meist dreikantige Stengel. Die 1 bis 2 obersten Ährchen der Waldsegge bestehen aus männlichen, die anderen aus weiblichen Blüten.

87,7: *Waldmeister (Asperula odorata).* **87,8:** *Die Nestwurz (Neottia nidus avis), ein Knabenkraut.* **87,9:** *Teufelskralle oder Rapunzel (Phyteuma spicatum).* **87,10:** *Flattergras (Milium effusum).* **87,11:** *Waldhainsimse (Luzula silvatica).* **87,12:** *Waldsegge (Carex silvatica).*

88

88 Pflanzen der Kahlschläge

Wir gelangen an einem schönen Sommertag aus dem Dämmerlicht des Waldes auf eine sonnenüberflutete Lichtung. Dort erfreuen uns Pflanzen mit lebhaft gefärbten Blüten. Wir hören das Summen von Bienen und Hummeln, und Falter fliegen gaukelnd von Blüte zu Blüte. Wie uns Baumstümpfe verraten, ist unsere Lichtung das Werk der Holzfäller. Solche künstlich geschaffenen Lichtungen heißen Kahlschläge **(88,1)**. Manchmal handelt es sich dabei um abgeräumte Wind- oder Schneebrüche.

Besiedlung der Kahlschläge. Bei einem Kahlhieb wird nicht nur das Holz entfernt, sondern auch der Unterwuchs vernichtet. Dies geschieht teils bei den Arbeiten auf dem Kahlschlag, 88
teils ertragen die zarten Schattenpflanzen das volle Sonnenlicht nicht und gehen zugrunde. Da der bloßgelegte Boden stark erwärmt wird, zersetzt sich der Humus rascher, und es kommt zu einer Anreicherung von Bodensalzen, besonders stickstoffhaltigen. Dabei ist der Boden verhältnismäßig feucht, weil der starke Wasserverbrauch der Bäume wegfällt. Auf einem solchen Boden kann sich eine üppige Flora lichtliebender Kräuter entwickeln. Im 1. Jahr stellen sich Pflanzen ein, die als Unkräuter auch sonst offene Standorte be-

88,1: *Kahlschlag mit Reitgras.* **88,2:** *Echtes Johanniskraut (Hypericum perforatum). Um Johanni (24. Juni) blüht die Pflanze.* **88,3:** *Das Fuchs-Greiskraut (Senecio fuchsii) gehört zu den strahlenblütigen Korbblütlern. Die gelben Blütenblätter der Strahlenblüten sind verhältnismäßig lang.* **88,4:** *Schmale, an Weidenblätter erinnernde Blätter und vierzählige Blüten mit roten Blütenblättern*

88,2

88,3

8

siedeln, so z. B. Vogelknöterich, Vogelmiere, Gemeines Greiskraut, Wegerich, Brennessel, Gräser. Im 2. Jahr folgen Disteln und Kletten, sowie Pflanzen lichter Waldstellen, die eigentlichen *Schlagpflanzen.* Zu ihnen gehören Königskerzen, Greiskräuter, Weidenröschen, Tollkirsche, Roter Fingerhut, Johanniskräuter und Reitgras **(88,1)**. Später erscheinen Walderdbeere und Sträucher, wie Himbeere, Brombeere, Schwarzer und Traubenholunder. Birken, Espen und Salweiden fassen als erste Bäume Fuß. Im Schutz dieser Pflanzen wachsen die ursprünglichen Waldbäume heran. Die lichthungrigen Schlagpflanzen verschwinden, und nach 30 bis 40 Jahren ist der alte Zustand wiederhergestellt. Woher kommen nun die Schlagpflanzen? Vielfach wachsen sie vereinzelt auf lichten Stellen, wie sie im Wald immer wieder vorkommen. Von dort gelangen sie durch Vermittlung von Wind oder Tieren (Beeren!) zum Kahlschlag. Vom Wald-Weidenröschen wissen wir, daß seine Samen jahrelang im beschatteten Waldboden ruhen können, ohne ihre Keimkraft einzubüßen. Bei allzu üppiger Entwicklung können zwar die Schlagpflanzen die jungen Waldbäumchen behindern, im allgemeinen erfüllen sie jedoch eine wichtige Aufgabe, da sie den Boden vor Abtragung, Auswaschung und Verhärtung schützen.

Schlagpflanzen. Unsere Bildleiste **(88,2–88,7)** zeigt einige häufige und bezeichnende Schlagpflanzen. Manche sind Heilpflanzen, wie etwa das *Echte Johanniskraut.* Gegen das Licht gehaltene Blätter weisen zahlreiche durchscheinende Punkte auf *(Tüpfelhartheu!).* Die Punkte rühren von Öltröpfchen her. Johanniskrautöl, ein ätherisches Öl, begünstigt die Wundheilung und wird bei Verdauungsstörungen eingenommen. Auf dem fünfblättrigen Kelch und den 5 gelben Blütenblättern finden sich schwarze Punkte und Striche, die beim Zerreiben einen roten Saft abgeben („Johannisblut"). Der *Rote Fingerhut* enthält ein Gift, das in kleinen Dosen ein Herzmittel ist. Stark giftig ist für uns auch die *Tollkirsche.* Aus bräunlichen, glockenförmigen Blüten gehen schwarze, glänzende Beeren hervor, die von Vögeln gefressen werden. Ihnen schadet das Gift nicht. Ins Auge geträufelt bewirkt es Pupillenerweiterung und findet daher bei Augenerkrankungen Verwendung. In kleinsten Mengen wirkt das Gift krampflösend und beruhigend.

und unterständigem Fruchtknoten kennzeichnen das Wald-Weidenröschen (Epilobium angustifolium). **88,5:** *Die schönen, glockenartigen Blüten des Roten Fingerhuts (Digitalis purpurea) stehen in einseitswendigen Trauben.* **88,6:** *Tollkirsche (Atropa belladonna).* **88,7:** *Königskerze (Verbascum). Königskerzen haben gelbe, zu langen Trauben oder Ähren vereinigte Blüten.*

89–90 **Waldkiefer** (Pinus silvestris)

Die Waldkiefer, Föhre oder Forche kommt bei uns im Wald vor. Auf mageren Sandböden in Norddeutschland bildet der äußerst genügsame Baum ausgedehnte, lichte Wälder. Wo der Boden arm und trocken ist, gibt es im Kiefernwald kaum Unterwuchs; wo er besser und feucht ist, gedeihen Heidekraut, Preißelbeere, Heidelbeere, Moose und andere Pflanzen. Bis zu 40 m hoch wird die Waldkiefer. Der mit einer rotbraunen *Borke* bedeckte Stamm trägt eine in der Jugend pyramidenförmige, im Alter schirmförmige, dunkelgrüne Krone **(89,1)**. Rasches Jugendwachstum ermöglicht dem ausgesprochenen *Lichtholz,* sich bald über die Bäume der Umgebung zu erheben. Mit einer tiefreichenden *Pfahlwurzel* und einem ausgedehnten Wurzelsystem ist die Kiefer im Boden verankert. Der große Wurzelraum ermöglicht ihr, selbst aus magerem und trockenem Boden genügend Nährsalze und Wasser zu entnehmen. An der Ostseeküste tragen Kiefern zur Befestigung der Sanddünen bei. Wir wollen bei der Kiefer unser Hauptaugenmerk auf Blüten und Blätter richten, die sich wesentlich von denen der Laubbäume unterscheiden. **89**

Blüten. Unser Baum blüht im Mai. Am Grund diesjähriger Triebe stehen die männlichen Blüten **(89,2)**. Die langgestreckte Blütenachse trägt unten 3 schuppenförmige Blättchen und in Schraubenlinie zahlreiche Staubblätter. Diese weisen auf ihrer Unterseite je 2 Pollensäcke auf, in denen sich der Blütenstaub oder Pollen befindet. Eine solche Blüte nennen wir *Zapfenblüte.* Rötliche, aufrechte, weibliche Zapfenblüten finden wir auf demselben Baum (einhäusige Pflanze), aber an der Spitze der jungen Triebe **(89,3)**. Die Stelle der Staubblätter nehmen bei ihnen Fruchtblätter oder *Fruchtschuppen* ein. Sie sitzen in den Achseln von *Deckschuppen,* die bei der Kiefer später verkümmern. Jede Fruchtschuppe trägt auf ihrer Oberseite 2 Samenanlagen **(89,3)**. Da diese nicht in einen Fruchtknoten eingeschlossen und daher auch die Samen nicht in einer Frucht geborgen sind, ist die Kiefer ein *Nacktsamer.* Die Bestäubung wird vom Wind besorgt. Aus den mit einem Längsriß sich öffnenden Pollensäcken fallen die Pollenkörner heraus. Durch zwei Luftsäcke wird die Flug-

89,1: *Kiefern verschiedenen Alters. Sie sind auch im Winter grün.* **89,2:** *Männliche Zapfenblüte, rechts Foto, links schematischer Längsschnitt; darunter Mikrofoto eines Pollenkorns. Es trägt links und rechts einen Luftsack. Dadurch wird die Flugfähigkeit erhöht.* **89,3:** *Weibliche Zapfenblüte, rechts Foto, links schematischer Längsschnitt; darunter Fruchtschuppe. Die Fruchtschuppe trägt auf ihrer Oberseite 2 nackte, nicht in einen Fruchtknoten eingeschlossene Samenanlagen. Aus ihnen gehen geflügelte Samen hervor* **(89,4)**. **89,5:** *Fruchtzapfen der Kiefer feucht (links) und trocken (rechts). Beim feuchten Zapfen liegen die Schuppen dicht aneinander, beim trockenen sind sie abgespreizt. Die Schließbewegung der Schuppen kann man beobachten, wenn man trockene, abgefallene Zapfen in Wasser legt. Beim Austrocknen erfolgt erneutes Abspreizen der Fruchtschuppen.*

89,2

fähigkeit des Pollens erhöht **(89,2)**. Er wird in solchen Mengen erzeugt, daß er oft Pfützen gelb färbt („Schwefelregen"). In dem auf die Bestäubung folgenden Frühjahr ist die Zapfenblüte zu einem grünen, hängenden Zäpfchen herangewachsen. Jetzt erst erfolgt die Befruchtung, also 1 Jahr nach der Bestäubung! Während des Sommers erreichen die Zapfen ihre volle Größe, und die Fruchtschuppen verholzen. Erst im Frühjahr des 3. Jahres spreizen sich bei trockenem Wetter die Zapfenschuppen **(89,5)**, und die geflügelten Samen fallen heraus **(89,4)**. Diese sind Schraubenflieger und werden vom Wind oft recht weit verweht **(85,3)**. Nach Ausstreuen der Samen fallen die Zapfen ab.

89,3

89,5

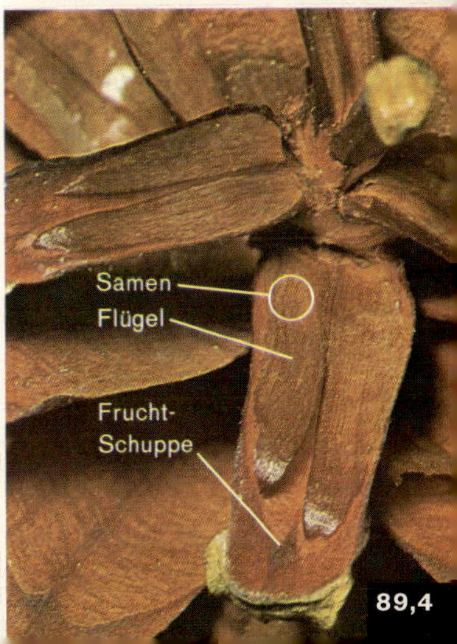

89,4

90,1: *Maitriebe der Kiefer.* **90,2:** *Langtrieb mit nadeltragenden Kurztrieben.* **90,3:** *Legföhre oder Latsche. Sie ist eine Abart der Bergkiefer (Pinus mugo), die als niedriges Knieholz an der Waldgrenze der Gebirge wächst. Da sie große Schneemassen festhält, schützt sie vor Lawinen.*

Blatt und Sproß. Die grünen Blätter der Waldkiefer sind lang und schmal. Derartige Blätter heißen *Nadeln.* Bäume, die wie die Waldkiefer Nadeln tragen, nennt man *Nadelhölzer.* Bei unserem Baum stehen immer 2 Nadeln paarweise beieinander. Ihr Querschnitt hat die Form eines Halbkreises. Jedes Paar sitzt auf einem kurzen Trieb, der unter normalen Umständen nicht mehr in die Länge wächst und nur zwei Nadeln hervorbringt **(90,2).** Es handelt sich um einen *Kurztrieb.* Die Kurztriebe sind Nebenzweige von *Langtrieben,* die Längenwachstum zeigen. Langtriebe tragen bei der Kiefer niemals Nadeln, wohl aber schmale, braune, am Rand ausgefranste Schuppen, in deren Achseln die Kurztriebe entspringen. Diese Schuppen kann man nur beobachten, bevor sich die jungen Triebe im Frühjahr in die Länge gestreckt haben. Sie umhüllen die jungen Triebe, die aufrecht an den Zweigenden stehen. Sobald sich diese im Mai strecken, brechen die Schuppen ab. Die Maitriebe stehen jetzt wie Kerzen an den Zweigenden **(90,1).** Noch sind die jungen Nadeln mit ihrer flachen Seite aneinandergelegt und von einer Scheide aus 5 bis 7 häutigen, weißen Blättchen umschlossen. Nachdem die wachsenden Nadeln die Scheide durchbrochen haben, geht sie zugrunde. Die Nadeln werden im Herbst nicht abgeworfen, sondern erreichen ein Alter von mehreren Jahren. Daher sind unsere Nadelhölzer, mit einer Ausnahme, immergrün. Dies ist möglich, weil die von einer derben Haut umschlossenen Nadeln dieser Nadelhölzer so wenig Wasser abgeben, daß sie nicht abgeworfen zu werden brauchen, denn auch im Winter geben Pflanzen Wasser an die Luft ab. Zu hoher Wasserverlust kann aber bei gefrorenem Boden nicht durch Wasseraufnahme ersetzt werden. Schwere Schädigungen oder gar der Tod wären die Folge.

Stamm. Wir wollen einen Kiefernstumpf betrachten, wie wir ihn im Wald finden **(90,4).** Bei einem groben Überblick unterscheiden wir Holz und Rinde. Beide sind durch einen Hohlzylinder aus einem weichen Gewebe, dem *Kambium,* voneinander getrennt. Das Holz zeigt auf dem Querschnitt eine Anzahl von Ringen, die jeweils einem Jahreszuwachs entsprechen und deshalb *Jahresringe* heißen. Ihr gemeinsames Zentrum ist das *Mark.* Schmale, radial verlaufende Bänder, die *Markstrahlen,* verbinden Holz und Rinde miteinander **(90,5).** Der äußere, teilweise verkorkte Teil der Rinde heißt Borke. Sie schützt den Baum vor Wasser-

90,4: *Kiefernstumpf. Die Jahresringe des Holzes entsprechen dem jährlichen Zuwachs. Durch Abzählen der Jahresringe kann man das Alter des entsprechenden Stammteils bestimmen. Der äußere Teil der Rinde ist eine Schuppenborke. Die Schnittfläche ist von ausgeflossenem Harz klebrig.*

verlust. Die tote *Borke,* die bei der Kiefer besonders dick ist, ist von Längsrissen durchzogen. Diese entstehen beim Dickenwachstum des Stamms, das vom Kambium ausgeht. Es bildet nach innen Holz, nach außen weiche Rinde, den *Bast.* Während das Holz dem Baum neben der Festigung zur Leitung von Wasser und Nährsalzen von der Wurzel zur Krone dient, wird im Bast vor allem von den Blättern erzeugter Zucker abwärts geleitet. Eine Wanderung dieser Stoffe in Querrichtung erfolgt in den Markstrahlen. Schließlich verlaufen im Holz zahlreiche harzführende Kanäle, die *Harzkanäle.* Bei Verwundung fließt Harz aus und bedeckt die Wunde. Kiefernholz wird als Bauholz, als Grubenholz und zur Herstellung von Papier verwendet.

Merkstoff. Die Waldkiefer ist ein genügsames Lichtholz, das auch auf armen Böden wächst. Der einhäusige Baum besitzt männliche und weibliche Zapfenblüten. Wegen des fehlenden Fruchtknotens ist er ein Nacktsamer. Aus den weiblichen Zapfenblüten entwickeln sich Zapfen mit verholzten Schuppen. Die Kiefer ist ein immergrüner Nadelbaum.

90,5: *Blockbild des Kiefernstammes. Das Bild zeigt die Bestandteile des Stamms in 3 verschiedenen Ansichten. An das Mark schließen sich nach außen die Jahresringe des Holzes mit Markstrahlen und Harzkanälen an. Nicht alle Markstrahlen beginnen am Mark. Der aufs Kambium folgende Bast bildet den inneren Teil der Rinde, der außen von der Borke umschlossen wird.*

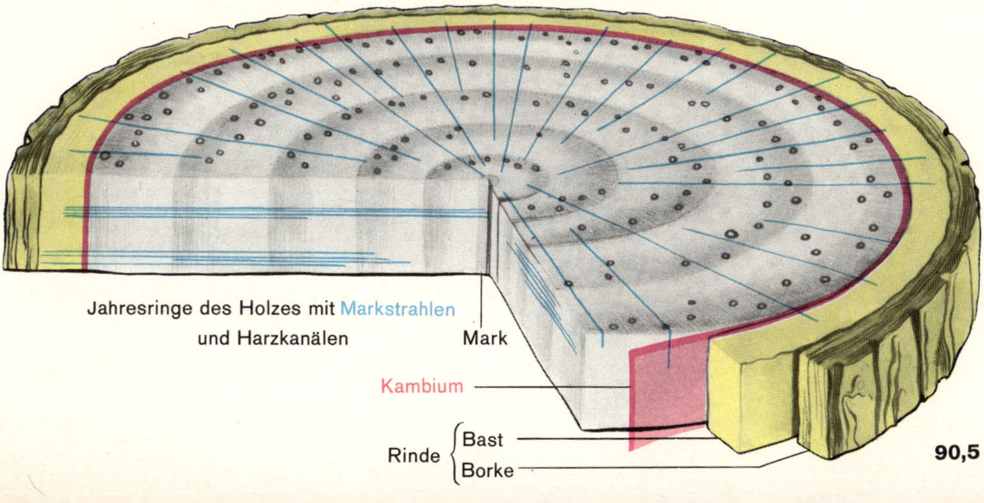

90,5

91,1

91 Fichte und Tanne

Die Fichte (Picea abies)

Die Fichte wird im Wald viel gepflanzt. Ursprüngliche Wuchsgebiete liegen in Nordeuropa und Sibirien und in Gebirgslagen über 900 m Höhe. Wie diese Verbreitung zeigt, stellt der Baum keine großen Wärmeansprüche. Außerdem nimmt

91 er auch mit geringerem Boden vorlieb.

Die Fichte zeigt, wie alle Nadelhölzer, einen übersichtlichen Aufbau **(91,1)**. Ein gerader Stamm strebt bis zur Kronenspitze empor. Von ihm abgehende Zweige bilden *Quirle* oder *Wirtel,* die stockwerkartig übereinander liegen. Dieser Aufbau beruht auf der Art des Längenwachstums. Die aus den Samen hervorgehenden Keimpflänzchen tragen an der Spitze mehrere (5–10) *Keimblätter*. Jedes Jahr wächst der Haupttrieb ein Stück in die Länge. Gleichzeitig bilden sich an seinem unteren Ende Seitentriebe, die sich auf ähnliche Weise wie der Haupttrieb verlängern und verzweigen **(91,9** und **91,10)**. Jedes Stockwerk des Baumes entspricht also einem Jahreszuwachs. Deshalb kann man durch Zählen der Stockwerke das Alter von Nadelhölzern bestimmen. Die Fichte kann 200 Jahre alt werden und dabei eine Höhe von über 50 m erreichen. Im freien Stand gewachsene Fichten tragen weit herunter Äste und weisen eine regelmäßige Krone von der Form eines spitzen Kegels

91,1: *Fichtenbestand.* **91,2:** *Tanne. Vergleiche die Wuchsformen!* **91,3:** *Weibliche und männliche Zapfenblüte der Fichte.* **91,4:** *Keimpflanze der Tanne mit Keimblättern.* **91,5:** *Fichtenzapfen hängen am Zweig.* **91,6:** *Tannenzapfen stehen aufrecht und werfen die Schuppen ab; die Zapfenspindel bleibt zurück.* **91,7:** *Fichtenzweig.* **91,8:** *Tannenzweig.* **91,9:** *Schema des Wachstums eines Nadelholzes.* **91,10:** *Wachstum eines Tannenzweigs. Der Zuwachs ist an den helleren Nadeln zu erkennen.*

91,3

91,

91,

91,2

91,4

91,6

auf. Im Bestand sterben jedoch die unteren Äste wegen Lichtmangel ab, da die Krone der *Schattenholzart* dicht ist. Die Fichte ist ein *Flachwurzler* und wird daher vom Sturm öfters umgeworfen. Man kann sie an der rotbraunen Borke (Rottanne) und an der Form der Nadeln erkennen. Diese sind vierkantig und spitzig und stehen nach allen Seiten ab **(91,7)**. Sie sitzen auf kleinen, braunen Höckern.
Wie die Kiefer hat auch die Fichte männliche und weibliche *Zapfenblüten* **(91,3)**. Die schon 1 Jahr nach der Bestäubung reifen geflügelten Samen werden im Frühjahr ausgestreut. Später fallen die hängenden Zapfen ab **(91,5)**.
Fichtenholz wird als Bauholz geschätzt. Auch Papier und Zellwolle kann man daraus herstellen. Schon die jungen Bäume finden Verwendung; man denke an die Christbäume und Bohnenstangen. Die gerbstoffhaltige Rinde liefert Gerberlohe zum Gerben von Tierhäuten.

Die Weißtanne (Abies alba)

Die Tanne braucht besseren Boden und mehr Wärme als die Fichte. Sie geht daher im Norden über die Mitteldeutsche Gebirgsschwelle nicht hinaus und klettert im Gebirge nicht über 900 m. Ihre Wuchsform gleicht in der Jugend der Fichte, im Alter wird die Krone jedoch walzenförmig **(91,2)**. Die Tanne ist im Gegensatz zur Fichte ein *Tiefwurzler*. Sie vermag ebenfalls im Schatten zu gedeihen. Ihre glatte Borke ist grau. Die Nadeln sind zu einem Stielchen verschmälert, das unten mit einer Scheibe am Ast sitzt. Obwohl die Nadeln an diesem allseitig angewachsen sind, kommt durch Drehung der Stielchen eine zweizeilige Anordnung zustande **(91,8)**. Tannennadeln unterscheiden sich von Fichtennadeln durch ihre breitere und flachere Form. Auf der Oberseite sind sie dunkelgrün gefärbt und weisen auf der Unterseite zwei weißliche, mit Wachs gefüllte Rinnen auf. Die Zapfen der Tanne, zwischen deren Fruchtschuppen die Deckschuppen herausschauen, stehen aufrecht. Bei der Zapfenreife fallen die Schuppen ab, nur die kahle Spindel bleibt stehen **(91,6)**. Das Holz der Tanne ist ein wertvolles Bauholz.

91,8

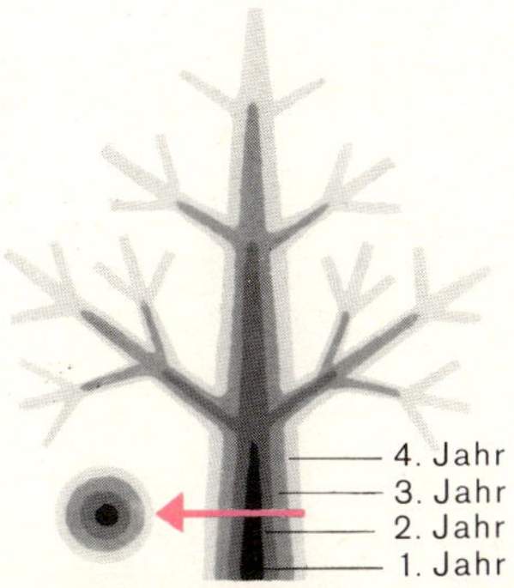

91,9

91,10

92 Lärche, Eibe und Wacholder

Lärche (Larix decidua). Die Lärche ist ein Hochgebirgsbaum, der in den Zentralalpen in der Nähe der Baumgrenze und in den Sudeten natürliche Wuchsgebiete hat. Da die Lärche vom Förster viel gepflanzt wird, finden wir sie heute auch in tieferen Lagen überall im Wald. Von ihrem bis zu 45 m hoch werdenden Stamm gehen die Zweige waagrecht ab **(92,1)**. Die lichte Krone weist den Baum als *Lichtholzart* aus. Im Gegensatz zu den anderen einheimischen Nadelhölzern wirft die Lärche ihre zarten Nadeln im Herbst ab, sie ist *sommergrün*. Jedes Frühjahr bilden *Kurztriebe* ein Büschel von hellgrünen Nadeln **(92,2)**. Auch die *Langtriebe* tragen im 1. Jahr Nadeln, die an ihnen aber nicht in Büscheln, sondern einzeln stehen. An älteren Zweigen finden sich gelbe, hängende, männliche *Zapfenblüten* und rötliche, aufrechte, weibliche *Zapfenblüten* **(92,2)**. Die aus diesen hervorgehenden eiförmigen Zapfen sind nur klein. Obwohl die Samen schon nach einem Jahr reif sind und ausgestreut werden, bleiben die Zapfen mehrere Jahre am Baum hängen. Wie man an gefällten Lärchen bemerken kann, ist der innere Teil des Holzes, das *Kernholz*, braunrot gefärbt. Die Farbe rührt von eingelagerten Gerbstoffen her, die das Kernholz besonders dauerhaft machen. Das Kernholz ist tot, nur die äußersten Jahresringe bestehen aus lebendem Holz, dem *Splintholz*, und dienen der Wasserleitung. Dies gilt auch für andere Hölzer. Lärchenholz ist als Bauholz geschätzt, besonders für die Innenausstattung von Wohnräumen. 92

Eibe (Taxus baccata). Eiben trifft man heute fast nur noch als Zierbäume in Parkanlagen an. Auch zur Pflanzung von Hecken ist die Eibe geeignet, weil sie nach dem Schnitt zahlreiche neue Triebe bildet. Sie ist ein einheimisches Gewächs, das früher häufig als niedriger Baum im Wald zu finden war. Als Schattenholz vermag sie Beschattung durch höhere

92,1: *Lärche im Sommer. Die Nadeln färben sich im Herbst gelb und werden abgeworfen. Am senkrechten Stamm gehen die Zweige fast waagrecht ab.* **92,2:** *Zweig der Lärche mit männlicher und weiblicher Zapfenblüte. Am Langtrieb sitzen Kurztriebe, die Nadelbüschel tragen.* **92,3:** *Zweig der Eibe mit Samen. Die weichen, flachen, spitzen Nadeln sind so gedreht, daß sie 2 Zeilen bilden. Der Same wird fast ganz vom becherförmigen Samenmantel bedeckt.* **92,4:** *Weide mit Wacholderbüschen. Beachte ihre Wuchsform!* **92,5:** *Zweig des Wacholders mit Beerenzapfen. Die stechenden Nadeln stehen in Quirlen aus 3 Nadeln. Der Beerenzapfen entsteht durch Verwachsung von 3 Blättern und umschließt 3 Samen.*

Bäume zu ertragen. Ihr langsames Wachstum und die Wertschätzung, die das zähe, federnde Holz genoß – man brauchte es für Bögen und Armbrüste –, mögen zum Rückgang der Eibe beigetragen haben. Die auf der Oberseite dunkler, auf der Unterseite heller grün gefärbten Nadeln sind flach und weich. Aus einer an der Spitze eines blattachselständigen Sprosses sitzenden Samenanlage geht ein Same hervor, der von einem roten Samenmantel umgeben ist und deshalb eine Beere vortäuscht **(92,3)**. Der fleischige Samenmantel schmeckt süß und ist als einziger Teil der Eibe nicht giftig. Vögel, die ihn fressen, verbreiten die Samen. Da die Pflanze zweihäusig ist, tragen nicht alle Bäume Samen.

Wacholder (Juniperus communis). Auf Weiden, Felsen, auf der Heide und in lichten Wäldern wächst ein strauchförmiges Nadelholz, der Wacholder. Seine Gestalt gleicht einer Pyramide oder Säule, die bis 10 m hoch werden kann **(92,4)**. Fassen wir einen Wacholderzweig fest an, so stechen uns die spitzen Nadeln. Deretwegen wird der Strauch auch von Weidetieren gemieden. Jeweils 3 blaugrüne Nadeln stehen in einem Quirl. Ein Teil der Sträucher – die Pflanze ist zweihäusig – trägt Beeren **(92,5)**. Wie kommt ein Nadelholz zu Beeren? An der Spitze kurzer Sprosse mit zahlreichen Schuppenblättern stehen über dem obersten Quirl 3 aufrechte Samenanlagen. Nach der Bestäubung verwachsen die 3 Blätter des obersten Quirls miteinander und schließen die reifenden Samen ein. Sie werden später fleischig und färben sich bei der Reife blau. Dieses Gebilde nennt man *Beerenzapfen*. An seinem Scheitel sind noch die Blattspitzen zu erkennen. Die Befruchtung erfolgt erst 1 Jahr nach der Bestäubung. Bis zur Reife vergehen 2 Jahre. Die „Beeren" regen Magen- und Darmtätigkeit an und werden zur Herstellung von Wacholderschnaps benützt.

Systematische Übersicht über die Nadelhölzer

Unterabteilung der Nacktsamer (Gymnospermae)	Holzgewächse, deren Samen und Samenanlagen frei (nackt) auf den Fruchtblättern sitzen.
Klasse der Nadelhölzer (Coniferae)	Immergrüne Bäume und Sträucher mit nadelförmigen (oder schuppenförmigen) Blättern.

Familie der Kieferngewächse (Pinaceae)	**Familie der Eibengewächse** (Taxaceae)	**Familie der Zypressengewächse** (Cupressaceae)
Männliche und weibliche Zapfenblüten. Holzige Zapfen mit geflügelten Samen. Kiefer, Fichte, Tanne, Lärche.	Samen vom Samenmantel umgeben. Eibe.	Zur Familie gehört der Wacholder, der quirlständige Nadeln und Beerenzapfen aufweist.

92,4

92,5

93 Die Heide

Als Heide bezeichnen wir hier eine Pflanzengesellschaft, wie sie von der Lüneburger Heide her bekannt ist. Dort herrscht ein niedriger Strauch, das Heidekraut, vor. Deshalb heißt unsere Heide auch *Zwergstrauchheide*. Wenn im Sommer das Heidekraut blüht, färbt sich die Heide rötlich **(93,1)**. Wacholderbüsche, die in großer Zahl zu finden sind, beleben das Bild der Heide. Für die Bienen ist das Heidekraut eine reich fließende Nektarquelle, weshalb sie vom Imker während des Sommers in die Heide gebracht werden. Daneben finden genügsame Schafe dort Nahrung. Unter ihnen sind die schwarzköpfigen Heidschnucken für diese Landschaft bezeichnend. **93**

So urwüchsig uns die Heide anmutet, so ist sie doch das Werk des Menschen, der den dort ursprünglich wachsenden Laubwald vernichtet hat. Weidevieh und Brand (zur Verjüngung des Heidekrauts) ließen den Jungwuchs der Bäume nicht aufkommen. Unter diesen Bedingungen entwickelt sich aber nicht überall eine Zwergstrauchheide. Ausschlaggebend ist das feuchte Klima, wie es wegen der Meeresnähe in Nordwestdeutschland herrscht. Zudem sagt der Sandboden dem Heidekraut zu. Unter diesem bildet sich Rohhumus, der im Gegensatz zum milden Humus sauer ist. Die Zersetzung der Pflanzenreste ist unvollständig. Reichliche Niederschläge und Humussäuren führen zu einer weitgehenden Auswaschung des Bodens, so daß fast nur der reine Sand übrigbleibt (Bleichsand). Tiefer im Boden fallen ausgewaschene Stoffe wieder aus und verkitten die Sandkörner zu festem, braunem bis schwarzem Ortstein **(93,7)**. Heute sind von der Heide nur noch Reste vorhanden. Durch Tiefpflügen wurde der Ortstein aufgebrochen und mit künstlichem Dünger der Boden verbessert. Auf dem so bearbeiteten Land legte man Äcker und Wiesen an oder pflanzte Wald. Die Zahl

93,1: *Heidelandschaft mit blühendem Heidekraut.* **93,2:** *Blühendes Heidekraut. Die Blüten stehen in Trauben.* **93,3:** *Heidekraut, Blütenlängsschnitt. Vier violette Kelchblätter umschließen die ebenso gefärbte Blumenkrone. Acht Staubblätter umgeben Fruchtknoten und Griffel, der samt der Narbe ein Stück weit aus der Blüte herausragt. Beachte die Fortsätze der Staubbeutel!* **93,4:** *Rollblatt des Heidekrauts, Querschnitt. Die Blattränder sind nach unten umgeschlagen.* **93,5:** *Glockenheide (Erica tetralix). Ihre Blütenglöckchen stehen in Dolden. Die Blütenblätter sind länger als der Kelch. Jeweils drei bis vier Blätter bilden einen Blattquirl. Die Pflanze kommt hauptsächlich auf moorigem Boden der Küstenebenen vor.* **93,6:** *Krähenbeere (Empetrum nigrum). Der Zwergstrauch hat immergrüne Rollblätter, rote Blüten und schwarzblaue, beerenartige Steinfrüchte. Wir finden ihn z. B. auf manchen ostfriesischen Inseln, in Hochmooren und in den Alpen.* **93,7:** *Ortsteinprofil. Auf die Rohhumusauflage (A_0, A_1) folgt nach unten der Bleichsand (A_2), der mit dem Ortstein (B) abschließt.*

93,2

93,3

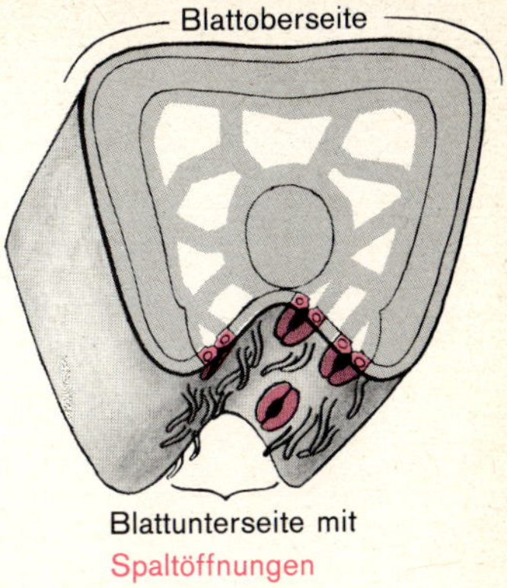

93,4

der Schafe ist von über $^3/_4$ Millionen vor 100 Jahren auf noch nicht 25 000 zurückgegangen. Um für die kommenden Geschlechter ein Stückchen Heide zu erhalten, hat man das Gebiet um den Wilseder Berg unter Naturschutz gestellt.

Heidekraut (Calluna vulgaris). Das Heidekraut wächst auch außerhalb der Heide auf kalkfreiem Boden, etwa in Magerrasen, Hochmooren und lichten Wäldern. Der Zwergstrauch ist immergrün. Seine niederliegenden oder aufrechten Sprosse tragen sehr kleine Blättchen. Sie sind in 4 Zeilen angeordnet und stehen am Hauptsproß weit auseinander, an den Seiten-

93 sprossen aber dicht beisammen **(93,2)**. Wie die Betrachtung eines Blatt-Querschnittes mit dem Mikroskop zeigt, sind die Blattränder nach unten eingerollt **(93,4)**. Das Blatt ist ein von einer derben Haut umgebenes Rollblatt. Solche Blätter findet man sonst bei Trockenpflanzen. Trotzdem ist die Wasserverdunstung nicht gering; sie kann aber bei Trockenheit eingeschränkt werden.

Obwohl die im August erscheinenden violetten Blüten nur klein sind, fallen sie doch durch Häufung in traubigen Blütenständen auf. Vier violette Kelchblätter verdecken die 4 kleineren, zusammengewachsenen Blütenblätter. Die acht Staubbeutel, die auf gebogenen Staubfäden sitzen, tragen je 2 Fortsätze, welche den Zugang zum Nektar versperren **(93,3)**. Sie werden daher von Blütenbesuchern berührt, und der Blütenstaub wird durch die Erschütterung aus den mit einem Längsriß sich öffnenden Staubbeuteln auf das Tier gestreut. Dieses streift ihn an der Narbe der nächsten Blüte ab. Aus dem oberständigen Fruchtknoten entsteht eine Kapsel, die sich mit 4 Klappen öffnet. Das Heidekraut hat der *Familie der Heidekrautgewächse* (Ericaceae), zu der auch Heidelbeere, Preißelbeere und Glockenheide gehören, den Namen gegeben.

93,5

93,6

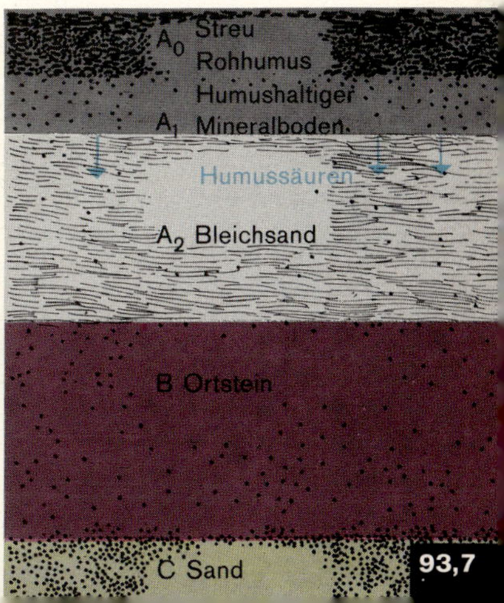

93,7

94

94–95 Der Wurmfarn (Dryopteris filix-mas)

Wo es im Wald schattig und feucht ist, wachsen Farne. An Bachufern und in Schluchten bilden sie oft ausgedehnte Bestände, die sich aus verschiedenen Farnarten zusammensetzen. An solchen Stellen finden wir häufig den Wurmfarn **(94,1)**, den wir hier eingehend betrachten wollen. **94**

Bau des Wurmfarns. Zunächst fallen uns seine großen, zarten Blätter auf, die man auch *Wedel* nennt. Da solche Blätter viel Wasser abgeben, verstehen wir, warum der Wurmfarn nur an feuchten Standorten gedeiht. Die Wedel tragen Fiedern, die nochmals gefiedert sind (doppelt gefiedertes Blatt – **94,4)**, wodurch die Blattfläche stark zerteilt ist. Die nach außen gebogenen Blätter stehen im Kreis und bilden einen Trichter **(94,4)**. Am Blattstiel sitzen dünne, braune Schuppen, die *Spreuschuppen*. Diese bedecken das junge Blatt in der Knospenlage, das darin wie eine Uhrfeder spiralig aufgerollt ist **(94,3)**. Beim Wachstum, das nicht wie bei den Blütenpflanzen von der Blattbasis, sondern von der Blattspitze ausgeht, entrollen sich die Blätter. Graben wir den Farn aus, so bemerken wir einen dicken, waagrecht oder leicht schräg im Boden liegenden Pflanzenteil **(94,2)**. Stielreste abgestorbener Blätter weisen ihn als Erdstamm oder *Wurzelstock* aus. An diesem entspringen zahlreiche

94,2

94,3

9

faserartige Wurzeln, die Wasser und Bodensalze aufnehmen. Alljährlich wächst der Wurzelstock am Vorderende in die Länge und bildet dabei neue Blätter, am Hinterende stirbt er ab.

Fortpflanzung. Auf der Unterseite mancher Wedel von älteren Farnpflanzen sitzen zahlreiche grünliche, nierenförmige Blättchen, die man *Schleier* nennt **(94,5)**. Sie werden später braun und schrumpfen. Dann werden unter ihnen sehr kleine braune Körperchen sichtbar (Lupe!), die, da mehrere beieinander stehen, an ein winziges Sandhäufchen erinnern **(94,6)**. Diese Körperchen sind Kapseln, welche ein feines, braunes Pulver enthalten (Wedel mit reifen Kapseln auf weißes Papier legen!). Das Pulver besteht aus runden Gebilden, den *Sporen*. Danach heißen die Kapseln *Sporenkapseln* und die Häufchen *Sporenkapselhäufchen*. Die Abbildungen **94,7** und **94,8** zeigen einen vergrößerten Schnitt durch ein solches Sporenkapselhäufchen. Die Kapseln sitzen mit ihren Stielen auf einem Blatthöcker, auf dem außerdem der Schleier angewachsen ist. Über einen Teil der Kapsel zieht sich eine leistenartige Erhebung hin, der Ring **(94,9)**. Sobald die Sporenkapsel reif ist, zieht sich der Ring zusammen, krümmt sich nach rückwärts und reißt die Kapsel an einer vorgebildeten Stelle auf **(94,10)**. Dabei bleibt der obere Teil der Kapsel samt Sporen am Ring hängen und wird mitgenommen. Schließlich wird die Spannung zu groß, der Ring schlägt ruckartig nach vorne. Bei dieser Bewegung werden die Sporen weggeschleudert und können nun vom Wind fortgeweht werden. Wie sich bei starker Vergrößerung mit dem Mikroskop zeigt, bestehen die Sporen im wesentlichen aus von einer Hülle umschlossenem Eiweiß. Ähnliche Gebilde bauen alle Teile der Pflanzen auf. Man nennt sie *Zellen*. Bei den Sporen kann es sich demnach nicht um Samen handeln, da diese bekanntlich einen Keimling enthalten. Samen werden außerdem nur in Blüten gebildet, die Sporen jedoch sind nicht aus einer Blüte hervorgegangen.

Sporen, die vom Wind an eine beschattete, feuchte Stelle geweht werden, keimen. Dabei entwickelt sich jedoch nicht etwa eine neue Farnpflanze, sondern ein nur wenige Millimeter großes grünes, herzförmiges, blattartiges Pflänzchen, das dem Boden aufliegt. Es heißt *Vorkeim* und ist mit Wurzelhaaren, die auf seiner Unterseite entspringen, im Boden

94,1: *Bestand des Wurmfarns.* **94,2:** *Wurzelstock mit sproßbürtigen Wurzeln und Blattstielresten.* **94,3:** *Junge, noch spiralig aufgerollte Blätter (Knospenlage).* **94,4:** *Wurmfarn von oben. Die Wedel sind doppelt gefiedert.* **94,5:** *Wedelunterseite mit nierenförmigen Schleiern.* **94,6:** *Sporenkapselhäufchen.* **94,7** *und* **94,8:** *Schnitt durch ein Sporenkapselhäufchen. Auf einem Blattauswuchs entspringen die Stiele der Sporenkapseln. Diese werden vom Schleier umhüllt.* **94,9** *und* **94,10:** *Sporenkapsel geschlossen und geöffnet. Der Ring besorgt das Öffnen der Kapsel.*

94,5

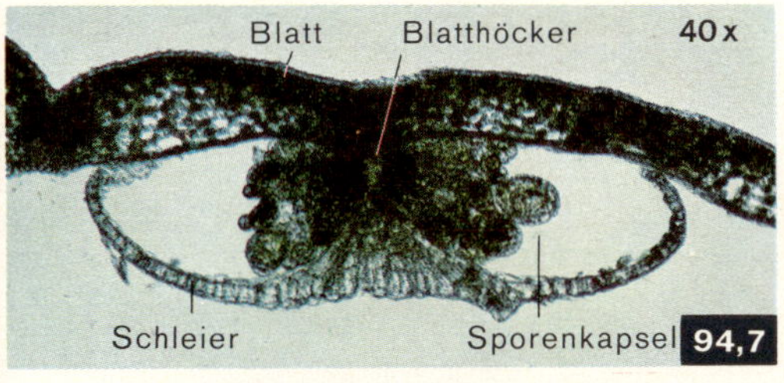

94,7

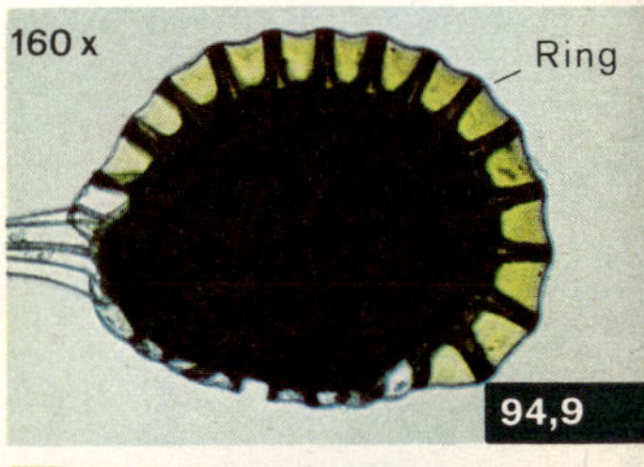

94,9

94,6

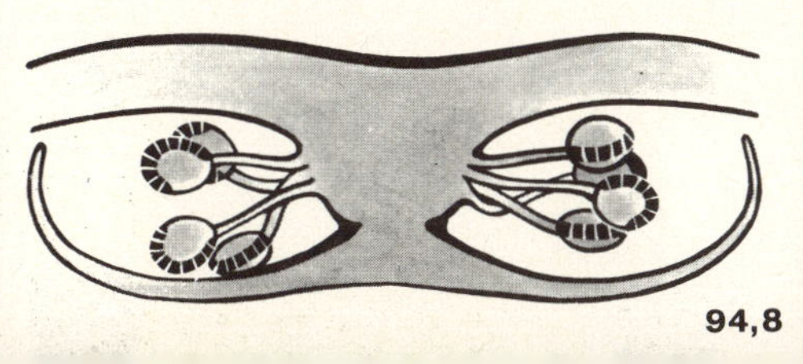
94,8

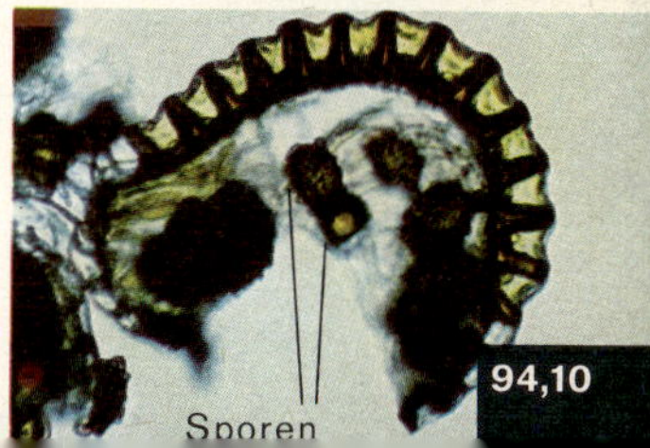

94,10

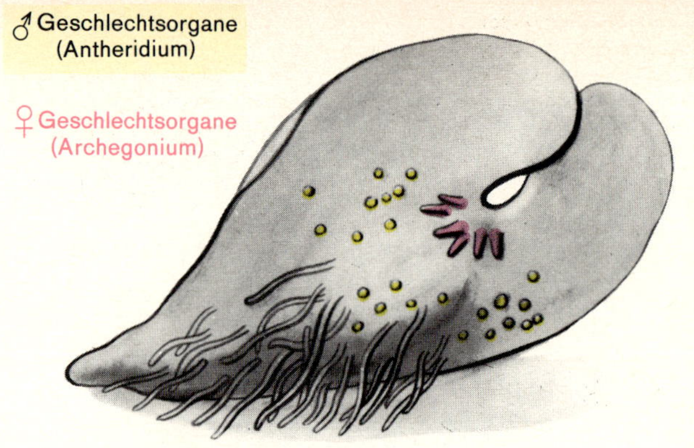

95,

95,1: *Vorkeim des Wurmfarns. Das herzförmige Pflänzchen ist nur wenige Millimeter groß.* **95,2:** *Vorkeim von unten mit Wurzelhaaren, sowie männlichen und weiblichen Geschlechtsorganen.* **95,3:** *Befruchtungsvorgang. Der spiralig aufgewundene Schwärmer schwimmt mit seinen Geißeln zur Eizelle.* **95,4:** *Vorkeim mit junger Farnpflanze, die aus einer befruchteten Eizelle entstanden ist.*

verankert **(95,1)**. Auf seiner Unterseite stehen spitzenwärts außerdem kugelige Organe **(95,2)**, die bei der Reife aufspringen und rundliche Zellen entlassen. Aus ihnen schlüpft nach einiger Zeit ein spiralig gewundener, mit vielen Geißeln versehener *Schwärmer* **(95,3)**. Mit Hilfe der Geißeln schwimmt er zu flaschenförmigen Organen in der Mitte der Vorkeimunterseite. Der Flaschenbauch birgt eine große Zelle, die *Eizelle*. Durch ausgeschiedene Äpfelsäure angelockt, schwimmt der Schwärmer durch den Flaschenhals zur Eizelle und vereinigt sich mit ihr **(95,3)**. Die Eizelle ist jetzt befruchtet und entwickelt sich zu einer neuen Farnpflanze, die zunächst noch vom Vorkeim ernährt wird **(95,4)**. Dieser geht später zugrunde. Der Vorkeim besitzt zwar mehrere Eizellen, doch entsteht nur aus einer von ihnen eine junge Farnpflanze.

Die *Verschmelzung* des beweglichen Schwärmers mit der unbeweglichen Eizelle ist ein *Geschlechtsvorgang*. Dabei ist der Schwärmer die männliche Geschlechtszelle, die Eizelle die weibliche. Immer dann, wenn zwei Geschlechtszellen miteinander verschmelzen, sprechen wir von *geschlechtlicher Fortpflanzung*. Der Vorkeim weist geschlechtliche Fortpflanzung auf, er stellt die *geschlechtliche Generation* des Wurmfarns dar. Die Farnpflanze, die ihre Sporen auf ungeschlechtliche Weise erzeugt, ist die *ungeschlechtliche Generation*. Bei der Entwicklung des Wurmfarns folgt immer auf die geschlechtliche Generation die ungeschlechtliche und umgekehrt. Dieser gesetzmäßige Wechsel der beiden Generationen heißt *Generationswechsel* **(95,5)**.

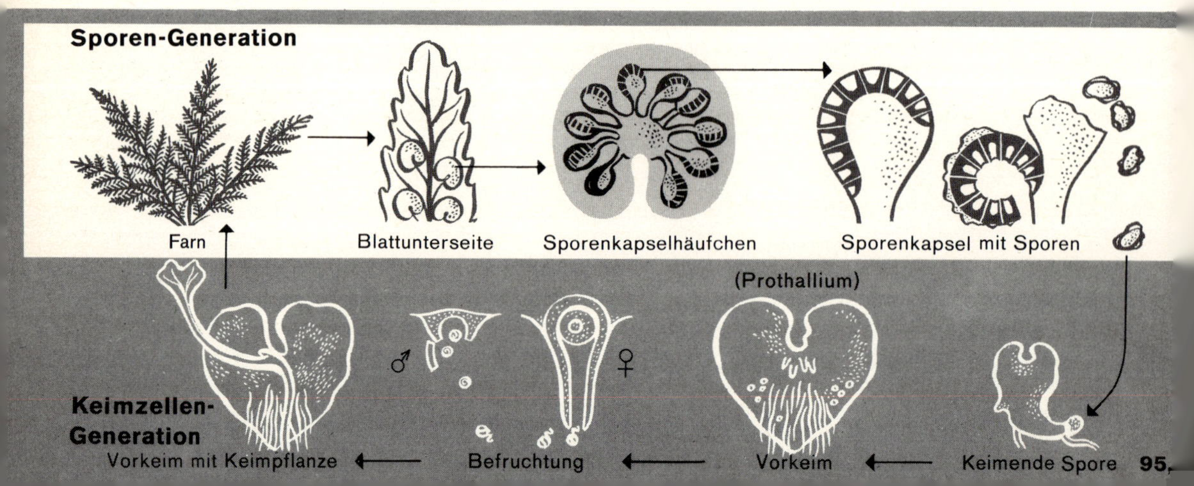

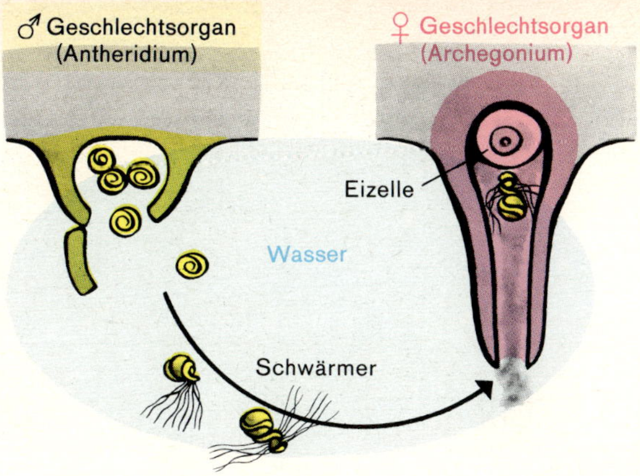

95,3

95,4

Befruchtung bei den Blütenpflanzen. Nachdem wir das Wesen der Befruchtung beim Wurmfarn kennengelernt haben, wollen wir uns der Befruchtung bei den Blütenpflanzen zuwenden **(95,6)**. In der Höhlung des Fruchtknotens befinden sich eine bis viele *Samenanlagen.* Jede Samenanlage wird von einer oder zwei Hüllen umschlossen und beherbergt in ihrem Innern eine Eizelle. Bei der Bestäubung gelangen *Pollenkörner* auf die Narbe. Sie werden dort von der meist warzigen und klebrigen Oberfläche festgehalten. Die Pollenkörner keimen und bilden dabei einen *Pollenschlauch,* der durch den Griffel hindurchwächst und bis zur Eizelle vordringt. Er öffnet sich jetzt an der Spitze, und ein Teil seines austretenden Inhalts vereinigt sich mit der Eizelle. Dieser Vorgang ist die *Befruchtung.* Die befruchtete Eizelle wächst zu einem kleinen Pflänzchen, dem *Keimling,* heran. Außerdem wird in der Samenanlage oft ein Nährgewebe gebildet. Doch können Nährstoffe, wie bei Bohne und Walnuß, auch in den *Keimblättern* gespeichert werden. Aus der Samenanlage ist ein *Same* geworden, der von der *Samenschale* umschlossen wird. Diese entsteht aus den Hüllen der Samenanlage. Bis zur Keimung befindet sich der Same im Ruhezustand. Gleichzeitig bildet sich aus dem *Fruchtknoten* die *Frucht,* die die Samen bis zur Reife einschließt und bei ihrer Verbreitung mitwirkt.

Merkstoff. Der Wurmfarn besitzt einen Wurzelstock, der Faserwurzeln und einen Blatttrichter aus doppelt gefiederten Blättern trägt. Die Farnpflanze bringt Sporen hervor, aus denen Vorkeime entstehen. Diese erzeugen in männlichen und weiblichen Geschlechtsorganen Schwärmer und Eizellen. Die Vereinigung von Schwärmer und Eizelle heißt Befruchtung. Der Wurmfarn weist einen Generationswechsel auf. Auch in den Samenanlagen der Blütenpflanzen befinden sich Eizellen, die vom Pollen befruchtet werden.

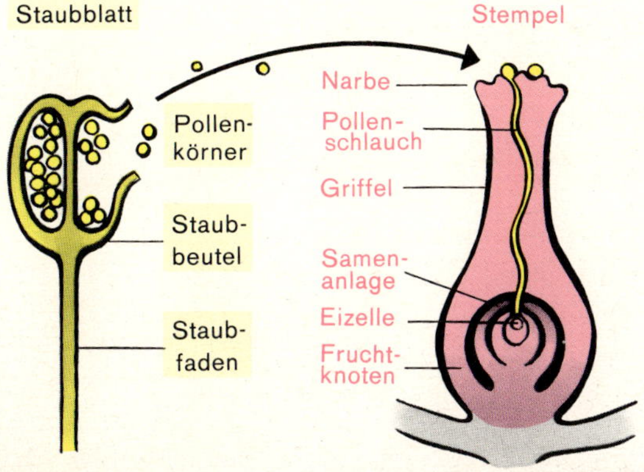

95,6

95,5: *Der Generationswechsel des Wurmfarns. Auf weißem Grund ist die sporenbildende ungeschlechtliche Generation dargestellt, auf grauem Grund die geschlechtliche.* **95,6:** *Befruchtung bei Blütenpflanzen. Die auf der Narbe keimenden Pollenkörner treiben einen Keimschlauch zur Eizelle in der Samenanlage.*

96 Weitere Farne

Als Beispiel für einen Farn haben wir den Wurmfarn betrachtet, dessen Name auf der Verwendung des Wurzelstocks als Bandwurmmittel beruht. Wir wollen einige weitere einheimische Farne kennenlernen und dabei auf ihre Merkmale und ihren Standort achten. In ihrer Entwicklung gleichen sie

96,1: *Hirschzunge (Phyllitis scolopendrium). Der Name Hirschzunge bezieht sich auf die zungenförmigen, immergrünen Blätter. Auf der Blattunterseite sitzen Sporenkapseln in schmalen, längs der Seitenrippen verlaufenden Streifen. Die schattenliebende Pflanze kommt in feuchten Schluchten vor. Sie ist vollkommen geschützt.* – 96
96,2: *Rippenfarn (Blechnum spicant). Die einfach gefiederten Blätter des Rippenfarns erinnern an vom Brustbein abgehende Rippen. Nur die aufrechten sommergrünen Blätter erzeugen Sporen, nicht aber die immergrünen Blätter der Rosette. Die in feuchten Fichtenwäldern wachsende Pflanze darf nicht gesammelt werden.*

96,3: *Tüpfelfarn (Polypodium vulgare). Die einfach gefiederten Blätter des Tüpfelfarns überwintern. Auf ihrer Unterseite sind rundliche, schleierlose Sporenkapselhäufchen, auf die der Name der Pflanze hinweist. Der Farn wächst in lichten und steinigen Wäldern, auf moosigen Bäumen und Baumwurzeln.* – **96,4:** *Unten Ausschnitt vom Wedel des Dornfarns (Dryopteris austriaca) und oben vom Wedel des Wald-Frauenfarns (Athyrium filix-femina). Beide Farne zeigen große Ähnlichkeit mit dem Wurmfarn, zumal auch ihre Blätter in Rosetten stehen und mehrfach gefiedert sind. Doch laufen beim Dornfarn die Zähnchen der Fiederchen in eine Stachelspitze aus, und beim Frauenfarn sind die Fiederchen zierlicher. Im Zweifelsfall kann man den Frauenfarn an den länglichen oder hufeisenförmigen Sporenkapselhäufchen erkennen. Beide Farne wachsen in Laub- und Nadelwäldern. Früher wurde der Frauenfarn von den Kräutersammlern für das Weibchen des Wurmfarnes gehalten.* – **96,5:** *Adlerfarn (Pteridium aquilinum). Die Wedel des Adlerfarns stehen einzeln und werden bis zu 4 m hoch. Sie sind zwei- bis drei-*

96,5

alle dem Wurmfarn. Die Farne bilden eine *Klasse* für sich, deren Angehörige in allen Erdteilen verbreitet sind. Besonders zahlreich sind die Farne in den Tropen. Neben krautigen Pflanzen gibt es baumförmige (Baumfarne). Manche Farne sind Kletterpflanzen, und andere wachsen als „Überpflanzen" auf Bäumen. Farne treten seit dem Erdaltertum auf, also seit über 300 Millionen Jahren.

fach gefiedert und verhältnismäßig derb. Unter dem umgebogenen Rand der Fiederchen sind die Sporenkapseln verborgen. Der auf Waldlichtungen und Weiden vorkommende Farn ist ein Sandzeiger. – **96,6:** *Brauner Streifenfarn (Asplenium trichomanes). Die Bezeichnung Streifenfarn bezieht sich auf die länglichen Sporenkapselhäufchen auf der Unterseite der einfach gefiederten Blätter. Der die rundlichen bis länglichen Fiederchen tragende Stiel ist schwarzbraun. Der Farn findet sich in Fels- und Mauerspalten. –* **96,7:** *Mauerraute (Asplenium ruta-muraria). Streifenförmige Sporenkapselhäufchen auf der Unterseite der dreieckigen bis länglichen Blätter, die zwei- bis dreifach gefiedert sind, weisen die Pflanze als Streifenfarn aus. Die Mauerraute besiedelt kalkhaltige Fels- und Mauerspalten. –* **96,8:** *Sprossender Bärlapp (Lycopodium annotinum). Diese Pflanze gehört zur Klasse der Bärlappgewächse. Bärlappgewächse waren schon im Erdaltertum vorhanden und wiesen zur Steinkohlenzeit sogar baumartige Vertreter auf. Unser Pflänzchen ist ein immergrünes Gewächs, das mit seinem Stengel am Boden dahinkriecht („Schlangenmoos"). Der Stengel trägt zahlreiche abstehende Blättchen und ist mit verzweigten sproßbürtigen Wurzeln im Boden befestigt. Am Ende aufsteigender Zweige sind kleine Blättchen zu Ähren gehäuft. Diese Blättchen tragen am Grund ihrer Oberseite eine viele Sporen enthaltende Sporenkapsel. Aus den Sporen geht ein unterirdisch lebender Vorkeim mit männlichen und weiblichen Geschlechtsorganen hervor. Die befruchtete Eizelle entwickelt sich zur sporenerzeugenden Generation. Der Bärlapp weist wie die Farne einen Generationswechsel auf. Für alle einheimischen Bärlapparten besteht Sammelverbot.*

96,6

96,7

96,8

97,1

97 Ackerschachtelhalm und andere Schachtelhalme

Der Ackerschachtelhalm (Equisetum arvense)

Frühjahrs- und Sommertrieb. Im Frühjahr wächst auf Äckern, auf Wiesen und an Wegen eine eigenartige bräunliche Pflanze **(97,6)**. Es handelt sich um den *Frühjahrstrieb* des Ackerschachtelhalms. An seinen Stengelknoten stehen quirlförmig angeordnete Blättchen, die unten zu einer die hohlen Stengelglieder umgebenden Scheide verwachsen sind. Von dieser Einschachtelung der Stengelglieder in die Scheiden mag wohl der Name der Pflanze herrühren. Zieht man am Stengel, so bricht er meist dicht über dem Knoten ab, weil sich dort weiche Wachstumszonen befinden. Da der Frühjahrstrieb kein Blattgrün besitzt, kann er die zum Wachstum nötigen Bau- und Nährstoffe nicht selbst herstellen. Graben wir jedoch im Boden nach, so bemerken wir einen kriechenden, bewurzelten *Erdsproß* **(97,5)**. An diesem sitzen als Vorratsbehälter zu Knollen verdickte kurze Seitentriebe. Woher kommt aber deren Inhalt? Im Sommer, wenn der Frühjahrstrieb abgestorben ist, bildet der Erdsproß grüne *Sommertriebe,* von denen die Nahrungsvorräte stammen **(97,1)**. Diese Sommertriebe tragen an den Knoten einen Quirl von Seitenzweigen, die die Scheiden durchbrechen und oft nochmals verzweigt sind. Die Pflanzen fühlen sich rauh an. In der den Stengel nach außen abschließenden Haut ist nämlich Kieselsäure (Stoff der Sandkörner) eingelagert. Die harten Sommertriebe verwendete man früher zum Reinigen von Zinngeschirr (Zinnkraut). 97

Fortpflanzung. Das obere Ende des Frühjahrstriebs schließt oben mit einem kolbenförmigen Gebilde ab, das von zahlreichen sechseckigen, einfüßigen Tischchen gleichenden Blättern gebildet wird **(97,7)**. Die 6 von der Unterseite der „Tischplatte" herabhängenden, sackartigen *Sporenkapseln* **(97,8)** öffnen sich innen mit einem Längsriß und entlassen grüne, kugelige *Sporen.* An den Sporen sind 2 sich kreuzende Bänder angewachsen, die im feuchten Zustand spiralig um die Spore gewickelt sind, im trockenen sich jedoch spreizen **(97,9** und **97,10)**. Die Bänder verhaken sich ineinander, und so werden vom Wind ganze Sporengruppen verbreitet **(97,11)**. Dies ist wegen der Befruchtung von Bedeutung, weil aus den äußerlich gleichen Sporen teils männliche, teils weibliche *Vorkeime* hervorgehen, die

97,5

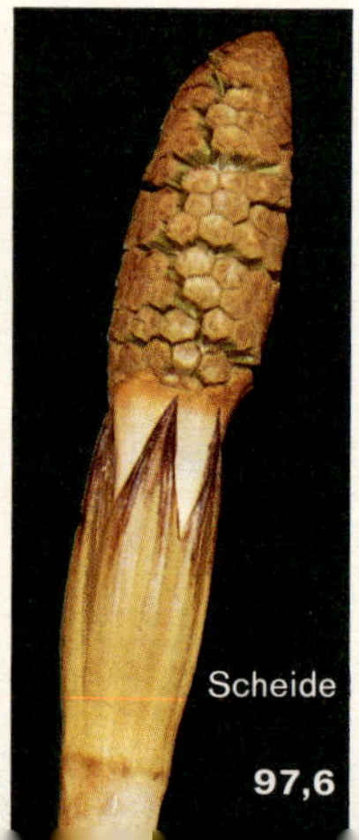

97,6

97,7

97

97,2

97,3

97,4

97,1: *Grüner Sommertrieb des Ackerschachtelhalms.* **97,2:** *Riesenschachtelhalm (Equisetum maximum). Er kommt in der Regel im Wald, selten auch außerhalb des Waldes vor, und zwar an feuchten Stellen, auf denen er oft ganze Bestände bildet.* **97,3:** *Waldschachtelhalm (Equisetum silvaticum). Sein Frühjahrstrieb ergrünt und treibt Seitensprosse. Waldpflanze.* **97,4:** *Teichschachtelhalm (Equisetum fluviatile) bevorzugt schlammige Standorte.* **97,5–97,12:** *Alle Abbildungen gehören zum Ackerschachtelhalm.* **97,5:** *Erdsproß.* **97,6** *und* **97,7:** *Sporenkapselntragende Blätter am Ende des Frühjahrstriebs.* **97,8:** *Geöffnete Sporenkapseln.* **97,9:** *Trockene Spore.* **97,10:** *Feuchte Sporen.* **97,11:** *Gruppe von Sporen, die mit ihren Bändern ineinander verhakt sind und dadurch gemeinsam vom Wind verbreitet werden.* **97,12:** *Männliche und weibliche Vorkeime mit Geschlechtsorganen.*

nur männliche bzw. weibliche Geschlechtsorgane hervorbringen. Die Vorkeime sind stark zerlappte, grüne Pflänzchen. Die *Befruchtung* erfolgt wie beim Wurmfarn **(97,12)**. Auch die Ackerschachtelhalme weisen einen *Generationswechsel* auf.

Weitere Schachtelhalme

Systematische Stellung. Der Ackerschachtelhalm gehört mit anderen Arten (z.B. **97,2–97,4)** zur *Gattung Schachtelhalm,* der einzigen Gattung der *Familie der Schachtelhalmgewächse,* die allein eine Ordnung bildet. Die heute lebenden Schachtelhalme sind Überreste einer einst formenreichen Klasse, die zur Steinkohlenzeit auch Bäume aufwies und die bei der Bildung der Steinkohle einen beträchtlichen Anteil hatte.

Merkstoff. Aus den Sporen des Ackerschachtelhalms geht die geschlechtliche Generation hervor (männliche und weibliche Vorkeime). Die befruchtete Eizelle wächst zur sporenerzeugenden ungeschlechtlichen Generation mit Frühjahrstrieb und Sommertrieb heran.

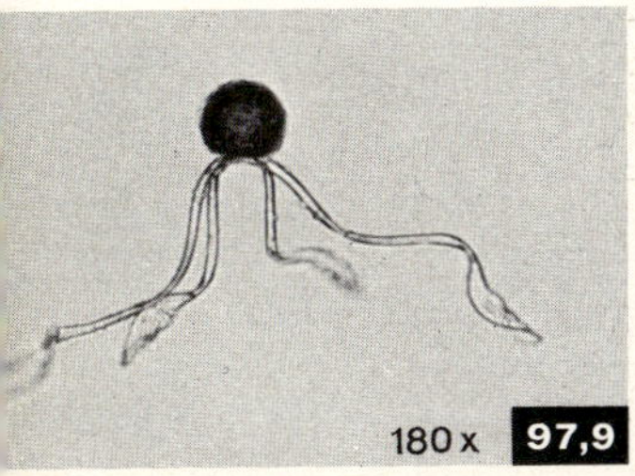
180 x
97,9

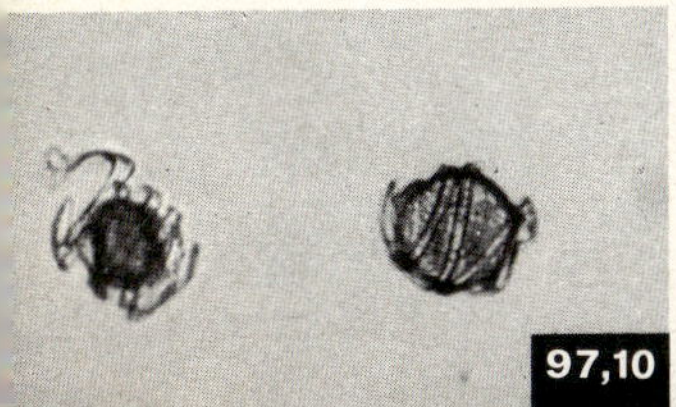
97,10

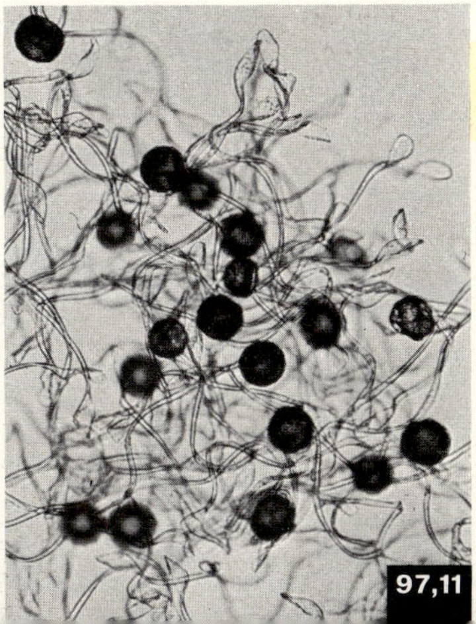
97,11

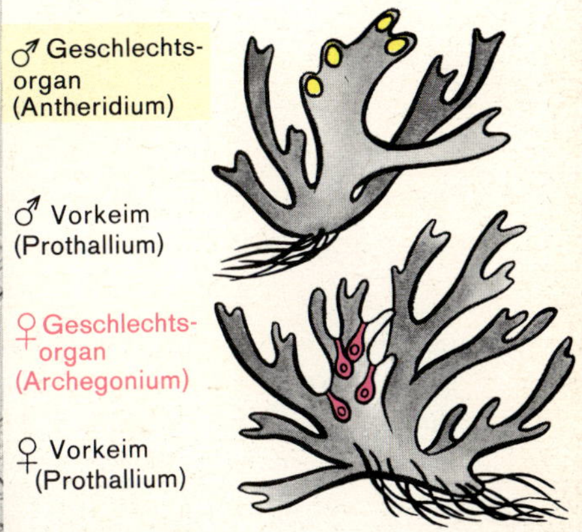

97,12

98,1

98 Das Waldbürstenmoos (Polytrichum attenuatum)

Vorkommen und Sproß. Vom Herbst bis zum Frühjahr, solange im Wald die Kräuter zurücktreten, beherrschen die reizvollen Moose das Bild des Waldbodens. Besonders im Nadelwald stoßen wir häufig auf ausgedehnte Moospolster, die fast einer Ansammlung kleiner Nadelbäumchen gleichen **(98,1)**. Es sind Polster des Waldbürstenmooses. Der aufrechte Stengel dieses Mooses trägt zahlreiche, schmale, dreieckige Blättchen mit gezähntem Rand. Sie haben keinen Blattstiel und sitzen in einer Spirale am Stengel **(98,3)**. Wie sich bei der Betrachtung eines Blattquerschnitts mit dem Mikroskop zeigt, verlaufen auf der Blattoberseite zahlreiche grüne, dünne Längslamellen **(98,2)**. In diesen Lamellen wird bei Belichtung Stärke erzeugt. Bei Trockenheit falten sich die Blättchen der Länge nach zusammen, wodurch die Lamellen vor Austrocknung geschützt werden. Am unteren Ende des Moosstämmchens finden sich verzweigte Wurzelhaare. Diese verankern die Pflanze im Boden. Richtige Wurzeln wie bei den Höheren Pflanzen fehlen den Moosen. Wasser wird hauptsächlich von den Blättern aufgenommen. **98**

Fortpflanzung. Im Frühjahr und Frühsommer bilden bei einem Teil der Moospflänzchen die obersten Blätter ein Körbchen („Moosblüte"; **98,4; 98,9**). Im Körbchen stehen schlauchartige *männliche Geschlechtsorgane*. Bei anderen Moospflanzen neigen sich die Blättchen an der Spitze knospenartig zusammen. Sie umschließen die flaschenförmigen *weiblichen Ge-*

98,5: *Von der Haube bedeckte Mooskapsel.* **98,6:** *Gedeckelte Kapsel ohne Haube.* **98,7:** *Am Rand des die Kapselöffnung bedeckenden Häutchens befinden sich Poren.* **98,8:** *Fadengeflecht mit Knospen.*

98,5

98,6

98,7

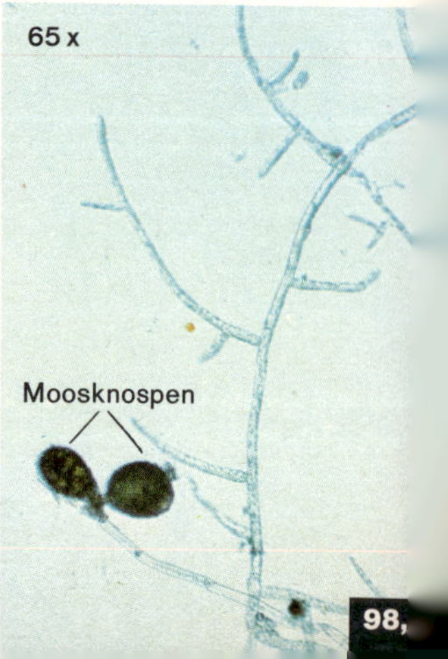

98,8

98,2

98,1: *Polster des Waldbürstenmooses.* **98,2:** *Links Mikrofoto des Blattquerschnitts; die Blattoberseite zeigt nach rechts. Rechts daneben Blatt bei Trockenheit (schwarz) und Feuchtigkeit (blau).* **98,3:** *Moospflänzchen mit oben grünen, unten abgestorbenen Blättern.* **98,4:** *Männliche „Moosblüten".*

schlechtsorgane **(98,9)**. Bei feuchtem Wetter öffnen sich die reifen männlichen Geschlechtsorgane an der Spitze und entlassen *Schwärmer,* die, angelockt durch ausgeschiedenen Rohrzucker, mit Hilfe zweier Geißeln zu den weiblichen Geschlechtsorganen schwimmen, wo sie mit der im Flaschenbauch liegenden *Eizelle* verschmelzen (Befruchtung). Eine der befruchteten Eizellen wächst zu einer gestielten Kapsel heran. Der obere Teil des weiblichen
98 Geschlechtsorgans wird vom wachsenden Kapselstiel mitgenommen und entwickelt sich zu einer aus verfilzten, gelben Haaren bestehenden Haube, welche die heranwachsende *Sporenkapsel* schützend umhüllt **(98,5)**. Daher wird das Moos auch Haarmützenmoos oder Frauenhaar genannt. Später fällt die Haube ab, und die kantige, von einem geschnäbelten Deckel bedeckte Kapsel wird sichtbar **(98,6)**. In der Kapsel haben sich inzwischen *Sporen* gebildet, die vom Wind ausgestreut werden können, sobald sich auch der Deckel abgelöst hat. Nun wird die jetzt waagrecht stehende Sporenkapsel oben nur noch von einer Haut überdeckt, die am Rand an kleinen Zähnchen befestigt ist. Durch Krümmungen dieser Zähnchen entstehen bei trockenem Wetter am Rand kleine Poren, durch die die Sporen herausgeschüttelt werden können (Lupe! **98,7**). Aus den Sporen entsteht ein grünes *Fadengeflecht* **(98,8)**. Dieses bildet Knospen, aus denen neue Moospflänzchen hervorgehen. Den *Generationswechsel* des Waldbürstenmooses zeigt die Abbildung **98,9**.

98,9: *Entwicklung und Generationswechsel. Geschlechtliche Generation (Moospflänzchen) und sporenerzeugende ungeschlechtliche Generation (Sporenkapsel mit Stiel) folgen abwechselnd aufeinander.*

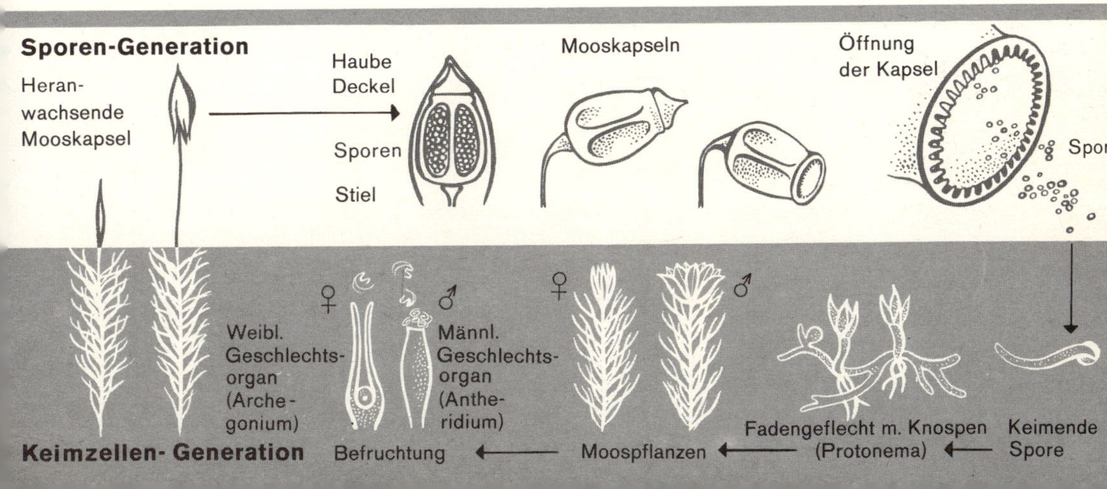

98,9

99,1

99 Weitere Moose

Bedeutung der Moose. Moose besiedeln recht verschiedene Standorte, oft auch solche, auf denen die meisten anderen Pflanzen nicht gedeihen. So gehören Moose, die mit wenig Wasser und Nährsalzen auskommen, zu den Erstbesiedlern nackter Felsen, Gesteine und Mauern. Erst wenn sich in ihren Polstern genügend Erde angesammelt hat, können anspruchsvollere Pflanzen Fuß fassen. Moose sind Pionierpflanzen. Waldmoose kommen besonders im Nadelwald vor, weil sie im Laubwald unter der Laubstreu ersticken. Da diese Moose viel Wasser speichern, verhindern sie bei starken Regenfällen übermäßigen oberirdischen Wasserabfluß. Das gespeicherte Wasser geben sie langsam wieder ab und tragen so zur gleichmäßigen Wasserspeisung der Wasserläufe bei. 1 g Moos kann 5–6 g Wasser aufnehmen. Die Torfmoose und das Weißmoos haben in ihren Blättern besondere Wasserspeicher. Torfmoose, die sumpfige Stellen bewohnen, sind wichtige Torfbildner. 99

System. Die über 20000 auf der Erde lebenden Moosarten werden in die beiden *Klassen der Lebermoose und der Laubmoose* eingeteilt. Lebermoose haben entweder einen flächigen Körper oder ein Stämmchen mit zweizeilig angeordneten, rippenlosen Blättern. Bei den Laubmoosen mit ihren aufrechten oder niederliegenden Stämmchen herrscht spiralige Blattstellung vor. Moose sind immergrüne Pflanzen.

99,2: *Brunnenlebermoos (Marchantia polymorpha). Das an feuchten Orten wachsende Moos hat einen flächigen, nicht in Stamm und Blätter gegliederten Körper (Lager oder Thallus).* **99,3:** *Weibliche Pflanze mit gestieltem, sternförmigem Schirm. Unter den Strahlen sitzen weibliche Geschlechtsorgane, aus deren Eizellen Sporenkapseln hervorgehen.* **99,4:** *Männliche Pflanzen. In die Oberfläche gestielter Scheiben sind männliche Geschlechtsorgane eingesenkt. Brutbecher auf der Thallusoberseite enthalten kleine Brutkörperchen. Sie dienen zur ungeschlechtlichen Fortpflanzung.*

99,2

99,3

99

99,5

99,6

99,7

99,8

Die abgebildeten Moose, mit Ausnahme des Brunnenlebermooses, sind Laubmoose des Waldes. Ein kurzer Steckbrief soll ihr Wiedererkennen im Freien erleichtern. **99,1:** *Moosdecke im Nadelwald. Die rundlichen, nadelkissenförmigen, weißlichgrünen Polster werden vom Weißmoos (Leucobryum glaucum) gebildet. Dieses Moos ist ein Säurezeiger.* **99,5:** *Torfmoos (Sphagnum). Die Zweigchen der Torfmoose sind an der Spitze schopfig gehäuft. Torfmoose wachsen auf sumpfigem Boden.* **99,6:** *Rotstengelmoos (Pleurozium schreberi). Grüne oder gelbgrüne Rasen. Wenn man das Moos gegen das Licht hält, schimmert der Stengel rötlich durch.* **99,7:** *Zypressenmoos (Hypnum cupressiforme). Flache, olivgrüne Rasen, die sich leicht als Ganzes abheben lassen. Die Pflänzchen ähneln einem Zöpfchen. Oft auf Wurzeln und Stümpfen der Fichte.* **99,8:** *Thujamoos (Thuidium tamariscinum). Sattgrüne, flache Rasen. Moospflänzchen sehr fein und mehrfach gefiedert. Im Fichtenwald.* **99,9:** *Wellenblättriges Sternmoos (Mnium undulatum). Aufrechte oder bogig überhängende Sprosse mit langen, gewellten, zungenförmigen Blättern. Auf feuchten Waldstandorten.* **99,10:** *Wellenblättriges Katharinenmoos (Catharinaea undulata). Von oben gesehen besteht der Rasen aus zahlreichen Rosetten. Die dunkelgrünen, lanzettlichen Blätter sind deutlich querwellig. Reife Sporenkapsel lang geschnäbelt und geneigt.* **99,11:** *Glanzmoos (Hylocomium splendens), Stockwerkartig aufgebautes Moos (Etagenmoos) mit glänzend olivgrünen, doppelt gefiederten Jahrestrieben.* **99,12:** *Besenförmiges Gabelzahnmoos (Dicranum scoparium). Die Pflänzchen stehen in dichten Rasen und haben einseitswendige, sichelförmig gebogene Blätter. Auch dieses Moos ist ein Säurezeiger.*

99,9

99,10

99,11

99,12

100,1: *Waldrand. Die Waldbäume sind auf der Außenseite, wo sie genügend Licht bekommen, weit herunter beastet. Sie und der Gebüschmantel verwehren dem Wind den Eintritt ins Waldesinnere.*
100,2: *Die grünen Teile der Waldpflanzen liegen in verschiedenen Stockwerken.*

100–104 Der Wald als Lebensgemeinschaft

Beziehungen zwischen den Waldpflanzen

100

Alle bisher erwähnten Waldpflanzen, und noch viele andere mehr, bilden zusammen den Wald. Dieser ist aber nicht einfach eine Ansammlung von Pflanzen, vielmehr bestehen zwischen diesen mannigfaltige Beziehungen, von denen wir einige näher betrachten wollen. Dabei berücksichtigen wir in erster Linie die Verhältnisse im Laubwald. Vorherrschend im Wald sind die Bäume. Sie prägen sein Gesicht, und den von ihnen geschaffenen Verhältnissen müssen sich die übrigen Waldpflanzen anpassen. Baumkronen bilden das oberste Stockwerk des Waldes. Sie kommen in den vollen Genuß des Sonnenlichts. Wo die Kronen genügend Licht durchlassen, folgen nach unten die Stockwerke der Sträucher, der Kräuter und der Moose **(100,2; 100,3)**. Durch diesen stockwerkartigen Aufbau wird der vorhandene Raum gut ausgenützt.

Welche Bedeutung kommt ihm außerdem zu? Waldpflanzen, insbesondere der Unterwuchs, leiden oft unter Lichtmangel. So beträgt die Beleuchtungsstärke am Waldboden im unbelaubten Buchenwald 26% der Beleuchtungsstärke außerhalb des Waldes, im belaubten Buchenwald aber nur 3–4%. Die verhältnismäßig lichtreiche Zeit im Winter wird von den immergrünen Moosen ausgenützt. Im Frühjahr erwacht mit steigender Temperatur das Heer der Frühblüher. Dazu gehören Anemonen, Schlüsselblumen, Veilchen, Leberblümchen, Lungenkraut, Haselwurz u. a. Noch sind die Bäume kahl und lassen genügend Licht zum Boden durchdringen. Die kurze Zeit der beginnenden Belaubung wird von den Sträuchern ausgenützt. Dann aber lassen die belaubten Kronen nur noch wenig Licht durch. Erst wenn die tieferen Herbsttemperaturen zum Laubfall führen, werden die Lichtverhältnisse für die wenigen noch vorhandenen Kräuter wieder günstiger. So hat jedes Stockwerk eine Zeit ausreichenden Lichtgenusses und guten Gedeihens, während der es Nahrungsvorräte für die lichtarme Zeit anlegen kann **(100,3)**. Über die Anpassungsmöglichkeiten der Bodenpflanzen an diese Lichtverhältnisse unterrichtet Seite 87.

100,3: *Die Abbildung zeigt neben dem Aufbau des Waldes die Lichtverhältnisse im Laufe des Jahres (grau: Schatten). Von Stockwerk zu Stockwerk rückt im Frühjahr die Zone der Hauptentwicklung nach oben. Erst im Herbst wird wieder der Unterwuchs begünstigt.*

Durch die geschilderten Verhältnisse wird zwar der Wettbewerb ums Licht zwischen den einzelnen Stockwerken gemildert, nicht aber innerhalb der Stockwerke. So ist er etwa
100 zwischen den einzelnen Bäumen in vollem Gange. Da die Schattenholzarten Schatten ertragen können, haben sie die Möglichkeit, sich zu behaupten. Dagegen suchen die Lichtholzarten durch rasches Jugendwachstum ihre Mitbewerber zu überflügeln, um so zum Licht zu gelangen. Schließlich unterliegen sie den Schattenhölzern aber doch, weil diese eine größere Höhe erreichen. Eine 100-jährige Eiche (Lichtholzart) ist im Durchschnitt 28 m hoch, eine gleichaltrige Rotbuche (Schattenholzart) jedoch 41 m. Da auf 1 ha Waldboden über eine Million 10-jährige Buchen Platz haben, aber nur 500 120-jährige, müssen die meisten Jungbäume irgendwann im Wettbewerb unterliegen und zugrunde gehen. Dabei ist aber nicht nur das Licht von Bedeutung, sondern auch eine ausreichende Versorgung mit Wasser und Nährsalzen. Pflanzen wurzeln in verschiedener Tiefe, und daher kommt es auch im Boden zur Bildung von Stockwerken. Moose sitzen dem Boden nur auf, der Wurzelstock der Weißwurz liegt in 5–8 cm Tiefe, die Wurzeln des Seidelbasts erreichen eine Tiefe von 60 cm und die der Rotbuche eine solche von 2–3 m. Dadurch wird der Wettbewerb um Wasser und Nährsalze gemildert. Weil im allgemeinen nur die kräftigsten Pflanzen überleben, fördert der Wettbewerb die Gesunderhaltung des Bestands.

Waldpflanzen fördern sich gegenseitig. Die Bäume des Waldrands sind weit herunter beastet und fest im Boden verankert **(100,1)**. Dadurch können sie dem Wind widerstehen und ihm den Eintritt ins Waldesinnere verwehren. Ein etwa vorhandener Gebüschmantel hat die gleiche Wirkung. Im Wald ist es daher verhältnismäßig windstill, die Bäume werden vor Windbruch bewahrt. Außerdem kann der Wind die oft zarten Waldpflanzen nicht durch Austrocknen schädigen. Schließlich schaffen die Waldpflanzen, vor allem die Bäume, erst das allen Waldbewohnern zuträgliche Waldklima. Dieses zeichnet sich vor dem Klima der Umgebung durch höhere Luftfeuchtigkeit und geringere Temperaturunterschiede im Tages- und Jahresablauf aus. Das auch vom Menschen als angenehm empfundene Waldklima ist also „ozeanischer“ als das des Freilands.

101

Wasserhaushalt und Stoffkreislauf

Wasserhaushalt. Wie Vegetationskarten im Atlas zeigen, wachsen nicht überall auf der Erde Wälder. Besonders üppig gedeihen sie in Gebieten reicher Niederschläge. Wo diese bei 101
ausreichender Temperatur für Waldwuchs zu gering werden, geht der Wald in Steppe über (Trockengrenze des Waldes). Offensichtlich brauchen Bäume viel Wasser. Im Durchschnitt verdunstet an einem Sommertag eine Fichte 10 l Wasser, eine Kiefer 15 l, eine Rotbuche 34 l, eine Eiche 43 l und eine Birke 65 l. Durch Wasseraufnahme aus dem Boden wird der Wasserverlust ausgeglichen. Die Wasseraufnahme erfolgt durch die Wurzeln. Von dort strömt das Wasser in besonderen röhrenförmigen Wasserleitungsbahnen durch Stamm und Zweige zu den Blättern. Diese geben es in Form von Wasserdampf an die Luft ab **(101,2)**. Der ganze Baum ist von einem Netz zusammenhängender Wasserfäden durchzogen, die in den Wurzeln beginnen und in den Blättern endigen. Da die Wasserfäden normalerweise nicht abreißen, wird Wasser nachgesaugt, sobald die Verdunstung in den Blättern einsetzt. Ein dauernder Wasserstrom ist nötig, weil das Wasser Beförderungsmittel für die in ihm gelösten Nährsalze ist. Blätter verdunsten auch im Winter Wasser. Sobald jedoch die Temperatur unter den Gefrierpunkt sinkt, sind Wasseraufnahme und Wasserleitung sehr erschwert, was zum Austrocknen der Bäume führen könnte. Dieser Gefahr entgehen die Laubbäume durch den herbstlichen Blattfall. Nadelhölzer sind mit Ausnahme der Lärche immergrün. Aus ihren Nadeln verdunstet wesentlich weniger Wasser als aus den Blättern der Laubbäume. 100 g Fichtennadeln geben im Sommer 13 l Wasser ab (20,6 l im Jahr), 100 g Buchenblätter dagegen 75 l. Nadelbäume brauchen daher die Nadeln im Winter nicht abzuwerfen. Sobald es die Witterung im Frühjahr zuläßt, können diese sofort mit der Herstellung von Nahrung beginnen, während die Blattanlagen der Laubbäume erst zu Blättern heranwachsen müssen.

Blattfall und Stoffkreislauf. Im Herbst, wenn die Temperatur sinkt, erfreuen wir uns am Farbenspiel des von der Herbstsonne beleuchteten Laubwaldes **(101,1)**. Das Blattgrün der Blätter wird abgebaut, und vorher überdeckte gelbe Farben kommen zur Geltung. Vielfach wird noch zusätzlich ein roter Farbstoff gebildet. Keine Herbstfärbung weisen bei uns die Blätter der Schwarzerle auf; sie bleiben grün. Nachdem ein Teil der Nährstoffe vom Blatt in den Stamm abgewandert ist, bildet sich am Grund des Blattstiels eine Trennungsschicht, und das Blatt kann abfallen. Bei manchen Bäumen bleiben die toten Blätter, die sich braun färben, noch lange Zeit am Baum hängen, so z. B. bei Eiche und Weißbuche. Eine wasserdichte Korkschicht verschließt die beim Blattfall entstehenden Wunden. Die abgefallenen Blätter werden von Tieren, wie Regenwürmern, Insekten, Insektenlarven u. a., sowie von Pilzen und Bakterien zerkleinert und zersetzt. Allein die Regenwürmer verarbeiten bei einer Siedlungsdichte von 30 Tieren auf dem m^2 jährlich 5,5 dz Laub je ha. Das tote Laub liefert diesen Tieren und Pflanzen Nahrung. Durch die Zersetzung der Blätter, die bei der Rotbuche etwa 3 Jahre dauert, gelangen aber auch die in ihnen enthaltenen Nährsalze wieder in den Boden zurück und können dann von den Wurzeln der Waldpflanzen von neuem aufgenommen werden. Die Nährsalze machen einen Kreislauf durch **(101,3)**, wobei der größte Teil der von den Bäumen dem Boden entnommenen Salze diesem durch den Blattfall wieder zugeführt wird. Entnahme von Laubstreu aus dem Wald führt deshalb zur Verarmung des Waldbodens.

Tiere des Waldes. Am Stoffkreislauf sind auch Tiere beteiligt, die von den Waldpflanzen leben, z. B. Hirsche, Rehe, Wildschweine, Hasen, Eichhörnchen, Mäuse, Käfer, Schmetterlingsraupen. Eichhörnchen, Eichelhäher, beerenfressende Vögel und Ameisen leisten den Pflanzen durch Verbreitung ihrer Samen einen Dienst. Insekten bestäuben Blüten. Ein Heer von Fleischfressern hält die Pflanzenfresser kurz. Nur bei einer Massenvermehrung der Pflanzenfresser, etwa des Maikäfers, der Nonne, des Borkenkäfers, kommt es zu Schäden größeren Ausmaßes. So sind auch die Fleischfresser den Pflanzen förderlich. Vögel, die Rote Waldameise und Spinnentiere fressen Insekten. Füchse, Mäusebussarde und Eulen ernähren sich vorwiegend von Mäusen. Pflanzen und Tiere sind aufeinander angewiesen. Tiere entnehmen dem Wald nicht nur Nahrung, sondern fördern auch seine Pflanzen, ohne die ein Tierleben nicht möglich wäre. Da die Waldbewohner wechselseitig voneinander abhängig sind, bilden sie eine *Lebensgemeinschaft*.

101,2: *Die Zeichnung zeigt den Weg des Wassers von den Wurzeln bis zu den Blättern, wo es verdunstet.* **101,3:** *Erkläre anhand der Zeichnungen den Stoffkreislauf! Den Zahlenangaben kannst du entnehmen, welche Salzmengen dem Boden entnommen und welche ihm wieder zurückgegeben werden.*

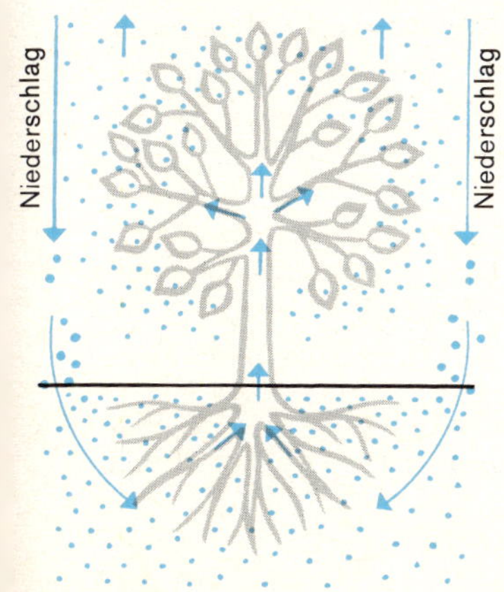

101,2

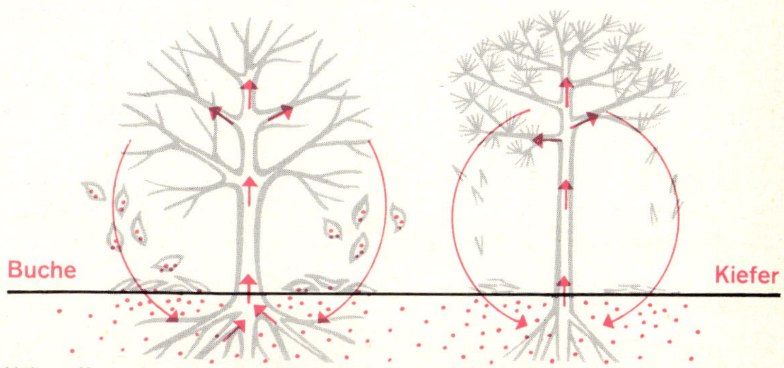

Nährstoffentnahme aus dem Boden				Nährstoffabgabe durch Laubstreu	
Buche		Kiefer		Buche	Kiefer
Calcium	96 kg/ha	Calcium	29 kg/ha	82 kg/ha	19 kg/ha
Stickstoff	50 kg/ha	Stickstoff	45 kg/ha	40 kg/ha	35 kg/ha
Kalium	15 kg/ha	Kalium	7 kg/ha	10 kg/ha	5 kg/ha
Phosphor	13 kg/ha	Phosphor	5 kg/ha	10 kg/ha	4 kg/ha

101,3

102,

102,1: *Luftbild vom Rand des Nördlinger Rieses. Auffallend ist die Wolkenbildung über den kleinen Waldstücken, die mehr Wasserdampf an die Luft abgeben als die Umgebung.* **102,2:** *Verkahlung in den Mittelmeerländern. Nach der Vernichtung des Waldes wurde die fruchtbare Erde abgeschwemmt.*

Die Bedeutung des Waldes

Wirtschaftliche Bedeutung. Wenn von der Bedeutung des Waldes die Rede ist, denkt man zunächst an seinen wirtschaftlichen Nutzen. Holz ist ein vielfältig verwendbarer Stoff, der beim Hausbau, bei der Möbelherstellung, als Grubenholz und als Rohstoff für die Fabrikation von Papier und Zellstoff eine Rolle spielt. Im Jahre 1961 wurden in der Bundesrepublik über 26 Millionen Festmeter Holz im Wert von 1,7 Milliarden DM geschlagen. Nicht ganz 86 000 Waldarbeiter sind dauernd oder zeitweise im Wald tätig. Dazu kommen noch rund 19 000 Forstbeamte. Diese Menschen und ihre Angehörigen verdanken dem Wald ihren Lebensunterhalt. Außerdem hängen aber auch alle in der Holzindustrie Beschäftigten vom Wald ab.

Bedeutung in der Natur. Wenig bekannt, aber von großer Bedeutung sind die Einwirkungen des Waldes auf Klima und Wasserhaushalt. Wir erinnern uns an die Milderung der Temperaturgegensätze, die sich auch auf die unmittelbare Umgebung eines Waldgebiets auswirkt. Da die Waldbäume viel Wasser verdunsten, wird die Luftfeuchtigkeit erhöht, und es kommt zur Wolkenbildung **(102,1)**. Diese Wolken können den in Windrichtung gelegenen Landschaften Regen spenden. Regenwasser, das auf einen Wald fällt, wird zunächst von den Baumkronen aufgefangen. Bei schwachen Niederschlägen gelangt überhaupt kein Wasser auf den Waldboden. Ist der Regenfall stärker, dann tropft ein Teil des Wassers durch die Baumkronen, und ein weiterer, kleinerer Teil läuft an den Stämmen herab. Das Regenwasser dringt nur langsam in den Boden ein, wo es gespeichert wird. Dieses Speicherwasser speist dauernd die Quellen, die daher stetig fließen. Wird jedoch der Wald abgehauen, dann schlagen die Regentropfen auf den nackten Boden auf und verdichten ihn. Der größte Teil des Regenwassers fließt oberirdisch ab. Die Wasserläufe werden zu reißenden Wildbächen, trocknen in regenarmen Zeiten jedoch oft aus. Der im nicht durchwurzelten Boden versickernde Teil des Wassers wäscht die Nährsalze aus. Wie man an der Trübung der Bäche und Flüsse, besonders bei Hochwasser, erkennen kann, führt das oberflächlich abfließende Wasser Boden mit sich fort. Zwar wird auch unter einer geschlossenen Vegetationsdecke Boden abgetragen, aber so langsam, daß der Verlust durch Bodenneubildung aus dem Ausgangs-

Das unfruchtbare Land gewährt nun nur noch Ziegen kümmerliche Nahrung. **102, 3:** *Nur unter größten Schwierigkeiten können die kahlen Hänge wieder aufgeforstet werden. Zunächst sprengt man ein Pflanzloch in den Fels, das mit Erde angefüllt wird. Matten schützen die jungen Pflanzen vor der Sonne.*

gestein ersetzt werden kann. Eine 18 cm tiefe Bodenschicht (Dicke der Ackerkrume) wird bei 10° Hangneigung unter Laubwald erst in 575 000 Jahren abgetragen, unter Grasland in 82 150 Jahren, bei Fruchtwechselwirtschaft in 110 Jahren und bei nacktem Boden schon in 18 Jahren. Diese Zahlen zeigen deutlich, welche Bedeutung dem Wald für die Erhaltung der fruchtbaren Bodenkrume zukommt.

Folgen der Entwaldung. Beispiele für die verheerenden Folgen der Entwaldung bieten die Mittelmeerländer. Griechenland war einst zu 60% mit Wald bedeckt, heute tragen nur noch 5% der Bodenfläche Wald. Schon im Altertum wurde der Wald abgeholzt, weil Holz für den Schiffsbau und die Herstellung von Holzkohle gebraucht wurde. Auf den kahlen Flächen weideten Ziegen, die keinen Jungwuchs aufkommen ließen **(102,2** und **102,3)**. Da der Boden ungeschützt war, wurde die Bodenkrume abgetragen und zusammen mit Geröll in die Täler geschwemmt. Dort verstopften sie die Flußläufe, und die Niederungen versumpften. Nur noch 2% der Humusschicht blieben in Griechenland erhalten. Die Ernten sind kümmerlich, das Volk ist arm. In Mitteleuropa ist die Bodenzerstörung nicht so auffällig, weil sie sich auf kleineren Flächen abspielt. Da diese jedoch sehr zahlreich sind, ist sie hier nicht minder gefährlich. Wir wählen ein Beispiel aus den Alpen. Im Gebiet des oberen Inn wurde die Waldgrenze von ursprünglich 2500 m auf 2000 m herabgedrückt. Die Rodungen dienten der Deckung des Holzbedarfs und der Gewinnung von Weideland. Die Folge waren Abgänge von Gestein (Muren) und Lawinen, die Menschenleben gefährdeten und Kulturland zerstörten. Im Pitztal, wo zwischen 1774 und 1950 die Waldfläche auf 21% zurückgegangen ist, sind heute 50% aller Almen ganz oder teilweise aufgelassen. Die Bevölkerung nahm um 14,4% ab. Die durch Eingriffe des Menschen verursachte Zerstörung des Bodens, der ja die Grundlage unserer Ernährung ist, greift allenthalben so rasch um sich, daß sie zur Weltgefahr geworden ist. Deshalb muß der bei uns noch vorhandene Wald erhalten bleiben. Neben den Forstbeamten und dem Natur- und Landschaftsschutz bemühen sich darum auch verantwortungsbewußte Menschen, die sich zur *Schutzgemeinschaft Deutscher Wald* zusammengeschlossen haben. Auch wir können zur Erhaltung des Waldes beitragen. So wird zum Beispiel immer noch fast die Hälfte aller Waldbrände durch Fahrlässigkeit verursacht; wir unterlassen daher das Feuermachen und Rauchen im Wald.

103,1

103,2

103,1: *Plenter- oder Femelwald. Auf den durch das Fällen von Einzelbäumen oder Baumgruppen entstandenen Lichtungen wächst der Jungwuchs heran. Die Bäume weisen ein verschiedenes Alter auf.*
103,2: *Fichtenbestand aus gleichaltrigen Bäumen. Sie wurden auf einem Kahlschlag ausgepflanzt.*

Aus der Geschichte des Waldes

Der Wald in vorgeschichtlicher Zeit. Der Wald ist kein starres Gebilde. Seine Zusammensetzung am gleichen Standort ändert sich vielmehr im Lauf der Zeit, er hat eine Geschichte. Zu Beginn des Tertiärs, vor rund 60 Millionen Jahren, herrschte in Mitteleuropa ein tropisches Klima. Tropische Wälder mit Palmen und Ficusarten bedeckten das Land. Während der Tertiärzeit wurde es allmählich kälter. Die tropischen Pflanzen wichen subtropischen und diese schließlich solchen der gemäßigten Zone. Vor etwa 600 000 Jahren setzte ein arktisches Klima ein, die Eiszeit begann. Von Norden drangen die Gletscher aus Skandinavien über die Ostsee bis zu den Mittelgebirgen vor. Die aus den Alpen kommenden Gletscher erreichten die obere Donau. Der eisfreie Streifen zwischen den Gletscherrändern trug eine baumlose Tundra. Viermal stieß das Eis vor. Zwischen diesen Vorstößen, in den Zwischeneiszeiten, herrschte ein gemäßigtes Klima. Die Pflanzendecke ähnelte der heutigen. In den eigentlichen Eiszeiten mußten unsere Waldpflanzen vor dem vordringenden Eis jedesmal nach Süden zurückweichen. Dabei umgingen sie den unüberschreitbaren Querriegel der Alpen im Osten und Westen, und sie gelangten dadurch zum Mittelmeergebiet. Manche Arten erreichten dieses Zufluchtsgebiet nicht, sie starben aus. Andere kehrten nicht mehr zurück. Daher verarmte unsere Flora während der Eiszeit. Als vor 10000 Jahren das Eis abgeschmolzen war, wanderten unsere heutigen Waldbäume wieder ein. Viele ihrer Pollenkörner, besonders von windblütigen Arten, wurden in Moore geweht, wo ihre Hüllen Jahrtausende erhalten blieben. Diese Hüllen unterscheiden sich bei den einzelnen Arten in ihrer Form voneinander. Untersuchungen der Torfschichten auf Pollenkörner mit Hilfe des Mikroskops geben daher Auskunft über die Zusammensetzung der Wälder früherer Zeiten (*Pollenanalyse* – **103,6**). Pollenanalysen zeigten, daß unsere Waldbäume in der Nacheiszeit nicht gleichzeitig eingetroffen sind. Nach den vorherrschenden Baumarten kann man folgende Zeitabschnitte unterscheiden: Birken- und Kiefernzeit, Haselzeit, Eichenmischwaldzeit (Wärmezeit), Eichenmischwald- und Buchenzeit, Buchenzeit. Vermutlich herrschten vor den Eingriffen des Menschen in Deutschland Buchenmischwälder vor. Eichenmischwälder fanden sich an der nordwestlichen Meeresküste und in den tieferen Lagen Süddeutschlands. In den ostdeutschen Sandgebieten waren die häufigsten Bäume Kiefer und

103,3

103,4

103,5

103,3: *Pflanzschule. Aus Samen wachsen Bäumchen heran, die nach 2 Jahren in Reihen gesetzt werden (Verschulen). Sie bleiben 2 Jahre im Verschulbeet und bedürfen dauernder Pflege.* **103,4:** *Verbißform bei einer jungen Fichte.* **103,5:** *Junge Kiefer, zum Schutz gegen Wildverbiß mit Teer bestrichen.*

Eiche und in Ostpreußen Hainbuche und Fichte. Außerdem besiedelte die Fichte, zusammen mit der Tanne, höhere Gebirgslagen.

103 **Veränderungen des Waldes durch den Menschen.** Durch Rodungen größeren Ausmaßes zu Beginn des Mittelalters ging die Waldfläche auf etwa $\frac{1}{4}$ ihrer ursprünglichen Größe zurück. In groben Zügen besteht die heutige Verteilung von Kultur- und Waldland seit Ende des 12. Jahrhunderts. Mit Ausnahme der großen Jagdgebiete der Fürsten (Bannforsten) wurden im Mittelalter die Wälder durch ungeregelten Holzeinschlag und durch Waldweide schwer geschädigt. Nur eine geregelte Forstwirtschaft konnte der Waldvernichtung und dem drohenden Holzmangel Einhalt gebieten. Anfänge der Forstwirtschaft gehen bis ins 16. Jahrhundert zurück. Ihre heutige Bedeutung erreichte sie jedoch erst im letzten Jahrhundert. Aufforstungen wurden vielfach mit Nadelhölzern durchgeführt. So wurde in der Neuzeit das Laubholz zugunsten des Nadelholzes zurückgedrängt. Heute streben die Forstleute den biologisch gesunden und gegen Krankheiten wenig anfälligen Mischwald an.

Bei der einfachsten Form planmäßigen Holzeinschlags werden die Bäume zur Brennholzgewinnung (oder zur Gewinnung von Gerberlohe) alle 15–25 Jahre geschlagen. Der Neuzuwachs von Holz erfolgt durch Stockausschläge. Derartiger Wald heißt *Niederwald.* Nimmt man einzelne Bäume vom kurzfristigen Umtrieb als Bauholz aus (Überhälter), dann liegt ein *Mittelwald* vor. Fast 8% unserer Wälder sind heute noch Nieder- oder Mittelwald. Die

103,6: *Pollendiagramm. Durch Auszählen der Baumpollen in den verschiedenen Torfschichten eines Moores gewinnt man ein Bild von der Zusammensetzung vorgeschichtlicher Wälder. Links Tiefenlage der Pollenkörner; rechts Zeitangaben.*

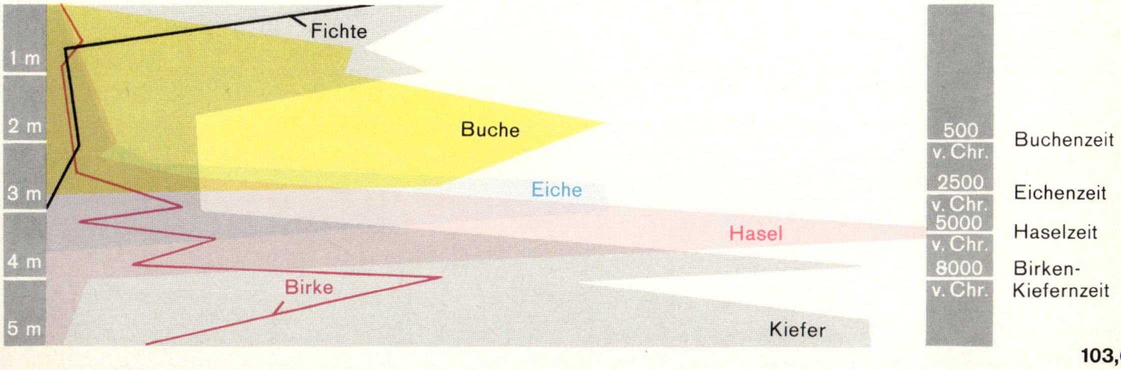

103,6

104,1

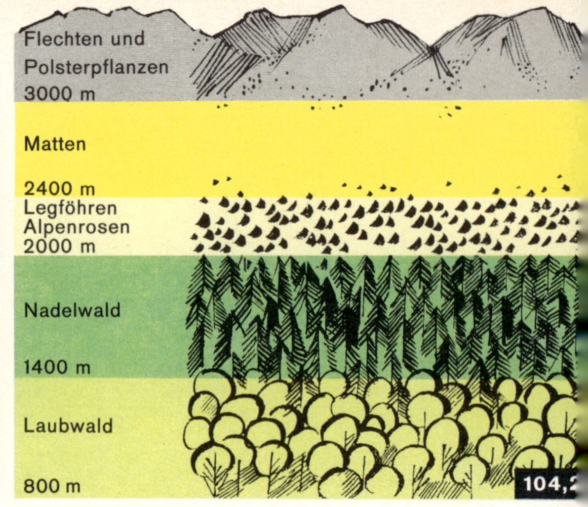

104,2

104,1 und **104,2:** *Vegetationsgürtel am Alpennordhang; links Foto, rechts Schema. Mit zunehmender Höhe ändert sich die Zusammensetzung der Vegetation. Die Waldgrenze liegt dort bei 1700–1800 m.*

moderne Forstwirtschaft bevorzugt den ergiebigeren *Hochwald.* Im Hochwald läßt man die Stämme zu größeren Höhen heranwachsen. Die Fichte wird z.B. erst im Alter von 80–100 Jahren geschlagen (Umtriebszeit). Dabei erfolgt der Holzeinschlag beim *Kahlschlagbetrieb* auf größeren Flächen, die geräumt und wieder aufgeforstet werden. Wald, der aus einem Kahlschlag hervorgegangen ist, besteht daher aus gleichaltrigen Bäumen **(103,2).** Bei diesem Verfahren sind das Fällen der Bäume und die Holzabfuhr leicht zu bewerkstelligen, doch leidet der Boden unter der Bloßlegung. Großflächiger Kahlschlag wird daher heute nur selten durchgeführt. Im *Plenter-* oder *Femelwald* schlägt man die Bäume einzeln oder in Gruppen. Auf den dabei entstehenden Blößen wächst der Jungwuchs heran. Im Plenterwald sind alle Altersklassen vertreten **(103,1).**

Junge Bäume gehen entweder aus Samen benachbarter Bäume hervor (Naturverjüngung), oder sie werden ausgesät (Freisaat). Meist zieht man sie jedoch in *Pflanzschulen* heran und pflanzt sie nach 3–5 Jahren aus **(103,3).** Bestreichen mit Kalk oder Teer schützt die Jungbäume vor Wildverbiß **(103,5),** der die Bäume in ihrem Wachstum schädigt und unregelmäßigen Wuchs verursacht **(103,4).** Die wirksamste Förderung des Jungwuchses ist das Einzäunen ganzer Waldstücke. Hirsch und Rehbock bevorzugen dünne Stämmchen von Lärche und Ahorn zum Fegen des Geweihs. Diese müssen durch Zäune oder Pflöcke vor Beschädigung bewahrt werden. Sobald ein junger Bestand größer geworden ist, wird er regelmäßig durchforstet. Beseitigung von kranken und kümmernden Bäumen schafft für leistungsfähige Bäume Raum und damit bessere Entwicklungsbedingungen.

Verbreitung der Wälder in Europa

Wie uns schon bekannt ist, änderte sich das Waldbild in der Vergangenheit mit dem Klima. Nun weist aber unsere Erde kein einheitliches Klima auf. Daher ist wohl zu erwarten, daß die Zusammensetzung des Waldes dem Klima eines bestimmten Gebietes entspricht. Betrachten wir die Verhältnisse in Europa!

Schon die einzelnen Baumarten stellen ans Klima verschiedene Ansprüche. Wenn man auf einer Karte das Wohngebiet oder Areal einer Baumart einzeichnet, zeigt sich dies deutlich.

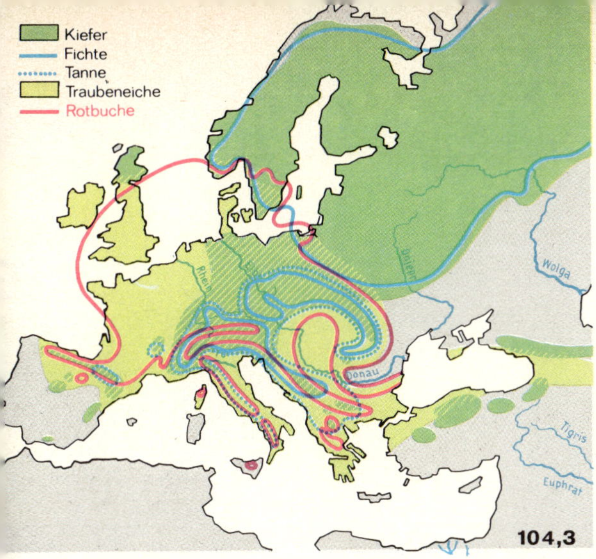

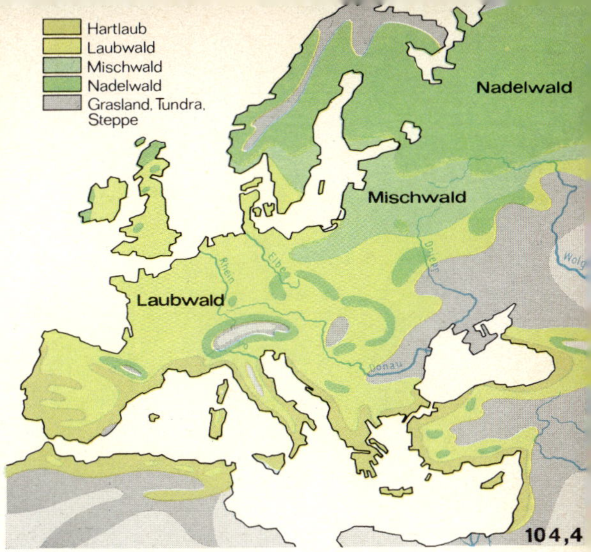

104,3: *Die Wohngebiete von Kiefer, Fichte und Tanne und von Traubeneiche und Rotbuche. Erschließe aus den Arealen die Klimaansprüche der einzelnen Baumarten!* **104,4:** *Waldgürtel in Europa.*

Rotbuche, Weißbuche und Traubeneiche bewohnen West- und Mitteleuropa, dringen aber weder weit nach Norden, noch weit nach Osten vor **(104,3)**. Sie bevorzugen offensichtlich das milde und feuchte Seeklima, meiden jedoch das Festlandklima im Osten und das kalte
104 Klima im Norden. Umgekehrt sind Fichte und Kiefer in den nördlichen, kälteren und in den östlichen, kontinentalen Gebieten anzutreffen, nicht aber im mildfeuchten Westen. Die Tanne jedoch überschreitet nach Norden die Deutsche Mittelgebirgsschwelle nicht, da sie frostempfindlich ist. Manche Bäume gedeihen auch außerhalb ihres natürlichen Areals, etwa in Gärten und Parkanlagen. Dort fällt der Wettbewerb mit anderen Pflanzen weg, dem sie in der freien Natur unterliegen, sobald sie durchs Klima gegenüber anderen Pflanzenarten benachteiligt werden.

Wie unser Kärtchen **(104,4)** zeigt, ist Europa vorwiegend ein Waldgebiet, das verschiedene, etwa in West-Ost-Richtung verlaufende Waldgürtel aufweist. Die Küsten der Mittelmeerländer und der größte Teil Spaniens gehören zur *Hartlaubzone,* die ursprünglich immergrüne Eichenwälder (Steineiche, Korkeiche) trug. In höheren Lagen und in weiter nördlich gelegeneren Gebieten treten an deren Stelle sommergrüne, wärmeliebende Wälder. Sobald man die Alpen nordwärts überschreitet, kommt man in den *Laubwaldgürtel.* Am breitesten ist er im feuchten Westen. Nach Osten keilt er aus, weil dort die Sommer zu trocken und die Winter zu lang und kalt sind. Im Südosten Europas sinkt die jährliche Niederschlagsmenge unter 450 mm. Deshalb geht dort der Wald in Steppe über (Trockengrenze). Nördlich an den Laubwaldgürtel schließt sich der *Nadelwaldgürtel* an, der sich rings um die Erde erstreckt. Schließlich wird im hohen Norden wegen der tiefen Temperaturen Baumwuchs überhaupt unmöglich (Kältegrenze), der Wald weicht der baumlosen Tundra. Als eine der wichtigsten Ursachen für die Ausbildung der erwähnten Waldgürtel ist wohl die von Süden nach Norden abnehmende Temperatur anzusehen. Da im Gebirge die Temperatur mit zunehmender Höhe ebenfalls abnimmt, finden sich dort ähnliche Waldgürtel **(104,2)**. Besteigen wir die nördlichen Alpen, so kommen wir zunächst durch Laubwälder, dann durch Mischwälder und Fichtenwälder und schließlich zu einem Strauchgürtel aus Legföhren und Grünerlen, der die alpine Baumgrenze bildet.

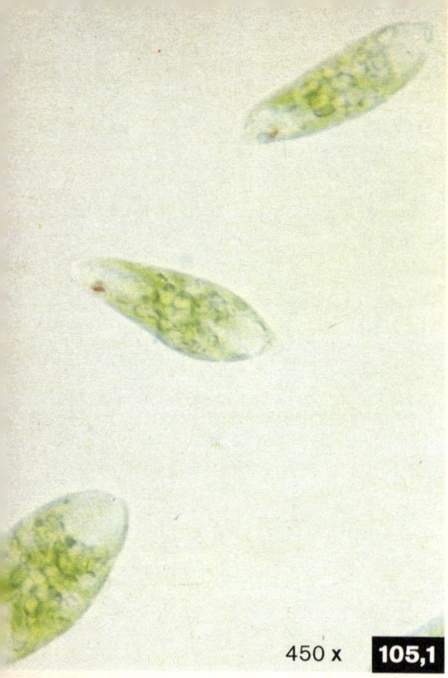

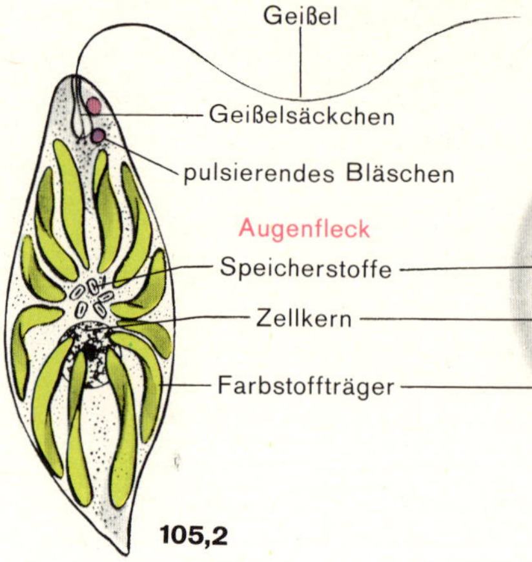

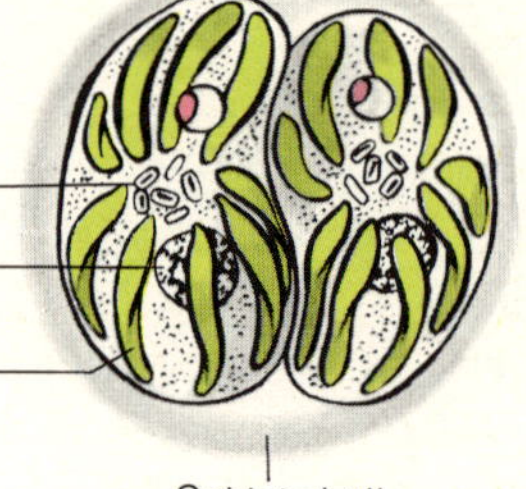

105,1: *Augentierchen, Mikrofoto.* **105,2:** *Augentierchen, Schemazeichnung. Versuche, in der Zeichnung abgebildete Zellbestandteile auf dem Foto zu finden!* **105,3:** *Augentierchen in Teilung. Die Kernteilung ist beendet, die Zelle teilt sich in Längsrichtung durch.*

105–110 Algen

105 Einzellige Algen

Augentierchen (Euglena viridis). Wasser in Gräben, Pfützen und Tümpeln mit Jauchezufluß ist oft grün gefärbt. Die Färbung rührt von winzigen, nur etwa 0,05 mm großen Pflänzchen, den „Augentierchen", her. Mit bloßem Auge sind sie nicht zu erkennen. Erst, wenn man einen Wassertropfen mit Hilfe des Mikroskops betrachtet, werden sie sichtbar **(105,1)**. Alle bisher betrachteten Pflanzen weisen eine Wurzel und einen aus Stengel und Blättern bestehenden *Sproß* auf, es sind *Sproßpflanzen.* Diese Organe fehlen dem Augentierchen völlig. Pflanzenkörper, die nicht in Sproß und Wurzel gegliedert sind, heißen *Lager* und die entsprechenden Pflanzen *Lagerpflanzen.* Das Lager unserer Pflanze besteht zudem nur aus einer einzigen Zelle, die wir uns genauer ansehen wollen.

Der Zellkörper des Augentierchens ist spindelförmig **(105,2)**. Er besteht hauptsächlich aus Eiweiß, wie es uns vom Hühnerei her bekannt ist. Dieses Eiweiß heißt *Plasma.* An der Oberfläche ist es zu einer Haut verdichtet. Im Plasma sind verschiedene Einschlüsse zu bemerken, so der am Hinterende der Zelle liegende *Zellkern,* der die Erbanlagen enthält. Der grüne Farbstoff, das *Blattgrün* oder *Chlorophyll,* ist auf die ovalen Chlorophyllkörner beschränkt. Ein roter Farbstoffträger am Vorderende der Zelle, der *Augenfleck,* dient der Lichtwahrnehmung. Ihm verdankt die Pflanze ihren Namen. In seiner Nähe befindet sich ein Bläschen, das Flüssigkeit aufnimmt und sich dabei vergrößert. Dann gibt es diese nach außen ab und schrumpft zusammen. Dieser Vorgang wiederholt sich laufend *(pulsierendes Bläschen).* Kleinere Bläschen führen dem pulsierenden Bläschen Flüssigkeit zu. Auch andere Hohlräume des Plasmas enthalten eine Flüssigkeit, den *Zellsaft.* Im Zellsaft sind Salze und andere Stoffe gelöst. Das Plasma samt den Einschlüssen wird *Protoplasma* genannt. Jede Zelle besteht aus solchem Protoplasma. Der Körper der meisten Pflanzen und Tiere, sowie des Menschen wird von vielen Zellen aufgebaut. Doch ist, wie unser Beispiel

zeigt, auch eine einzige Zelle voll lebensfähig. Wir wollen uns ihren Lebensäußerungen zuwenden.
Ein in einer Vertiefung am Vorderende der Zelle sitzender Plasmafaden, die Geißel, dient der Fortbewegung im Wasser. Die schwingende Geißel wirkt wie ein Propeller und zieht die Zelle durchs Wasser. Im Sonnenlicht wird wie bei anderen Pflanzen in den Chlorophyllkörnern Nahrung hergestellt. Diese ist ein stärkeähnlicher Stoff, von dem sich Körnchen im Plasma finden (Reservestoff). Das für diesen Vorgang nötige Kohlendioxid ist im Wasser gelöst und wird mit der ganzen Körperoberfläche aufgenommen. So gelangen auch Nährsalze und Sauerstoff für die Atmung in die Zelle. Abfallstoffe werden in Wasser gelöst durch das pulsierende Bläschen abgegeben, das somit der Ausscheidung dient. Die ungeschlechtliche Fortpflanzung erfolgt durch *Zellteilung* **(105,3)**. Dabei teilt sich zunächst der Kern. Durch einen verwickelten Vorgang wird erreicht, daß beide Tochterkerne alle Erbanlagen enthalten. Deshalb gleichen die Nachkommen weitgehend der Mutterpflanze. Nach der Kernteilung schnürt sich die Zelle der Länge nach durch, fehlende Zellorgane werden neu gebildet, und schließlich wachsen die Tochterzellen zur Größe der Mutterzelle heran. Wie wir am Beispiel des Augenflecks gesehen haben, vermag die Pflanze auch Umweltreize aufzunehmen. So zeigt schon der Einzeller alle Lebensäußerungen, die wir bei höheren Pflanzen kennengelernt haben.

105 **Chlamydomonas (105,4).** Der in Seen und Pfützen lebende Einzeller Chlamydomonas besitzt 2 Geißeln und gehört wie das Augentierchen zu den Geißelträgern. Im Gegensatz zum Augentierchen ist die Zelle von einer festen Zellwand aus Zellulose umgeben (aus Zellulose besteht die Watte). Die meisten Pflanzenzellen weisen solche Zellwände auf. ROBERT HOOKE sah 1667 bei der Untersuchung von Kork mit einem selbstgebauten Mikroskop als erster die Zellwände abgestorbener Zellen. Wegen der Ähnlichkeit des Bildes mit den Zellen der Bienenwaben gab er den Zellen ihren Namen. Bei der ungeschlechtlichen Fortpflanzung von Chlamydomonas zerfällt der Zellinhalt in Schwärmsporen, die Zellwand reißt auf, und die Sporen gelangen ins Wasser, wo sie zur Größe der Mutterzelle heranwachsen.

Merkstoff. Die Einzeller Augentierchen und Chlamydomonas sind zur Klasse Geißelträger gehörende Algen. Zellen sind die kleinsten lebensfähigen Einheiten. Pflanzenzellen bestehen aus dem Protoplasma mit Plasma, Zellkern, Farbstoffträgern und Zellsaft in Plasmahohlräumen. Meist sind Pflanzenzellen von einer Zellulosewand umschlossen.

105,4: *Chlamydomonas. Links eine einzelne Zelle, rechts Fortpflanzung durch Bildung von Tochterzellen (Schwärmsporen).*

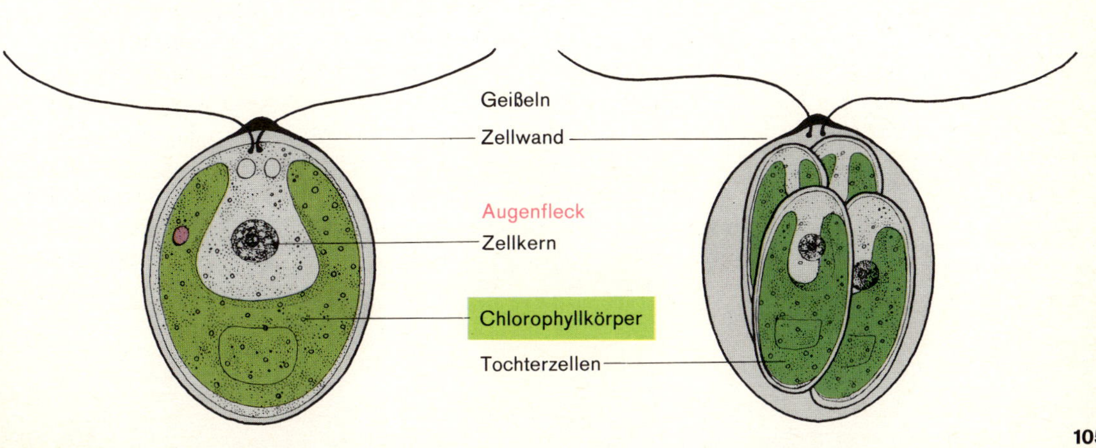

105,4

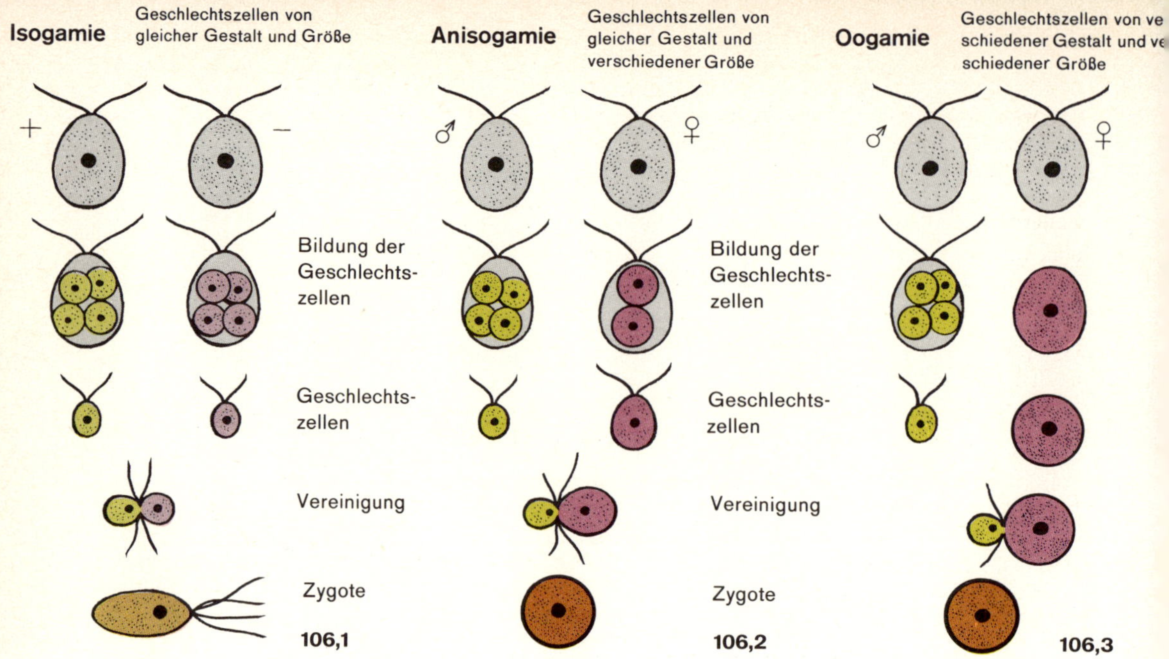

106 Geschlechtliche Fortpflanzung und Koloniebildung bei Geißelträgern

Geschlechtliche Fortpflanzung. *Chlamydomonas* kann sich ungeschlechtlich und geschlechtlich fortpflanzen. Die geschlechtliche Fortpflanzung erfolgt bei den einzelnen Chlamydomonasarten jedoch auf verschiedene Weise. Im einfachsten Fall **(106,1)** bildet die Mutterzelle mehrere Tochterzellen, die mit Hilfe zweier Geißeln durchs Wasser schwimmen *(Schwärmer)*. Die Verschmelzung von zwei Schwärmern leitet die Weiterentwicklung ein. Nur eine Vereinigung von Schwärmern verschiedenen Geschlechts ist möglich. Beide Geschlechter sind von völlig gleichem Aussehen und können daher an der Gestalt nicht erkannt werden. Das Vereinigungsprodukt zweier Geschlechtszellen verliert die Geißeln und wird unbeweglich. Durch Zellteilungen entstehen dann Tochterzellen, die zu Chlamydomonaszellen heranwachsen. Bei dem durch Abbildung **106,2** dargestellten Fall ist die eine Geschlechtszelle, die Reservestoffe enthält, größer und unbeweglicher als die andere. Sie wird als die weibliche bezeichnet, die kleinere als die männliche. Schließlich kann auch von der Mutterzelle nur eine weibliche Geschlechtszelle gebildet werden, die ganz unbeweglich ist

10

106,4: *Zellkolonie von Gonium.* **106,5:** *Zellkolonie von Eudorina. Die Zellen liegen weit voneinander entfernt.* **106,6:** *Eudorina; Teilbild. In den Zellen entstehen durch Teilungen Tochterkolonien.*

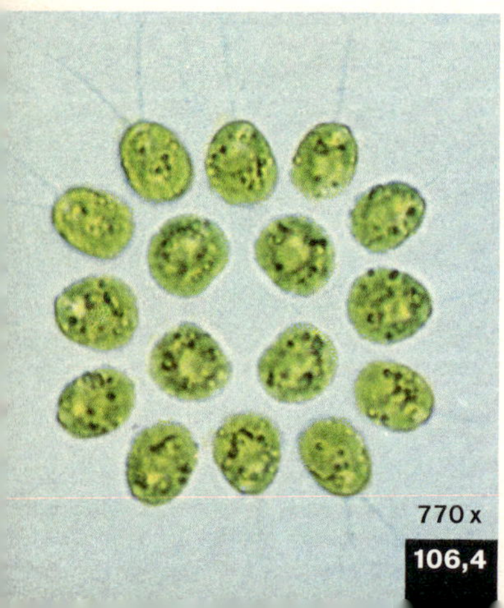

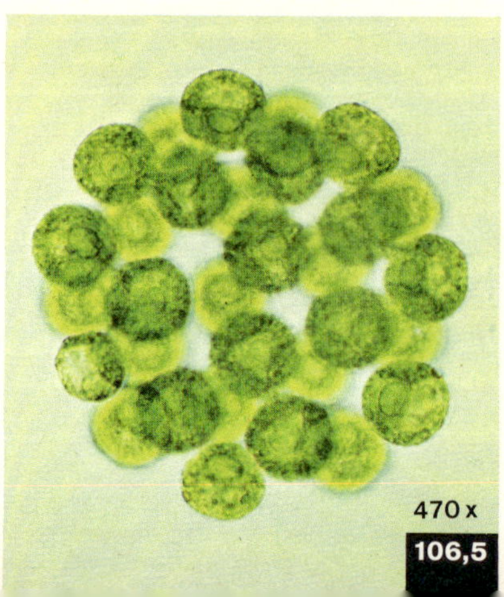

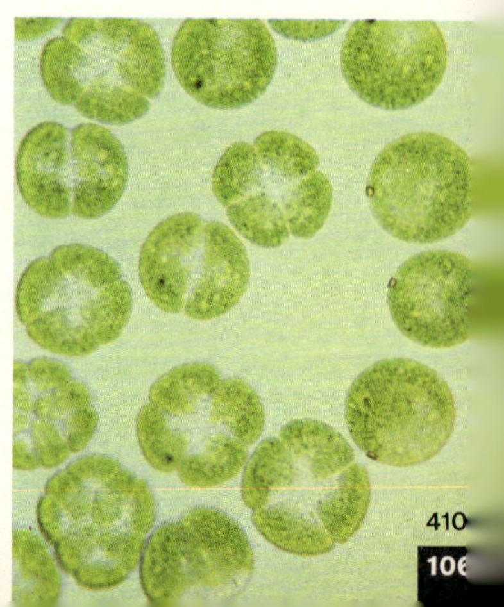

und von der kleineren, beweglichen männlichen Geschlechtszelle aufgesucht werden muß **(106,3)**. Eine solche weibliche Geschlechtszelle heißt *Eizelle* (vgl. dazu auch die Seiten 95, 97 und 98).

Zellkolonien. Beim Geißelträger *Gonium* **(106,4)** sind je nach Art 4 bis 16 Zellen vereinigt und von einer gemeinsamen Gallerthülle umschlossen. Diese Zellen, deren Geißeln alle in einer Ebene liegen, bilden eine Platte. Abgetrennte Zellen sind voll lebensfähig. Jede Zelle kann sich ungeschlechtlich fortpflanzen, wobei sie eine entsprechende Anzahl Tochterzellen bildet, die miteinander verbunden bleiben. Eine derartige Vereinigung gleichwertiger Zellen heißt *Zellkolonie*.

Die Zellkolonie von *Eudorina* **(106,5** und **106,6)** besteht aus 32 Zellen, die in der Wand einer aus Gallerte bestehenden Hohlkugel sitzen. Die ungeschlechtliche Fortpflanzung erfolgt ähnlich wie bei Gonium.

Eine gallertige, schleimerfüllte Hohlkugel, die noch mit bloßem Auge zu sehen ist, weist auch die Zellkolonie der *Kugelalge (Volvox)* auf **(106,7** und **106,8)**. In der Kugelwand finden sich mehrere tausend Zellen, die durch Plasmafortsätze miteinander verbunden sind. Durch die enge Verbindung der Zellen ist eine Zusammenfassung zu gemeinsamer Leistung möglich. Dies zeigt sich etwa bei der Fortbewegung. Jede Zelle besitzt 2 Geißeln, die nach außen gerichtet sind. Die Geißeln aller Zellen sind in ihren Bewegungen aufeinander abgestimmt. Weiterhin besteht zwischen den Zellen eine *Arbeitsteilung*. Die meisten von ihnen dienen der Fortbewegung und der Ernährung. Einige wenige Zellen der unteren Kugelhälfte
106 besorgen die Fortpflanzung. Durch Teilungen solcher Zellen entstehen Tochterkugeln, die im Innern der Mutterkugel liegen und frei werden, sobald die Mutterkolonie nach Erreichen eines bestimmten Alters stirbt. Der notwendig eintretende Alterstod ist eine Folge der Arbeitsteilung. Nur die zur Fortpflanzung befähigten Zellen geben das Leben weiter. Bei der Kugelalge handelt es sich um eine Zellkolonie, deren Einzelzellen ihre Selbständigkeit weitgehend eingebüßt haben und außerdem verschiedene Aufgaben erfüllen. In verstärktem Maße ist dies bei vielzelligen Lebewesen der Fall. Die Kugelalge nimmt eine Zwischenstellung zwischen einer Zellkolonie und einem Vielzeller ein.

Merkstoff. Bei der geschlechtlichen Fortpflanzung sind die Geschlechtszellen entweder von gleicher Größe, oder die weibliche Geschlechtszelle ist größer als die männliche, oder sie ist eine unbewegliche Eizelle. Lose Vereinigungen gleichwertiger Zellen heißen Zellkolonien. Die Kugelalge vermittelt zwischen Zellkolonie und Vielzeller.

106,7: *Kugelalge; Ausschnitt aus der Wand der Kolonie. Die Zellen sind durch Plasmastränge verbunden. Die Fortpflanzungszelle ist größer als die übrigen Zellen.* **106,8:** *Kolonie der Kugelalge.*

106,7

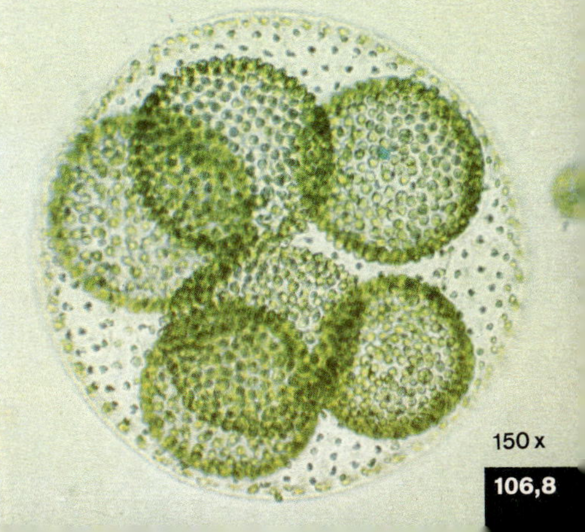

150 x

106,8

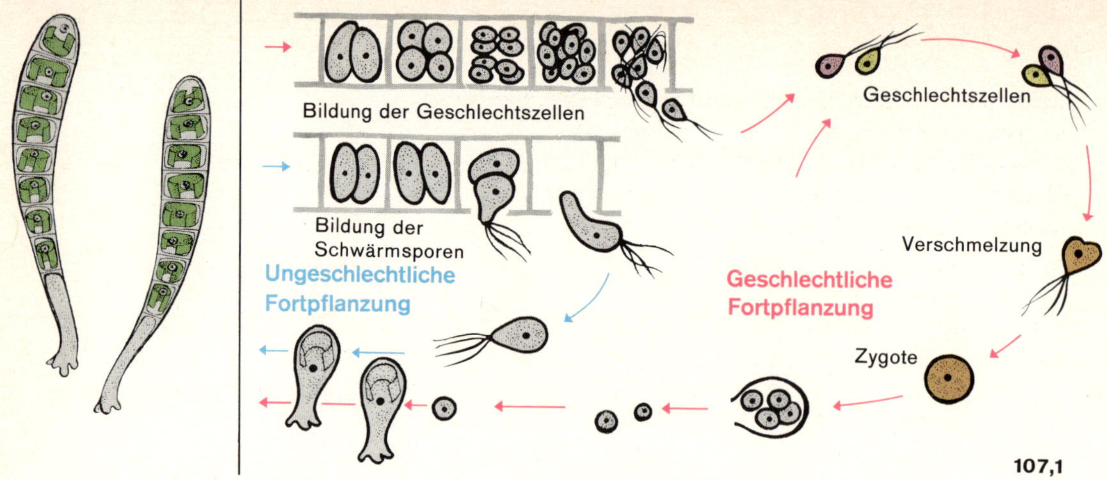

107,1

107 Grünalgen

Alle auf dieser Seite abgebildeten Algen gehören zur Klasse der Grünalgen, die sowohl Einzeller, als auch koloniebildende und vielzellige Algen enthält. Die meisten unserer Süßwasseralgen sind Grünalgen.

Kraushaaralge (Ulothrix; **107,1).** Im fließenden Wasser bemerken wir oft grüne, von der Kraushaaralge gebildete Strähnen. Wie sich bei Betrachtung mit dem Mikroskop zeigt, besteht der Körper dieser Alge aus einem unverzweigten Faden **(107,1** links; Fadenalge). Der Faden wird von zahlreichen, in einer Reihe liegenden, von Zellwänden umschlossenen Zellen gebildet. Jede Zelle enthält im Plasma neben dem Zellkern einen Farbstoffträger, der die Form eines breiten, offenen Rings aufweist. Die unterste Zelle dient der Befestigung auf Steinen und dergleichen. Beim Längenwachstum des vielzelligen Fadens teilen sich einzelne Zellen quer durch, worauf die Tochterzellen zur normalen Größe heranwachsen. Manchmal werden in Fadenzellen viergeißlige Schwärmsporen gebildet, die die Mutterzelle durch eine sich in der Zellwand bildende Öffnung verlassen, einige Zeit im Wasser herumschwimmen und dann zu einem neuen Faden heranwachsen (**107,1** rechts). Neben dieser ungeschlechtlichen Fortpflanzung kommt auch eine geschlechtliche vor. Die Schwärmer beiderlei Geschlechts werden wie die Schwärmsporen gebildet, ähneln diesen auch, sind aber kleiner und besitzen nur 2 Geißeln. Da die Schwärmer beider Geschlechter gleich aussehen, kann man sie nicht männlich oder weiblich nennen. Man unterscheidet sie durch die Zeichen (+) und (−). Ein Faden bringt entweder nur (+)-Schwärmer oder nur (−)-Schwärmer

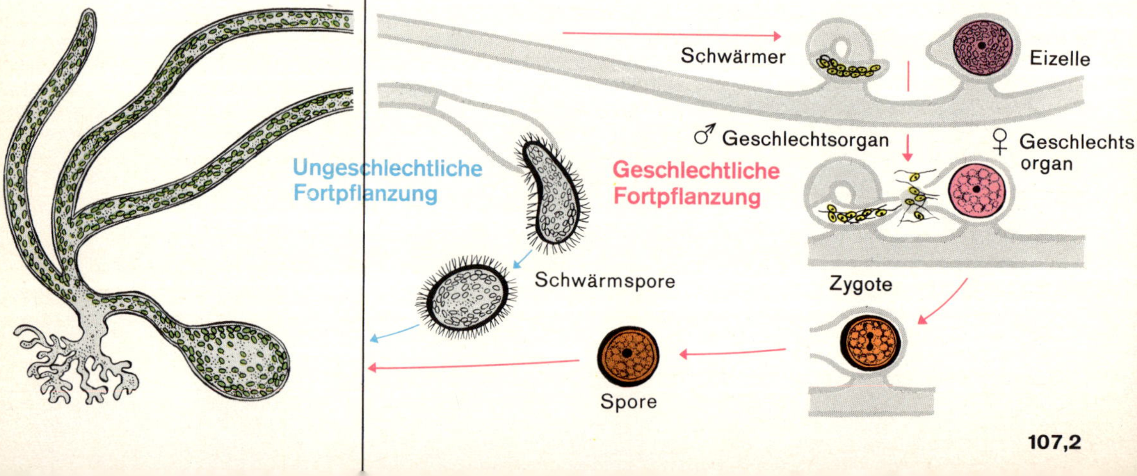

107,2

hervor. Das Vereinigungsprodukt der Schwärmer, die Zygote, schwimmt zunächst durchs Wasser, zieht aber dann die Geißeln ein, rundet sich ab und umgibt sich mit einer derben Haut. Nach einer Ruhezeit entstehen in der Zygote 4 Schwärmsporen, die zu neuen Fäden heranwachsen.

Schlauchalge (Vaucheria; **107,2**). In stehendem Wasser, auf feuchter Erde und feuchten Blumentöpfen, wächst die Schlauchalge. Ihre verzweigten Fäden sind nicht durch Querwände in Zellen unterteilt (Name!). Das Plasma enthält viele Kerne und Farbstoffträger (**107,2** links). Die Fortpflanzung zeigt Abb. **107,2** rechts. Bei der ungeschlechtlichen Fortpflanzung bilden sich Schwärmsporen, bei der geschlechtlichen Fortpflanzung entstehen aus seitlichen Ausstülpungen des Fadens männliche und weibliche Geschlechtsorgane. Im männlichen, hornförmigen Geschlechtsorgan werden zahlreiche, winzige, zweigeißlige Schwärmer gebildet. Dagegen enthält das kugelige weibliche Geschlechtsorgan nur eine große Eizelle, die als Reservestoff Öltröpfchen enthält. Bei der Befruchtung öffnet sich das reife männliche Geschlechtsorgan an der Spitze, die Schwärmer verlassen es und dringen durch eine Öffnung an der Vorstülpung des weiblichen Geschlechtsorgans zur Eizelle vor. Einer der Schwärmer verschmilzt mit der Eizelle. Die befruchtete Eizelle wächst nach einem Ruhezustand zu einem neuen Faden aus.

Weitere Grünalgen. Die Zweigalge (Cladophora; **107,3**) lebt im fließenden Wasser. Ihr Körper besteht aus verzweigten, vielzelligen Fäden. Auf Baumrinde, auf Bretterwänden und auf Mauern bilden einzellige Grünalgen oft grüne Überzüge. Eine solche einzellige Grünalge zeigt Abb. **107,4**. Wie bei den Geißelträgern gibt es auch bei den Grünalgen Zellkolonien. Bei Scenedesmus besteht eine derartige Kolonie aus 4 Zellen **(107,5)**. Die von mehreren Zellen gebildete Kolonie der Grünalge Pediastrum hat die Form eines zierlichen Täfelchens **(107,6)**. Beide Kolonien schweben frei im Süßwasser.

107,1: *Kraushaaralge. Links zwei Zellfäden, rechts schematische Darstellung der geschlechtlichen und ungeschlechtlichen Fortpflanzung.* **107,2:** *Links ein Stück der Schlauchalge, rechts schematische Darstellung der geschlechtlichen und ungeschlechtlichen Fortpflanzung. Bei der ungeschlechtlichen Fortpflanzung wird ein Teil des Plasmas an angeschwollenen Fadenenden durch eine Querwand abgeteilt. Dort bildet sich eine Schwärmspore, die an der Spitze austritt und mit Hilfe vieler Geißeln durchs Wasser schwimmt, um dann eine neue Alge zu bilden.* **107,3:** *Zweigalge.* **107,4:** *Chlorella, eine einzellige Grünalge.* **107,5:** *Zellkolonie von Scenedesmus.* **107,6:** *Zellkolonie von Pediastrum.*

40 x

107,3

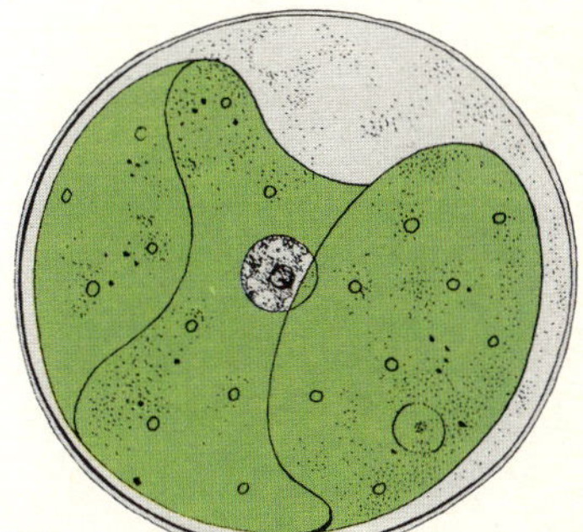

4500 x

107,4

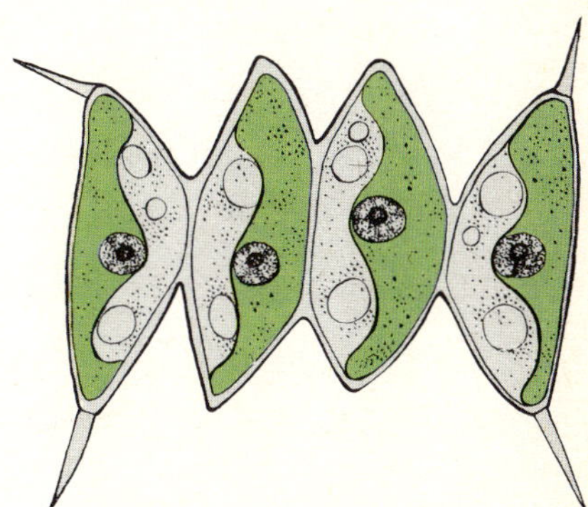

3000 x

107,5

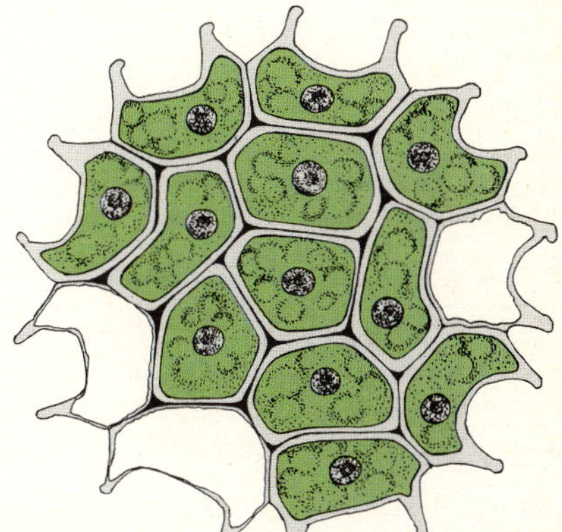

450 x

107,6

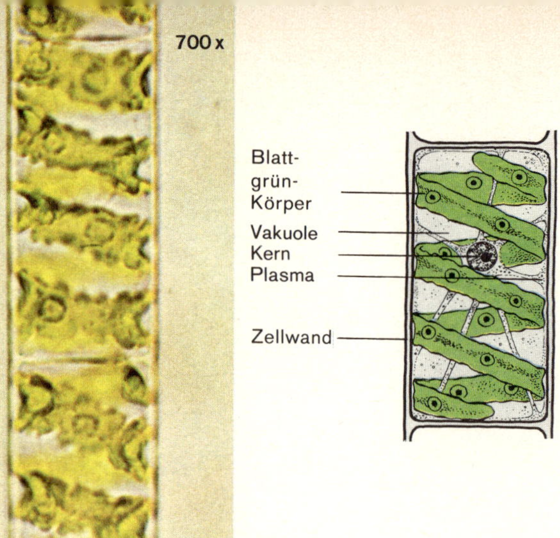

108,1

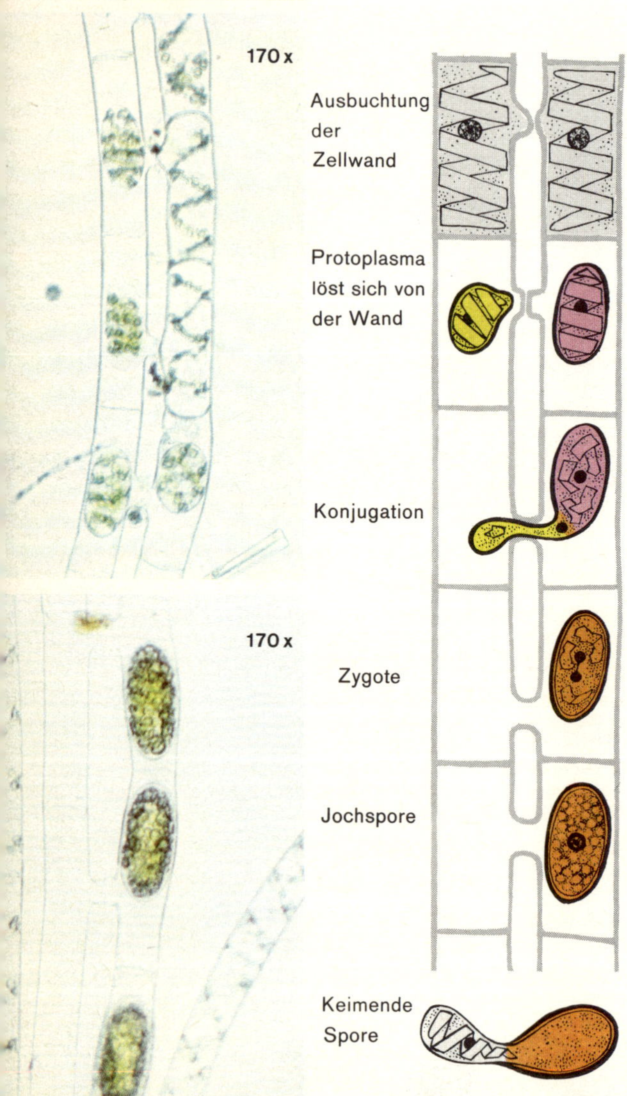

108,2

108 Jochalgen

Schraubenalge (Spirogyra). Von Frühjahr bis Herbst können wir in Tümpeln die Schraubenalge beobachten, wo sie, grüner Watte gleichend, im Wasser schwebt. Bei Sonnenschein befindet sie sich an der Wasseroberfläche, sonst in tieferer Lage.

Bau. Wir betrachten unsere Alge mit Hilfe eines Mikroskops und erkennen unverzweigte Fäden. Sproß und Wurzeln fehlen; es handelt sich also um ein Lager **(108,1)**. Jeder Faden stellt eine Zellreihe dar. Die Zellen sind von einer Zellulosewand umgeben, deren Innenseite einen Plasmabelag aufweist. Von dort ziehen Plasmafäden zu einer Plasmaanhäufung im Inneren der Zelle, die den Zellkern umgibt. Die plasmafreien Räume der Zelle sind mit Zellsaft gefüllt. Im wandständigen Plasma liegt ein grüner, bandartiger, schraubenförmig gewundener Farbstoffträger, auf den sich der Name der Alge bezieht. Manche Schraubenalgenarten weisen 2 Farbstoffträger auf.
Zellteilungen führen zu einem Längenwachstum des Fadens. Dabei teilt sich zuerst der Kern, dann bildet sich eine Querwand, die beide Tochterzellen voneinander trennt. Diese sind zunächst nur halb so lang wie die Mutterzelle, strecken sich aber nach der Zellteilung. So wächst der Faden in die Länge. Fäden der Schraubenalge können auch in Teilstücke zerfallen, die zu einem neuen Faden heranwachsen. Dies ist eine Art der ungeschlechtlichen Vermehrung. Wo steckt aber die Pflanze während der Wintermonate, wie kann sie sich ausbreiten und neue Gewässer besiedeln? Eine Antwort ist erst möglich, wenn wir die geschlechtliche Fortpflanzung kennen.

108,1: *Schraubenalge. Links Stück eines Fadens (Foto), rechts Schemazeichnung einer Zelle.*
108,2: *Konjugation der Schraubenalge. Fotos und Schemazeichnung mit verschiedenen Stadien.*

Geschlechtliche Fortpflanzung. Während der warmen Monate des Jahres – manchmal schon vom Monat Mai an – findet man parallel dicht nebeneinander liegende Fäden der Schraubenalge **(108,2)**. Es handelt sich um Fäden verschiedenen Geschlechts, die zunächst in Längsrichtung miteinander verkleben. Dann wölben sich die Zellwände von gegenüberliegenden Zellen in Richtung des Nachbarfadens aus, wodurch die Fäden etwas auseinandergedrängt werden. Wo die Vorwölbungen zusammentreffen, wird die Zellwand aufgelöst. So entsteht zwischen je 2 gegenüberliegenden Zellen ein Kanal, der an ein Brückenjoch erinnert (Jochalgen!). Beide Fäden mit ihren Jochen haben nun das Aussehen einer Leiter. Durch die Verbindungskanäle wandern die Zellinhalte des einen Fadens, des männlichen, in die entsprechenden Zellen des weiblichen Fadens. Dort verschmilzt das Protoplasma der männlichen Zelle mit dem der weiblichen. Das Vereinigungsprodukt, die *Zygote,* rundet sich ab und umgibt sich mit einer derben, braunen Wand und wird beim Absterben des Fadens frei. Diese besondere Art der geschlechtlichen Fortpflanzung heißt *Konjugation.* Die Zygoten sind gegen Kälte und Austrocknen unempfindlich. Sie überdauern den Winter, um im Frühjahr zu einem neuen Faden auszuwachsen. Wenn das Gewässer austrocknet, können die Zygoten vom Wind verbreitet werden.

Weitere Jochalgen. Grüne Algen, die wie die Schraubenalgen eine Konjugation aufweisen, faßt man zur *Klasse der Jochalgen* zusammen. Manche Jochalgen sind Fadenalgen, die ähnlich wie die Schraubenalge gebaut sind. Dies gilt etwa für die *Sternalge* (Zygnema – **108,6**), in deren Zellen sich je 2 sternförmige Farbstoffträger finden. Zur Klasse gehören aber auch einzellige Algen mit oft zierlichen Formen **(108,3–108,5)**. Vielfach sind diese Einzeller durch eine Einschnürung in zwei Hälften unterteilt.

Merkstoff. Im wandständigen Plasma der Schraubenalge, einer Fadenalge, liegen ein oder zwei schraubenförmig gewundene Farbstoffträger. Die ungeschlechtliche Fortpflanzung erfolgt durch Zerfall des Fadens in Teilstücke, die geschlechtliche durch Konjugation. Grüne Algen, bei denen eine Konjugation auftritt, gehören zur Klasse der Jochalgen. Sie enthält Einzeller und Vielzeller.

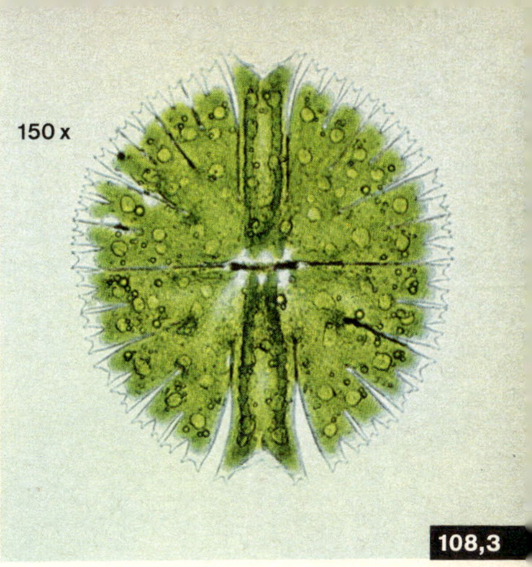

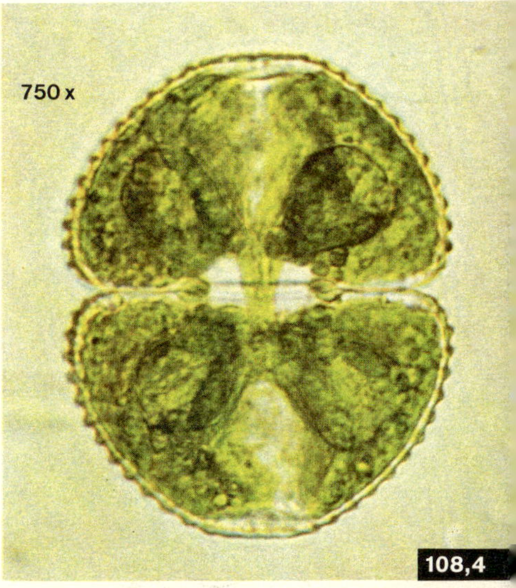

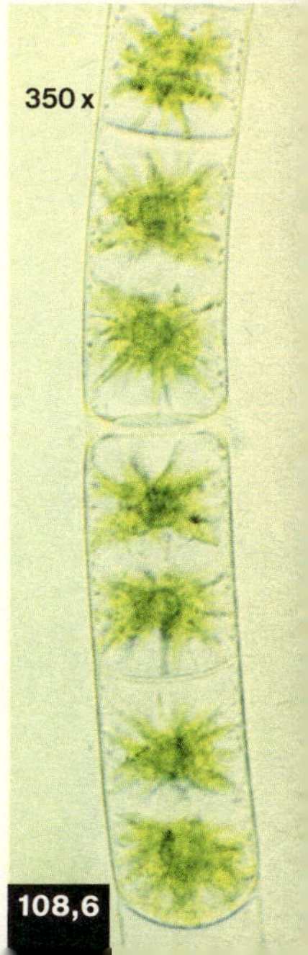

108,3: *Micrasterias. Einschnitte verleihen der Zelle eine sternförmige Gestalt.* **108,4:** *Cosmarium. Die Zelle ist in der Mitte eingeschnürt.* **108,5:** *Closterium. Zwischen den zwei Farbstoffträgern sitzt der Kern.* **108,6:** *Fadenstück der Sternalge (Zygnema).*

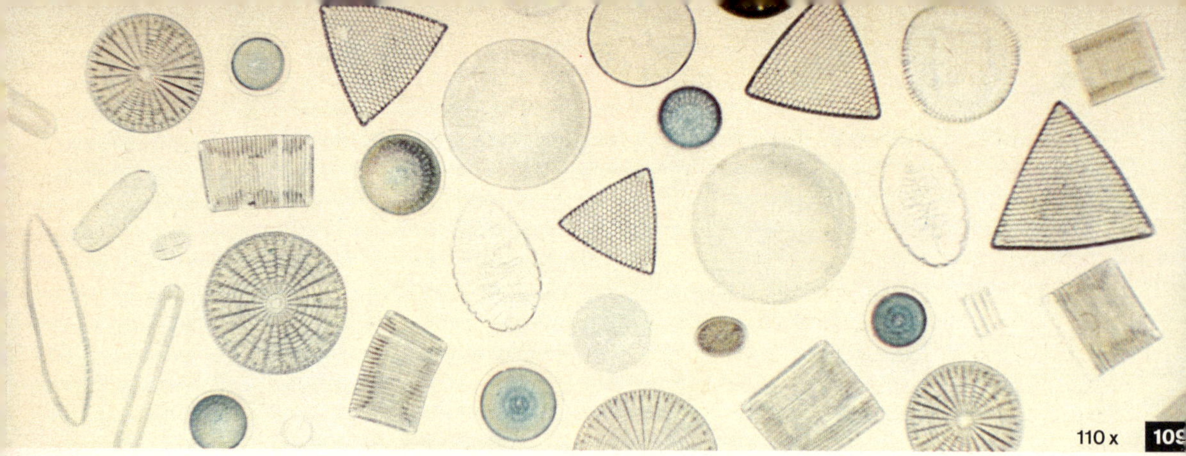

110 x

109 Kieselalgen

Im Wasser liegen oft Steine, die einen braunen Überzug aufweisen. Wie sich bei starker Vergrößerung zeigt, wird dieser von kleinen, einzelligen Lebewesen gebildet. Es sind Pflanzen, denn sie haben Farbstoffträger. Da die Zellen von einem Panzer aus Kieselsäure (Stoff der Sandkörner) umschlossen werden, nennt man diese Pflanzen Kieselalgen. Im Wasser findet man sie im Schlamm, auf Wasserpflanzen, auf Pfählen und anderen Gegenständen. Manche schweben auch frei im Wasser. Sie bilden mit anderen winzigen, im Wasser schwebenden Pflanzen und Tieren das *Plankton* (= das Schwebende). Ein großer Teil des Meeresplanktons besteht ebenfalls aus Kieselalgen. Als Beispiel für eine Kieselalge 10
betrachten wir eine Art, die im Schlamm des Süßwassers lebt.

Die Kieselalge Pinnularia. Wir wenden uns zunächst der für die Kieselalgen bezeichnenden Schale aus Kieselsäure zu. Sie besteht aus 2 Teilen, von denen der größere mit seinen nach unten gerichteten Rändern der kleineren ähnlich aufsitzt, wie der Deckel einer Schachtel dem Schachtelboden **(109,4)**. Wir betrachten die durchsichtige Schale zuerst von oben bzw. unten (Schalenansicht – **109,2**). Neben zahlreichen Rippen weist sie einen Längsspalt auf. An dessen einem Ende tritt Plasma aus, fließt längs des Spalts und tritt an seinem hinteren Ende wieder ein. So treibt es die Alge vorwärts. Diese Art des Antriebs entspricht etwa dem der Kettenfahrzeuge. In der Schale finden sich außerdem feine Poren, durch die das Protoplasma mit der Umwelt in Verbindung steht. In der Mitte des von den Schalen

500 x

109,2

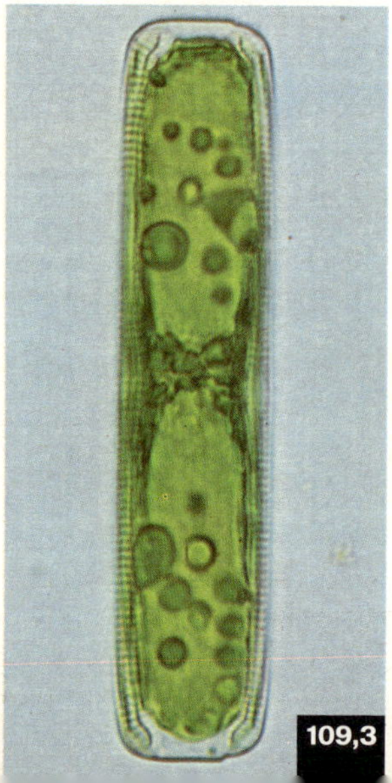

109,3

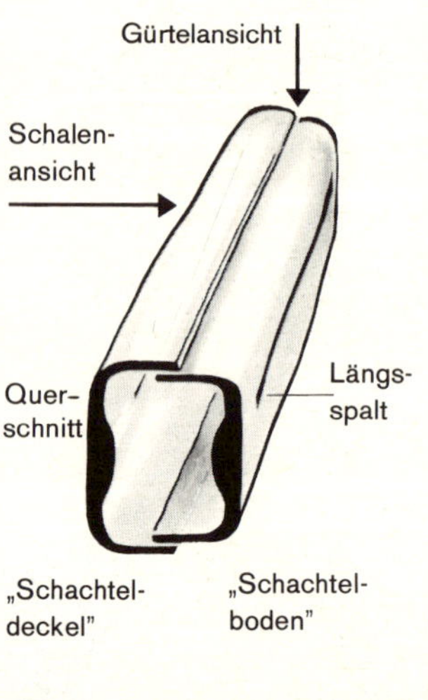

109,4

umschlossenen Protoplasmas liegt der Zellkern. Die Farbstoffträger enthalten einen braunen Farbstoff, der den ebenfalls vorhandenen grünen mehr oder weniger überdeckt. Ferner befinden sich im Plasma Öltröpfchen. Ungeschlechtliche Fortpflanzung erfolgt durch Zellteilung. Wie ist diese aber bei einer von einem Kieselpanzer eingeschlossenen Zelle möglich? Der sich vergrößernde Plasmakörper drückt die beiden Schalenhälften auseinander **(109,5–109,7)**. Jede Tochterzelle bekommt eine Hälfte und bildet die andere neu, und zwar bildet sie immer einen Boden, nie einen Deckel aus. Die mit der kleineren Schalenhälfte bedachte Tochterzelle ist daher kleiner als die andere. Bei erneuter Zellteilung erfolgt dann wiederum eine Verringerung der Zellgröße bei einer der Tochterzellen. Die Zellgröße darf jedoch nicht unter ein bestimmtes Maß sinken, ohne daß die Zelle ihre Lebensfähigkeit verliert. Durch einen besonderen Vorgang erreicht die verkleinerte Zelle wieder ihre Normalgröße. Dabei werden beide Schalenhälften abgeworfen, das Protoplasma vergrößert sich und bildet einen neuen Panzer **(109,8)**. Auch geschlechtliche Fortpflanzung kommt bei Kieselalgen vor; sie ist jedoch sehr verwickelt.

Bedeutung der Kieselalgen. Abbildung **109,1** vermittelt einen Eindruck von der Formenmannigfaltigkeit und Schönheit der Kieselalgen. Diese sind als Grundnahrung für andere Wasserbewohner von großer Bedeutung. Wenn sie sterben, sinken ihre Panzer auf den Grund des Gewässers und können dort Ablagerungen bilden. So findet sich z. B. in der Lüneburger Heide ein 3 km langes, 1 km breites und durchschnittlich 7 m mächtiges Lager von Kieselalgenschalen (Kieselgur), die in einem eiszeitlichen See abgelagert wurden. Die
109 Kieselgur wird als Verpackungsmaterial, zur Umkleidung von Dampfröhren, zur Schalldämpfung u. a. verwendet. Auch im Sprengstoff Dynamit ist sie enthalten.

Merkstoff. Kieselalgen sind einzellige Pflanzen, die von einer Schale aus Kieselsäure umschlossen werden. Sie besitzen braune Farbstoffträger. Ungeschlechtliche Fortpflanzung erfolgt durch Zellteilung. Kieselalgen gehören zur Grundnahrung für Wasserbewohner.

Die Abbildungen **109,2–7** *zeigen die Kieselalge Pinnularia viridis, einen Schlammbewohner des Süßwassers, der als Ausnahme grün gefärbt ist.* **109,2:** *Schalenansicht.* **109,3:** *Gürtelansicht.* **109,4:** *Die Zeichnung zeigt den Aufbau der Schale aus 2 Hälften.* **109,5:** *Beginn der Zellteilung.* **109,6:** *Die Schalenhälften werden auseinander gedrückt.* **109,7:** *Die Tochterzellen trennen sich.* **109,8:** *Größenabnahme bei fortgesetzter Zellteilung und Wiedererreichen der normalen Zellgröße.*

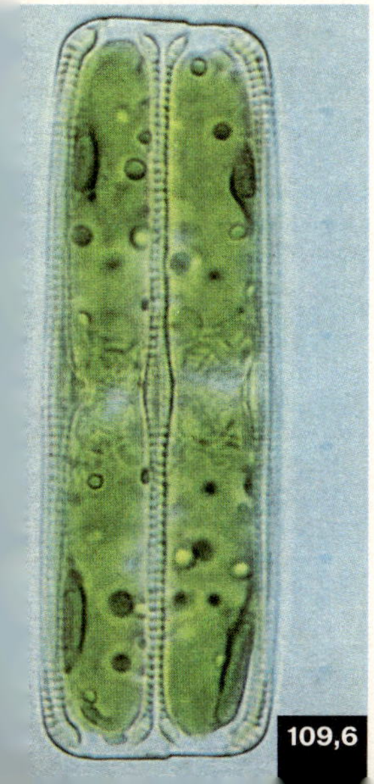
109,6

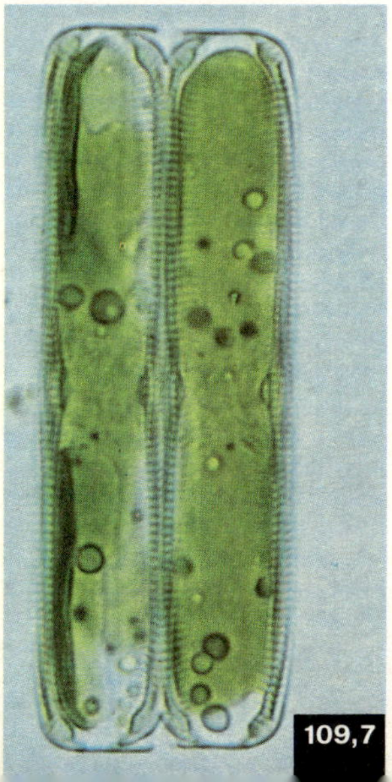
109,7

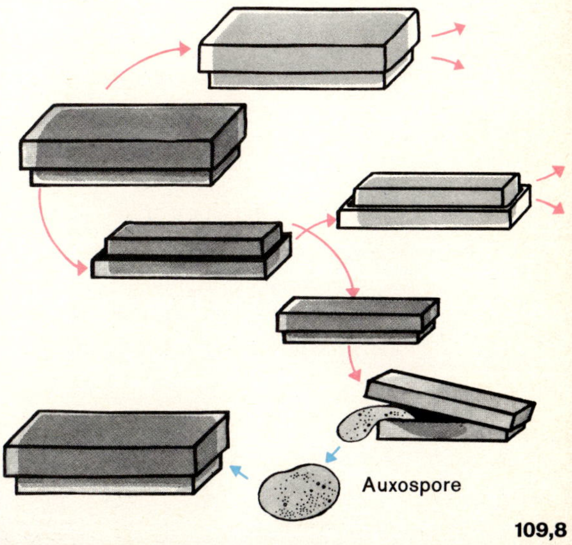

109,8

110,1

110,2

110,3

110 Algen des Meeres

110

Bei Wanderungen an der flachen Meeresküste stoßen wir auf kleine, sich entlang der Hochwassergrenze hinziehende Wälle aus grünen, braunen und roten Algen. Diese Algen, die man auch *Tange* nennt, sind aber nicht hier gewachsen. Sie wurden anderswo von der Brandung losgerissen und angespült. Die Tange finden nämlich auf dem lockeren Schlick und Sand der Flachküste keinen ausreichenden Halt, sondern nur auf festem Grund. So gedeihen sie nur dort, wo der Untergrund felsig ist und wo sie sich festsetzen können, z.B. an der Küste Helgolands. An solchen Stellen bedecken ausgedehnte Bestände brauner Algen, förmliche Tangwiesen, den felsigen Meeresboden. Sobald das Meer zur Ebbezeit zurückweicht, können wir sie beobachten.

Braunalgen. Braunalgen haben in ihren Farbstoffträgern einen braunen Farbstoff, der den grünen überdeckt. Daher sind sie olivgrün bis dunkelbraun gefärbt, wie schon ihr Name sagt. Manche von ihnen bestehen aus zierlichen, verzweigten Fäden, andere, größere besitzen einen Körper aus lederzähen, gabelig verzweigten Bändern, die noch durch eine Mittelrippe versteift werden. Dies gilt etwa für den Blasentang, der seinen Namen wegen der gasgefüllten Schwimmblasen bekommen hat **(110,2)**, und den mit ihm verwandten, an den Rändern gezähnten Sägetang. Mit einer Haftscheibe sind diese Algen so fest am Fels befestigt, daß sich eher der Körper von der Haftscheibe, als die Haftscheibe vom Fels reißen läßt. Diese gute Befestigung, wie auch der zähe Körper sind für Pflanzen, die der Brandung ausgesetzt sind, von großer Bedeutung. Andere Algen geben dem Wasser wenig Angriffspunkte, weil ihr krustenförmiger Körper flach dem Untergrund aufliegt. Manche Braunalgen werden mehrere Meter lang. Eine in der Antarktis lebende Art (Macrocystis) erreicht die stattliche Länge von 70 m und ein Gewicht von mehreren 100 kg. Bei einigen Arten weist der Körper wurzel-, stamm- und blattähnliche Teile auf.

Grünalgen. An unserer Felsküste treffen wir auch Grünalgen an. Zu ihnen gehören Zweigalgen, von denen wir eine im Süßwasser lebende Art kennengelernt haben **(107,3)**. Eine Grünalge mit flächigen, grünen Lappen ist der eßbare Meersalat **(110,1)**.

Rotalgen (110,3). Der rote Farbstoff dieser Algen befindet sich ebenfalls in den Farbstoffträgern. Rotalgen sind in der Regel zierlicher als Braunalgen. Manche gleichen einer kleinen Feder (Federtang), andere weisen stamm- und blattartige Gebilde auf (Seeampfer), und wieder andere sind Krustenalgen.

110,1: *Meersalat (Ulva lactuca), eine Grünalge mit blattartigem Lager.* **110,2:** *Blasentang (Fucus vesiculosus). Diese Braunalge besitzt ein gabelig verzweigtes, rundliche, gasgefüllte Schwimmblasen tragendes Lager. Die angeschwollenen Bandenden weisen krugförmige Vertiefungen auf, in denen Eizellen und Schwärmer gebildet werden. Beide werden ins Wasser entleert, wo die Befruchtung erfolgt.* **110,3:** *Seeampfer (Delesseria sanguinea). Das blattähnliche Lager dieser Rotalge stirbt im Herbst bis auf die Mittelrippe ab, welche im Frühjahr neue „Blätter" treibt.* **110,4:** *Algengürtel des Meeres.*

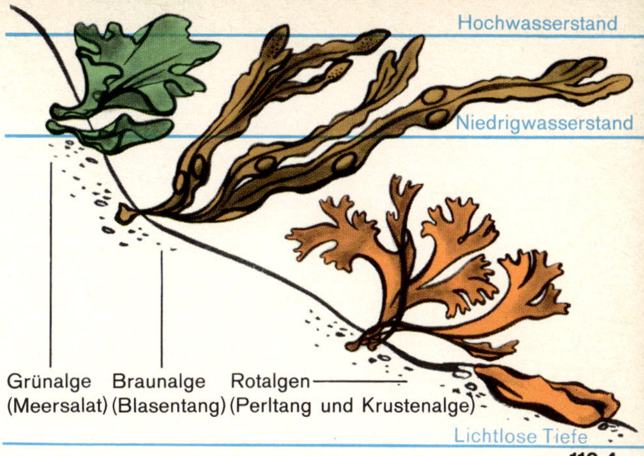

110,4

Algengürtel. Die Tange können im Meer nicht sehr tief hinabsteigen, da sie zu ihrem Gedeihen Licht benötigen. In Tiefen von über 10 m, wo es zu dunkel ist, kommen sie in der Nordsee nicht mehr vor. Merkwürdigerweise sind Grün-, Braun- und Rotalgen in Gürteln angeordnet. Die oberste Küstenzone, die eben noch von der Flut bespült wird, ist überwiegend von Grünalgen besiedelt. In der darunterliegenden Zone herrschen die Braunalgen. Zuoberst wächst der Blasentang, dann folgen der Sägetang und in tieferen Lagen die größeren Arten. Die unterste Zone ist das Reich der Rotalgen **(110,4)**. Diese Gürtelung ist jedoch nicht streng durchgeführt, es gibt manche Ausnahme. In der obersten Zone liegen die Tange oft stundenlang frei und sind der austrocknenden Wirkung von Wind und Sonne preisgegeben. Im Spritzwasserbereich wachsende Algen werden während der Flut lediglich vom Spritzwasser befeuchtet. Nur Algen, die das Freiliegen ertragen, können dort wachsen. Dagegen leben die unter der Niedrigwassergrenze wachsenden, zierlichen Rotalgen unter viel gleichmäßigeren Lebensbedingungen. Sie müssen jedoch mit wenig Licht auskommen, sie sind Schwachlichtalgen. Viel lichtbedürftiger sind die Starklichtalgen in der oberen Zone. Die Trennung nach Farben hängt von der sich mit zunehmender Tiefe ändernden Zusammensetzung des Lichts ab.

Bedeutung der Meeresalgen. Tange treten als Nahrungsquelle für Meerestiere gegenüber dem Plankton zurück, besiedeln sie doch nur schmale Küstenstreifen. In Ostasien werden Braun- und Rotalgen vom Menschen gegessen. Auch bei uns versucht man neuerdings, Meeresalgen für die menschliche Ernährung nutzbar zu machen (Welternte z. Zt. 540000 t). Braunalgen werden gesammelt, getrocknet und verbrannt. Aus der Asche gewinnt man Jod, das zur Herstellung von Arzneimitteln gebraucht wird.

Zusammenfassung Algen. Alle Algen sind Lagerpflanzen (ihr Körper ist nicht in Wurzeln, Stamm und Blätter gegliedert). Viele Algen sind Einzeller, die oft Zellkolonien bilden. Der Körper vielzelliger Algen ist fadenförmig oder flächig. Neben ungeschlechtlicher Fortpflanzung (z. B. durch Schwärmsporen und durch Zellteilung) kommt auch geschlechtliche Fortpflanzung vor. Die Geschlechtszellen sind entweder beide bewegliche Schwärmer, oder die weibliche Eizelle ist unbeweglich und wird von den männlichen Schwärmern aufgesucht. Eine besondere Form der geschlechtlichen Fortpflanzung ist die Konjugation der Jochalgen. Die meisten Algen bewohnen das Wasser und sind Grundnahrung für Wassertiere. Die besprochenen Algen gehören folgenden Klassen an: Geißelträger, Grünalgen, Jochalgen, Kieselalgen, Braunalgen und Rotalgen.

111 Die stoffliche Zusammensetzung der Pflanze; Düngung

Wir haben schon öfters andeutungsweise etwas über die Ernährung der Pflanzen gehört und wollen uns jetzt mit diesem Thema eingehender befassen. Dies ist aber erst möglich, wenn wir einen Überblick über die stoffliche Zusammensetzung des Pflanzenkörpers gewonnen haben. Zwei einfache Versuche sollen uns Auskunft geben.

Stoffe des Pflanzenkörpers. Pflanzenteile werden in einem Reagenzglas erhitzt, wo sie wegen Sauerstoffmangels nicht verbrennen können **(111,1)**. Sie verkohlen, und gleichzeitig bedecken sich die Wände des Glases mit Wassertröpfchen. Dieses Wasser stammt aus der Pflanze. Pflanzen enthalten erstaunlich viel Wasser. Bei Blättern macht es bis zu 90% des Frischgewichts aus, bei saftigen Früchten bis zu 95% und bei manchen Algen sogar 98%. Nur bei einer starken Durchtränkung des Pflanzenkörpers mit Wasser können in ihm die Lebensvorgänge ablaufen. Samen weisen einen Wassergehalt von nur 13–14% auf. Sie befinden sich aber in einem Ruhezustand und müssen vor der Keimung erst Wasser aufnehmen. Was nach dem Austreiben des Wassers von einer Pflanze übrig bleibt, nennt man ihre *Trockensubstanz*. In unserem Reagenzglas ist diese schwarz gefärbt. Die Schwarzfärbung rührt von Kohlenstoff her, aus dem die Trockensubstanz etwa zur Hälfte besteht. Erhitzen wir Pflanzenteile an der Luft, so verbrennt dieser Kohlenstoff. Es bleibt dann nur Asche übrig **(111,2)**, die nicht verbrennen kann. Sie besteht aus *Mineralsalzen,* in denen eine Reihe einfacherer Stoffe enthalten ist. **111**

Lebensnotwendige Stoffe. Ob die in den Mineralsalzen enthaltenen Stoffe für die Pflanze lebensnotwendig sind, läßt sich durch Untersuchungen des Pflanzenkörpers nicht feststellen. Hier helfen Wasserkulturen weiter. Man löst zunächst die in der Asche enthaltenen Stoffe als Salze in Wasser auf und läßt eine Pflanze (z. B. Mais) in dieser Nährlösung wachsen. Sie gedeiht, obwohl die Salze keinen Kohlenstoff enthalten **(111,4)**. Der Kohlenstoff wird dem Kohlendioxid der Luft entnommen. In reinem Wasser geht die Versuchspflanze zugrunde **(111,5)**, weil Salze fehlen. Salze sind lebensnotwendig. Ob sie es alle sind, zeigen Mangelversuche. Setzt man z. B. die Nährlösung ohne Kaliumsalze an, so kränkelt die Pflanze, und noch wachsende Pflanzenteile sterben ab **(111,6)**. Kalium ist also lebensnotwendig. Entwickelt sich aber die Pflanze normal, obwohl ein Stoff in der Nährlösung fehlt, dann ist dieser ohne

111,1: *Unter Luftabschluß erhitzte Pflanzenteile verkohlen (Kohlenstoff).* **111,2:** *Beim Verbrennen von Pflanzen bleibt aus Mineralsalzen bestehende Asche übrig.* **111,3:** *Wie sich das Fassungsvermögen des Fasses nach der niedersten Daube richtet, so der Ertrag des Bodens nach dem im Minimum vorhandenen Nährstoff.*

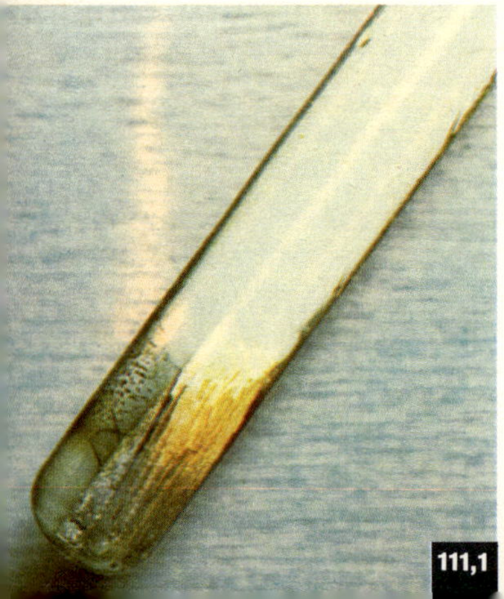
111,1

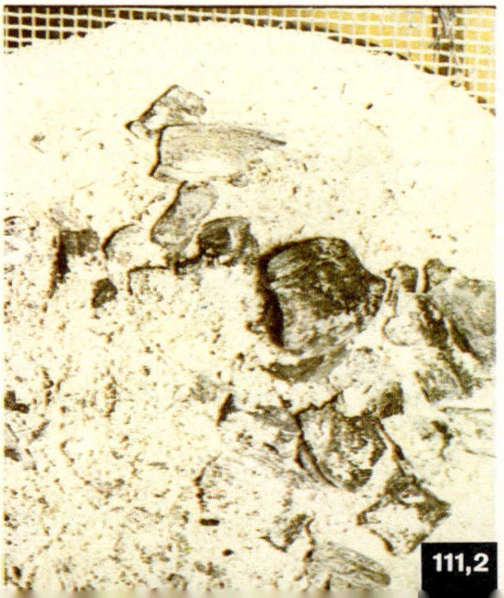
111,2

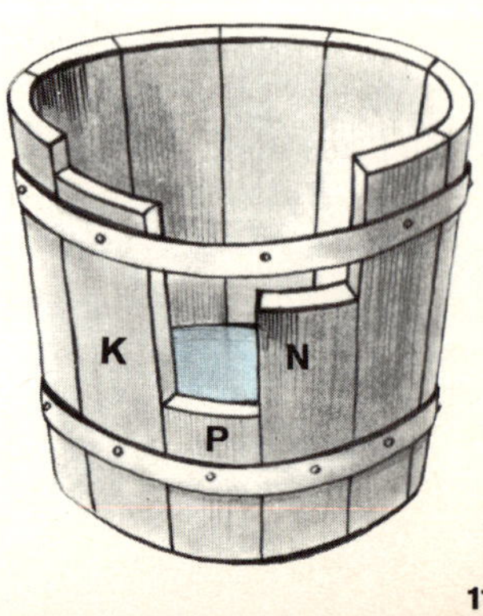

111,

Bedeutung. Sorgfältige Untersuchungen haben ergeben, daß die Pflanzen folgende 10 Stoffe brauchen: *Kohlenstoff, Wasserstoff, Sauerstoff, Stickstoff, Schwefel, Phosphor* und die Metalle *Kalium, Calcium, Magnesium, Eisen.* Wie schon erwähnt, wird der Kohlenstoff aus der Luft bezogen. Wasserstoff und Sauerstoff sind Bestandteile des Wassers. Sauerstoff gelangt auch bei der Atmung in die Pflanze. Alle anderen Stoffe sind Bestandteile von Salzen, die, in Wasser gelöst, von den Wurzelhaaren aufgenommen werden. Untergetauchte Wasserpflanzen nehmen die Nährsalze mit der ganzen Körperoberfläche auf. Der Luftstickstoff kann von den Pflanzen im allgemeinen nicht ausgenützt werden. Neben den erwähnten Stoffen brauchen die Pflanzen noch Spuren weiterer Stoffe, die sogenannten Spurenelemente. Fehlen diese, dann erkranken die Pflanzen. So faulen etwa Rüben bei Bormangel,und Obstbäume entwickeln sich schlecht bei Zinkmangel.

Düngung. Unter natürlichen Bedingungen kommen die aufgenommenen Nährsalze beim Absterben der Pflanze wieder in den Boden. Durch die Ernte aber gehen dem Kulturland alljährlich beträchtliche Mengen an Nährstoffen verloren, die durch Stalldünger nicht ersetzt werden können. Unseren Böden fehlen in der Regel Kalium, Stickstoff und Phosphor, manchen fehlt auch Kalk. Diese Stoffe müssen daher in Form von Mineraldünger („künstlicher Dünger") dem Boden zugeführt werden, soll er nicht seine Fruchtbarkeit verlieren. Dabei ist eine wesentliche Ertragssteigerung nur zu erwarten, wenn man vor allen Dingen den Stoff zuführt, der am wenigsten vorhanden ist, da sich nach ihm der Ertrag richtet (Ertragsgesetz vom Minimum; **111,3**). Volldünger enthalten Kali, Stickstoff und Phosphor. Sie werden vielfach zum Düngen des Gartens und der Topfpflanzen benützt. Sofern nicht überdüngt wird, ist eine Schädigung der Pflanzen nicht festzustellen. Die manchmal gehegte Befürchtung, Verwendung von Mineraldünger schädige die Gesundheit des Menschen, ist nicht begründet. Verzicht auf Mineraldünger würde ein beträchtliches Absinken der Ernteerträge und als Folge davon eine erhöhte Einfuhr von Nahrungsmitteln aus Ländern bedeuten, die ihrerseits mit Mineralsalzen düngen.

Merkstoff. Pflanzen enthalten u. a. Mineralsalze, Kohlenstoff und viel Wasser. Landpflanzen nehmen in Wasser gelöste Mineralsalze mit den Wurzelhaaren auf, unter Wasser lebende Pflanzen mit der ganzen Körperoberfläche. Unseren Böden fehlen meist Kalium, Stickstoff und Phosphor. Sie müssen mit Stall- und Mineraldünger gedüngt werden.

111,4: *Mais gedeiht in einer Nährlösung, die alle notwendigen Stoffe enthält (z. B. in 1000 g Wasser 1 g Calciumnitrat, 0,25 g Kaliumdihydrogenphosphat, 0,25 g Magnesiumsulfat und einige Tropfen Eisenchloridlösung). Wie der Versuch zeigt, nehmen Pflanzen mit ihren Wurzeln lediglich Wasser und Nährsalze auf. Unsere Nährlösung enthält keinen Kohlenstoff. Der in den Pflanzen enthaltene Kohlenstoff stammt aus der Luft. Für die Ernährung der Pflanzen hat der Boden nur die Bedeutung eines Nährsalzträgers und eines Wasserspeichers.* **111,5:** *In reinem Wasser geht der Mais zugrunde.* **111,6:** *Nährlösung ohne Kalium. Die Pflanze kränkelt, Pflanzenteile sterben ab.*

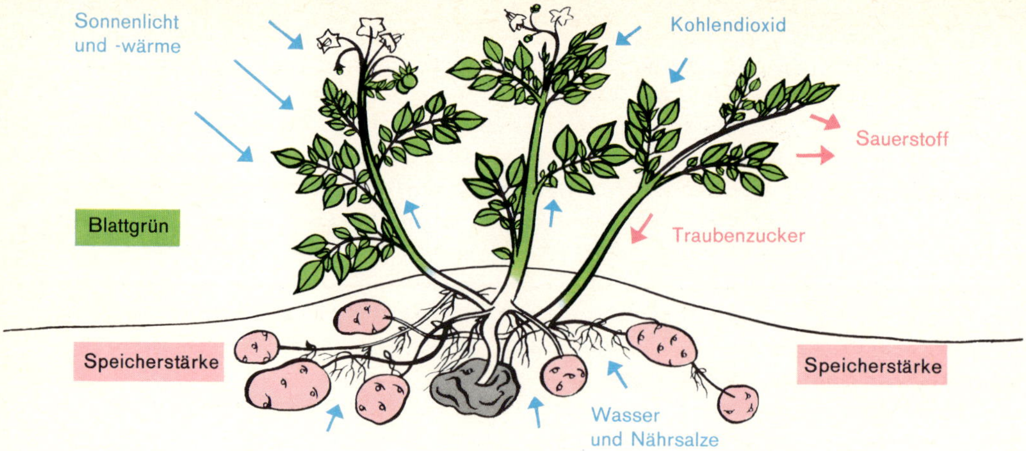

112,1

112–113 Photosynthese und Atmung

Wie wir gesehen haben, enthält die Pflanze Kohlenstoff. Sie bezieht ihn jedoch nicht mit den Mineralsalzen aus dem Boden, sondern nimmt ihn aus der Luft auf. In der Luft ist das Gas Kohlendioxid enthalten, das aus Kohlenstoff und Sauerstoff besteht. Es ist die einzige Kohlenstoffquelle für alle grünen Pflanzen, obwohl in der Luft nur 0,03 Vol.-% Kohlendioxid enthalten sind. Wie und unter welchen Bedingungen die Pflanze Kohlendioxid verwerten kann, sollen uns Versuche lehren. **112**

Photosynthese. Als Versuchspflanze wählen wir die in Teichen häufige Wasserpest. Wir bringen einige Sprosse in ein größeres, mit Wasser gefülltes Glasgefäß und stülpen über diese einen Glastrichter, dessen Abflußöffnung unter dem Wasserspiegel liegen muß. Dann schieben wir über das Abflußrohr des Trichters ein mit Wasser gefülltes Reagenzglas und setzen die Vorrichtung dem Licht aus **(112,2)**. Alsbald bemerken wir kleine Gasblasen, die von der Wasserpest ausgeschieden werden und im Reagenzglas hochsteigen. Sobald es mit Gas gefüllt ist, nehmen wir es aus dem Wasser und führen einen glimmenden Span ein. Der Span flammt auf, ein Zeichen dafür, daß das fragliche Gas Sauerstoff ist. Wenn wir das Licht abschirmen, hört die Gasentwicklung auf. Offenbar kann die Wasserpest nur

112,2: *Der grüne Sproß der Wasserpest entwickelt im Licht Sauerstoff, der in Form kleiner Bläschen im Reagenzglas hochsteigt und sich dort sammelt.* **112,3:** *Wasserpest im ausgekochten Wasser mit Kohlendioxidzusatz und im Licht. Die Pflanze entwickelt Sauerstoff (das Nachweismittel bräunt sich).* **112,4** *wie 112,3 aber ohne Licht. Die Pflanze entwickelt keinen Sauerstoff.*

112,2

112,3

112,

im Licht Sauerstoff abgeben. Der Vorgang in der Pflanze, der zur Sauerstoffabscheidung führt, heißt *Photosynthese.* Der Ausdruck besagt, daß sich der erwähnte Vorgang im Licht abspielt (phos gr. = Licht), und daß dabei ein Stoff aufgebaut wird (synthesis gr. = Zusammensetzung).

Bedingungen für die Photosynthese. Ein weiterer Versuch soll die bisher gewonnenen Kenntnisse vertiefen **(112,3–112,6).** Wir füllen 4 Glaskolben mit Wasser, aus dem wir durch Kochen die in ihm gelöste Luft ausgetrieben haben. Die Wasseroberfläche bedecken wir mit Paraffinöl (Luftabschluß). In den 1. Kolben geben wir Sprosse der Wasserpest und Natron, das Kohlendioxid ins Wasser abgibt. Der Kolben wird ins Licht gestellt. Den 2. Kolben beschicken wir wie den ersten, stellen ihn aber dunkel. Der 3. Kolben enthält kein Natron und der 4. Pflanzenteile ohne Blattgrün (z.B. Blütenblätter oder Wurzeln). Nach 2–3 Stunden prüfen wir nach, wo sich Sauerstoff entwickelt hat. Wir lassen ein empfindliches Nachweismittel für Sauerstoff (Pyrogallollösung und Kalilauge) in die Kolben fließen. Bei Anwesenheit von Sauerstoff tritt dann Braunfärbung auf. Es zeigt sich, daß nur im 1. Kolben Sauerstoff entwickelt wurde. Da der Sauerstoff nur aus der Photosynthese stammen kann, hat der Versuch folgendes Ergebnis: Eine Photosynthese findet nur im Licht statt, die Pflanze braucht dazu Kohlendioxid und gibt Sauerstoff ab. Außerdem ist Blattgrün für die Photosynthese unerläßlich. Dies gilt ganz allgemein für grüne Pflanzen, nicht nur für Wasserpflanzen, die sich für solche Versuche besonders gut eignen.

Produkte der Photosynthese. Noch wissen wir nicht, welcher für die Pflanze wichtige Stoff
112 bei der Photosynthese entsteht. Einige Blätter einer grünen Pflanze (bei unserem Versuch Pelargonienblätter) werden mit einer Schriftschablone aus schwarzem Papier verdunkelt. Nachdem die Pflanze einige Zeit dem Licht ausgesetzt war, pflücken wir diese Blätter, töten sie in kochendem Wasser ab und entfärben sie durch Kochen in Spiritus. Dann waschen wir sie mit Wasser ab und legen sie in Jod-Jodkalilösung. Die belichteten Stellen der Blätter färben sich schwarzblau, was die Anwesenheit von Stärke beweist **(112,7).** Verdunkelte Teile enthalten keine Stärke. Offenbar ist die Stärke ein Produkt der Photosynthese. Zunächst bildet sich jedoch Traubenzucker, aus dem die Stärke aufgebaut wird. Die Ergebnisse unserer Versuche können wir kurz folgendermaßen darstellen **(112,1):**

$$\textbf{Kohlendioxid} + \textbf{Wasser} \xrightarrow{\textit{Licht, Blattgrün}} \textbf{Traubenzucker} + \textbf{Sauerstoff}$$

Das bei der Photosynthese benötigte Wasser ist in jeder lebenden Pflanzenzelle enthalten.

112,5: *In nichtgrünen Pflanzenteilen findet keine Photosynthese statt. Sauerstoff wird nicht abgegeben.* **112,6:** *Wasser ohne Kohlendioxid. Die Pflanze gibt keinen Sauerstoff ab. Unter Umständen entsteht bei Atmungsvorgängen Kohlendioxid, das für die Photosynthese verwendet wird. Dann tritt leichte Braunfärbung auf.* **112,7:** *Nur an belichteten Stellen wird Stärke gebildet (Blaufärbung durch Jod).*

112,5

112,6

112,7

113,1

Was geschieht nun mit der bei der Photosynthese in grünen Pflanzenteilen, besonders Blättern, gebildeten Stärke? Einen Teil speichert die Pflanze als Reservestoff in Speicherorganen, wie etwa in Knollen, Wurzelstöcken und Samen **(112,1)**. Da die Stärke aber unlöslich ist, kann sie nicht transportiert werden. Dies ist erst möglich, nachdem sie wieder in wasserlöslichen Traubenzucker zurückverwandelt worden ist. Die Zuckerlösung strömt in einem besonderen Röhrensystem zu den Speicherorganen, wo aus dem Zucker wieder Stärke aufgebaut wird. Manchmal wird, wie in der Zuckerrübe, statt Stärke Zucker gespeichert. Traubenzucker benützt die Pflanze zum Aufbau zahlloser Pflanzenstoffe. So entstehen aus ihm u. a. Zellulose, Fette und Säuren. Selbst Eiweiß wird aus Traubenzucker hergestellt. Dazu wird aber noch ein Teil der aufgenommenen Mineralsalze benötigt, die in das Eiweiß eingebaut werden müssen. Schließlich dient Traubenzucker zur Energiegewinnung. Der sich dabei abspielende Vorgang heißt *Atmung*.

Atmung. Für Atmungsversuche können wir grüne Pflanzen schlecht benützen, da bei ihnen tagsüber die Atmung durch die Photosynthese überdeckt wird. Deshalb arbeiten wir mit keimenden Erbsensamen. Wir füllen sie in ein Gefäß, das wir luftdicht verschließen und über Nacht stehen lassen. Dann senken wir in das Gefäß eine an einem Draht befestigte, brennende Kerze **(113,2)**. Die Kerze geht sofort aus, während sie in einem Gefäß ohne Erbsenkeimlinge einige Zeit weiterbrennt. Keimende Samen verbrauchen Sauerstoff. Bei einem weiteren Versuch leiten wir durch ein Gefäß mit keimenden Erbsen Luft. Die Luft strömt zunächst durch Natronlauge, die ihr das Kohlendioxid entzieht. Nachdem sie die Samen umspült hat, gelangt sie in Kalkwasser, das sich trübt **(113,3)**. Keimende Samen scheiden Kohlendioxid aus. Mensch und Tier nehmen bei der Atmung Sauerstoff auf und scheiden Kohlendioxid ab. Dies tun Pflanzen ebenfalls, also atmen sie. Was spielt sich bei der Atmung in der Pflanze ab? Traubenzucker wird in Wasser und Kohlendioxid zerlegt. Dazu ist Sauerstoff nötig. Welchen Sinn diese Zerlegung des Traubenzuckers hat, zeigt der Versuch der Abb. **113,4**. Wir messen die Temperatur zwischen keimenden Erbsen, die sich in einer Thermosflasche befinden. Sie ist höher als die Außentemperatur. Die Keimlinge haben Wärme abgegeben, die bei der Atmung entsteht. Wärme ist eine Form der Energie. Energiegewinnung ist demnach die Aufgabe der Atmung. Die Atmungsenergie benötigt die Pflanze zur Aufrechterhaltung der Lebensvorgänge. Letztlich handelt es sich dabei um Sonnenenergie, die bei der Photosynthese im Traubenzucker gebunden und bei der Atmung wieder freigesetzt wird. Zum Vergleich schreiben wir die Vorgänge bei der Photosynthese und bei der Atmung in Kurzform untereinander:

113,2

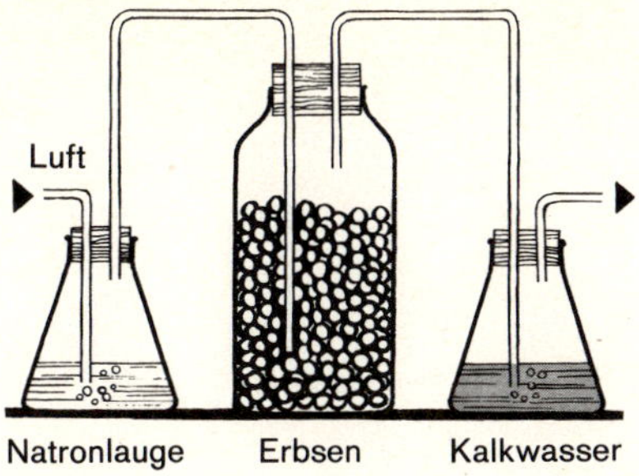

113,3

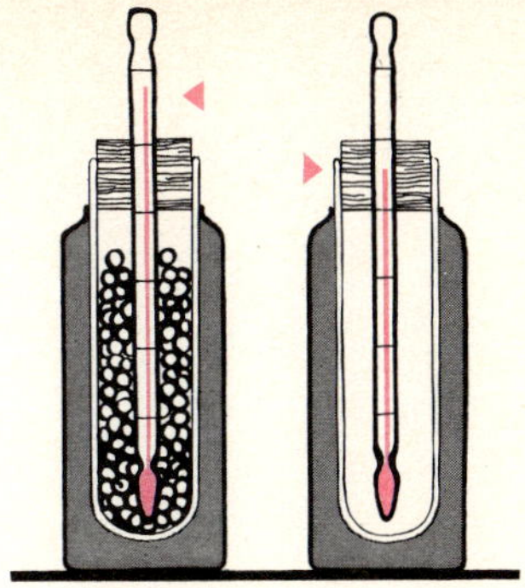

113,4

113,2: *Keimende Erbsen verbrauchen Sauerstoff, eine brennende Kerze erlischt.* **113,3:** *Luft, aus der man Kohlendioxid entfernt hat, wird durch ein Gefäß mit keimenden Erbsen und dann durch Kalkwasser geleitet. Seine Trübung zeigt Kohlendioxid an.* **113,4:** *Bei der Atmung entsteht Wärme.*

Photosynthese:
Kohlendioxid + Wasser → Traubenzucker + Sauerstoff: *Verbrauch von Sonnenenergie*
Atmung:
Traubenzucker + Sauerstoff → Wasser + Kohlendioxid: *Freisetzung von Energie*
Es zeigt sich, daß die Atmung der der Photosynthese entgegengesetzte Vorgang ist.

113 **Bedeutung der Photosynthese.** Die Photosynthese ist einer der bedeutendsten Vorgänge auf der Erde. Durch sie erzeugt die Pflanze Nahrung, von der nicht nur sie selbst, sondern auch Tier und Mensch leben. Allein die Pflanze macht durch ihre Befähigung zur Photosynthese die Erde für Menschen und Tiere bewohnbar. Auch diese gewinnen durch Zerlegung der von der Pflanze aufgebauten Stoffe Energie, die letzten Endes von der Sonne stammt. Wenn unsere Muskeln oder unsere Nerven arbeiten, so ist es von der Pflanze aufgenommene und an uns weitergegebene Sonnenenergie, welche die Tätigkeit unserer Organe ermöglicht. Noch in anderer Hinsicht ist die Photosynthese von Bedeutung. Mensch, Tier und Pflanze entnehmen der Luft bei der Atmung Sauerstoff und geben Kohlendioxid an sie ab. Trotzdem nimmt der Sauerstoffgehalt der Luft nicht ab und der Kohlendioxidgehalt nicht zu, weil bei der Photosynthese der Luft Kohlendioxid wieder entzogen und Sauerstoff an sie zurückgegeben wird. Verfolgen wir das Schicksal des Kohlenstoffs, so zeigt sich, daß er einen Kreislauf durchmacht. Er wird als Bestandteil des Kohlendioxids von der Pflanze aufgenommen und zum Aufbau von Pflanzenstoffen verwendet. Bei der Atmung, oder nach dem Tod bei der Verwesung, werden diese Stoffe zerlegt. Es entsteht wiederum Kohlendioxid, das in die Luft entweicht. Werden aber Pflanzen von Tier und Mensch als Nahrung verwendet, dann wird der Kreislauf um ein Glied erweitert **(113,1)**. Die gleichen Vorgänge spielen sich auch im Wasser ab, sofern in ihm Pflanzen und Tiere leben.

Merkstoff. Die Pflanze baut aus Kohlendioxid und Wasser Traubenzucker auf. Sauerstoff wird abgegeben. Dieser Vorgang heißt Photosynthese. Sie läuft nur in grünen Pflanzenteilen und im Licht ab. Aus dem Traubenzucker entsteht teils Stärke, die als Reservestoff gespeichert wird, teils wird Traubenzucker zum Aufbau anderer Pflanzenstoffe verwendet, oder er wird bei der Atmung in Wasser und Kohlendioxid zerlegt. Dazu ist Sauerstoff notwendig. Die Atmung liefert die Energie für die Lebensvorgänge.

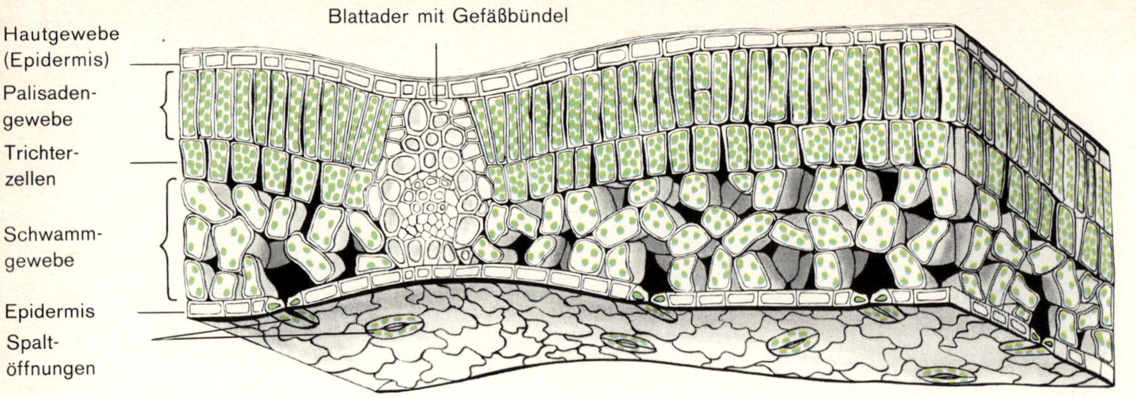

114,1

114 Das Blatt

Die Photosynthese kann in allen grünen Pflanzenteilen ablaufen, doch sind die Blätter der bevorzugte Ort für diesen Vorgang. Zum näheren Verständnis müssen wir daher den inneren Bau des Blatts kennenlernen. Da dieser so mannigfaltig ist wie die äußere Blattgestalt, beschränken wir uns auf ein Beispiel und wählen das Blatt der Rotbuche.

Bau des Buchenblatts. Wir legen unserer Betrachtung das Blockbild der Abb. **114,1** zugrunde. Wie alle Pflanzenorgane ist auch das Blatt aus einzelnen Zellen aufgebaut. Diese 114
Zellen haben jedoch eine recht verschiedene Gestalt, was mit ihrer jeweiligen Aufgabe zusammenhängt. Wie die Zeichnung weiterhin zeigt, sind gleichartige Zellen zu größeren Verbänden zusammengeschlossen. Diese Verbände gleichartiger Zellen mit gleicher Aufgabe heißen *Gewebe.* Sehen wir uns die einzelnen Gewebe des Blatts an! Blattober- und unterseite werden von einem einschichtigen Gewebe bedeckt. Dessen Zellen liegen dicht aneinander und besitzen verdickte Außenwände, die von einem wasserabstoßenden Häutchen überzogen sind. In der Aufsicht zeigen die Zellen einen unregelmäßigen Umriß, welcher eine Verzahnung bedingt. Dieses Gewebe bildet daher eine feste Haut, die man abziehen kann, und heißt deshalb *Hautgewebe (Epidermis).* Es schützt die zarten inneren Teile des Blatts vor Verletzung und Austrocknen. Unter dem Hautgewebe der Blattoberseite liegen

114,5: *Rotes Blatt einer Bluthasel.* **114,6:** *Durch Kochen in Wasser wurde der rote Farbstoff (Anthocyan) herausgelöst, das Blatt ist jetzt grün und die Kochlösung rot.* **114,7:** *Nach Kochen in Spiritus ist das Blatt farblos, die Farbstoffe sind im Spiritus gelöst.* **114,8:** *In einem Filtrierpapierstreifen steigen die Farbstoffe des grünen Blatts verschieden hoch. Über dem Chlorophyll zeigt sich ein gelbes Band.*

114,5

114,6

114,7

11

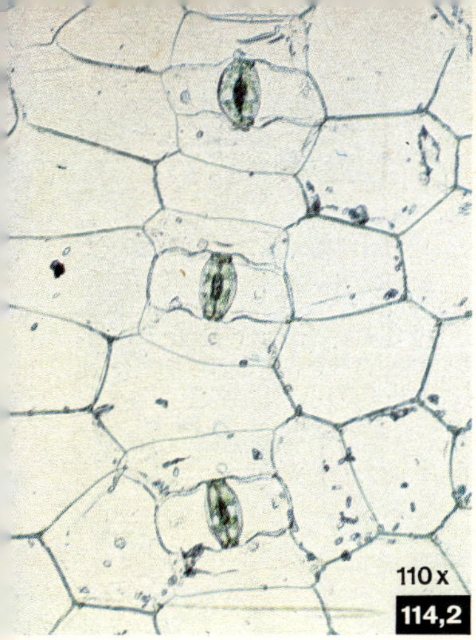

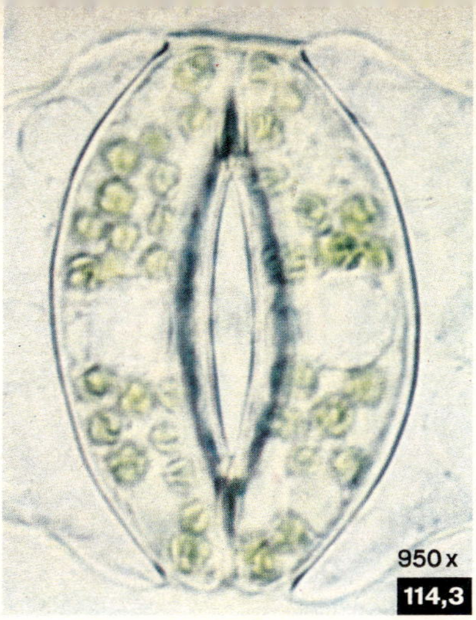

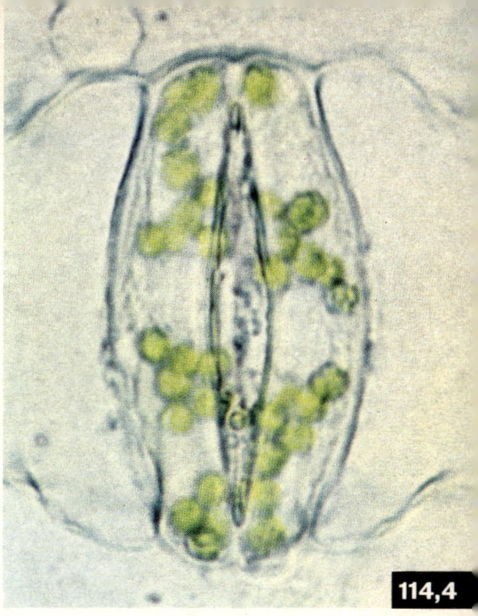

114,2: *Spaltöffnungen im Hautgewebe der Blattunterseite von Zebrina (Einkeimblättrige Pflanze).* **114,3:** *Spaltöffnung mit offenem Spalt.* **114,4:** *Spaltöffnung mit geschlossenem Spalt. Der Verschluß wird durch Berührung der Ausbuchtungen in der Mitte beider Schließzellen erzielt.*

langgestreckte Zellen, die reichlich *Blattgrünkörner* enthalten. Man nennt dieses Gewebe *Palisadengewebe,* weil es einem Palisadenzaun ähnelt. Unten grenzen die Zellen des Palisadengewebes an trichterförmigen Zellen, die den Übergang zum lockeren Schwammgewebe bilden. Zwischen diesen *Trichterzellen* und den Zellen des Schwammgewebes, die beide Blattgrünkörner enthalten, befinden sich Hohlräume, die *Zwischenzellräume.* In den Zellen der inneren Gewebe findet die Photosynthese statt, hauptsächlich in den Zellen des Palisadengewebes, die besonders viel Blattgrün enthalten und am meisten Licht bekommen. In den Blattgrünkörnern wird die Stärke gebildet.

Wie kommt Kohlendioxid zu diesen Zellen? In der Haut der Blattunterseite finden sich zahlreiche spaltenförmige Öffnungen, sogenannte *Spaltöffnungen* **(114,1–4).** Diese werden von 2 ovalen, Blattgrün führenden Zellen *(Schließzellen)* gebildet. Die Schließzellen können den zwischen ihnen liegenden Spalt öffnen oder schließen. Bei geöffnetem Spalt gelangt Luft in die Zwischenzellräume des Schwammgewebes und kann so alle an der Photosynthese beteiligten Zellen umspülen. Das Schwammgewebe dient also hauptsächlich der Durchlüftung. Der bei der Photosynthese anfallende Sauerstoff verläßt das Blatt durch die Spaltöffnungen. Durch sie wird auch Wasserdampf an die Luft abgegeben, während die Wasserabgabe durch die Haut nur gering ist. Bei Nacht sind die Spalten geschlossen. Eine Photosynthese ist ja ohne Licht nicht möglich. Auch tagsüber werden die Spalten manchmal geschlossen, so etwa an heißen Tagen, wenn zur Mittagszeit Austrocknungsgefahr besteht. Außer den erwähnten Geweben liegen im Blatt die Blattadern, die zu seiner Festigung beitragen. Sie enthalten Röhren (Gefäße), welche zur Leitung des Wassers mit den Nährsalzen und der Zuckerlösung dienen.

Blattfarbstoffe. Wir untersuchen rot gefärbte Blätter einer Blutbuche **(114,5–8).** Der rote Farbstoff (Anthocyan) löst sich in Wasser, wenn wir diese Blätter kochen. Sie zeigen danach normale grüne Färbung. Zugabe von Säure führt zur Rotfärbung der Lösung. Durch Kochen in Spiritus erhält man die Blattfarbstoffe. In einem Filtrierpapierstreifen, den man in die Lösung taucht, steigen die verschiedenen Farbstoffe unterschiedlich weit hoch. Neben Blattgrün (Chlorophyll) enthalten Blätter auch gelbe Farbstoffe.

115,1

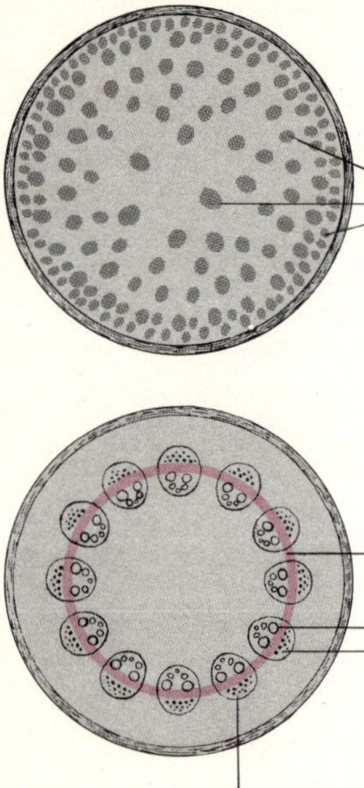

115,2

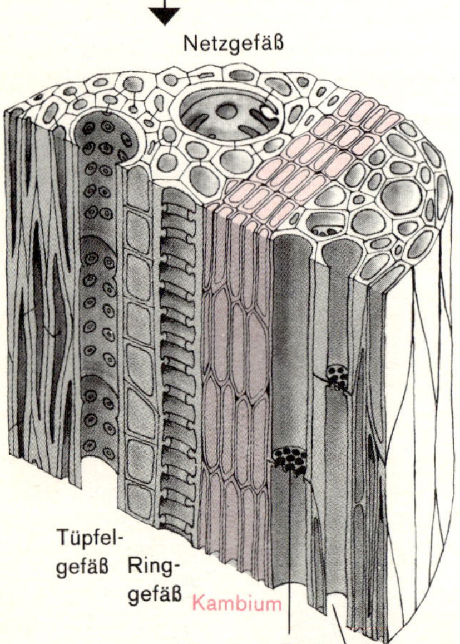

115,3

115 Der Stengel

Ursache der Wasserbewegung im Stengel. Wir füllen das abgebildete Gefäß **(115,1)** ganz mit Wasser und verschließen es mit einem Gummistopfen, in dessen Durchbohrung ein beblätterter Sproß steckt. An das Gefäß ist eine ebenfalls wassergefüllte Glasröhre mit sehr kleinem Durchmesser (Haarröhre oder Kapillare) angeschlossen, die in einen Standzylinder mit Wasser führt. Wir können nun an einer Luftblase, die wir in dem Glasrohr belassen haben, beobachten, wie der Wasserfaden in der Kapillare in Richtung Gefäß wandert. Der Sproß nimmt Wasser auf, das aus der Kapillare ergänzt wird, weil die Blätter des Sprosses Wasser in Form von Wasserdampf an die Luft abgeben. Die Wanderung der Luftblase in der Röhre zeigt daher Wasseraufnahme durch die Pflanze an. Pflanzen sind von den Blättern bis zu den Wurzeln von ununterbrochenen Wasserfäden durchzogen. Die Wasserverdunstung der Blätter erzeugt einen Sog, der einen Wasserstrom in Richtung Wurzel-Blatt verursacht. Dies ist möglich, weil die Wasserfäden erst bei sehr starkem Zug abreißen. 115

Bau des Stengels. Betrachten wir Stengelquerschnitte bei starker Vergrößerung, so bemerken wir Gebilde von meist ovaler Form. Da in ihnen die Wasserleitungsbahnen verlaufen, heißen sie *Leitbündel.* Bei Einkeimblättrigen Pflanzen sind die Leitbündel unregelmäßig über den Stengelquerschnitt verteilt, während sie bei Zweikeimblättrigen

115,1: *Nachweis der Wasseraufnahme durch einen Sproß. Diese wird durch Wanderung einer Luftblase in der Kapillarröhre angezeigt.* **115,2:** *Stengelquerschnitt einer Einkeimblättrigen Pflanze (oben) und einer Zweikeimblättrigen Pflanze (unten).* **115,3:** *Bau eines Leitbündels bei einer Zweikeimblättrigen Pflanze.* **115,4:** *Streckungswachstum einer Pflanzenzelle.* **115,5:** *Vegetationskegel des Stengels mit Blattanlagen.* **115,6:** *Vegetationskegel der Wurzel.*

einen Ring bilden **(115,2)**. Die Leitbündel liegen in einem Gewebe aus wenig spezialisierten Zellen mit unverdickten Wänden (Grundgewebe). Bei den Zweikeimblättrigen Pflanzen nennt man das Grundgewebe innerhalb des Leitbündelrings *Mark*, das außerhalb *Rinde*. Mark und Rinde sind durch *Markstrahlen* miteinander verbunden. Quer durch die Leitbündel verläuft das *Kambium*. Wasserleitungsgefäße befinden sich im Leitbündel nur innerhalb des Kambiums. Diesen Teil des Bündels nennt man deshalb *Gefäßteil*. Die Gefäße sind lange Röhren, die aus langgestreckten, inhaltslosen Zellen bestehen, deren Querwände aufgelöst wurden **(115,3)**. Die Gefäßwände sind ausgesteift. In noch wachsenden Stengelabschnitten weisen sie ringförmig oder spiralig verlaufende Verdickungen auf *(Ringgefäße, Spiralgefäße)*. In ausgewachsenen Stengelteilen können die Wandverdickungen netzartig miteinander verbunden sein *(Netzgefäße)*, oder die ganze Wand ist verdickt, und nur durch einzelne unverdickte Stellen, die Tüpfel, kann eine Wasserabgabe an Zellen der Umgebung stattfinden *(Tüpfelgefäße)*. Außerhalb des Kambiumringes, im *Siebteil* des Leitbündels, liegen die *Siebröhren*. Sie bestehen aus langgestreckten Zellen mit lebendem Inhalt, deren Querwände siebartig durchlöchert sind *(Siebplatten)*. In den Siebröhren wird Zuckerlösung aus den Blättern in Richtung Wurzel befördert.

Beim ausgewachsenen Stengel finden allein im Kambium Zellteilungen statt. Vom Kambium nach innen abgegebene Zellen vergrößern den Gefäßteil, nach außen abgegebene Zellen den Siebteil, indem die durch Zellteilungen entstandenen Zellen sich entsprechend umwandeln. Auf diese Weise wächst der Stengel in die Dicke. *Dickenwachstum* ist bei den Stengeln Ein-
115 keimblättriger Pflanzen in der Regel nicht möglich, da die Leitbündel unregelmäßig verteilt sind und kein Kambium aufweisen. Zur Festigung der Leitbündel tragen Zellen mit verdickten Zellwänden bei.

Vegetationskegel. Das Ende des Stengels hat meist die Form eines Kegels (Vegetationskegel; **115,5**). Durch fortgesetzte Teilungen seiner gleichartigen Zellen entstehen neue Zellen. Aus teilungsfähigen Zellen bestehende Gewebe heißen *Bildungsgewebe*. Vom Bildungsgewebe des Vegetationskegels nimmt das *Längenwachstum* des Stengels seinen Ausgang. In einiger Entfernung von der Sproßspitze strecken sich die neugebildeten Zellen in die Länge (Zone des Streckungswachstums). Dabei entstehen in den zunächst ganz vom Plasma erfüllten Zellen Zellsafträume **(115,4)**. Am Vegetationskegel bemerken wir Auswüchse, aus denen später Blätter entstehen. Es handelt sich also um Blattanlagen. In den Achseln älterer Blattanlagen sitzen Vegetationskegel, die *Achselknospen*, welche Seitenzweige bilden können. Der Vegetationskegel der Wurzel **(115,6)** besitzt keine Blattanlagen und ist von einer *Wurzelhaube* bedeckt. Diese schützt das zarte Bildungsgewebe vor Verletzung, wenn sich die wachsende Wurzel zwischen Bodenteilchen durchzwängt.

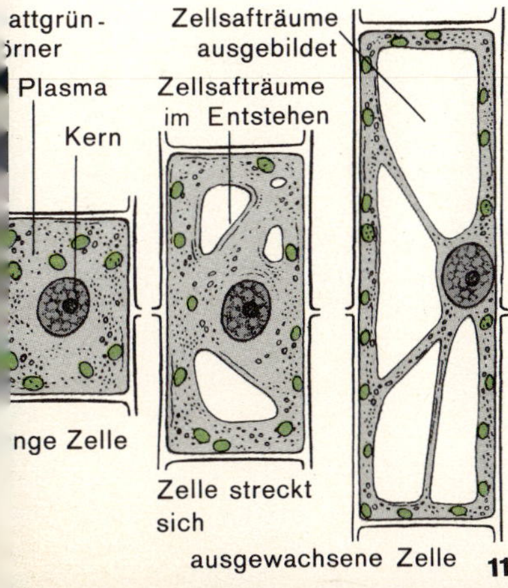

115,4

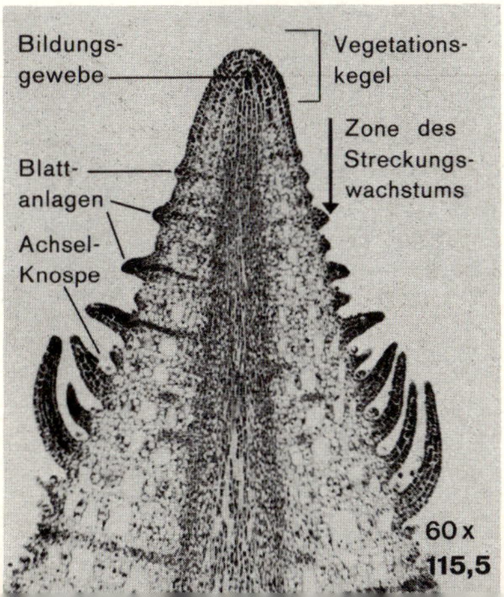

115,5

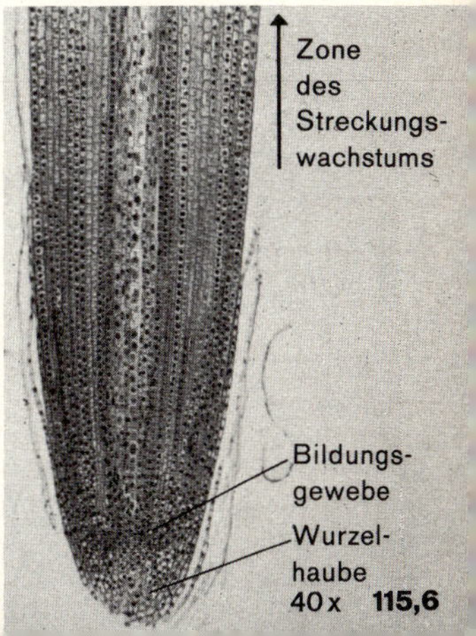

115,6

116 Anpassung der Pflanze an die Wasserverhältnisse des Standorts

Pflanzen können nur Standorte besiedeln, an deren Verhältnisse sie angepaßt sind. Hinsichtlich der Wasserverhältnisse sind Pflanzenstandorte recht verschieden. An manchen steht Wasser dauernd zur Verfügung, andere sind zeitweise trocken. Dies wirkt sich auf die Gestalt der an solchen Standorten wachsenden Pflanzen aus.

Pflanzen feuchter Standorte. Die Böden dieser Standorte enthalten reichlich Wasser, die Luft ist durch einen hohen Feuchtigkeitsgehalt ausgezeichnet. Als Beispiel für eine Pflanze, der diese Verhältnisse zusagen, mag uns die Pestwurz dienen **(116,3)**. Ihre Blätter sind großflächig und weich. Abgepflückte Blätter welken rasch, weil sie viel Wasser abgeben. Wasser steht ja dieser Pflanze in ausreichendem Maße zur Verfügung. Eine reichliche Wasserversorgung ist für die Photosynthese und für die Mineralsalzaufnahme wichtig. Wasserabgabe durch die Blätter ist für die Aufrechterhaltung der Wasserströmung von Bedeutung. Da die hohe Luftfeuchtigkeit die Wasserabgabe hemmt, sind Einrichtungen, die diese fördern, bei Pflanzen feuchter Standorte verbreitet. Oft finden sich in den Blättern Wasserspalten, durch die Wasser ausgepreßt wird. Zarte, saftige, viel Wasser verdunstende Blätter besitzen auch Buschwindröschen, Scharbockskraut, Sumpfdotterblume u. a. (S. 21). Wurzelsystem und Leitgewebe sind bei Pflanzen feuchter Standorte nur schwach ausgebildet.

Pflanzen trockener Standorte. Ohne Wasser kann keine Pflanze leben. Trockene Standorte können deshalb von Pflanzen nur besiedelt werden, wenn Wasser wenigstens zeitweise zur Verfügung steht. Die zwischen wasserreichen Zeiten liegenden Dürrezeiten müssen die Pflanzen solcher Standorte überstehen können. Bei uns mangelt es den Pflanzen während des Winters an Wasser, er ist für sie eine Trockenzeit (S. 67). Vielfach überdauern Pflanzen wasserarme Zeiten im Samenzustand oder mit unterirdischen Organen (Zwiebeln, Knollen u. a.). Diese Pflanzen zeigen deshalb keine Anpassungen an die Trockenheit. Bei den eigentlichen Trockenlandpflanzen finden sich Einrichtungen, die die Wasserabgabe verringern. So verlieren manche Pflanzen während der Dürrezeit die Blätter, andere haben weiche, stark behaarte Blätter **(116,1)**, bei wieder anderen sind die Blätter lederig und oft klein (dies gilt auch für unsere immergrünen Gewächse, z. B. für Immergrün, Efeu und die Nadelhölzer). Die Behaarung schafft windstille Räume auf der Blattoberfläche, der Wind führt den Wasserdampf nicht weg und dadurch ist die Wasserabgabe gehemmt. Bei Lederblättern setzt der derbe Blattüberzug die Verdunstung durch die Epidermis noch weiter herab und schützt das Blatt vor dem Welken. Beim Federgras (Stipa) ist das Blatt noch oben eingerollt. Dadurch ist seine verdunstende Oberfläche nur klein. Auf der Blattoberseite ver-

116

116,1

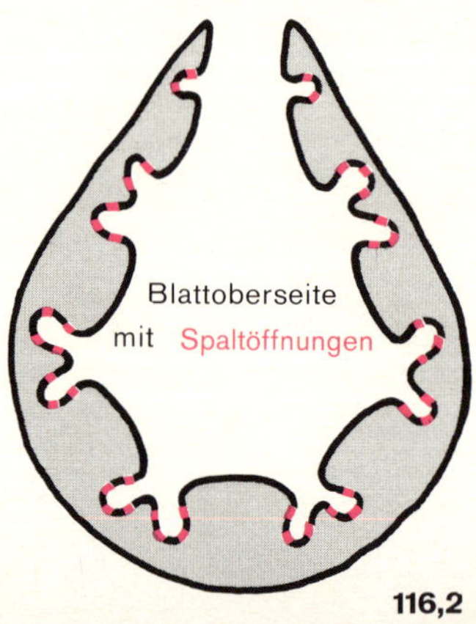

116,2

116

laufen Längsrinnen, in deren Seitenwänden die Spaltöffnungen liegen. Je stärker sich das Blatt einrollt, desto enger werden die Rinnen, und desto mehr wird der Zugang zu den Spaltöffnungen verschlossen **(116,2)**. Rollblätter, die nach unten eingerollt sind, besitzt das Heidekraut (S. 93). Manche Pflanzen stellen ihre Blattflächen senkrecht, z. B. der Kompaß-Lattich (Lactuca scariola). Dadurch werden sie weniger erwärmt, weil die Lichtstrahlen seitlich vorbeigehen. Auch bei Polsterwuchs ist die Wasserabgabe gedrosselt. Untersuchungen haben gezeigt, daß alle diese Pflanzen trotz der erwähnten Einrichtungen während der wasserreichen Zeit noch erstaunlich viel Wasser abgeben. Ihre Spalten sind weit geöffnet, die Photosynthese ist in vollem Gange. Sobald jedoch die Trockenzeit einsetzt, wird die Wasserabgabe äußerst gering. Allerdings kann dann die Pflanze keine Nahrung herstellen und muß von ihren Vorräten leben. Meist entnimmt jedoch auch während der Trockenzeit das gut entwickelte und tiefreichende Wurzelsystem dem Boden wenigstens etwas Wasser. Trockenlandpflanzen enthalten viel Festigungsgewebe und zeigen daher auch bei starkem Wasserverlust kaum Welkerscheinungen.

Wasserspeicherung ist ein weiteres Mittel, um Dürrezeiten zu überstehen. Wasser kann in der Wurzel gespeichert werden. Bei Mauerpfeffer **(116,4)**, Fetthenne **(116,5)** und Hauswurz **(116,6)** dienen die Blätter als Wasserspeicher. An sehr trockene Standorte sind die aus Amerika stammenden Kakteen angepaßt. Sie speichern Wasser im säulenförmigen oder kugeligen Stamm **(116,7)**. Blätter fehlen oder sind zu Dornen umgewandelt. Die Aufgabe der Blätter übernimmt der grüne Stamm. Neben der Wasserspeicherung zeigen also die Kakteen eine Verkleinerung der Oberfläche (Verringerung der Wasserabgabe). In Afrika gibt es Wolfsmilchgewächse, die den Kakteen zum Verwechseln ähneln. Angehörige ganz verschiedener Familien zeigen hier eine gleichartige Anpassung an die Wasserverhältnisse **(116,7)**. Das gespeicherte Wasser wird sehr sparsam verausgabt. Daher können diese Pflanzen monatelang ohne Wasseraufnahme leben.

116,4

116,5

G
116,6

116,7

116,1: *Stark behaartes Blatt einer Königskerze (Verbascum).* **116,2:** *Rollblatt eines Federgrases (Stipa), das in Trockenrasen, sowie auf Felsen und Mauern wächst.* **116,3:** *Standort der Pestwurz (Petasites).* **116,4:** *Der Scharfe Mauerpfeffer (Sedum acre) besiedelt Fels- und Mauerspalten. In den walzenförmigen Blättern wird Wasser gespeichert.* **116,5:** *Fetthenne (Sedum telephium), eine Pflanze der Felsen und des Steinschutts.* **116,6:** *Die Hauswurz (Sempervivum tectorum) wächst auf Mauerkronen und Dächern.* **116,7:** *links Kaktus; rechts kaktusähnliche Wolfsmilch.*

117,1

117,2

117,

117 Pflanzen mit besonderen Ernährungsarten

Vom Regelfall der pflanzlichen Ernährung, wie wir ihn kennengelernt haben, gibt es zahlreiche Ausnahmen. Wir wollen einige davon betrachten.

Schmarotzer. Auf den Zweigen von Laubbäumen, Weißtannen und Kiefern wächst die Mistel (Viscum album; **117,1**). Der gelbgrüne Strauch ist gabelig verzweigt und hat derbe Blätter **(117,2)**. Wie kommt er in die Baumkronen? Vögel fressen die weißen Beeren und streifen die Samen auf der Rinde ab. Dort bleiben sie haften, weil das Fruchtfleisch sehr **117**
klebrig ist. Bei der Keimung bildet die Wurzel eine Haftscheibe aus. Von ihr dringt ein Senker bis zum Kambium vor. Später entstehen in der Rinde Längsstränge, die ebenfalls Senker bilden **(117,3)**. Beim Dickenwachstum der Zweige werden die Senker vom neugebildeten Holz umschlossen. Die Gefäße der Senker schließen an die Gefäße der Wirtspflanze an, aus denen sie aber nur Wasser und Nährsalze entnehmen. Die Mistel ist ein *Halbschmarotzer*. Da diese Pflanze Blattgrün besitzt, ist sie zur Photosynthese befähigt. Ein weiterer Halbschmarotzer ist der Augentrost **(32,9)**.
Die Sommerwurz (Würger) ist eine merkwürdige Pflanze **(117,4)**. Sie enthält kein Blattgrün, ihre Blätter sind schuppenförmig. Da sie selbst keine Nahrung bereiten kann, entnimmt sie die ganze Nahrung anderen Pflanzen. An ihren Wurzeln bilden sich Saugorgane, die Senker zu den Wurzelgefäßen der Wirtspflanze treiben. Diesen entziehen sie Wasser, Nährsalze und Zuckerlösung. Solche Pflanzen heißt man *Schmarotzer* oder *Parasiten*. Die Gattung Sommerwurz (Orobanche) enthält mehrere Arten, die auf verschiedenen Pflanzen schmarotzen, eine davon auf Klee. Ein Parasit ist auch die Seide **(51,3)**. Der Fichtenspargel (Monotropa hypopitys) ähnelt einem Parasiten, zählt jedoch zu den Humus- oder Fäulnis-

117,6

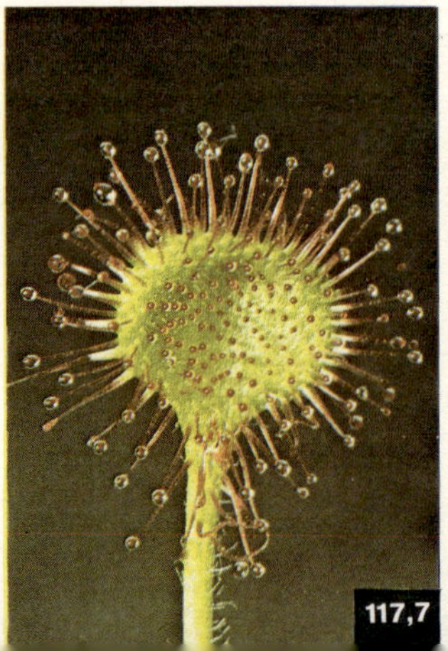
117,7

11

117,1: *Misteln auf einem Laubbaum.* **117,2:** *Mistelzweig.* **117,3:** *Senker der Mistel in der Wirtspflanze.* **117,4:** *Sommerwurz (Orobanche).* **117,5:** *Fichtenspargel (Monotropa hypopitys).* **117,6:** *Rundblättriger Sonnentau (Drosera rotundifolia).* **117,7–8:** *Sonnentaublatt ohne und mit Beute.* **117,9:** *Kanne der Kannenpflanze (Nepenthes).* **117,10:** *Fettkraut (Pinguicula).* **117,11:** *Fangblatt der Venusfliegenfalle (Dionaea).*

117,4

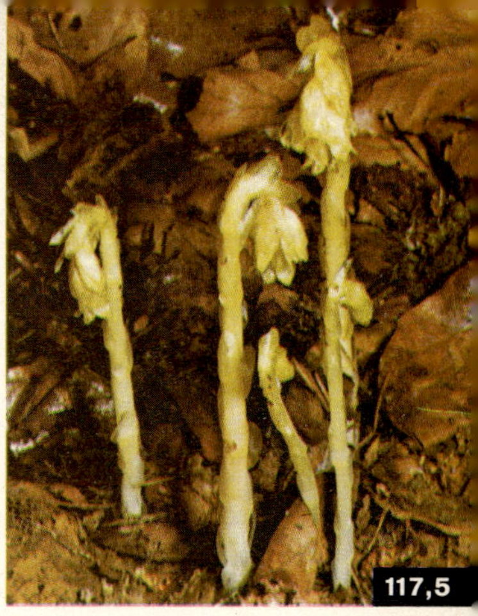
117,5

pflanzen **(117,5)**. Pilzfäden, die um seine Wurzeln einen Mantel bilden und auch teilweise in die Wurzeln eindringen. entnimmt er organische Nahrung, welche der Pilz aus vermodernden Pflanzenteilen bezieht (vgl. die Nestwurz, S. 87!).

Fleischfressende Pflanzen. Diese Pflanzen fangen kleine Insekten, um sich Zusatznahrung zu verschaffen. Da sie oft stickstoffarme Moore bewohnen, bildet die Fleischnahrung eine wertvolle Stickstoffquelle. Auf den Blättern des Rundblättrigen Sonnentaus **(117,6–117,8)** sitzen zahlreiche langgestielte Drüsen, die einen klebrigen Schleim absondern. Die in der

Sonne glitzernden Schleimtröpfchen locken Insekten an. Diese bleiben im Schleim hängen. Benachbarte Drüsenteile krümmen sich auf das Insekt zu. Von den Drüsen ausgeschiedene Verdauungssäfte führen das Fleisch in eine Flüssigkeit über, die von den Drüsen aufgesaugt wird. Die fleischigen Blätter des Fettkrauts weisen auf der Oberfläche schleimabsondernde Haare und Verdauungshaare auf **(117,10)**. Beim Insektenfang rollt sich der Blattrand etwas ein. Auf den Malaiischen Inseln wächst die Kannenpflanze. Ihre Blattspreiten sind zu Kannen umgebildet **(117,9)**. Von den Honigdrüsen auf Deckel und Kannenrand angelockte Insekten rutschen aus, wenn sie auf die Gleitzone unter dem Kannenrand gelangen, und fallen in die Verdauungsflüssigkeit im unteren Kannenteil. In Amerika ist die Venusfliegenfalle heimisch. Sobald die Borsten auf der Blattfläche von einem Insekt berührt werden, klappen die Blatthälften so rasch zusammen, daß dieses gefangen wird **(117,11)**.

Merkstoff. Schmarotzer oder Parasiten entnehmen ihren gesamten Nahrungsbedarf den Wirtspflanzen, die grünen Halbschmarotzer entnehmen nur Wasser und Nährsalze. Sogenannte Humusbewohner schmarotzen auf Pilzen. Fleischfressende Pflanzen fangen und verdauen Insekten.

117,9

117,10

117,11

118,1

118,2

118,3

118–119 Champignon und Knollenblätterpilz – Bau und Entwicklung von Pilzen

Im Spätsommer und Herbst ist Pilzzeit. Auf Wiesen und Weiden, besonders aber im Wald, wachsen dann zahlreiche Pilze. Oft erfreuen sie uns durch eine schöne Färbung oder eine merkwürdige Gestalt. Wer Pilze kennt, kann die eßbaren sammeln und seinen Küchenzettel um manches wohlschmeckende Gericht bereichern. Was wir sammeln, ist aber nur ein Teil des Pilzes, nämlich sein *Fruchtkörper*. Die eigentliche Pflanze besteht aus einem Geflecht von zarten, weißen Fäden, das, meist im Boden, ein verborgenes Dasein führt. Wir betrachten zunächst den auffälligeren Fruchtkörper!

Fruchtkörper. Auf Viehweiden und gedüngten Wiesen findet man vom Frühjahr bis zum Herbst den *Wiesen-Champignon* oder *Feld-Egerling* **(118,1)**. Er, sowie der im Wald wachsende *Wald-Champignon,* sind geschätzte Speisepilze. Deshalb zieht man auch Champignons auf Pferdedung. Der Fruchtkörper ist in Hut und Stiel gegliedert **(118,2)**. Auf der Hutunterseite finden sich zahlreiche, radial verlaufende Blätter oder *Lamellen*. Sie sind beim Champignon in der Jugend schwach rötlich, im Alter schokoladebraun gefärbt **(118,1** und **118,3)**. In der oberen Hälfte des Stiels bemerken wir ein häutiges, abstehendes Gebilde, den Ring. Eine Aufgabe erfüllt dieser nur während der Entwicklung des Fruchtkörpers, die wir kurz streifen wollen **(118,6)**. Der junge Fruchtkörper hat zunächst das Aussehen einer kleinen Knolle. Später sind Stiel und Hut zu erkennen. Bei diesem noch unreifen Fruchtkörper sind die Blätter von einer Haut, dem Schleier, bedeckt, der am Hutrand und Stiel festgewachsen ist. Dieser Schleier reißt dann bei weiterem Wachstum des Huts am Hutrand ab und bleibt als Ring am Stiel hängen.
Mit dem Champignon wird manchmal der *Grüne Knollenblätterpilz,* ein sehr gefährlicher Giftpilz, verwechselt **(118,4)**. Seine Hutoberfläche ist von einer meist grünen Haut bedeckt, die Blätter auf der Hutunterseite sind rein weiß, und der Stiel ist unten zu einer Knolle verdickt (Name!). Der am Stiel hängende Schleierrest wird hier Manschette genannt. Die Hutoberseite junger Fruchtkörper weist Hautfetzen auf. Sie sind Reste einer Hülle, die den

118,1: *Wiesen-Champignon (Psalliota campestris).* **118,2:** *Wiesen-Champignon, Längsschnitt durch den Hut des Pilzes entlang dem Verlauf der Lamellen.* **118,3:** *Blätter oder Lamellen auf der Hutunterseite des Champignons.* **118,4:** *Grüner Knollenblätterpilz (Amanita phalloides). Vergleiche den Fruchtkörper mit dem des Champignons, und präge dir seine Merkmale ein! Der Weiße Knollenblätterpilz (A. virosa) hat eine weiße Hutoberseite, der Gelbliche Knollenblätterpilz (A. mappa) eine gelbliche.* **118,5:** *Fliegenpilz (Amanita muscaria). In Milch gelegte Fruchtkörper wurden früher zum Fliegenfang benützt.* **118,6:** *Entwicklung der Fruchtkörper von Champignon und Knollenblätterpilz.*
Bei allen Abbildungen giftiger Pilze auf den Seiten 118 bis 122 steht in der linken oberen Ecke ein weißes Ausrufezeichen auf schwarzem Grund **!**

118,4

118,5

noch unentwickelten Fruchtkörper ganz umhüllt und bei seinem Wachstum zerreißt **(118,6)**. Der untere Teil der Hülle wird zur gelappten Scheide am Grunde des Stiels. Besser als beim Knollenblätterpilz sind die Reste der Hülle auf dem Hut des mit ihm verwandten *Fliegenpilzes* zu sehen **(118,5)**, wo sie sich vom roten Untergrund abheben. Dieser Pilz besitzt ebenfalls einen knollig verdickten Stiel. Er gehört zu den Knollenblätterpilzen und ist giftig. Am besten meidet der Anfänger alle Knollenblätterpilze, zu denen gefährliche Giftpilze gehören. Wir wollen uns die Merkmale des Grünen Knollenblätterpilzes gut einprägen! Seine Hutoberseite ist olivgrün, manchmal bräunlich oder gelb gefärbt. Die Blätter sind rein weiß. Der Stiel ist unten zu einer Knolle verdickt. Der Pilz riecht widerlich süß. Beim Champignon sind die jungen Blätter rötlich, die alten schokoladebraun gefärbt; er riecht nach Anis.

Entwicklung. Das vielfach im Boden lebende Fadengeflecht der Pilze, das *Mycel,* besteht aus verzweigten weißen Fäden, die man *Hyphen* nennt. Jede Hyphe stellt eine Zellreihe dar. Eigentümlicherweise enthalten die Zellwände den Stoff *Chitin,* der sonst im Pflanzenreich nicht auftritt. Bei der Fruchtkörperbildung verflechten sich die Hyphen dicht miteinander und bilden so ein *Flechtgewebe* **(119,1)**. Feucht-

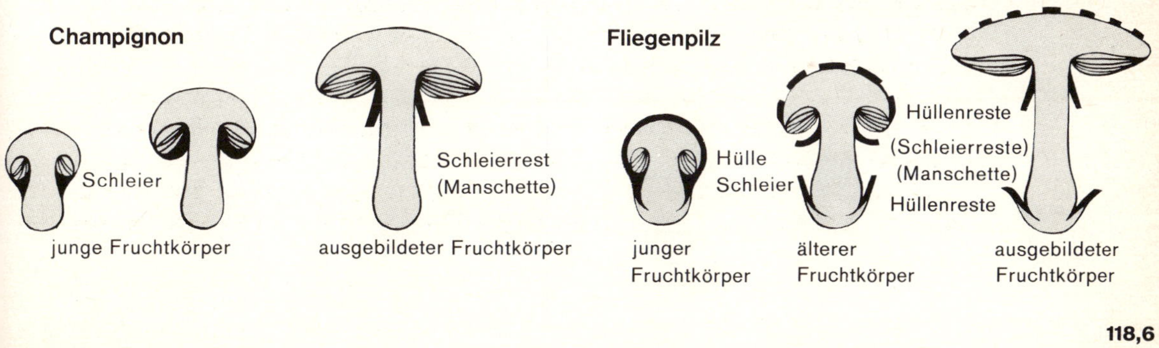

118,6

119,1

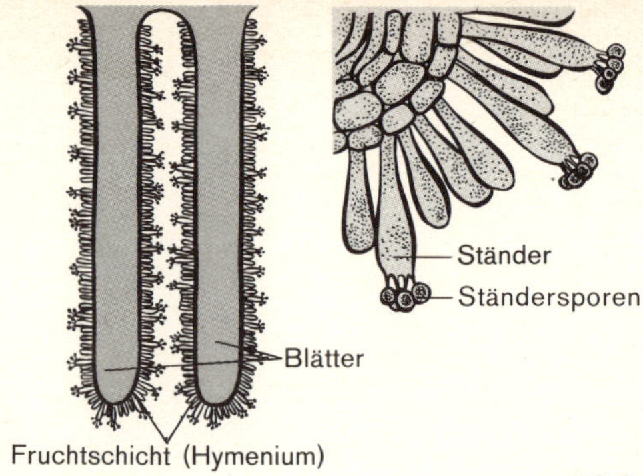

119,2

119,3

119,1: *Der Fruchtkörper der Pilze besteht aus miteinander verflochtenen Hyphen.* **119,2:** *Fruchtschicht; Ständer mit Ständersporen.* **119,3:** *Abgefallene Sporen aus dem Hut bilden die Lage der Blätter ab.*

warme Witterung ist für die Entstehung von Fruchtkörpern besonders günstig. Die Lamellen werden von der *Fruchtschicht (Hymenium)* bedeckt. In ihr schwellen die Enden mancher Hypen zu einer kleinen Keule, dem *Ständer* oder der *Basidie* an. Dieser gliedert an seinem Scheitel 4 gestielte *Ständersporen* ab **(119,2)**. Die Sporen sind sehr klein, ihr Längsdurchmesser beträgt 0,01–0,02 mm. So können sie leicht vom Wind verweht werden. Die meisten Sporen gelangen dabei an ungünstige Orte und gehen zugrunde. Da sie jedoch in ungeheurer Menge erzeugt werden (beim Champignon bringt ein Fruchtkörper rund 2 Milliarden Sporen hervor), ist der Fortbestand dennoch gesichert **(119,3)**. Der bei der Sporenkeimung entstehende Schlauch wächst zu einem verzweigten Faden heran. Die Sporen eines Ständers sind jedoch verschiedengeschlechtig (je 2 Sporen gehören dem gleichen Geschlecht an), und dies gilt auch für die aus ihnen hervorgegangenen Hyphen. Stoßen 2 verschiedengeschlechtige Hyphen aufeinander, so verschmelzen die sich berührenden Zellen **(119,4)**. Neugebildete Zellen enthalten nun 2 Zellkerne, die im Ständer vor der Sporenbildung miteinander verschmelzen. Bei manchen Pilzen breitet sich das Mycel kreisförmig im Boden aus. Durch Absterben der inneren Teile entsteht ein Ring. Infolgedessen sind auch die Fruchtkörper in einem mehr oder weniger vollständigen Ring angeordnet **(119,6)**. Diese „Hexenringe“ gaben früher zu Aberglauben Anlaß.

Ernährung der Pilze, Bedeutung in der Natur. Pilze enthalten kein Chlorophyll und können daher keine Photosynthese durchführen. Somit sind sie auch vom Licht unabhängig und wachsen selbst in dunklen Dickungen. Kohlenstoff beziehen sie aus faulenden Tier- und Pflanzenresten, an deren Zersetzung sie maßgebend beteiligt sind. Pilze sind *Fäulnis-* oder *Humuspflanzen (Saprophyten)*. Durch ihre Tätigkeit gelangen die in toten Tier- oder Pflanzenteilen enthaltenen Nährsalze wieder in den Boden und stehen somit anderen Pflanzen wieder zur Verfügung. Wie der Pilzsammler weiß, wachsen manche Pilze nur unter bestimmten Bäumen, so der *Goldröhrling* unter Lärchen, der *Butterpilz* und der *Echte Reizker* unter Kiefern und der *Birkenpilz* unter Birken, Espen und Weißbuchen. Viele Pilze leben nämlich mit Bäumen in enger Gemeinschaft *(Symbiose)*, und einige davon sind auf bestimmte Baumarten spezialisiert. Pilzhyphen umspinnen, einen Mantel aus Pilzfäden bildend, die Wurzelenden fast aller Waldbäume **(119,5)**. Ein Teil der Hyphen dringt in die Wurzeln ein. Diese Gebilde heißen Pilzwurzel *(Mykorrhiza)*. Der Pilz bezieht wahrscheinlich aus den Wurzeln Zucker und versorgt sie mit Wasser und Salzen. Doch sind die Beziehungen

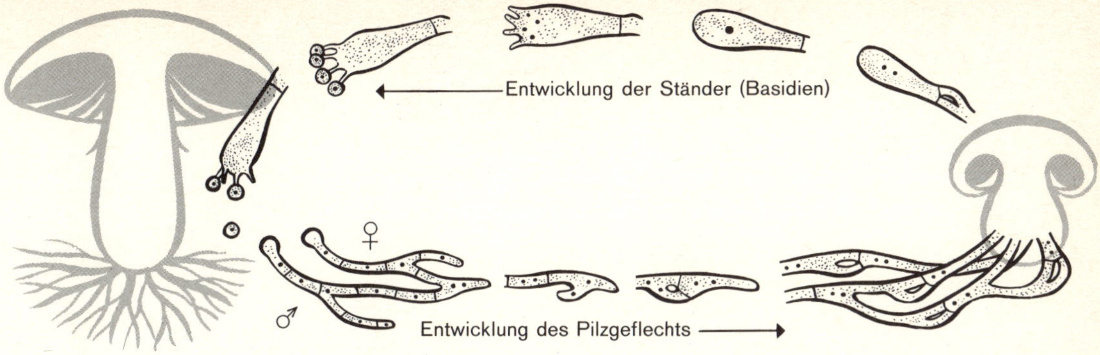

119,4

119,4: *Entwicklung eines Pilzes. Verschiedengeschlechtige Sporen bilden ein Fadengeflecht. 2 Hyphen vereinigen sich zu einem Fruchtkörper erzeugenden Paarkernmycel.*

zwischen beiden Pflanzen noch nicht restlos geklärt. Zwar bilden verschiedene Pilze ohne Symbiose keine Fruchtkörper, doch können Bäume auch ohne Pilzwurzel leben. Allerdings gedeihen sie dann weniger gut.

Bedeutung der Pilze für den Menschen. Fruchtkörper von Pilzen sind eine wohlschmeckende und geschätzte Speise. Über ihren Nährwert unterrichtet die Tabelle.

119

	Eiweiß	*Stärke*	*Fett*	*Wasser*	*Salze*	*Rohfaser*
Steinpilz	5,4%	5,2%	0,4%	87 %	1 %	1,0%
Weißkohl	1,8%	5 %	0,2%	90,1%	1,2%	1,7%
Rindfleisch	21 %	–	4,5%	72,2%	1,1%	–

Der Nährwert der Pilze ist etwa dem des Gemüses gleichzusetzen. Ihr Eiweiß kann nur teilweise ausgenützt werden, da die Zellwände aus Chitin beim Kochen nicht zersetzt werden und unverdaulich sind. In Pilzen wurden außerdem Vitamine gefunden.

Merkstoff. Pilze bestehen aus einem Fadengeflecht verzweigter, chlorophylloser Zellfäden. Diese können sich zu Fruchtkörpern verflechten, deren Fruchtschicht Sporen hervorbringt. Die Sporen werden vom Wind verbreitet und wachsen zu einem Fadengeflecht aus. Pilze sind am Kreislauf der Stoffe beteiligt und leben mit Waldbäumen in Symbiose.

119,5: *Pilzwurzel (Mykorrhiza). Pilzfäden bilden um Wurzelenden einen dichten Mantel.* **119,6:** *Hexenring aus Fruchtkörpern der Totentrompete. Sie gehören alle zu derselben Pflanze.*

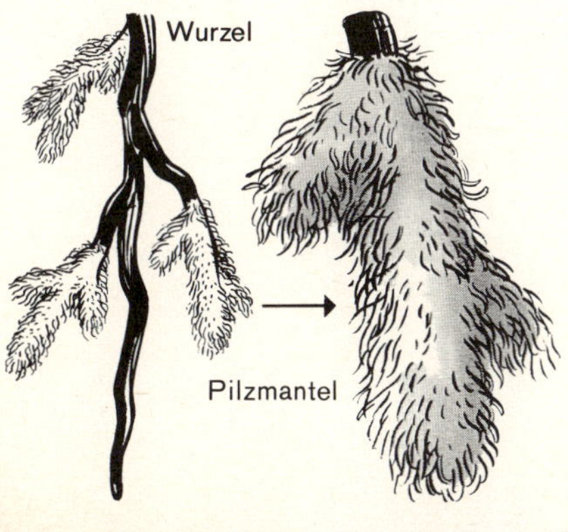

119,5

119,6

120,1

120,2

120 Weitere Blätterpilze

Wer Pilze sammeln will, muß sie kennen. Nur Pilzkenntnis schützt vor Vergiftungen! Der Anfänger präge sich einige leicht kenntliche eßbare Arten und die wichtigsten Giftpilze ein! Falls nach Pilzgenuß Vergiftungserscheinungen auftreten, muß sofort der nächste Arzt gerufen werden. Bis zu seinem Eintreffen entleert man den Magen und trinkt viel Wasser oder Milch. Verdauungsbeschwerden können auch schon durch ungiftige, aber in Zersetzung übergegangene, alte Pilze hervorgerufen werden.

Die auf dieser Seite abgebildeten Pilze weisen, wie Champignon und Knollenblätterpilze, auf der Hutunterseite Blätter auf. Eine Ausnahme macht der zu den Leistenpilzen gehörende Pfifferling. Alle besitzen in der Fruchtschicht *Ständer* mit *Ständersporen* und sind daher *Ständerpilze.*

Ein schirmförmiger, mit abstehenden Schuppen bedeckter Hut und ein verschiebbarer Ring kennzeichnen den **Großen Schirmpilz** oder **Parasolpilz** (Lepiota procera; **120,1** und **2**). Junge Fruchtkörper weisen die Form eines Paukenschlegels auf. Alle großen Schirmpilzarten sind genießbar.

Der **Ziegelrote Rißpilz** (Inocybe patouillardii; **120,5**) ist ein gefährlicher Giftpilz. Junge Fruchtkörper haben einen glockigen, ältere einen ausgebreiteten, in der Mitte gebuckelten, weißen bis gelben Hut. Er ist stark faserig und wird längsrissig. Im Alter und bei Verletzungen läuft er ziegelrot an.

Im Herbst tritt der **Hallimasch** (Armillaria mellea; **120,4**) in großen Büscheln an Baumstümpfen auf. Der eßbare Pilz (nicht roh genießen!) besitzt einen braunen, mit dunklen

120,6

120,7

12(

120,3

120,4

120,5

Schüppchen besetzten Hut. Sein faseriger Stiel ist unten oft gelblich gefärbt und zeigt dort innen eine watteartige Beschaffenheit. Das Mycel des Hallimasch wächst auch in lebenden Bäumen, wo es Weißfäule verursacht.

In Gärten, an Wegen und auf Abfallplätzen findet sich der **Schopftintling** (Coprinus comatus; **120,3**). Die jungen Fruchtkörper mit ihrem walzlichen, abstehend beschuppten Hut sind wohlschmeckend. Später zerfließen Hut und Lamellen zu einer schwarzen Tinte.

120

Milchlinge enthalten eine Flüssigkeit („Milch"), die bei Verletzungen ausfließt. Beim ungenießbaren **Pfeffermilchling** (Lactarius piperatus; **120,6**) schmeckt die Milch scharf. Dagegen ist der **Echte Reizker** (Lactarius deliciosus; **120,7**) ein wohlschmeckender Speisepilz. Sein Hut weist auf der Oberfläche braune, ringförmige Bänder und im Alter grüne Flecken auf. Sicherstes Merkmal des Pilzes ist die rote Milch.

Täublinge (Russula; **120,8**) sind Waldbewohner mit oft farbiger Hutoberseite. Ihr Stielfleisch ist mürbe wie gekochte Kartoffeln, ihre Blätter splittern beim Darüberstreichen. Die einzelnen Arten sind meist schwer voneinander zu unterscheiden, doch kann man alle mildschmeckenden sammeln (Stück einer Lamelle kauen!).

Der beliebte **Pfifferling** (Cantharellus cibarius; **120,9**) besitzt auf der Unterseite der gelben Fruchtkörper dicke, weit am Stiel herablaufende Leisten.

Von den meist ungenießbaren **Schwefelköpfen** (Hypholoma – **120,11**) unterscheidet sich das eßbare **Stockschwämmchen** (Pholiota mutabilis; **120,10**) durch einen durchfeuchteten, dunkleren Hutrand, durch braune Lamellen und dunkle Schüppchen am Stiel.

120,9

120,10

120,11

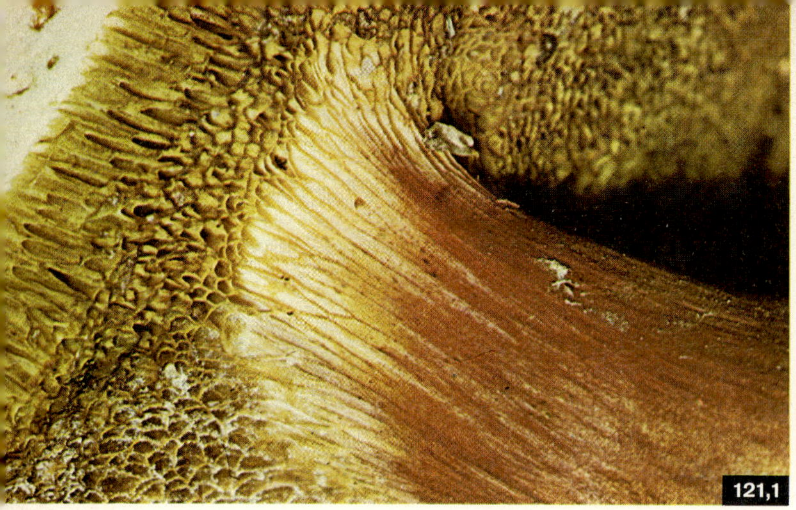

121,1

121,2

121 Röhrenpilze

Die hier abgebildeten Pilze gehören mit Ausnahme der beiden letzten zu den *Röhrenpilzen.* Röhrenpilze tragen auf der Hutunterseite eine leicht ablösbare Schicht aus senkrechten *Röhren* **(121,1)**, worauf sich der Name dieser Pilzfamilie bezieht. Innen sind die Röhren von der Fruchtschicht ausgekleidet, die *Ständer* mit *Ständersporen* aufweist. Wenn wir nur Röhrenpilze sammeln, die weder rote Röhrenmündungen, noch einen rot gefärbten, bauchigen Stiel besitzen, vermeiden wir die giftigen Arten, müssen dann allerdings auch auf einige Speisepilze verzichten. **121**

Im Laub- und Nadelwald wachsen gesellig die Fruchtkörper des **Rotfußröhrlings** (Xerocomus chrysenteron; **121,1** und **2**). Die graue bis braune Hutoberseite ist durch rötliche Risse in Felder unterteilt. Gelbliche Röhren und ein teilweise rot gefärbter Stiel sind weitere Kennzeichen des Pilzes.

Der Name des schönen **Rothäubchens** (Trachypus versipellis; **121,3**) bezieht sich auf die Farbe der Hutoberseite. Weiterhin kennzeichnen den wohlschmeckenden Pilz weiße, später graue Röhren und ein weißlicher, dunkel beschuppter Stiel.

Den **Birkenröhrling** (Trachypus scaber; **121,4**) findet man meist unter Birken. Seine Merkmale sind eine graue bis schwarzbraune Hutoberseite, weiße, im Alter graue Röhren und ein schlanker, heller Stiel mit dunklen Schuppen. Junge Fruchtkörper sind eßbar.

Ein wohlschmeckender Speisepilz ist der vornehmlich in Nadelwäldern wachsende **Maronenröhrling** (Xerocomus badius; **121,5**). Sein Hut ist oben kastanienbraun bis rotbraun gefärbt. Die gelben oder gelbgrünen Röhren färben sich an Druckstellen blaugrün. Solche bei manchen Arten auftretenden Verfärbungen weisen nicht auf Gift hin.

121,6

121,7

121,

121,3

121,4

121,5

Der **Steinpilz** (Boletus edulis; **121,7**), der im Laub- und Nadelwald vorkommt, ist ein bekannter und geschätzter Speisepilz. Man erkennt ihn an der grauen bis braunen Hutoberseite und an den erst weißen, später gelben Röhren. Bei jungen Fruchtkörpern ist der Stiel knollig, bei älteren walzlich.

Im Nadelwald wächst ein ungenießbarer Doppelgänger des Steinpilzes, der **Gallenröhrling** (Tylopilus felleus; **121,6**). Seine anfangs weißen Röhren werden später rötlich. Im Zweifelsfall gibt eine Kostprobe Gewißheit; der Gallenröhrling schmeckt gallenbitter.

Obwohl der **Flockenstielige Hexenpilz** (Boletus miniatoporus; **121,8**) Merkmale aufweist, vor denen oben gewarnt wurde (rote Röhrenmündungen, rötlicher, bauchiger Stiel), ist er ein vorzüglicher Speisepilz. Um Verwechslungen mit dem ähnlichen, aber giftigen Satanspilz vorzubeugen, sammeln wir ihn aber nicht.

Die **Ziegenlippe** (Xerocomus subtomentosus; **121,9**) ähnelt dem Rotfußröhrling oft so stark, daß eine Unterscheidung schwierig wird. Dies ist für den Sammler jedoch ohne Bedeutung, da beide Arten gute Speisepilze sind.

Porlinge haben korkartige oder holzige Fruchtkörper, die auf der Unterseite Poren aufweisen. Ihr Mycel zersetzt totes oder lebendes Holz. Befallene Bäume gehen allmählich zugrunde. Ein solcher Porling ist z. B. der abgebildete **Flache Porling** (Polyporus aplanatus; **121,10**).

Ein Schädling ist auch der **Hausschwamm** (Merulius lacrymans). Sein Fruchtkörper breitet sich plattenförmig auf der Unterlage aus **(121,11)**. Auf der Oberfläche der rostroten Schicht sitzen die Sporen. Das Mycel lebt im Holz, das es zerstört. Von der Befallstelle aus kann es sich, selbst durch Mauern hindurch, weiter ausbreiten. Der Pilz entwickelt sich besonders in feuchten Räumen. Der Schaden durch Hausschwamm ist beträchtlich.

121,9

121,10

121,11

122,1

122,2

122

122 Weitere Ständerpilze

Die Angehörigen der **Familie der Stachelpilze** tragen auf der Hutunterseite der Fruchtkörper Stacheln oder andere Auswüchse. Diese Stacheln werden von der Fruchtschicht umkleidet. In Kiefernwäldern findet man den *Habichtspilz* **(122,1)**. Sein breiter, fleischiger, flach gewölbter, brauner Hut weist auf der Oberseite kreisförmig angeordnete, abstehende Schuppen auf. Die Stacheln reifer Fruchtkörper sind braun gefärbt. Ein beliebter Speisepilz 12
ist der *Semmelstoppelpilz* **(122,2)**. Sichere Erkennungsmerkmale sind der gelbe Hut und die blaßgelben Stacheln („Stoppeln"). Habichtspilz und Semmelstoppelpilz schmecken im Alter bitter. Man sammle daher nur jüngere Fruchtkörper!

Unter Buchen und Eichen wachsen die trompetenförmigen, dunklen Fruchtkörper der *Totentrompete* **(122,3)**. Ihre graue Außenseite, die bei älteren Fruchtkörpern Längsrunzeln aufweist, ist von der Fruchtschicht überzogen. Der leicht kenntliche Pilz ist wohlschmeckend. Er gehört zusammen mit dem *Pfifferling* zur **Familie der Leistenpilze.**

Keulenförmige Fruchtkörper weisen manche Angehörige der **Familie der Keulenpilze** auf, so z. B. die *Herkuleskeule* **(122,5)**. Die Fruchtschicht sitzt auf der Außenseite der gelben bis braunen Fruchtkörper. Der vor allem unter Rotbuchen vorkommende Pilz ist jung genießbar. Andere Mitglieder der Familie haben Fruchtkörper, die einem kleinen Strauch oder Korallenstock ähneln (Korallenpilze). Als Beispiel ist der *Blasse Ziegenbart* **(122,4)** abgebildet. Der giftige Pilz ruft Bauchschmerzen und Durchfall hervor. Da dies auch für alte Fruchtkörper eßbarer Art gilt und manche Menschen selbst die jungen nicht vertragen, sei vor Korallenpilzen gewarnt.

122,1: *Habichtspilz (Sarcodon imbricatus).*
122,2: *Semmelstoppelpilz (Hydnum repandum).*
122,3: *Totentrompete (Craterellus cornucopioides).*
122,4: *Blasser Ziegenbart (Clavaria pallida).*
122,5: *Herkuleskeule (Clavaria pistillaris).*
122,6: *Stinkmorchel (Phallus impudicus).*
122,7: *Flaschenbovist (Lycoperdon gemmatum).*
122,8: *Kartoffelbovist (Scleroderma vulgare).*
122,9: *Fransen-Erdstern (Geaster fimbriatus).*

12

!

122,4

122,5

122,6

Die merkwürdige *Stinkmorchel* **(122,6)** macht sich schon von weitem durch Aasgeruch bemerkbar. Bei der Fruchtkörperbildung erscheinen zunächst Körper von der Form und Größe eines Hühnereis, die man Hexeneier nennt. Sie sind von zwei Hüllen umschlossen, zwischen denen eine bräunliche Gallerte liegt. Wenn sich der im Hexenei vorgebildete Stiel, welcher einen glockenförmigen Hut trägt, streckt, bleiben die Hüllen an dessen Grund als Scheide zurück. Der innerhalb weniger Stunden zur vollen Größe heranwachsende Stiel ist

hohl. Seine Wände bestehen aus einem brüchigen, porösen, schwammigen Gewebe. Olivgrüne Sporenmassen bedecken den jungen Hut. Vom Aasgeruch angelockte Fliegen verbreiten die Sporen. Der Pilz ist ungenießbar.

Bei den **Bauchpilzen,** zu denen auch die Stinkmorchel gehört, werden die Sporen im Inneren des von einer einfachen oder doppelten Hülle umschlossenen Fruchtkörpers gebildet. Sobald die Sporen reif sind, reißt die Hülle am Scheitel auf. Durch die so entstandene Öffnung entweicht eine kleine Sporenwolke, wenn man auf den Fruchtkörper tritt. Zur **Familie der Weichboviste** gehört der Flaschenbovist **(122,7).** Sein Fruchtkörper ist verkehrt-flaschenförmig (Name!). Außen ist er von zerbrechlichen Stacheln bedeckt. Der im Wald und auf Grasböden wachsende Pilz ist eßbar, solange der Fruchtkörper innen noch weiß ist. Dies gilt auch für alle anderen Weichboviste. Giftig ist der zur **Familie der Hartboviste** gehörende Kartoffelbovist **(122,8),** dessen Fruchtkörper sich im Gegensatz zu dem der Weichboviste nicht mit den Fingern zusammendrücken läßt. Der Fruchtkörper weist eine derbe Hülle auf, die gefeldert ist und Wärzchen oder Schuppen trägt. Reife Fruchtkörper sind innen schwarz. Bei den Arten der **Familie der Erdsterne (122,9)** löst sich die äußere Hülle von der inneren ab und spaltet sich sternförmig auf.

122,8

122,9

123,1: *Von den Sporen des Flugbrands bedeckte Getreideähre.* 123,2: *Getreideblatt mit Sporenlagern eines Rostpilzes.* 123,3: *Berberitze mit Bechersporen bildenden Bechern des Schwarzrostes.*

123 Brand- und Rostpilze

Brandpilze. Blütenstände von Gerste, Weizen und Hafer sehen manchmal wie verbrannt aus **(123,1)**. Wie sich bei näherem Zusehen zeigt, sind sie über und über mit einem schwarzen Pulver bedeckt. Es handelt sich um Sporen des Flugbrands (Ustilago). Das Fadengeflecht der Brandpilze lebt in den befallenen Pflanzen, die zunächst nicht sichtbar geschädigt werden. Fruchtkörper bilden die Brandpilze nicht. Ihr Mycel zerfällt in die erwähnten Sporen, welche die Krankheit weiterverbreiten. Der den Mais befallende Beulenbrand ruft an Halmen, Blättern und Blütenständen Beulen hervor, die mit schwarzen Brandsporen gefüllt sind. Beim Stinkbrand des Weizens (Tilletia) bilden sich Brandsporen im Korn. Dieses sieht äußerlich normal aus, ist aber mit der stinkenden Sporenmasse gefüllt. Durch Einlegen des Saatguts in Lösungen giftiger Salze, die die anhaftenden Brandsporen töten, kann man Brandpilze bekämpfen.

Rostpilze. Getreidearten und andere Gräser weisen oft Halme und Blätter mit rostbraunen oder schwarzen Streifen und Pusteln auf **(123,2)**. Sie sind von Rostpilzen befallen. Häufig ist der auf allen Getreidearten vorkommende Schwarzrost (Puccinia graminis). Wir wollen ihn, besonders seine Entwicklung, eingehender betrachten. Einen Einblick gewähren Schnitte durch befallene Pflanzenteile, die man mit Hilfe des Mikroskops betrachtet. Sie zeigen, daß das Fadengeflecht des Pilzes in den Zwischenzellräumen lebt. Saugorgane dringen in Zellen ein, um sie auszusaugen. Unter der Oberhaut, die später platzt, entstehen Lager von braunen *Sommersporen,* welche den Schwarzrost auf weitere Getreidepflanzen übertragen **(123,4)**. Im Herbst werden in den gleichen Lagern schwarze, derbwandige, zweizellige *Wintersporen* gebildet. Sie überwintern auf dem Boden. Nach der Überwinterung treibt jede der beiden Zellen einer Winterspore einen quergeteilten Schlauch, der 4 Ständersporen hervorbringt, die sogenannten *Frühjahrssporen.* Somit gehören die Rostpilze zu den Ständerpilzen. Dies gilt auch für die Brandpilze, in deren Entwicklung ebenfalls

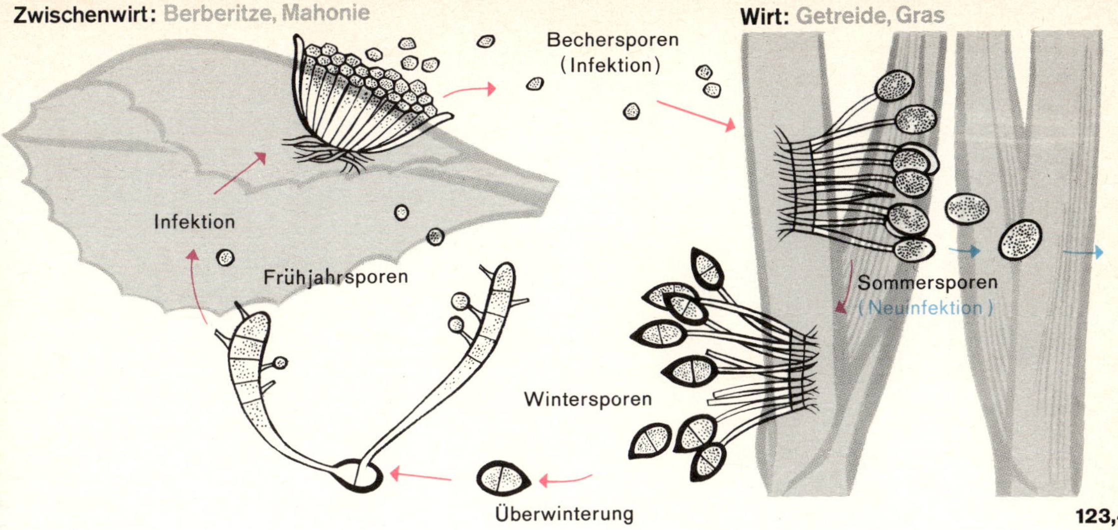

123,4

123,4: *Entwicklung des Schwarzrostes. Das Getreide bezeichnet man als den Wirt, die Berberitze oder Mahonie als den Zwischenwirt. Da Sommersporen auch überwintern können, ist dieser entbehrlich.*

Ständersporen auftreten. Die Ständersporen keimen auf den Blättern der Berberitze oder der Mahonie. Ihr Keimschlauch dringt durch die Oberhaut ins Blatt ein, wo sich das Fadengeflecht entwickelt. Im Verlauf der weiteren Entwicklung entstehen auf der Blattunterseite becherartige Lager (Aecidien; **123,3**), in denen kettenförmig angeordnete Bechersporen gebildet werden **(123,4)**. Diese keimen wieder auf Getreidepflanzen. Ihre Keimschläuche gelangen durch die Spaltöffnungen ins Pflanzeninnere. Damit ist der Entwicklungskreislauf, der hier vereinfacht dargestellt wurde, geschlossen. Zu den Rostpilzen gehören einige Tausend Arten. Die im Sommer auf der Unterseite der Birnenblätter auftretenden Auswüchse enthalten die Becher des Birnengitterrostes (Gymnosporangium sabinae – **123,5**), dessen Wirt der Sadebaum ist. Becher des Erbsenrostes (Uromyces pisi) findet man oft auf Zypressenwolfsmilch **(123,6)**. Die einzig mögliche Maßnahme gegen die Minderung des Ernteertrages durch Rostpilze (er beträgt 5–10% der Ernte) ist die Züchtung rostfester Getreidesorten.

123,5: *Auswüchse mit Bechern des Birnengitterrostes auf einem Birnenblatt.* **123,6:** *Vom Erbsenrost befallene und* **123,7:** *gesunde Zypressenwolfsmilch. Beachte die Veränderung der Pflanzengestalt!*

123,5

123,6

123,7

124,1

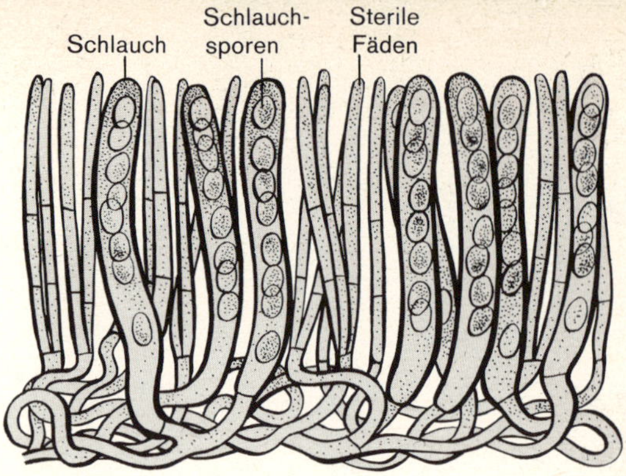

124,2

124,1: *Speisemorchel. Dieser wohlschmeckende Pilz ist an den wabenartigen Gruben des eiförmigen Hutes zu erkennen.* **124,2:** *Fruchtschicht der Schlauchpilze mit Schläuchen und Schlauchsporen.*

124 Schlauchpilze

Auf Grasplätzen, an Waldrändern und in Parkanlagen finden wir im Frühjahr die eigenartigen Fruchtkörper der Speisemorcheln (Morchella esculenta; **124,1**). Hut und Stiel sind hohl und brüchig. Der eiförmige, gelbe bis braune Hut weist wabenartige, grubige Vertiefungen auf. Seine ganze Oberfläche ist von der Fruchtschicht überzogen. In dieser stehen neben unfruchtbaren Fäden *Schläuche,* die 8 *Schlauchsporen* enthalten **(124,2)**. Die Morchel gehört zu den *Schlauchpilzen.* Reife Schläuche öffnen sich an der Spitze, ihre Wände ziehen sich zusammen, und dadurch werden die Sporen mehrere Zentimeter weit herausgeschleudert, um dann vom Wind verbreitet zu werden. Die Speisemorchel ist ein wohlschmeckender Speisepilz. Die Frühjahrslorchel (Helvella esculenta; **124,3**), ebenfalls ein Schlauchpilz, enthält Giftstoffe, die man ihr erst durch Kochen in Wasser entziehen muß (Kochwasser wegschütten!). Danach kann sie verzehrt werden. Dem Anfänger wird aber empfohlen, diese Pilze zu meiden. Die Fruchtkörper des in sandigen Kiefernwäldern häufigen Pilzes erscheinen im Frühjahr. Der braune, hohle Hut besitzt Wülste, die an Gedärm oder Gehirnwindungen erinnern. Auch bei den Lorcheln überzieht die Fruchtschicht die Hutoberseite. Dagegen kleidet bei den Trüffeln (Tuber; **124,4**) die Fruchtschicht Hohlräume im Innern der knolligen, von einer glatten oder warzigen Haut umhüllten Fruchtkörper aus. Da diese unterirdisch leben, müssen sie erst von wühlenden Tieren ausgegraben werden, bevor die Sporen verbreitet werden können. Unter den rund 2 Dutzend Trüffel- 124

124,3: *Frühjahrslorchel. An den gewundenen Wülsten des Hutes kann man die Lorchel von der ungiftigen Morchel unterscheiden. Die Lorchel ist nur nach Vorbehandlung genießbar.* **124,4:** *Trüffel.*

!

124,3

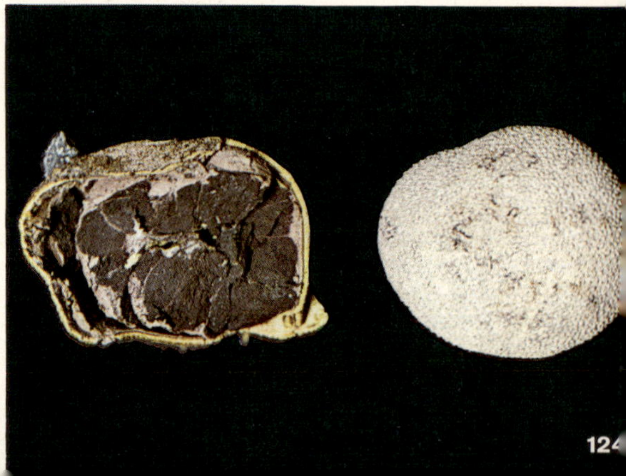

124

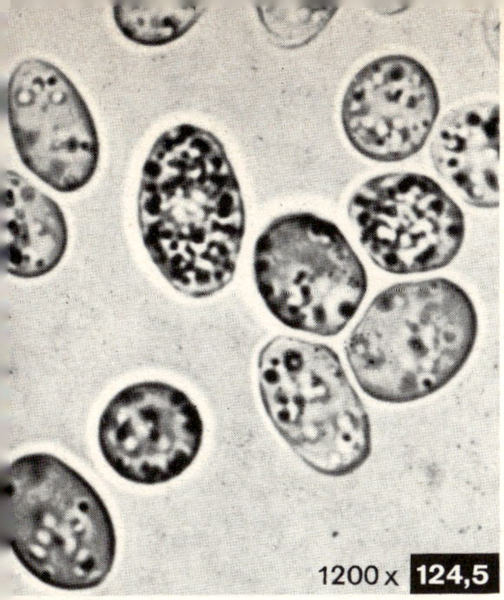

124,5

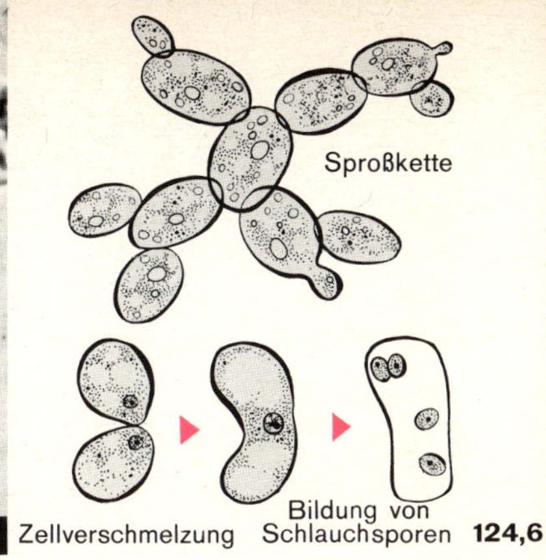

124,6

124,7

124,5: *Zellen der Bierhefe, Mikrofoto.* **124,6:** *Sprossung und Sporenbildung.* **124,7:** *Gärungsversuch. Das bei der Gärung gebildete Kohlendioxid wird mit Kalkwasser nachgewiesen (Trübung!).*

arten sind einige eine geschätzte Delikatesse. Besonders abgerichtete Hunde oder Schweine spüren die Fruchtkörper auf.

Hefepilze. Auch die bekannte Bäcker- oder Bierhefe (Saccharomyces cerevisiae) ist ein Pilz. Wir verreiben etwas Hefe in einem Wassertropfen und untersuchen sie mikroskopisch. Die Bierhefe besteht aus einzelnen ovalen Zellen **(124,5)**. Ihre Vermehrung erfolgt durch *Sprossung*. Dabei sondert die Zelle einen kleinen Auswuchs ab, in den einer der bei der
24 Kernteilung entstandenen Tochterkerne einwandert. Danach wird der Auswuchs durch eine Wand von der Mutterzelle getrennt und wächst zur Normalgröße heran. Wenn sich dieser Vorgang mehrmals wiederholt, können sich Sproßketten bilden. Läßt man Hefe hungern, indem man sie auf einen mit reinem Wasser angefeuchteten Gipsblock bringt, dann bilden die Zellen 4 *Schlauchsporen* aus **(124,6)**. Somit gehört auch die Hefe zu den Schlauchpilzen.

Alkoholische Gärung. Hefe kann in Zuckerlösung ohne Sauerstoff leben. Die für die Aufrechterhaltung der Lebensvorgänge nötige Energie wird auf andere Weise gewonnen und nicht durch Atmung mit Luftsauerstoff. Von den Hefezellen abgegebene Stoffe, sogenannte Enzyme, zersetzen den Zucker. Dabei entstehen Alkohol, Kohlendioxid und Energie **(124,7)**. Dieser Vorgang heißt alkoholische Gärung.

$$\textbf{Zucker} \xrightarrow{\textit{Enzyme der Hefe}} \textbf{Alkohol} + \textbf{Kohlendioxid} + \textbf{Energie}$$

Beim Backen verursacht Hefezusatz zum Teig eine Gärung. Das dabei gebildete Kohlendioxid treibt den Teig auf. Dadurch entsteht ein lockeres Gebäck. Die für die Bierherstellung verwendete Gerste enthält Stärke, die nicht vergoren werden kann. Deshalb läßt man die Gerste einige Tage keimen, wobei die Stärke zu gärfähigem Malzzucker abgebaut wird. Die Weinhefe (Saccharomyces ellipsoideus) bewirkt die Gärung des Traubensaftes. Im Gegensatz zur Bierhefe kommt sie wild vor und ist auf Früchten anzutreffen.

Merkstoff. Die Schlauchpilze bilden eine Unterklasse der Pilze. In ihrer Fruchtschicht finden sich Schläuche, in denen meist 8 Schlauchsporen gebildet werden. Bier- und Weinhefe bestehen aus einzelnen Zellen. Sie gehören ebenfalls zu den Schlauchpilzen. Durch Gärung erzeugen sie aus Zucker Alkohol und Kohlendioxid.

125,1: *Mycelien einiger Pilzarten auf Brot. Die „Schimmelrasen“ verschiedener Arten unterscheiden sich in Form und Farbe voneinander. Oft bilden sie ein buntes Mosaik.*

125 Schimmelpilze

Brot, Früchte, Marmelade, Kleidungsstücke, Holz, Leder und andere Stoffe können schimmelig werden. Sie weisen dann weiße, grüne, schwarze, rote oder anders gefärbte Überzüge auf **(125,1)**. Diese bestehen aus dem Fadengeflecht verschiedener Pilzarten. Wenn wir sie hier insgesamt als Schimmelpilze bezeichnen, so bedeutet das nur, daß sie die als Schimmeln bekannte Erscheinung hervorrufen. Verwandtschaftliche Beziehungen brauchen deshalb zwischen ihnen nicht zu bestehen. Schimmel bildet sich nur unter bestimmten Bedingungen. **125**
Welche das sind, soll uns ein Versuch lehren. Wir nehmen 3 mit Deckeln verschließbare Glasschalen und legen in die 1. feuchtes Brot, in die 2. trockenes Brot und die 3. feuchten wir lediglich an **(125,5)**. Ausschließlich auf dem feuchten Brot und bei ausreichender Luftfeuchtigkeit tritt Schimmel auf. Offenbar können sich Schimmelpilze nur entwickeln, wenn genügend Feuchtigkeit zur Verfügung steht. Zudem brauchen sie als Nahrung organische Stoffe, wie sie ihnen das Brot, nicht aber das Glas bietet. Woher kommen nun die Schimmelpilze? Ihre winzigen, dem bloßen Auge unsichtbaren Sporen schweben in der Luft. Wo sie niederfallen und die nötigen Bedingungen, Feuchtigkeit und organische Stoffe, finden, keimen sie zu einem Fadengeflecht aus. Wir wollen einige häufige Schimmelpilze kennenlernen.

Falls wir das Brot unseres Versuches gut feucht gehalten haben, ist es bald von weißen *Pilzfäden* bedeckt und durchzogen, die dem Brot Nahrung entnehmen. Diese Pilzfäden sind

125,2: *Mycel und Sporenbehälter des Köpfchenschimmels.* **125,3:** *Bildung von Fadensporen beim Gießkannenschimmel.* **125,4:** *Fadensporenbildung beim Pinselschimmel.*

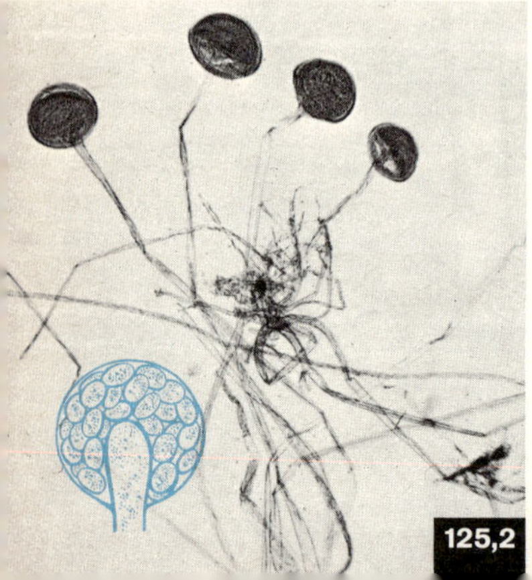

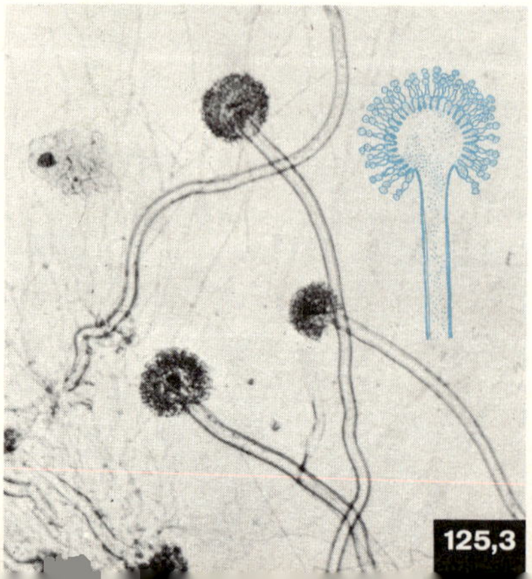

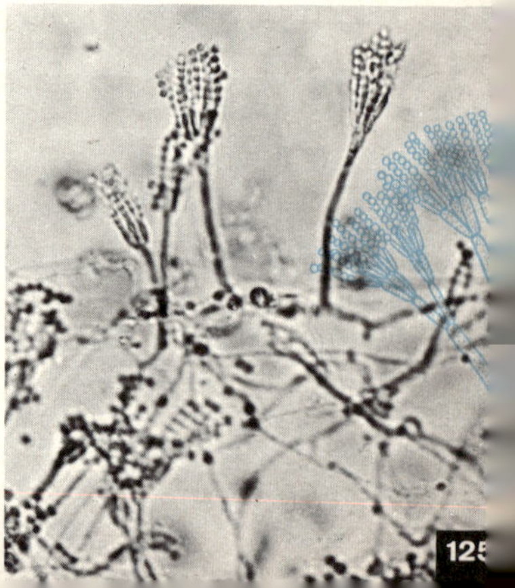

nicht in Zellen gegliedert, sondern bestehen aus verzweigten Schläuchen. Wir beobachten weiterhin kleine, schwarze Köpfchen, nach denen der Pilz Köpfchenschimmel (Mucor) heißt **(125,2)**. Die Köpfchen entstehen als Anschwellungen an abstehenden Fäden. Eine Wand, die als kleine Säule ins Köpfcheninnere ragt, trennt das Köpfchen vom tragenden Faden. Der Köpfcheninhalt zerfällt in zahlreiche *Sporen,* die schon von einem leisen Lufthauch fortgetragen werden, wenn die Wand des Köpfchens geplatzt ist. Bei einem Verwandten des Köpfchenschimmels, dem Pillenwerfer (Pilobolus crystallinus), werden die reifen Köpfchen fortgeschleudert. Der Pilz wächst auf frischem Pferdedung, den man feucht hält und mit einer Glasglocke bedeckt. Schon nach wenigen Tagen erscheinen oben angeschwollene, Köpfchen tragende Hyphen **(125,6)**, welche wie Kristalle glänzen. Ihr hoher Saftdruck ermöglicht das Abschleudern der Köpfchen. Die Schußweite kann bis zu 2 m betragen. Die Träger der Sporenbehälter krümmen sich alle in Richtung des Lichteinfalls. Deshalb fliegen die Köpfchen auf die Lichtquelle zu **(125,7)**.
Grün gefärbte Sporen bedingen die Farbe vom Pinselschimmel und Gießkannenschimmel. Ihre Sporen werden nicht in besonderen Behältern gebildet, sondern entstehen durch Abschnürung von Fadenenden. Sie heißen deshalb *Fadensporen.* Beim Pinselschimmel (Penicillium; **125,4**) gleichen die verzweigten, sporenbildenden Fäden samt den kettenförmig angeordneten Fadensporen einem Pinselchen. Die sporenbildenden Fäden des Gießkannenschimmels (Aspergillus; **125,3**) sind am oberen Ende angeschwollen. Auf der Schwellung sitzen nach allen Richtungen Zellen, die Fadensporen abschnüren. Das Ganze ähnelt der Brause einer Gießkanne, aus der Wasser fließt. Die weißen Mycelien dieser Pilze sind in Zellen gegliedert. Beide Arten gehören zur *Unterklasse der Schlauchpilze.* Dagegen sind Köpfchenschimmel und Pillenwerfer Vertreter der *Klasse der Algenpilze.*

Bedeutung. Schimmelpilze richten nicht nur Schaden an, etwa durch Zerstörung von Nahrungsmitteln, sondern stiften auch Nutzen. Manche Arten des Pinselschimmels liefern das Heilmittel Penicillin **(130,5)**, das man zur Bekämpfung von Bakterien benützt, die Krankheiten bei Mensch und Tier hervorrufen. Andere Schimmelpilze braucht man für bestimmte Käsesorten, für deren Reifung sie verantwortlich sind (Camembert, Roquefort, Gorgonzola).

Merkstoff. Schimmelpilze wachsen dort, wo genügend Feuchtigkeit und organische Nahrung zur Verfügung steht. Ihre Sporen schweben in der Luft. Köpfchenschimmel und Pillenwerfer besitzen schlauchförmige Fäden ohne Querwände. Sie gehören zu den Algenpilzen. Pinsel- und Gießkannenschimmel sind Schlauchpilze (in Zellen gegliedertes Mycel).

125,5: *Schimmelpilze brauchen Feuchtigkeit und organische Nahrung.* **125,6:** *Pillenwerfer. Die Köpfchen sitzen auf angeschwollenen Hyphen.* **125,7:** *Lichtwendigkeit des Pillenwerfers.*

125,5

125,6

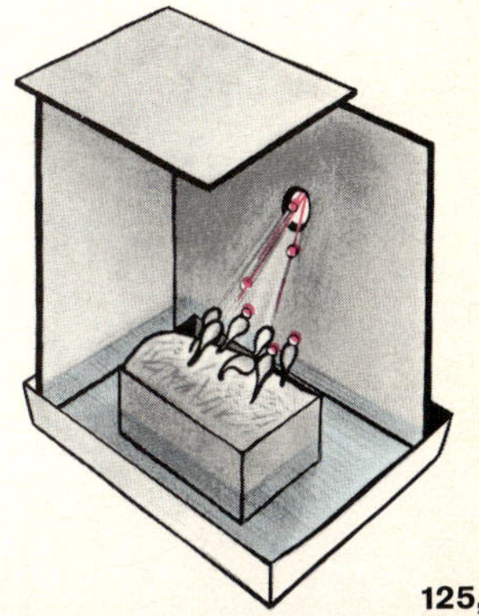

125,7

126,1

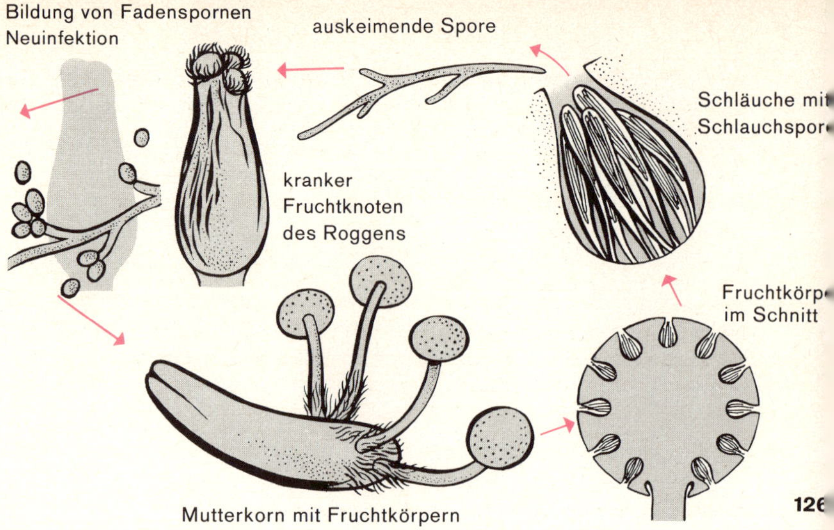

126,1: *Roggenähre mit Mutterkorn.* **126,2:** *Entwicklung des Mutterkornpilzes (Claviceps purpurea). Sein im Fruchtknoten des Roggens lebendes Mycel gliedert Fadensporen ab und scheidet einen süßen Saft aus (Honigtau). Insekten, die den Honigtau lecken, verbreiten die Fadensporen. Später wachsen Pilzfäden dicht zusammen und werden zum harten, schwarzen Mutterkorn. Nach Überwinterung auf dem Boden bildet das Mutterkorn zur Zeit der Roggenblüte Fruchtkörper. In Vertiefungen ihrer rosaroten Köpfchen entstehen Schlauchsporen, die der Wind verbreitet.* **12**

126 Pilze als Schädlinge an Kulturpflanzen

Rund 15% der Ernte werden jährlich von Schädlingen aus dem Tier- und Pflanzenreich vernichtet. Dadurch entsteht ein Schaden von einigen Milliarden Mark. Deshalb wurden Pflanzenschutzämter eingerichtet, welche die Lebensweise der Schädlinge erforschen und Maßnahmen zu ihrer Bekämpfung ausarbeiten. Außerdem beraten sie die Landwirtschaft und geben Warnrufe heraus. Zu den pflanzlichen Schädlingen gehören viele Pilze, von denen wir nur einige wenige anführen wollen.

Schädlinge des Getreides und anderer Kulturpflanzen sind die zu den Ständerpilzen gehörenden Rost- und Brandpilze. Sie sind auf S. 123 besprochen. In Roggenähren stecken manchmal schwarze, langgestreckte Körper, die man Mutterkorn nennt **(126,1)**. Sie werden von einem Schlauchpilz, dem *Mutterkornpilz,* gebildet. Auf der Abbildung **126,2** ist seine Entwicklung dargestellt. Das Mutterkorn enthält Giftstoffe, die bei der Geburtshilfe verwendet werden können (Name!). Wird es mit Roggenkörnern gemahlen, dann gelangen diese Giftstoffe ins Mehl und ins Brot. Sie rufen eine schwere Erkrankung hervor, die sich durch Kribbeln in den Gliedern und Nervenkrämpfe äußert.

Andere Schlauchpilze befallen die Früchte unserer Obstbäume, wie der *Polsterschimmel* (*Monilia* **126,3**) und der *Schorf* **(126,4)**. Mehltaupilze leben auf Früchten und Blättern von Wild- und Kulturpflanzen. Wie der Name andeutet, sehen frisch befallene Blätter nach einigen Tagen wie mit Mehl bestäubt aus. Später zeigt sich ein spinnwebartiger Überzug. Das Mycel der Mehltaupilze treibt Saugfäden in die Zellen der Oberhaut. Ein Parasit der Weinrebe ist der *Rebenmehltau* (Uncinula necator). Erkrankte Blätter verdorren, befallene Beeren platzen auf. Stachelbeeren werden durch den *Stachelbeermehltau* (Sphaerotheca mors uvae) ge-

126,3: *Polsterschimmel oder Monilia (Sclerotina). Dieser Pilz tritt an Früchten auf. In konzentrischen Kreisen angeordnete, Fadensporen bildende Pusteln sind für den Polsterschimmel bezeichnend. Von ihm befallene Gewebe faulen rasch. Oft vertrocknen die Früchte (besonders Zwetschgen) und hängen dann als Fruchtmumien am Baum. Der Polsterschimmel kann aber auch Zweige zum Absterben bringen.* **126,4:** *Apfel mit Schorfflecken. Der Schorf (Venturia) ruft auf Blättern und Früchten von Apfel- und Birnbäumen unregelmäßig geformte, schwarze Flecken hervor. Diese werden später rissig. Der Pilz regt das Wirtsgewebe zur Korkbildung an. Durch die Schorfflecken wird die Qualität des Obstes beträchtlich gemindert.* **126,5:** *An Krautfäule erkrankte Kartoffelknollen. Der Pilz lebt in Blättern, Stengeln und Knollen der Kartoffel. Erkrankte Blätter und Stengel bekommen braune Flekken, die später schwarz werden. Befallene Knollen faulen und schrumpfen zusammen. In nassen Jahren kann der Pilz bis zu ⅓ der Kartoffelernte vernichten.* **126,6:** *Vom Erreger der Kartoffelfäule (Phytophthora infestans) befallene Kartoffelblätter.*

126,3

126,4

126,5

126,6

schädigt. Er bildet auf Blättern und Früchten graue bis bräunliche Rasen. Die Beeren verdorren. Der *Falsche Rebenmehltau* (Plasmopara viticola), ein weiterer Schädling der Weinrebe, gehört zu den Algenpilzen. Sein Fadengeflecht lebt in Blättern und Früchten. Durch die Spaltöffnungen wachsen verzweigte, Sporenbehälter tragende Fäden nach außen. Deshalb finden sich auf der Unterseite befallener Blätter weiße Pilzrasen. Die Blätter vertrocknen und fallen ab, die Beeren werden braun, schlaff und faltig (Lederbeeren). Zwei weitere Algenpilze schmarotzen auf der Kartoffel. Der eine ruft die *Krautfäule* hervor (**126,5** und **6**), der andere ist der Erreger des *Kartoffelkrebses* (Synchitrium endobioticum). Diese Krankheit ist durch Züchtung resistenter Sorten bei uns verschwunden.

Zusammenfassung Pilze. Der Körper der Pilze besteht aus feinen, verzweigten oder unverzweigten Fäden (Hyphen), die sich zu Fruchtkörpern verflechten können. Pilze können keine Photosynthese durchführen, da sie kein Blattgrün enthalten. Sie sind daher auf organische Nahrung angewiesen, die sie toten oder lebenden Pflanzen- und Tierkörpern entnehmen. Die Pflanzengruppe der Pilze ist sehr artenreich, enthält sie doch nahezu 100 000 Arten. Man teilt die Pilze in die Klasse der Algenpilze oder Niederen Pilze (s. z. B. Köpfchenschimmel!) und in die Klasse der Höheren Pilze ein. Bei den Höheren Pilzen unterscheidet man nach der Sporenbildung die Unterklasse der Schlauchpilze und die Unterklasse der Ständerpilze. Zu diesen Unterklassen gehören die meisten der hier erwähnten Pilze.

127

127 Flechten

Flechten wachsen auf Felsen, auf Stämmen und Ästen von Bäumen und auf dem Erdboden. Oft werden sie nicht beachtet oder gar für Moose gehalten. Doch sind sie, wie eine eingehendere Untersuchung zeigt, Pflanzen, die unsere Aufmerksamkeit verdienen. Dies erweist sich etwa bei der Betrachtung der *Wandflechte* (Xanthoria parietina; **127,1**).

Bau und Lebensweise. Die Baumstämme, Bretterwände und Steine besiedelnde Wandflechte besitzt einen gelben, aus buchtigen Lappen zusammengesetzten Körper. Ein Querschnitt 127
durch den Flechtenkörper zeigt zahlreiche miteinander verflochtene Pilzfäden **(127,2)**. Das dichte Flechtgewebe auf der Ober- und Unterseite heißt obere und untere *Rinde,* das dazwischen liegende lockere Geflecht *Mark.* Pilzfäden, welche aus der unteren Rinde herausragen, befestigen die Flechte auf der Unterlage. Im Mark bemerken wir einzellige Grünalgen. Sie werden von Pilzfäden umsponnen, die ihnen Nahrung entziehen. Es handelt sich dabei um aus der Photosynthese stammende Stoffe, welche der Pilz nicht aufbauen kann. Andererseits liefert er den Algen Wasser und Salze. So ziehen beide Pflanzen aus dem Zusammenleben Vorteil. Eigenartig an dieser *Symbiose* ist, daß nur beide Partner zusammen einen Flechtenkörper aufbauen können. Der Pilz allein ist dazu nicht imstande, obwohl er der vorherrschende Partner ist. Flechten brauchen wenig Wasser. In wasserarmen Zeiten trocknen sie völlig aus und stellen ihre Lebenstätigkeit ein. Diese nehmen sie erst wieder auf, wenn die Luftfeuchtigkeit zunimmt. Vielfach begnügen sie sich mit den vom Regenwasser und Staub zugeführten Salzen. Unter diesen Umständen wachsen sie nur wenige

127,4: *Schriftflechte (Graphis scripta) und* **127,5:** *Landkartenflechte (Rhizocarpon geographicum). Beide Flechten sind Krustenflechten.* **127,6:** *Hundsflechte (Peltigera canina). 127,6–7 sind Laubflechten.*

127,4

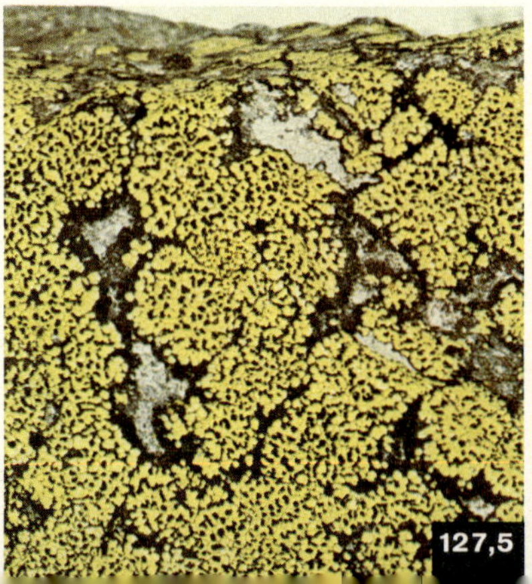

127,5

127

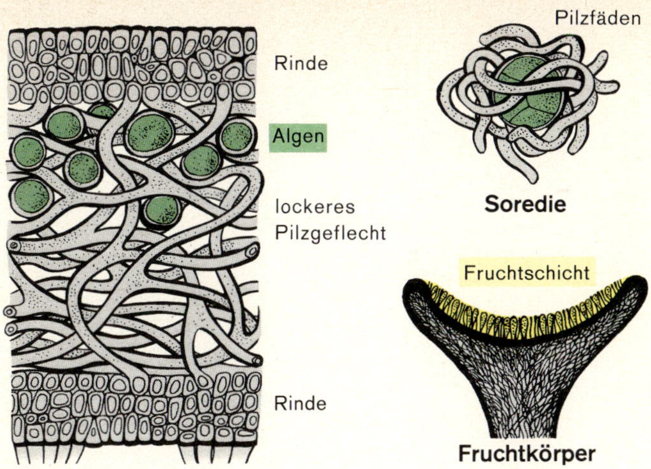

127,2

127,3

127,1: *Wandflechte.* **127,2:** *Flechtenquerschnitt. Rechts Soredie und Fruchtkörper.* **127,3:** *Becherflechte (Cladonia fimbriata). Oft stehen am Rand der Becherchen von Becherflechten rote Fruchtkörper.*

Millimeter im Jahr. Erwähnenswert ist ihre Empfindlichkeit gegen Luftverunreinigungen. Sie fehlen deshalb in größeren Städten und ihrer Umgebung.

Fortpflanzung. Auf der Wandflechte sitzen schüsselförmige, vom Pilz gebildete *Frucht-*
127 *körper.* Die Oberfläche ihrer Vertiefung ist von der Fruchtschicht überzogen, in der sich *Schläuche* mit *Schlauchsporen* finden **(127,2).** Vom Wind verwehte Sporen wachsen nur dann zu einer Flechte heran, wenn sie mit der entsprechenden Alge zusammentreffen. Oft sind Flechten von einer staubartigen Masse bedeckt, den *Soredien* **(127,2).** Es sind von Pilzfäden umsponnene Algengruppen, die vom Wind verbreitet werden und neue Flechten bilden.

Bedeutung der Flechten. Die Abbildungen **127,3–127,9** zeigen weitere Flechten. Manche Flechten tragen durch Zersetzung des Gesteins zur Bodenbildung bei, (z.B. **127,5**) andere dienen Tieren zur Nahrung (z. B. die Rentierflechte den Rentieren; **127,9**). Der in der Chemie verwendete Lackmus ist ein aus der Lackmusflechte gewonnener Farbstoff.

Merkstoff. Die zur Klasse der Flechten gehörenden Pflanzen besitzen einen Körper, der von Pilzen und Algen aufgebaut wird. Beide Partner leben in Symbiose. Fortpflanzung und Verbreitung erfolgt durch Schlauchsporen oder durch losgelöste Flechtenteile, die Soredien.

127,7: *Schildflechte (Parmelia physodes).* **127,8:** *Rechts Bartflechte (Usnea); links Bandflechte (Letharia).* **127,9:** *Rentierflechte (Cladonia rangiferina). 127,3 und 127,8–9 sind Strauchflechten.*

127,7

127,8

127,9

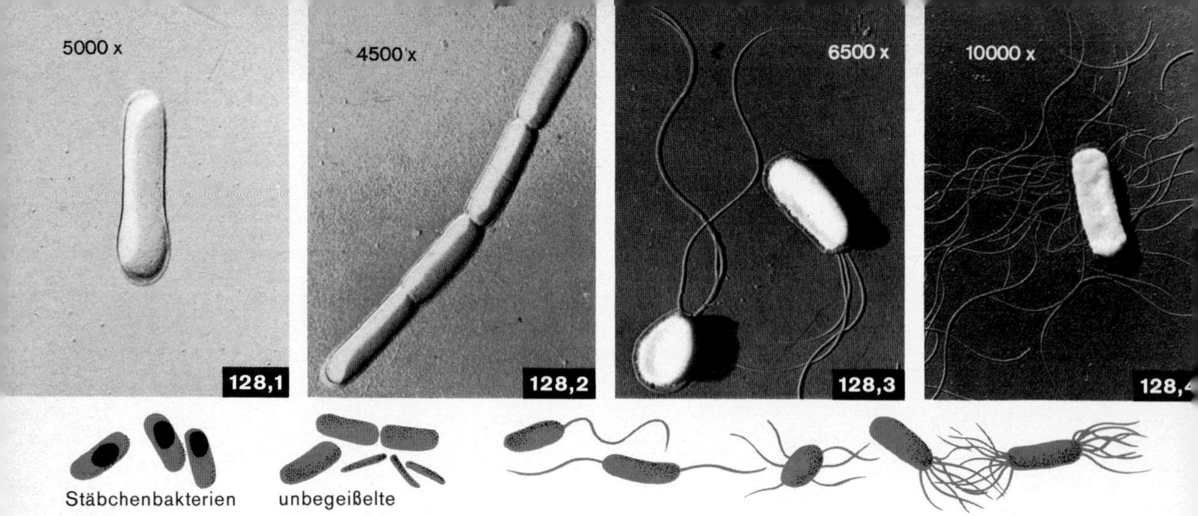

Stäbchenbakterien mit Sporen — unbegeißelte Stäbchenbakterien — verschieden begeißelte Stäbchenbakterien

128–130 Bakterien

Bakterien sind als Krankheitserreger gefürchtet. Darüber hinaus spielen sie in der Natur beim Kreislauf der Stoffe eine wichtige Rolle. Trotz ihrer Bedeutung kennen die meisten Menschen die Bakterien nicht, da man sie nur bei starker Vergrößerung durch ein Mikroskop sehen kann. Wir wollen uns etwas eingehender mit ihnen beschäftigen.

Bau. Bakterien sind meist einzellige Lebewesen. Die Zellen sind von einer zarten Haut um- 128
schlossen und besitzen kein Blattgrün. Ein Zellkern ist nicht zu erkennen. Nach der Zellform kann man die Bakterien unterteilen **(128,1–8)**. Kugelförmige Bakterien heißen *Kugelbakterien* oder *Kokken,* und falls sie zu Ketten vereinigt sind, *Streptokokken.* Auch zu traubigen Gebilden können sie sich zusammenschließen *(Staphylokokken).* Häufig weisen die Bakterien die Form eines Stäbchens auf, wovon sie ihren Namen bekommen haben (bakteria, griech. = Stab). Manche Stäbchen heißen auch *Bazillen* (bacillum, lat. = Stäbchen). *Spirillen* sind schraubenförmig gewundene Bakterien. Solche, die nur leicht gekrümmt sind (Teil einer Schraubenwindung), heißen *Kommabakterien (Vibrionen).* Vielfach tragen Bakterien Geißeln und sind dann beweglich **(128,3–5)**. Alle Bakterien sind klein. Kokken haben z. B. einen Durchmesser von durchschnittlich $^1/_{1000}$ mm **(128,7)**.

Stoffwechsel. Als blattgrünlose Lebewesen können Bakterien keine Photosynthese durchführen. Wie sie ihre Nahrung gewinnen, wollen wir uns an einem Beispiel klar machen. Wir stecken in 5 Reagenzgläser je ein Stückchen Wurst, füllen mit Wasser auf und verschließen die Gläser mit Watte (evtl. erst nach Vorbehandlung). Glas 1 bleibt unbehandelt, der Inhalt von Glas 2 wird gekocht. Ins 3. Glas geben wir Kochsalz, ins 4. Zucker und ins 5. Essig. Nur die Wurst in Glas 1, das Bakterien enthält, fault (Geruch!). Im 2. Glas wurden die Bakterien durch Kochen getötet, in den übrigen durch die erwähnten Zusätze. Zucker und Kochsalz entziehen den Bakterien Wasser (eingesalzener Rettich!), woran sie zugrunde gehen. Wie der Versuch zeigt, ist Fäulnis an die Anwesenheit von fäulniserregenden Bakterien gebunden. Diese zersetzen das Eiweiß der Wurst und gewinnen dabei Nährstoffe. Außerdem wird Energie frei, welche die Bakterien zur Aufrechterhaltung ihrer Lebenstätigkeit brauchen. Aber nicht nur Eiweiß, sondern auch alle anderen Tier- und Pflanzenstoffe werden von Bakterien abgebaut. Ein Teil der bei solchen Atmungsvorgängen frei-

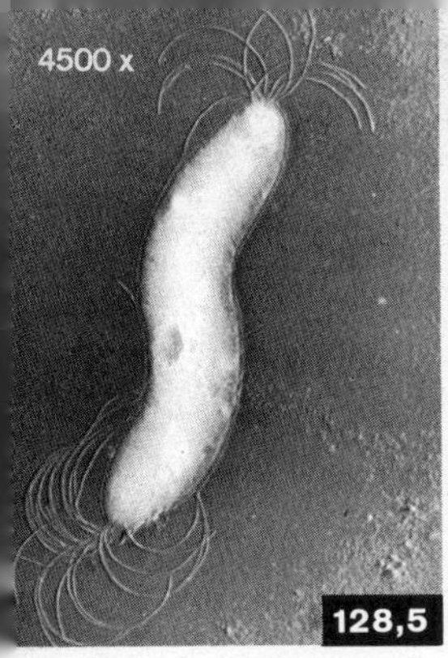

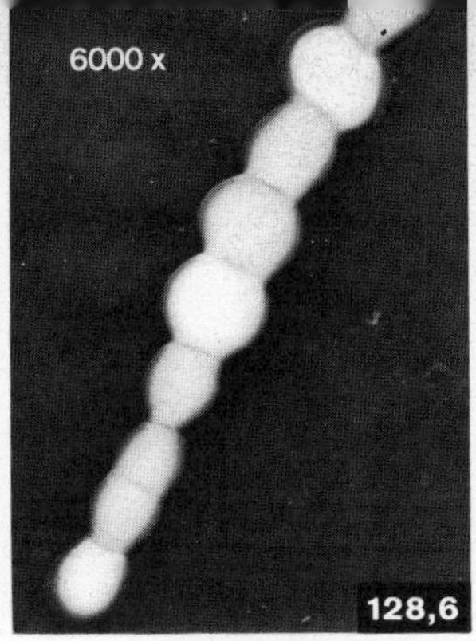

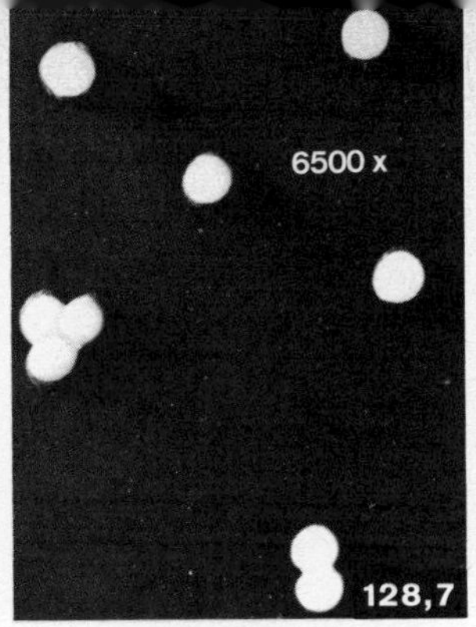

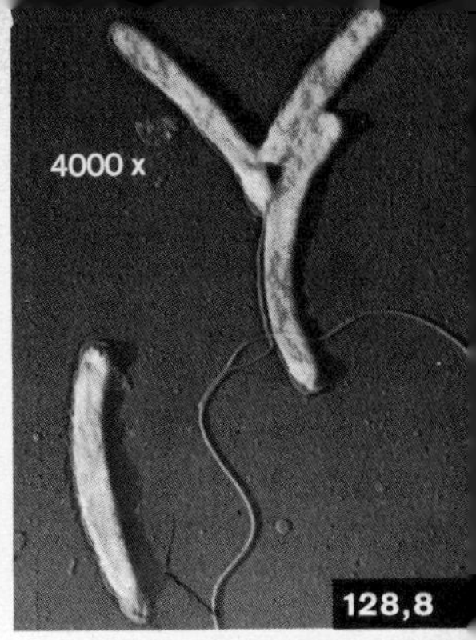

128,1–128,8: *Verschiedene Bakterienformen.* **128,1:** *Bakterium in Sporenbildung mit endständiger Spore.* **128,2:** *Unbegeißeltes Stäbchenbakterium.* **128,3–4:** *Stäbchenbakterien mit Geißeln.* **128,5:** *Begeißelte Spirille.* **128,6:** *Kugelbakterien (Streptokokken), kettenförmig angeordnet.* **128,7:** *Kugelbakterien (Staphylokokken), einzeln und traubig angeordnet.* **128,8:** *Kommabakterien.*

gesetzten Energie tritt in Form von Wärme auf. Deshalb ist z. B. die Temperatur im Mistbeet und im Kompost, die von vielen Bakterien besiedelt werden, höher als in der Umgebung. Im feuchten Heu lebende Bakterien können eine Temperatursteigerung bis zu 70° C hervorrufen (Selbstentzündung des Heus!). Atmungsenergie tritt auch als Licht auf, so etwa bei den Leuchtbakterien, die sich auf in Salzwasser eingelegten Seefischen einstellen. Teils leben Bakterien als Parasiten, teils als harmlose Bewohner im Körper von Pflanze, Tier und Mensch, wo sie Nahrung finden.

Vermehrung. Zellteilung ist die einzige Art der Vermehrung bei Bakterien. Dabei wird eine Querwand gebildet, welche die Mutterzelle in 2 Tochterzellen teilt. Anschließend wachsen diese zur Größe der Mutterzelle heran. Eine Kernteilung, wie bei anderen Pflanzen, findet bei der Bakterienzelle nicht statt. Deshalb spricht man hier von Spaltung und nennt die Bakterien auch *Spaltpilze.* Da eine Spaltung alle 20–30 Minuten erfolgen kann, vermehren sich Bakterien außerordentlich rasch. Milch enthält kurz nach dem Melken 2000–3000 Bakterien im Milliliter (Milchsäurebakterien und andere). Im Sommer steigt die Zahl bei warmem Wetter schon innerhalb 24 Stunden auf 500 Millionen. Doch sind auch der Vermehrung der Bakterien Grenzen gesetzt, etwa durch Nährstoffmangel bei zahlreichem Auftreten. Manche Bakterien bilden bei ungünstigen Lebensbedingungen, z. B. bei Erschöpfung der Nahrung, in ihrem Zelleib eine derbwandige *Spore* **(128,1)**, die gegen Austrocknen, Hitze, Kälte und Gifte außerordentlich widerstandsfähig ist. Sogar stundenlanger Aufenthalt in siedendem Wasser kann manchen Sporen nichts anhaben. Eine Vermehrung ist mit der Sporenbildung nicht verbunden. Sporen dienen lediglich zum Überdauern ungünstiger Umweltbedingungen. Sobald diese sich wieder gebessert haben, keimen die Sporen aus und wachsen zu Bakterien heran.

Vorkommen. Bakterien können fast überall vorkommen. 1 g Ackererde enthält 50–100 Millionen Bakterien. Auch Wasser ist bakterienhaltig. Selbst im Quellwasser kommen Bakterien vor. Weiterhin sitzen sie auf Staubteilchen und schweben mit diesen durch die Luft. Die

129,1

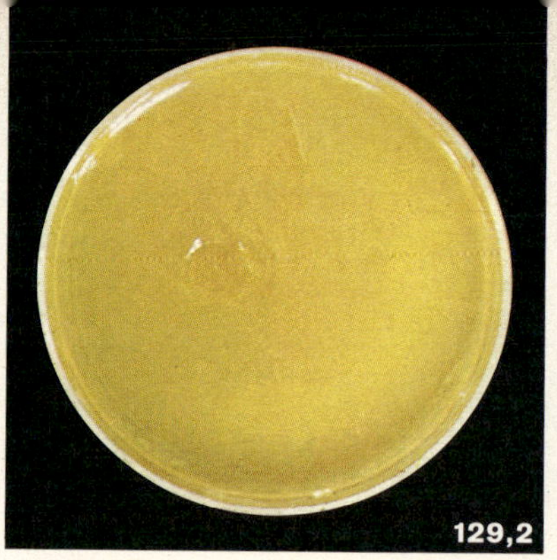
129,2

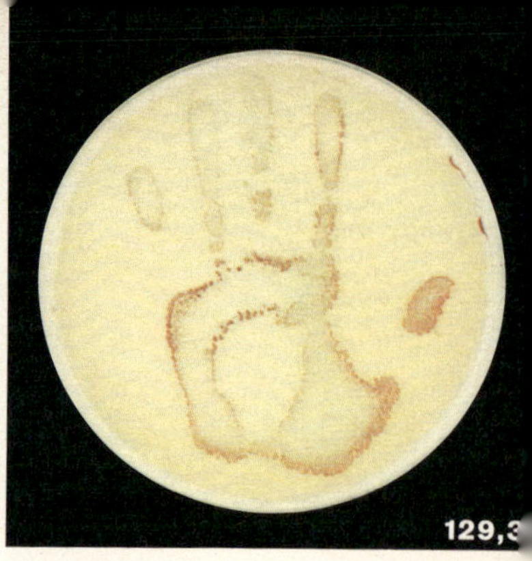
129,3

staubarme Luft im Hochgebirge und über dem Meer ist fast frei von Bakterien. Um Bakterien nachzuweisen, gießen wir flache Glasschalen (Petrischalen) wenige mm hoch mit Bakterien-Nähragar aus, verschließen sie und machen sie keimfrei. Eine Schale lassen wir zur Kontrolle verschlossen, eine andere öffnen wir für kurze Zeit im Schulzimmer, bei einer weiteren berühren wir den Nährboden mit der flachen Hand. Nach einigen Tagen entwickeln sich in allen Schalen, mit Ausnahme der ersten, dem bloßen Auge sichtbare Bakterienkolonien **(129,1–3)**. So kann man Bakterien auch im Wasser und auf allerlei Gegenständen nachweisen. Da die Kolonien der einzelnen Arten sich durch Form und Farbe unterscheiden, werden sie zur Bestimmung der Bakterien mit herangezogen.

Bedeutung der Bakterien

Unser Versuch (S. 128) hat uns gelehrt, daß Fäulnisbakterien Eiweiß in einfachere Stoffe zerlegen. Auch andere im Tier- und Pflanzenkörper enthaltene Stoffe werden von Bakterien abgebaut. Durch diese Tätigkeit sorgen Bakterien für die Beseitigung toter Pflanzen und Tiere, die sonst bald den Erdboden bedecken würden. Wertvolle Nährsalze werden frei und können von den Pflanzenwurzeln aufgenommen werden. Neben Bakterien sind an der Vermoderung und Verwesung Pilze beteiligt. Durch die Tätigkeit dieser Pflanzen entsteht ein milder, fruchtbarer Humus. Auch auf andere Weise können Bakterien zur Fruchtbarkeit des Bodens beitragen. Pflanzen brauchen Stickstoff. Dieser ist zwar in der Luft reichlich vorhanden, doch können ihn die Pflanzen im allgemeinen nur aufnehmen, wenn er in Salzform vorliegt. Einige Bakterien sind jedoch in der Lage, Luftstickstoff zu binden und ihn anderen Pflanzen zugänglich zu machen. Diese dringen in die Wurzeln mancher Schmetterlingsblütler ein und regen sie zur Bildung von Wurzelknöllchen an **(129,4)**. In diesen Knöllchen finden sich die Bakterien, die deshalb *Knöllchenbakterien* heißen. Sie ernähren sich von Stoffen der Wirtspflanze, beziehen aber ihren Stickstoff aus der Bodenluft. Da der Wirt abgestorbene Bakterien abzubauen vermag, kann er den in den Bakterien gebundenen Stickstoff für sich verwerten. Somit liegt hier eine Symbiose vor. Erlen besitzen Wurzelknöllchen, die Apfelgröße erreichen können. Sie werden von stickstoffbindenden Strahlenpilzen besiedelt. Auch frei im Boden lebende Bakterien können Luftstickstoff binden. Andere Bodenbakterien erzeugen aus den in Jauche und Stalldünger enthaltenen Stickstoffverbindungen Nitrate (Salpeter), die von den Pflanzen aufgenommen werden.

Eine wichtige Rolle spielen Bakterien bei der Herstellung von Nahrungsmitteln. Wie wir durch Erfahrung gelernt haben, wird Milch im Sommer leicht sauer. Es hat sich in ihr Milchsäure gebildet, die das Milcheiweiß gerinnen läßt. So entsteht die erfrischende Sauermilch. Für diese Entwicklung sind Milchsäurebakterien verantwortlich, die sich an warmen Tagen

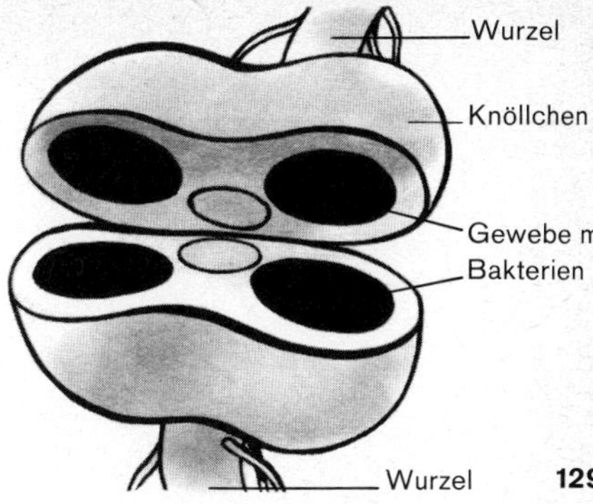

129,4

129,1: *Bakterienkolonien auf Nähragar. Die Petrischale wurde kurze Zeit geöffnet. Die Bakterien stammen aus der Luft.* **129,2:** *Die Schale blieb geschlossen. Es bildeten sich keine Bakterienkolonien.* **129,3:** *Der Nährboden wurde mit der Handfläche berührt. Auf der Hand haftende Bakterien gelangten auf den Nährboden und entwickelten sich zu Kolonien. Die Nährböden müssen durch zweimaliges Erhitzen keimfrei gemacht werden. Sporen überstehen die erste Erhitzung, keimen dann aus, und die entstandenen Bakterien werden beim zweiten Erhitzen getötet.* **129,4:** *Wurzelknöllchen eines Schmetterlingsblütlers quergeschnitten und aufgeklappt.*

stark vermehren. Diese Bakterien vergären Milchzucker zu Milchsäure. Sie werden außerdem zum Säuern des Rahms vor dem Buttern verwendet. Bei der Herstellung von Sauerkraut und Silofutter findet ebenfalls Milchsäuregärung statt. An der Käsereifung, einem Fäulnisvorgang, sind Bakterien beteiligt. Wein, den man offen stehen läßt, wird allmählich zu Essig, weil Essigsäurebakterien den im Wein enthaltenen Alkohol zu Essigsäure vergären. Auf dem Wein bildet sich eine sog. Kahmhaut (Essigmutter), in der sich neben Essigsäurebakterien Hefen finden. Bei der Herstellung von Weinessig wird Wein in offenen Kübeln aufgestellt und mit Essigsäurebakterien beimpft, oder man läßt ihn über Buchenholzspäne fließen, auf denen sich diese Bakterien angesiedelt haben. Die Fermentation von Tabak, Kaffee und Tee ist eine von Bakterien hervorgerufene Gärung.

129 Schädlich werden Bakterien, wenn sie unsere Nahrungsmittel zerstören. Wir rücken ihnen dann auf verschiedene Weise zu Leibe. Im Kühlschrank hemmen tiefe Temperaturen ihre Entwicklung. Die Speisen sind dadurch länger haltbar. Beim Einkochen von Obst und Gemüse, sowie beim Haltbarmachen (Sterilisieren) von Milch und Fruchtsäften, werden die Bakterien durch Hitze getötet. Durch Dörren (Obst, Fleisch) entzieht man ihnen die nötige Feuchtigkeit. Man kann Bakterien aber auch durch Stoffe schädigen, die für den Menschen unschädlich sind (s. Versuch!). Dies geschieht durch Salzen (Pökelfleisch, Salzheringe), Zuckern (kandierte Früchte), durch Einlegen in Essig (Fische, Gurken) oder durch Räuchern (Rauchfleisch).

Auch in unserem Körper leben Bakterien, so in der Mundhöhle und im Darm. Darmbakterien wirken am Abbau der Nahrung mit. Vielleicht versorgen sie uns sogar mit Vitaminen. Ihre Vernichtung (durch Arzneimittel) hat Verdauungsstörungen zur Folge. Nicht alle Bakterien, die in unseren Körper gelangen, sind jedoch harmlos oder nützlich. Manche rufen schwere Erkrankungen hervor. Als Erster hat dies ROBERT KOCH 1876 beim Milzbrandbazillus nachgewiesen. Nicht nur der Mensch, sondern auch Pflanzen und Tiere werden von solchen Krankheitserregern befallen und erkranken dann. Da Bakterien, die unseren Körper heimsuchen, für uns von großer Bedeutung sind, wollen wir uns mit ihnen und ihrer Bekämpfung im nächsten Abschnitt ausführlicher beschäftigen.

Bakterien als Krankheitserreger

Es gibt eine Reihe von Bakterien, die beim Menschen Erkrankungen, wie z. B. Tuberkulose, Lungenentzündung, Cholera, Typhus, Ruhr, Pest, Diphtherie, Wundstarrkrampf und andere hervorrufen **(130,1–3)**. Von kranken Menschen gelangen Bakterien in den Körper gesunder Menschen, die dann oft gleichfalls erkranken. Daher nennt man diese Krankheiten übertragbar oder ansteckend; es sind *Infektionskrankheiten*. Durch die Haut können Bakterien nur

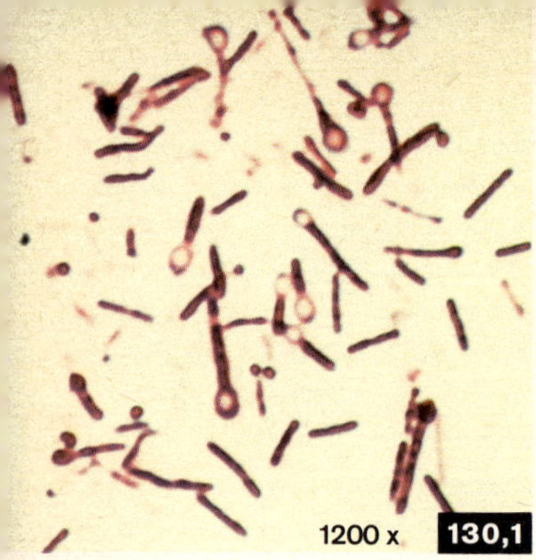

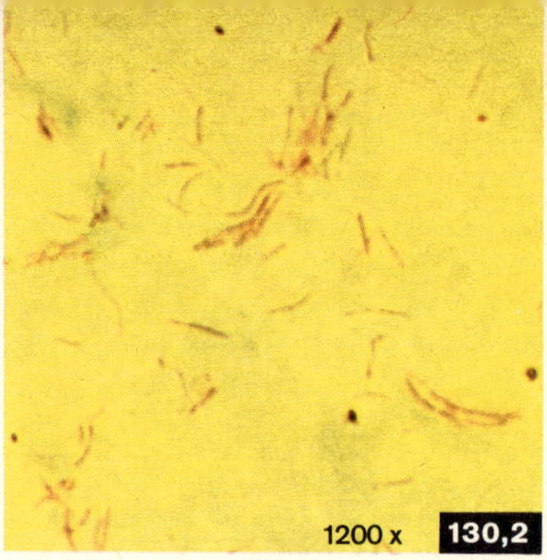

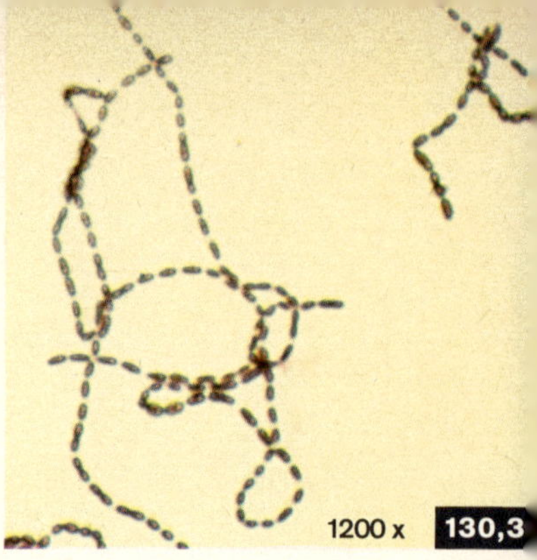

130,1: *Tetanusbazillen, Erreger des Wundstarrkrampfes, mit Sporenbildung.* **130,2:** *Tuberkelbakterien, Erreger der Tuberkulose.* **130,3:** *Streptokokken in Ketten. Die Abb. 130,1–130,3 sind von gefärbten Mikropräparaten hergestellt.* **130,4:** *Originalversuch von A. Fleming: Eine Pilzkolonie (grünlich) auf dem Bakteriennährboden hemmt in ihrer Nachbarschaft das Wachstum von Bakterienkolonien durch Stoffe, die von ihr in den Nährboden abgegeben werden. So hat Fleming die Wirkung der Antibiotika entdeckt.* **130,5:** *Eine Kolonie von Penicillium notatum scheidet gelbe Tröpfchen von Penicillin ab.* **130,6:** *Empfindlichkeitsprüfung eines Bakterienstammes gegen verschiedene Antibiotika, die in die Spitzen des Filtrierpapiersternes, der auf dem Nährboden liegt, eingetragen wurden. Wo man den klaren, roten Nährboden sieht, sind keine Bakterienkolonien angegangen.*

in den Körper eindringen, wenn sie verletzt ist. Andere Eingangspforten sind Nase und Mund. Normalerweise wird der Körper mit den Eindringlingen fertig. Im Magen werden viele Erreger durch die Magensäure getötet. Insbesondere ist aber das Blut an der Bakterienabwehr beteiligt. Weiße Blutkörperchen fressen und verdauen Bakterien, im Blut enthaltene Stoffe vernichten sie. Ist jedoch der Körper in seiner Abwehrkraft geschwächt, etwa durch Erkältung, dann können sich die Bakterien reichlich vermehren. Wir erkranken, weil die Bakterien in den Stoffwechsel des Menschen eingreifen. Infektionskrankheiten müssen vom Arzt behandelt werden.

Bekämpfung von Bakterien. Eine Berührung mit Krankheitserregern gänzlich auszuschalten, ist unmöglich. Doch ist es ratsam, Menschen, die an schweren Infektionskrankheiten leiden, zu meiden, falls man nicht mit ihrer Pflege betraut ist. Meist werden derartige Kranke in den Krankenhäusern auf besondere Stationen gelegt und von der Umwelt abgeschlossen (sie werden isoliert). So wird die Verbreitung der Krankheit und eine mögliche Erkrankung größerer Bevölkerungsteile, eine *Seuche,* verhindert. Nach der Genesung des Kranken vernichtet man die an den Wänden, an den Möbeln und an den vom Patienten benützten Gegenständen haftenden Bakterien durch Gifte *(Desinfektion).* Auch der Arzt muß darauf bedacht sein, keine Bakterien zu übertragen. Deshalb wäscht er vor jeder Untersuchung die Hände, zieht vor Eingriffen *keimfreie (sterile)* Gummihandschuhe an und benützt keimfreie Instrumente. Krankheitserreger können auch mit dem Trinkwasser oder mit Nahrungsmitteln in den Körper gelangen. Daher wird Trinkwasser laufend von Ärzten der Gesundheitsämter auf Krankheitserreger untersucht. Dies gilt auch für im Lebensmittelgewerbe tätige Personen. Nicht einwandfreie eiweißhaltige Lebensmittel, z. B. Wurst und Bohnen, können Erreger der Fleischvergiftung enthalten. Besonders sei vor Konserven gewarnt, deren Deckel aufgewölbt ist und deren Inhalt beim Öffnen herausspritzt.

Impfschutz gegen Bakterien- und Viruskrankheiten. Im Jahre 1798 entdeckte der englische Arzt EDWARD JENNER, daß Menschen, die an den harmlosen Kuhpocken erkrankt

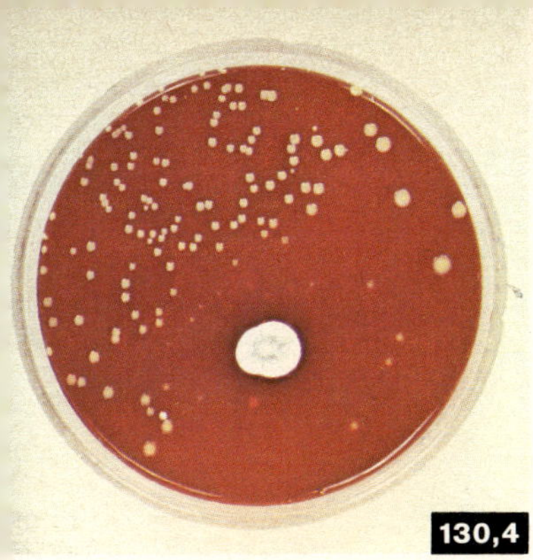
130,4

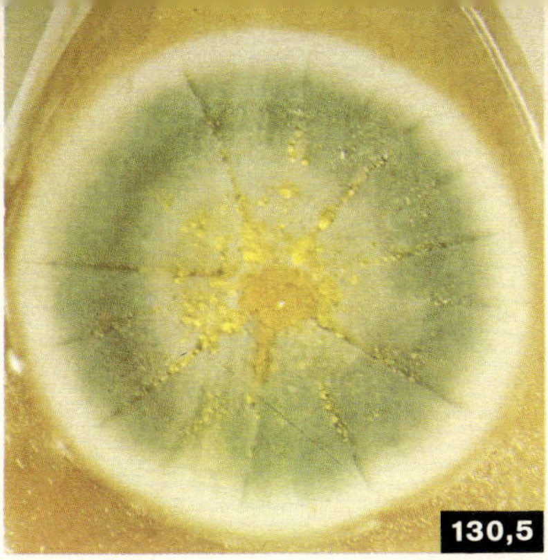
130,5

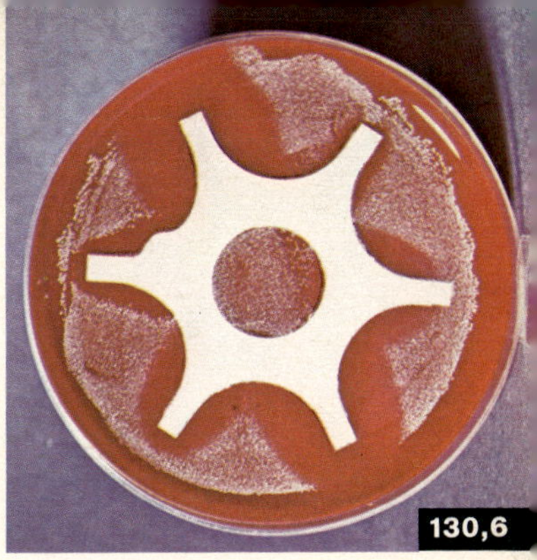
130,6

waren, von den gefährlichen Menschenpocken verschont blieben. Es lag daher nahe, Menschen Kuhpockenerreger einzuimpfen, um sie vor den Menschenpocken zu schützen. Seit 1874 muß sich in Deutschland jeder gegen Pocken impfen lassen. Das gänzliche Erlöschen der Krankheit in Deutschland rechtfertigt diese Maßnahme.

Allgemein erkranken Menschen nicht leicht ein 2. Mal an der gleichen Infektionskrankheit. Bei der Überwindung der Krankheit erzeugt der Körper Abwehrstoffe, welche die Erreger unschädlich machen. Er ist gegen die Krankheit gefeit oder *immun*. Dies geschieht auch, wenn er durch Einspritzen abgeschwächter oder abgetöteter Erreger zur Bildung von Abwehrstoffen angeregt wird. Diese Maßnahme nennt man *Schutzimpfung* oder *aktive Immunisierung*. Sie dient zur Vorbeugung, z. B. gegen Pocken, Typhus, Kinderlähmung und Wundstarrkrampf. Bei der *passiven Immunisierung* impft man ein Serum ein, das bereits Schutzstoffe enthält, und das man von vorher geimpften Tieren (Rind, Pferd) gewonnen hat. Die passive Immunisierung wird bei der Bekämpfung von Krankheiten eingesetzt (z. B. bei Diphtherie) oder auch bei einem Krankheitsverdacht (z. B. bei einer vermuteten Ansteckung durch Tollwut). Die Wirkung ist nur von kurzer Dauer. Das Verfahren wurde von Emil v. Behring (1894) und dem Japaner Kitasato entwickelt.

Heilmittel gegen Bakterienkrankheiten. Bakterien im Körper kann man auch mit Stoffen bekämpfen, die für die Bakterien schädlich, für den Menschen aber unschädlich sind. Unter diesen Heilmitteln sind besonders die von G. Domagk erkannten und 1935 erstmals verwendeten *Sulfonamide* zu nennen. 1928 entdeckte der Engländer A. Fleming das *Penicillin* **(130,4)**. Dieser die Bakterien schädigende Stoff wird von einer Pinselschimmelart (Penicillium notatum) ausgeschieden **(130,5)**. Inzwischen hat man eine große Zahl weiterer derartiger Stoffe gefunden, die von Pilzen oder anderen Pflanzen gebildet werden. Insgesamt bezeichnet man sie als *Antibiotika*. Sie leisten wie die Sulfonamide einen bedeutenden Beitrag bei der Bekämpfung von Krankheiten, die durch Bakterien hervorgerufen werden. Die bekanntesten sind neben dem *Penicillin* das *Streptomycin* und das *Aureomycin* **(130,6)**.

Merkstoff. Zur Abteilung der Bakterien gehören meist einzellige Arten. Die Zellen haben die Form einer Kugel oder eines Stäbchens, oder sie sind schraubenförmig gewunden. Manche Arten besitzen Geißeln zur Fortbewegung. Ein sichtbarer Zellkern fehlt. Die Zellen vermehren sich durch Spaltung. Als chlorophyllose Lebewesen sind Bakterien auf organische Nahrung angewiesen. Da sie diese zersetzen, spielen sie beim Kreislauf der Stoffe eine wichtige Rolle. Die Fruchtbarkeit unserer Böden beruht auf ihrer Tätigkeit. Einige Bakterien sind für die Herstellung von Nahrungsmitteln wichtig, andere verursachen Krankheiten, die in der Regel übertragbar sind.

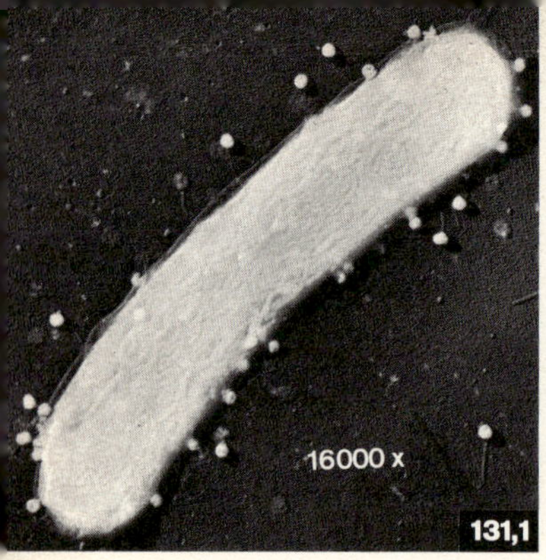

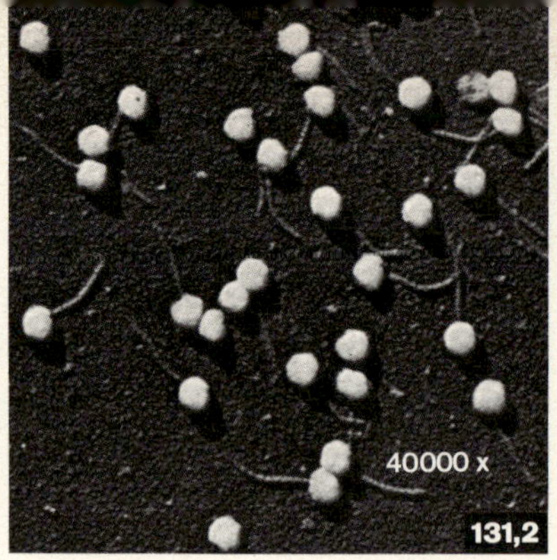

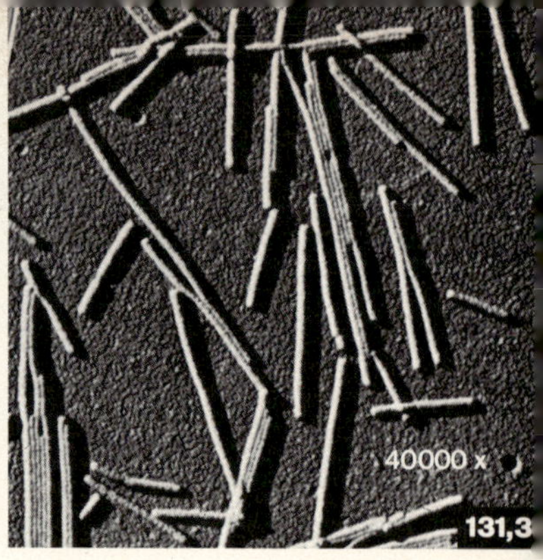

131 Viren, Schleimpilze und Spaltalgen

Viren

Übertragbare Krankheiten werden nicht nur von Bakterien hervorgerufen. Es gibt vielmehr bei Mensch, Tier und Pflanze ansteckende Krankheiten, deren Erreger man trotz eifriger Forschung lange Zeit nicht beobachten konnte. Solche Krankheiten sind z. B. die Masern, die Pocken, die Grippe, die Tollwut, die Blattrollkrankheit der Kartoffel und die Mosaikkrankheit des Tabaks, bei der die Blätter gefleckt sind (Name!). Die Erreger dieser Krankheiten sind wesentlich kleiner als Bakterien. Daher reicht die Vergrößerung selbst bester Lichtmikroskope nicht aus, um sie sichtbar zu machen. Erst mit Hilfe des Elektronenmikroskops, das eine vielfach stärkere Vergrößerung erlaubt, konnte man sie nachweisen. Es handelt sich um Stäbchen, Kugeln oder anders geformte Gebilde, deren Größe nur einen **131**
winzigen Bruchteil eines Millimeters beträgt **(131,1–6)**. Diese bestehen aus Eiweiß und Nukleinsäuren und stellen keine Zellen dar. Oft treten diese Gebilde kristallisiert auf **(131,4)**. Sie heißen *Viren* (Einzahl: *das Virus*). Wenn Viren in lebende Zellen gelangen, veranlassen sie diese, statt ihres normalen Eiweißes Viruseiweiß herzustellen. Nur so werden Viren vermehrt. Die befallenen Zellen werden dabei geschädigt, und es kommt zur Erkrankung des Wirtskörpers. Manche Viren, die *Bakteriophagen,* dringen in Bakterienzellen ein, die nach Bildung von Viruseiweiß zugrunde gehen. Es ist bisher nicht gelungen, solche Viren für die Bakterienbekämpfung einzusetzen. Viren sind zwar keine Lebewesen, doch nehmen sie eine Mittelstellung zwischen belebter und unbelebter Natur ein. Trotzdem können sie bei der Entstehung des Lebens nicht die Rolle einer Vorstufe der Lebewesen gespielt haben, da ihre Vermehrung nur in lebenden Zellen erfolgt.

Klasse der Schleimpilze

Im Wald kann man oft auf Baumstümpfen eine schleimige, meist gelb gefärbte Masse beobachten. Es handelt sich um ein vielkerniges Plasma (Plasmodium) eines *Schleimpilzes*

131,7: *Sporenbehälter (Fruchtkörper) eines Schleimpilzes (Lycogala epidendrum). Die zierlichen, oft farbigen Fruchtkörper sind für die einzelnen Arten bezeichnend.* **131,8:** *Plasmodium eines Schleimpilzes. Dieses kriecht vor der Fruchtkörperbildung aus der Waldstreu ans Licht und an trokkenere Stellen.*

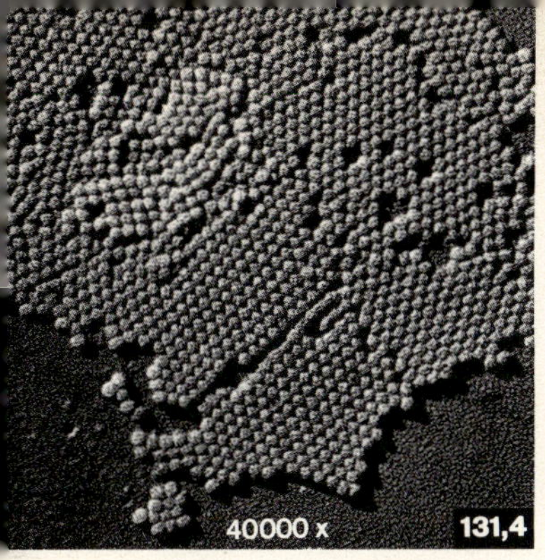

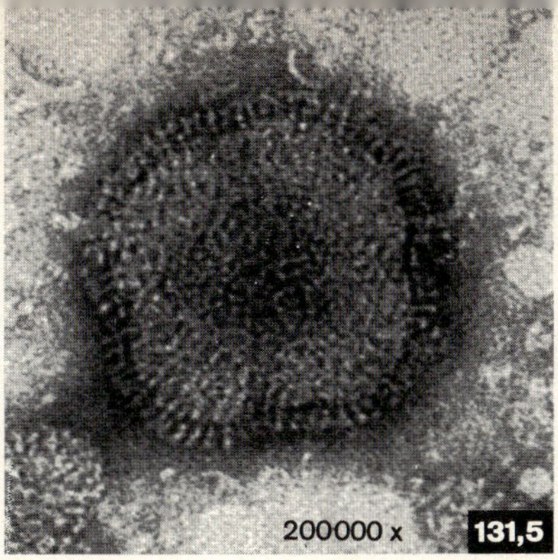

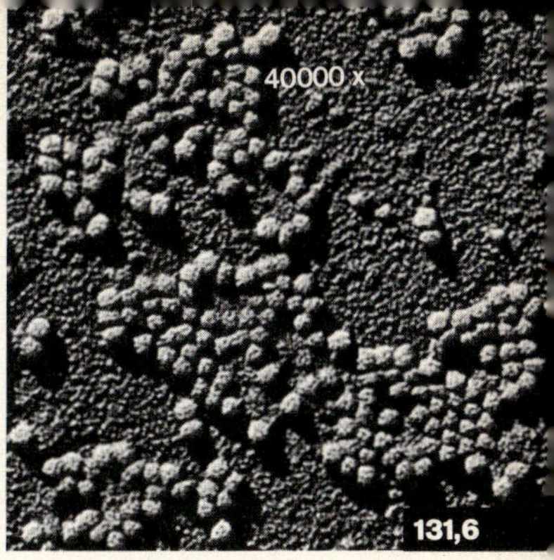

131,1: *Von Bakteriophagen befallenes Bakterium.* **131,2:** *Einzelne Bakteriophagen.* **131,3:** *Tabakmosaikvirus.* **131,4:** *Kristallisiertes Virus.* **131,5:** *Grippevirus.* **131,6:** *Erreger der Kinderlähmung (Poliovirus).*

(131,8). Aus ihm entstehen zierliche, von einer derben Wand umschlossene Sporenkapseln, die man auch Fruchtkörper nennt **(131,7).** Da diese, je nach Art, eine verschiedene Form aufweisen, dienen sie zur Unterscheidung der etwa 300 Schleimpilzarten. Aus den Sporen schlüpft im Wasser ein begeißelter, farbloser Schwärmer, der die Geißel bald abwirft und sich dann durch Fließen des Plasmas fortbewegt (eine Zellwand fehlt). Beide Zellformen können sich durch Teilung vermehren. Die Zellen vereinigen sich nach einiger Zeit zu den erwähnten Plasmodien. Diese leben verborgen in der Waldstreu, wo sie organische Stoffe ins Plasma aufnehmen, mit einem Nahrungsbläschen umgeben und verdauen. Vor der Fruchtkörperbildung suchen die Plasmodien helle und trockenere Stellen auf, z. B. Baumstümpfe. Die Bewegung erfolgt durch Fließen des Plasmas.

Abteilung der Blaugrünen Algen oder Spaltalgen

In Aquarien, am Grunde von Gewässern, an feuchten Mauern, Felsen und Baumstämmen, an Fenstern von Glashäusern und an anderen Orten finden sich blaugrüne bis schwarze, gallertige oder aus feinen Fäden bestehende Überzüge. Sie werden von Blaugrünen Algen gebildet, unter denen es Einzeller und fadenförmige, mehrzellige Arten gibt **(131,9** und **10).** Ein Zellkern fehlt diesen Pflanzen. Auch Farbstoffkörper kommen nicht vor. Die Farbstoffe befinden sich in den äußeren Plasmateilen. Neben Chlorophyll und einem blauen Farbstoff tritt oft noch ein roter Farbstoff auf. Je nach dem Mengenverhältnis dieser Farbstoffe sind die Algen blaugrün, bräunlich, rötlich, violett oder schwarz. Ihre Vermehrung erfolgt durch Spaltung (Spaltalgen!). Einige Blaugrüne Algen sind Erstbesiedler von Felsen. Manche können Kalkgestein auflösen. Andere Arten bilden mit Pilzen zusammen Flechten. Auch in heißen Quellen leben Spaltalgen. Diese ertragen erstaunlicherweise Temperaturen von 70–80° C, die für die meisten Lebewesen tödlich sind.

131,9: *Zellkolonien einer Blaugrünen Alge (Merismopedia glauca). Die durch Verquellung der Zellwände entstehende Gallerte hält die Zellen zusammen.* **131,10:** *Fadenförmige Blaugrüne Algen (Gattung Nostoc). Der Faden besteht aus kugeligen Zellen, die wie die Perlen einer Perlenkette aneinandergereiht sind.*

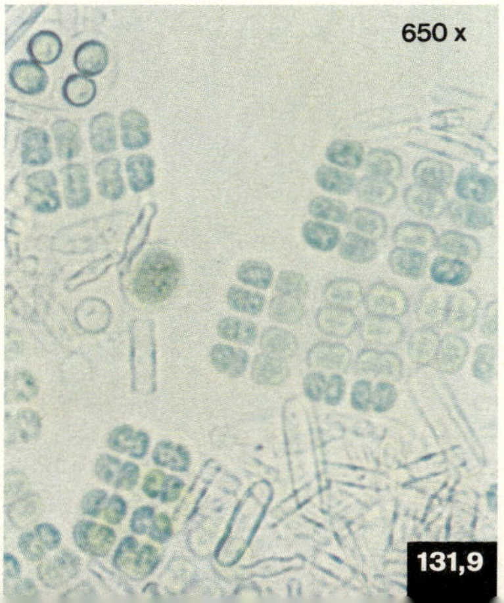

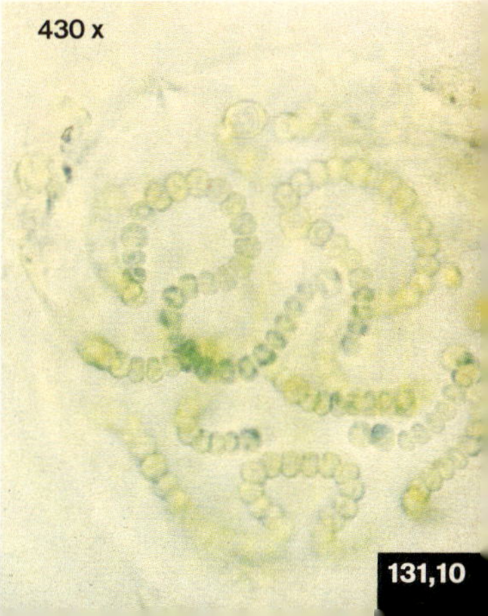

132,

132 Pflanzen der Fließgewässer

Bäche und Flüsse werden an ihren Ufern von bestimmten Pflanzen begleitet, denen solche Standorte besonders zusagen **(132,1)**. Wir wollen uns einige dieser Ufer- und Wasserpflanzen ansehen.

Ufer- und Wasserpflanzen. Das Bachufer säumen nur solche Holzgewächse, deren Wurzeln ins Grundwasser hinabreichen und dieses ertragen. Gegen Grundwasser empfindliche Bäume, wie Rotbuche und Tanne, fehlen. Schwarzerlen, schmalblättrige Weiden, Eschen und Pappeln sind häufige Ufergewächse. Auch der Stieleiche sagt dieser Standort zu. An Sträuchern finden sich Pfaffenhütchen (84,7), Schneeball (84,4) und Traubenkirsche, in denen Waldrebe (25,7) und Hopfen klettern. Krautige Pflanzen, wie Sumpfdotterblume (21,3), Bachnelkenwurz (30,4), Weidenröschen, Pestwurz (116,3), Mädesüß **(132,3)**, Blutweiderich **(132,4)**, Rote Lichtnelke (33,2) und Brennessel (66,1), bilden den Unterwuchs. Der Blutweiderich besitzt verschieden lange Griffel und Staubblätter, die in 3 Stockwerken angeordnet sind. Dadurch wird, wie bei der Schlüsselblume, die Fremdbestäubung gesichert. Das die Wasserläufe begleitende Ufergebüsch ist ein Überrest des Auwaldes, der ohne Eingriff des Menschen statt der Wiesen die Flußaue bedecken würde. Es schützt die Ufer vor Abschwemmung. **132**

Die im Wasser wachsenden Pflanzen stehen entweder in Ufernähe, wo das Wasser seicht ist, und ragen mit ihren oberen Teilen aus dem Wasser heraus, oder sie fluten im Wasser. Zur ersten Gruppe gehören Brunnenkresse **(132,5)**, Ehrenpreisarten, Igelkolben **(132,6)**

132,3

132,4

132,

132,1: *Natürlicher Wasserlauf.* 132,2: *Begradigter Wasserlauf.* 132,3: *Mädesüß (Filipendula ulmaria); kommt in nassen Wiesen, an Bachrändern und im Auenwald vor.* 132,4: *Der Blutweiderich (Lythrum salicaria), auf nassen Wiesen, an Gräben und Quellen.* 132,5: *Die Brunnenkresse (Nasturtium officinale), in Gräben und Bächen.* 132,6: *Der Igelkolben (Sparganium), eine Einkeimblättrige Pflanze.* 132,7: *Spreizender Hahnenfuß (Ranunculus circinatus).* 132,8: *Wasser-Hahnenfuß (R. aquatilis).*

u. a. In der Strömung fluten Zweigalgen, Quellmoos und Spreizender Hahnenfuß (Ranunculus circinatus; **132,7**). Der Wasser-Hahnenfuß weist verschieden gestaltete Blätter auf. Die unter Wasser flutenden Blätter sind in schmale Zipfel zerteilt **(132,8)**. Weiter oben am Stengel sitzen flache, breitlappige, weniger tief geteilte Schwimmblätter, die der Wasseroberfläche aufliegen. Für die Form der Blätter ist bei diesen Pflanzen ausschlaggebend, ob sie in Wasser oder Luft gebildet werden. Wenn während ihrer Bildung der Wasserstand schwankt, treten Übergangsformen auf.

Eingriffe des Menschen. Auf die Lebewesen im Wasser wirken sich Eingriffe des Menschen verheerend aus. Vielfach hat man früher Wasserläufe begradigt **(132,2)**. Dadurch fließt das Wasser rasch ab, und die Gefahr einer Überschwemmung wird gemindert. Es verschwinden jedoch die meisten Wasserpflanzen, und die Tierwelt verarmt. Pflanzen und Tiere aber spielen bei der *Selbstreinigung der Gewässer* eine Rolle. Bakterien, Algen, Urtiere, Insektenlarven und Würmer bauen die in eingeleiteten Abwässern enthaltenen organischen Stoffe ab. Daher ist das Wasser nach einiger Zeit wieder sauber. Werden jedoch zu viele Abwässer in einen Fluß geleitet oder gar Stoffe, die die Lebewesen töten, dann funktioniert die Selbstreinigung nicht mehr. Das Wasser der Flüsse wird zu einer trüben, stinkenden Brühe. Begradigte Flüsse vertiefen ihr Flußbett wegen der erhöhten Fließgeschwindigkeit rasch. Die Folge ist ein Absinken des Grundwasserspiegels in der Talaue. Einst wasserreiche Gegenden leiden unter Dürre. Beispiele dafür sind das Oberrheintal und das Marchfeld bei Wien.

133 Pflanzen der stehenden Gewässer

133

Pflanzengürtel. Wir stehen an einem See und lassen den Blick über die Ufer- und Wasserpflanzen schweifen **(133,1)**. Vom festen Land aus ändert sich das Aussehen der Pflanzendecke rasch, da immer wieder andere Pflanzen zur Herrschaft gelangen. So ist der See von Pflanzengürteln umgeben. Wenn wir uns dem See nähern, betreten wir zunächst eine Zone, in der große, horstbildende Seggen wachsen **(133,2)**. Ihre Horste bilden Erhebungen, sogenannte Bulte. Dieser Seggengürtel wird zeitweise überflutet. Wir durchschreiten ihn in Richtung See und bemerken dabei zunächst einzelne Schilfpflanzen, die sich bald zu einem dichten Bestand zusammenschließen **(133,3)**. Der Schilfgürtel stößt ins offene Wasser hinein vor. Dort wird er vom Binsengürtel abgelöst, der hauptsächlich von der Teichbinse gebildet wird **(133,4)**. Im Binsengürtel wachsen Rohrkolben **(133,5)** und Igelkolben **(132,6)**.

133,1: *Ufer eines verlandenden Sees.* **133,2:** *Die Seggen (Carex) im Seggengürtel sind horstbildend.* **133,3:** *Der Schilfgürtel wird von dem zu den Gräsern gehörenden Schilf (Phragmites communis) beherrscht.* **133,4:** *Die Teichbinse (Scirpus lacustris) hat dem Binsengürtel den Namen gegeben.* **133,5:**

Auf diesen Gürtel folgt ein Gürtel mit Schwimmblattgewächsen, deren Blätter auf der Wasseroberfläche flach aufliegen. Wohl das schönste dieser Gewächse ist die Seerose **(133,6)**. Nach ihr heißt dieser Gürtel auch Seerosengürtel. Weiter draußen im See wachsen untergetauchte Pflanzen. Nur bei einigen ragen wenigstens die Blüten über den Wasserspiegel empor. Wo der See tiefer wird, fehlen alle jene Pflanzen, die im Grund wurzeln. Das freie Wasser bewohnen unzählige, im Wasser schwebende Algen und Kleintiere (Plankton). In ruhigen Buchten bedecken frei schwimmende Wasserlinsen **(133,7)** und andere Schwimmpflanzen die Wasseroberfläche.

Lebensbedingungen der Wasserpflanzen. Die Pflanzen der äußeren in Ufernähe liegenden Gürtel ragen mit ihren oberen Teilen über das Wasser empor. Sie können nur dort leben, wo das Wasser seicht ist. Aber auch die untergetauchten Pflanzen können nicht beliebig tief hinabsteigen, da in größerer Tiefe das Licht für die Photosynthese nicht ausreicht. So ist die zunehmende Wassertiefe für die Ausbildung der Pflanzengürtel verantwortlich. Aus abgestorbenen Pflanzen- und Tierresten bildet sich am Grund des Gewässers Schlamm, die Wassertiefe nimmt allmählich ab. Daher schieben sich im Laufe langer Zeiträume die Pflanzengürtel allmählich zur Seemitte vor, bis schließlich der ganze See von Pflanzen bedeckt ist. Der See verlandet. An seine Stelle tritt ein Flach- oder Wiesenmoor, auf dem sich auch Bäume einstellen, besonders Schwarzerlen, Birken und Weiden.

Wurzeln und Wurzelstöcken, die im Schlamm wachsen, fehlt der Sauerstoff. Er muß ihnen vom Sproß zugeführt werden. Dies geschieht in einem Hohlraumsystem, das die Pflanzen

durchzieht. Man kann deshalb durch den Blattstiel einer Seerose Luft blasen (freies Ende ins Wasser tauchen). Untergetaucht lebende Pflanzen können mit der Körperoberfläche Wasser und Salze aufnehmen. Ihre Wasserleitungsgefäße sind stark zurückgebildet, oft fehlen auch Wurzelhaare. Festigungsgewebe wird kaum ausgebildet. Deshalb erschlaffen diese Pflanzen an der Luft rasch.

Im Binsengürtel wächst auch der Rohrkolben (Typha). **133,6:** *Die Seerose (Nymphaea alba) ist eine bezeichnende Pflanze des Schwimmblatt- oder Seerosengürtels.* **133,7:** *An ruhigen Stellen bedecken Wasserlinsen (Lemna) die Wasseroberfläche. Die blattartigen Gebilde sind Sproßglieder.*

133,5

133,6

133,7

134,2

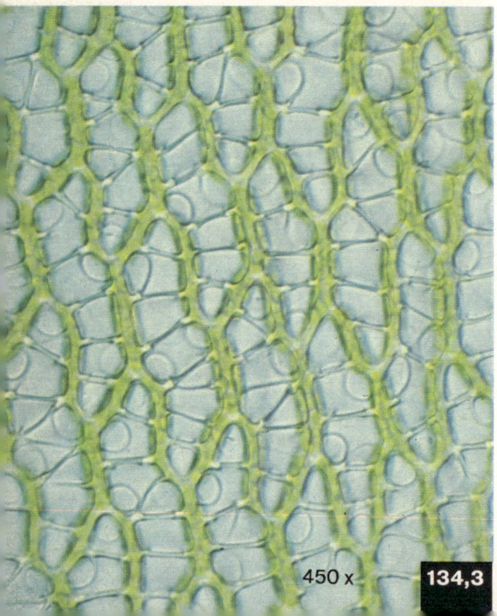

450 x

134,3

134 Moore

Flachmoor. Wie auf S. 133 beschrieben wurde, entsteht ein Flachmoor durch die Verlandung eines Sees. Nach den vorherrschenden Pflanzen bezeichnet man es als Seggenmoor, Schilfmoor oder Waldmoor (Erlenbruch, Birkenbruch). Der Grundwasserspiegel liegt im Flachmoor dicht unter der Erdoberfläche. In regenreichen Zeiten ist das ganze Moor überschwemmt. Abgestorbene Pflanzen können im nassen Boden nur unvollständig zersetzt werden. Dabei bildet sich dunkel gefärbter Torf. Wenn der Torf mächtiger wird, schließt er die oberen Bodenschichten vom Grundwasser ab. Nährsalze und Kalk werden knapp, der Boden versauert. Nun stellen sich Torfmoose ein (99,5), deren Polster immer mehr in die Höhe wachsen. Während die Moosstämmchen am oberen Ende wachsen, sterben sie am unteren Ende ab und vertorfen. Die Flachmoorpflanzen verschwinden. Auch Bäume gehen zugrunde, weil die Torfmoose deren Wurzeln vom Sauerstoff abschließen. Aus dem Flachmoor ist ein Hochmoor geworden. Hochmoore brauchen nicht aus Flachmooren zu entstehen. Sie bilden sich auch an anderen Stellen auf nährstoffarmem Boden.

Hochmoor. Die Torfmoose wachsen im Inneren des Moores stärker als an den Rändern. Daher ist das Hochmoor wie ein Uhrglas gewölbt und fällt an den Rändern steiler ab (Name!). Das „Randgehänge" ist verhältnismäßig trocken, da dort das Wasser rascher abfließt. Vielfach trägt es Wald **(134,1)**. Das aus dem Moor und seiner Umgebung abfließende Wasser sammelt sich im Randsumpf, einem Flachmoor.
Im Hochmoor sind Torfmoose die herrschenden Pflanzen. Die von ihnen gebildete Moosdecke ist nicht eben, vielmehr

134,1: *Hochmoor. Beachte die Waldumsäumung und die freie Wasserfläche in der Mitte!* **134,2:** *Torfstich. Der dunkelbraune Torf besteht aus unvollständig zersetzten Pflanzenresten, hauptsächlich vom Torfmoos.* **134,3:** *Blatt eines Torfmooses, Mikrofoto. Zwischen schmalen, chlorophyllführenden Zellen liegen große, tote Zellen. Ihre Wände sind ausgesteift. Diese Zellen dienen als Wasserspeicher. Das Wasser gelangt durch Poren in der Zellwand in den Speicher. Auch die Rinde der Stämmchen besteht aus Speicherzellen.* **134,4:** *Rosmarinheide (Andromeda polifolia). Die Pflanze wächst auf den Bulten der Hochmoore.* **134,5:** *Moorbeere (Vaccinium uliginosum). Der Standort dieser Pflanze ist der Hochmoorwald. Sie gehört, ebenso wie die Rosmarinheide, zur Familie der Heidekrautgewächse.* **134,6:** *Schmalblättriges Wollgras (Eriophorum angustifolium). Dieses Wollgras bewohnt die Bulte. Seine weißen Haare, die als Saum die Blüten umgeben, dienen zur Verbreitung der Früchte. Das Wollgras ist mit den Seggen verwandt.*

134,4

wechseln kleine Hügel, die *Bulte,* mit feuchteren Einsenkungen, den *Schlenken,* ab. Sobald die Bulte eine gewisse Höhe erreicht haben, stellen sie ihr Wachstum ein. Nun wächst das Moos der Schlenken zu einem Bult heran, der alte Bult wird zur Schlenke. Die Torfmoose sind aufs Regenwasser angewiesen, das sie wie ein Schwamm aufsaugen und festhalten. In ihrem Körper befinden sich dazu besondere Wasserspeicher **(134,3).** Hochmoore kommen deshalb nur in regenreichen Gegenden vor, wie in Nordwestdeutschland, im Alpenvorland und auf den Mittelgebirgen. Nährsalze gelangen lediglich mit dem Staub ins Hochmoor. Dieses ist daher sehr nährstoffarm. Manchmal stoßen wir im Moor auf Ansammlungen braunen Wassers, die Mooraugen oder Hochmoorkolke **(134,1).** An solchen Stellen wurde es bei reichlichem Niederschlag selbst den Torfmoosen zu naß.

134,5

Neben dem Torfmoos gedeihen im Moor nur verhältnismäßig wenige Pflanzenarten. Sie müssen mit dem Moos in die Höhe wachsen können, um nicht überwuchert zu werden. Außerdem müssen sie an den sauren Boden und an die Nährstoffarmut angepaßt sein. Drei solche Pflanzen zeigen die Abbildungen **134,4–6.** Eine Hochmoorpflanze ist auch der Sonnentau (S. 117), der sich durch Fang und Verdauung von Insekten eine zusätzliche Stickstoffquelle erschließt.

Der Torf der Hochmoore wird gestochen, getrocknet und dann als Brennstoff verwendet **(134,2).** Viele Hochmoore hat man entwässert und nach entsprechender Verbesserung des Bodens zu Kulturland gemacht. Die wenigen noch unberührten Moore sollten aber erhalten bleiben. Sie dienen nicht nur als Wasserspeicher, sondern sind auch wegen ihrer eigentümlichen Tier- und Pflanzenwelt für die Wissenschaft und für den Naturfreund von Bedeutung (s. auch Pollenanalyse, S. 103).

134,6

135 Pflanzen am Meeresstrand

Die wohl bekannteste Erscheinungsform des Meeresstrandes ist die sandige Dünenlandschaft, und als kennzeichnende Pflanze ist jedem Badegast der *Strandhafer* geläufig **(135,1).** Er hemmt mit seinem dichten, langfaserigen Wurzelwerk und den oft mehr als 6 m langen unterirdischen Ausläufern das Verwehen des Dünensandes. Daher wird er auch zum Dünen- **135**
schutz von Menschenhand gepflanzt. Denn immer noch sind für das Hinterland vorgelagerte Dünen der beste Hochwasser- und Überschwemmungsschutz bei Sturmfluten; wo Dünenketten sind, braucht man keine Deiche. So ist es verständlich, daß die Dünengebiete geschützte Landschaftsteile sind, in denen jedes Zerstören des Bewuchses verboten ist. Das ist insbesondere an den Stellen nötig, wo nur durch menschliches Zutun Dünengräser wachsen; dort können schon kleine Störungen dem Wind gefährliche Angriffsflächen bereiten. Neben dem Strandhafer gibt es noch weitere Gräser, die die Dünenbildung und die Dünenerhaltung fördern. Dazu gehören z. B. der *Strandweizen* und der *Strandroggen.* Auch ihre Namen sind wie beim Strandhafer nach oberflächlichen Ähnlichkeiten mit unseren Getreidearten gebildet worden.

135,1: *Dünen am Meeresstrand mit Strandhafer (Ammophila arenaria).* **135,2:** *Der Queller (Salicornia europaea) hat stark zurückgebildete Blätter und sehr kleine Blüten. Er gehört zu den Gänsefußgewächsen.* **135,3:** *Meerstrandbinse (Juncus maritimus). Binsen sind keine Gräser, sondern eine*

Wer die Nordseeküste kennt, weiß, daß dort viel fruchtbares Land nach Deichbrüchen dem Meer zum Opfer gefallen ist. Auf der anderen Seite bemüht sich der Mensch von jeher, dem Meer Land abzugewinnen. Seine besten Verbündeten bei diesen Bemühungen sind Pflanzen, und zwar solche, die den harten Lebensbedingungen am Meeresstrand trotzen können. Da ist in erster Linie das Salz (Kochsalz) des Meerwassers zu nennen, das auch im Schlick- und Sandboden in großer Menge vorhanden ist. Es gelangt zusammen mit den Nährsalzen in die Pflanzen, ohne aber von ihnen genutzt zu werden. Es gibt nur wenige Pflanzen, die durch die hohe Kochsalzkonzentration nicht geschädigt werden; die meisten gehen auf kochsalzhaltigen Böden bald zugrunde: das Salz läßt sie vertrocknen.

Am meisten salzertragend von allen salzliebenden Pflanzen ist der *Queller* **(135,2)**. Er findet sich bis weit ins Watt hinaus, erträgt die Überflutung, ja braucht sie sogar. Es fällt uns auf, daß die Pflanze einen außergewöhnlichen Bau besitzt. Blätter fehlen, und der Sproß ist dickfleischig *(sukkulent)*, weil er viel wasserspeicherndes Gewebe enthält. Dieses für eine Pflanze nasser Standorte sehr eigenartige Aussehen kennen wir sonst nur von Trockenlandpflanzen. Es ist wahrscheinlich, daß die Ursache für diese abweichende Erscheinungsform auf den Kochsalzgehalt des Meerwassers zurückzuführen ist.

Eine solche Pflanze, die im zeitweise überfluteten Bereich leben kann, ist ein guter Helfer bei der Landgewinnung. Dort, wo der Queller wächst, hält er mit seinem Wurzelwerk den Schlick fest, und wo er dichter steht, läßt er die vom an- und ablaufenden Wasser mitgeführten Schwebestoffe absinken. So erhöht sich allmählich der Boden eines Quellerrasens,
135 und das Wasser kann nicht mehr so weit vordringen. Dann siedeln sich auch *Meerstrandbinsen* **(135,3)** an, die zusammen mit Gräsern einen richtigen Rasen bilden, der für das Meer nicht mehr so leicht zu zerstören ist.

In diesen zeitweilig noch überfluteten Rasen treten dann weitere Pflanzen auf, die alle noch in erheblichem Maße Kochsalz ertragen müssen. Sie zeigen daher auch ähnlichen Bau wie der Queller, wenn auch in weniger ausgeprägter Form. Dazu gehören das *Salzkraut* **(135,4)** und der *Strandwegerich* **(135,5)**, zwei wie der Queller unscheinbare Pflanzen. Es gibt aber auch Pflanzen mit leuchtenden Blüten in diesen Wiesen, wie *Strandgrasnelke* **(135,6)** und *Strandflieder* **(135,7)**. Doch erst wenn die Vordeichwiesen durch einen Deich vor Überschwemmungen gesichert sind und jahrelange Entwässerung das Salz entfernt hat, gedeihen auf dem Neuland auch Kulturpflanzen.

eigene Pflanzenfamilie. **135,4:** *Das Salzkraut (Salsola kali) ist wie der Queller ein Gänsefußgewächs.* **135,5:** *Strandwegerich (Plantago maritima).* **135,6:** *Strandgrasnelke (Armeria maritima).* **135,7:** *Der Strandflieder (Statice limonium) ist nicht mit dem Flieder, sondern mit den Grasnelken verwandt.*

135,5

135,6

135,7

136,1

136 Hochgebirgspflanzen

Hochgebirgspflanzen besiedeln äußerst unwirtliche, fast lebensfeindliche Stätten, zwischen Geröll und in Felsspalten. Lange Winter mit viel Schnee, scharfen Frösten und starken Stürmen werden von nur kurzen Sommern mit erheblichen Temperaturunterschieden zwischen Tag und Nacht und starker Luftbewegung abgelöst. Die Luft ist in diesen Höhen zudem sehr klar, so daß die Sonneneinstrahlung weitgehend ungehemmt mit viel ultraviolettem Licht auf die Pflanzen einwirkt. 136

Um diesen harten Bedingungen zu trotzen, sind wirksame Anpassungen vonnöten. Um weder dem Wind noch der Sonne große Angriffsflächen zu bieten, erheben sich die Hoch-

136,5

136,6

136,7

136,1: *Gelber Alpenmohn (Papaver alpinum rhaeticum). Hauptvorkommen auf Geröll zwischen 2000 und 2600 m; geht vereinzelt bis über 3000 m hinauf und steigt bis 1500 m herab. Blütezeit von Juni bis August.* **136,2:** *Echtes Alpenglöckchen (Soldanella alpina). Frosthartes Primelgewächs, kommt sehr frühzeitig zum Vorschein (Blütezeit April–Juni) und durchbohrt dabei Schnee. Geht von 600–2750 m hoch.* **136,3:** *Gletscher-Hahnenfuß (Ranunculus glacialis). Die Blütenpflanze mit den höchsten Wuchsorten: zwischen 2300 bis nahe 4300 m wird er angetroffen. Blüht im Juli und August.* **136,4:**

gebirgspflanzen nur wenig über den Boden; der Sproß ist niedrig, die Blätter sind klein **(136,3; 136,5; 136,7; 136,9)**. Sehr oft tritt auch Polsterwuchs auf **(136,8)**, der gegen Wind, Austrocknung und Kälte gut schützt. Zwei weitere Anpassungen an austrocknenden Wind und sengende Sonne sind die starke Behaarung und eingerollte Blätter **(136,6; 136,9)**. Andererseits sind die Blüten fast durchweg im Verhältnis zu den anderen Pflanzenteilen sehr groß **(136,4; 136,5; 136,6; 136,10)** und sehr auffallend gefärbt (fast alle Abbildungen!). So ist der Lockreiz für bestäubende Insekten groß, und sofortige Bestäubung ist meist gesichert. Das ist bei der kurzen Vegetationszeit im Hochgebirge von Bedeutung für eine rechtzeitige Fruchtbildung. Viele Hochgebirgspflanzen sind ferner immergrün **(136,9)**. Das ermöglicht es ihnen, sogleich mit der Photosynthese einzusetzen und Baustoffe für das Wachstum zu bilden, wenn sie vom Schnee befreit sind.

136,2

136,3

136,4

Alpen-Stiefmütterchen (Viola calcarata), auch Sporn-Veilchen genannt. Kommt vor allem auf Bergwiesen und zwischen Kleingeröll vor. Es ist von 500–3000 m zu finden, meist jedoch in 1600–2400 m Höhe. Blütezeit von Juni–August. **136,5:** *Zwerg-Primel (Primula minima). Zwischen 1200 und 3000 m auf kalkarmen Böden verbreitet. Blütezeit Juni und Juli, oft noch ein zweites Mal im Herbst.* **136,6:** *Berg-Küchenschelle (Pulsatilla montana). Diese stark behaarte Pflanze geht nur selten über die Waldgrenze hinaus, so daß sie meist nur bis 1600 m angetroffen wird. Blüht von März–Juni.* **136,7:** *Himmelsherold (Eritrichum nanum). Geht von 2000–3750 m. Fehlt den Nordalpen. Blütezeit Juli und August.* **136,8:** *Schweizer Mannsschild (Aretia helvetica). Vorkommen von 2000–4000 m, selten höher. Blüht im Juli und August.* **136,9:** *Gemsheide (Loiseleuria procumbens). Vorkommen von 1000–3000 m. Blütezeit Juni und Juli. Wintergrün.* **136,10:** *Großköpfige Teufelskralle (Phyteuma comosum). In feuchten Spalten von 2000–2700 m; kalkliebend. Blüht im Juli und August.*

136,8

136,9

136,10

137,1: *Kokospalmen (Cocos nucifera) am tropischen Meeresstrand* **137,2:** *Geerntete Kokosnüsse. Beim Herunterfallen platzt oft schon die Fruchthülle auf.* **137,3:** *Schematischer Längsschnitt durch*

137–141 Ausländische Nutzpflanzen

Im Laufe der Entdeckungsgeschichte der Erde sind eine ganze Reihe von Nutzpflanzen anderer Erdteile in Europa bekannt geworden. Es waren vor allem Nahrungs- und Genußmittel liefernde Pflanzen, aber auch Rohstofflieferanten. Einige davon sind auch bei uns angebaut worden und heimisch geworden, wie Kartoffel, Tomate, Mais und Tabak. Die meisten gedeihen aber nur in ihren wärmeren Heimatländern, und wir führen die für uns wertvollen Pflanzenteile zur Weiterverarbeitung ein.

Nährstofflieferanten

Kokospalme. Eine große Bedeutung unter den ausländischen Nutzpflanzen haben die öl- und fettliefernden Pflanzen. Bekannt ist vor allem die Kokospalme, die an den tropischen Meeresküsten weit verbreitet ist **(137,1)**. Der Palmenstamm ist unverzweigt und wird bis zu 30 m hoch. Zwischen den schopfartig angeordneten Fiederblättern reifen die Kokosnüsse **(137,2)**. Es sind Steinfrüchte, die von einer dicken Faserschicht umgeben sind **(137,3)**. Sie

137,6: *Olivenbaum oder Ölbaum (Olea europaea).* **137,7:** *Erdnußpflanze (Arachis hypogaea).* **137,8:** *Sojabohnenpflanze (Glycine soja).*

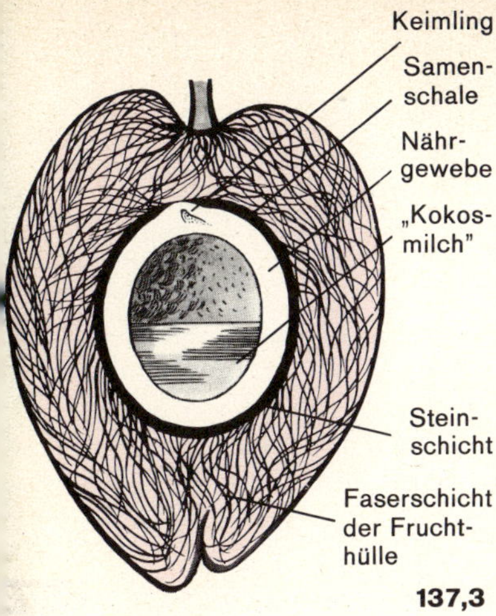

137,3

137,4

137,5

eine Kokosnuß. **137,4:** *Ausschnitt aus einem Fruchtstand der Ölpalme.* **137,5:** *Plantage von Ölpalmen (Elaeis guineensis). In den Achseln der Fiederblätter sind Fruchtstände sichtbar.*

können, wenn sie ins Meer fallen, weit verdriftet werden und so neue Gestade besiedeln. Die bei uns käuflichen Kokosnüsse sind von der Faserschicht befreit und zeigen die harte Steinschicht. Das darunterliegende weiße Nährgewebe des Samens ist sehr fettreich. Es wird in den Erzeugerländern getrocknet und als Kopra ausgeführt. Das daraus gewonnene
137 Kokosfett dient zum Braten und Backen, sowie zur Margarineherstellung. Die Welterzeugung an Kokosfett betrug 1964 2,2 Millionen Tonnen. Aus Kokosfasern macht man Matten und Seile.

Ölpalme. Anders als die Kokospalme findet sich die Ölpalme **(137,5)** nicht nur im Küstenbereich, sondern auch im Landesinneren (138,4). Sie bringt zentnerschwere Fruchtstände mit vielen Hunderten von Einzelfrüchten hervor **(137,4).** Jede ist eine Steinfrucht. die außen von Fruchtfleisch umgeben ist und innen 2–3 Samen enthält. Aus Fruchtfleisch und Samen preßt man zwei verschiedene Öle, das Palmöl und das Palmkernöl. Beide sind Bestandteile von Speisefetten (z. B. Margarine), dienen aber auch zur Herstellung von Seifen und Schmierfetten. 1964 wurden insgesamt 1,6 Millionen t Öl aus Ölpalmenfrüchten gewonnen.

Olivenbaum. Ein sehr wertvolles und geschätztes Speiseöl gewinnt man aus dem Fleisch der Früchte des Oliven- oder Ölbaums **(137,6).** Diese Früchte heißen Oliven und sind, roh oder in Essig eingelegt, auch eine beliebte Delikatesse. Die Olivenbäume sind besonders im Mittelmeergebiet in Plantagen (Olivenhainen) weit verbreitet.

Erdnußpflanze. Die Erdnußpflanze ist ein Schmetterlingsblütler; ihre Heimat ist in Südamerika. Heute finden sich ihre Hauptanbaugebiete in Asien und Afrika. Die einjährige fiederblättrige Pflanze wird 40–60 cm hoch **(137,7).** Nach der Befruchtung wachsen die Stiele abwärts und bohren die Fruchtknoten in den Erdboden. Dort wachsen die Früchte gut geschützt heran. In jeder Hülse finden sich 1–3 ölhaltige Samenkerne, die beim Auspressen das Erdnußöl liefern. 1964 betrug die Welterzeugung an diesem Öl 2,9 Millionen Tonnen, wovon ein großer Teil in die Margarinefabriken geht.

Sojabohnenpflanze. Mit der Form ihrer Blätter, Blüten und Früchte weist sich die Sojabohnenpflanze **(137,8)** deutlich als Schmetterlingsblütler aus. Von ihr sind in den vielen

tausend Jahren, die sie schon als Nahrungspflanze dient, viele Kulturformen gezüchtet worden. Ihre Wuchshöhe beträgt zwischen 0,2 und 2 m, und auch die Blütenfarbe ist sehr unterschiedlich (dunkelrot, hellviolett, weiß). In den Früchten, steif behaarten Hülsen, bilden sich 1–4 Samen, die Sojabohnen, die je nach Sorte in Form und Farbe sehr verschieden sein können. Sie enthalten 17–20% Öl, daneben aber noch – und das macht die Sojabohne so wertvoll – 40% Eiweiß; der Rest sind Kohlenhydrate und Mineralstoffe. Daher ist das Sojamehl ein geschätztes Nahrungsmittel. Das Sojaöl wird aus den Bohnen durch Pressen gewonnen; es wird vielfältig zu Speisezwecken gebraucht, darunter zur Margarineherstellung. 1964 betrug die Welterzeugung an Sojaöl 4,5 Millionen Tonnen, überwiegend aus den USA. Damit ist die Sojabohne die weitaus wichtigste Ölpflanze, vor der Erdnuß, dem **Baumwollsaatöl (S. 141), der Kokosnuß, der Sonnenblume und der Ölpalme.**

Reis. Der Reis ist eine sehr alte südostasiatische Kulturpflanze aus der Familie der Gräser, der auch unsere Getreidearten angehören. Als Rispengras **(138,3)** steht er dem Hafer am nächsten, hat aber die doppelte Zahl an Staubblättern (6). Vom Reis, als dem „täglichen Brot" in weiten Teilen Asiens und Afrikas, hängen Leben, Gesundheit und Arbeitskraft von etwa der Hälfte aller Menschen ab.
Es gibt an die hundert verschiedene Reissorten, die alle Wärme und meist viel Feuchtigkeit brauchen. Daher wird Reis vor allem in Sumpfgebieten wärmerer Länder angebaut **(138,2)**. In Hanglagen werden die Reisfelder terrassenartig angelegt, mit Erdwällen umgeben und zeitweilig unter Wasser gesetzt **(138,1)**. Die Hauptgebiete des Reisbaus liegen in Süd- und

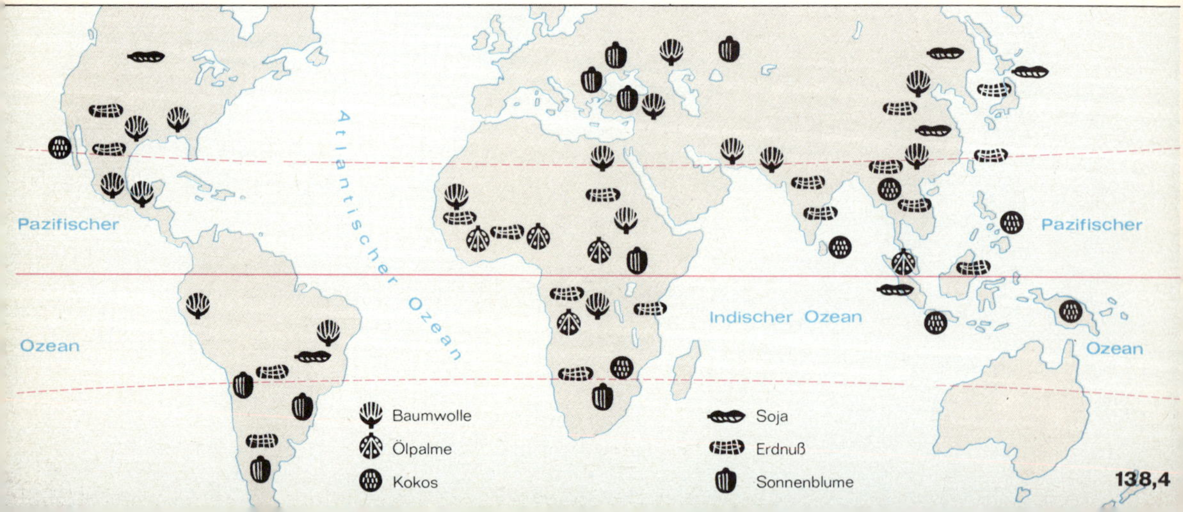

138,4

138,1: *Reisfelder am Hang, terrassenartig angelegt. Reisfelder werden vor der Einsaat oder Bepflanzung gepflügt und geeggt. Anschließend wird der Boden eingeebnet. Diese Arbeit muß sehr sorgfältig ausgeführt werden, damit später alle Pflanzen gleichmäßig tief im Wasser stehen und alles Wasser vor der Ernte ablaufen kann. Dann werden die Reisfelder mit einem Damm umgeben und bewässert. In die so vorbereiteten Felder werden Reiskörner gesät oder in bewässerten Saatbeeten gezogene Jungpflanzen büschelweise gesteckt. Später wird der Wasserstand weiter erhöht. Vor der Ernte wird das Wasser wieder abgelassen oder auf andere Felder umgeleitet. Dann wird der Reis gemäht, in Schwaden getrocknet und gedroschen. In sehr warmen Anbaugebieten und bei Anwendung der Steckkultur kann man mehrere Ernten im Jahr erzielen.* **138,2:** *Reisfeld vor der Erntezeit; das Feld steht noch unter Wasser.* **138,3:** *Fruchtrispen vom Reis (Oryza sativa).*

Ostasien, ferner in Afrika, Süd- und Mittelamerika, sowie in geringerem Umfang in Italien, Spanien und Südfrankreich.
Die geernteten Reiskörner sind noch von den Spelzen umschlossen, die in Reismühlen entfernt werden. Früher wurden die dann noch unansehnlich wirkenden Reiskörner poliert, d. h. man entfernte die Außenhaut. Damit gingen aber auch die lebenswichtigen Vitamine, Mineral- und Eiweißstoffe verloren. Als Folge traten in der Bevölkerung von Ländern, die sich überwiegend von Reis ernähren, gefährliche Mangelkrankheiten auf, wie die von Lähmungen und Wassersucht begleitete Beri-Beri-Krankheit. Nachdem die Zusammenhänge erkannt waren, wurde in diesen Ländern das völlige Polieren des Reises verboten.

Zuckerrohr. Ein weiteres Rispengras mit großer Bedeutung für die menschliche Ernährung ist das Zuckerrohr **(138,5)**. Es stammt aus Südasien, wird aber heute in vielen warmen Ländern angebaut, vor allem auf Kuba und den benachbarten Inseln, sowie auf Java und in Indien. An den nördlichen Rändern der Anbaugebiete wird das Zuckerrohr als einjährige, in den tropischen Teilen als mehrjährige Pflanze angebaut. Bei dieser entspringen aus einem Wurzelstock viele Stengel, die ein sehr zuckerreiches Mark besitzen. Daraus preßt man einen Saft, der wie der Zuckerrübensaft weiterverarbeitet wird. Der Restsirup aus der Zuckerfabrikation heißt Melasse. Rohrmelasse läßt sich zu Rum vergären.
In Europa ist heute der Zucker aus Zuckerrohr ganz durch Zucker aus Zuckerrüben verdrängt. Diese Entwicklung wurde durch die Kontinentalsperre Napoleons I. in Gang gebracht, als Europa von Zufuhren aus Übersee abgeschnitten war.

138,4: *Anbaugebiete der wichtigsten Ölpflanzen. Die meisten sind tropische Pflanzen.* **138,5:** *Zuckerrohr (Saccharum officinarum). Die Rispen stehen aufrecht.*
Im allgemeinen erfolgt die Zuckerrohrernte vor der Rispenentwicklung, weil sonst viele Nährstoffe, vor allem Zucker, für die Bildung von Blüten und Früchten verbraucht werden und so wirtschaftlich nicht genutzt werden.

139,1: *Apfelsinenbaum (Citrus sinensis).* **139,2:** *Zweig des Apfelsinenbaums mit Frucht und Blüten.* **139,3:** *Zweige des Zitronenbaums (Citrus media) mit Früchten und Blütenknospen.* **139,4:** *Zweigende*

Südfrüchte

Orangenfrüchte. Als Südfrüchte bezeichnet man in Mitteleuropa obstartige Früchte, die meist frisch, aber auch eingemacht oder getrocknet, aus mittelmeerischen oder tropischen Ländern eingeführt werden. Ein großer Teil von ihnen enthält verhältnismäßig viel lebenswichtige Vitamine. Das gilt besonders für die Orangenfrüchte, die hauptsächlich aus den Mittelmeerländern kommen. Es handelt sich um große Beeren. Allen bekannt ist die *Apfelsine,* auch *Orange* genannt. Sie reift an Büschen oder Bäumchen **(139,1)**, die zugleich mit den Früchten auch noch herrlich duftende Blüten tragen **(139,2)**. Andere Orangenfrüchte sind die bitter schmeckenden *Pomeranzen,* die recht sauren *Pampelmusen* oder *Grapefruits,* die mildsüßen *Mandarinen* und *Clementinen* und die sehr sauren *Zitronen* **(139,3)**. Aus den Blüten und Schalen der Orangenfrüchte gewinnt man flüchtige Öle, die als Duft- und Geschmackstoffe Verwendung finden. 139

Feigenbaum. Ein bekannter Obstbaum der Mittelmeerländer ist der Feigenbaum. Seine Früchte sind bei der Ernte grüne, birnenförmige Gebilde, die oben eine Öffnung haben **(139,4)**. Feigen sind Scheinfrüchte, in denen viele Blütchen zu kleinen Kernfrüchten heranreifen; das Fruchtfleisch entsteht aus dem Blütenboden.

139,6: *Blütenstand der Bananenstaude (Musa sapientium).* **139,7:** *Bananenplantage.* **139,8:** *Querschnitt durch den Scheinstamm einer Bananenstaude.*

des Feigenbaumes (Ficus carica) mit Blättern und Früchten. **139,5:** *Zweigstück des Mandelbaums (Prunus amygdalus) mit Frucht. Das Fruchtfleisch öffnet sich bei der Reife und hebt sich vom Steinkern ab.*

Mandelbaum. Der Mandelbaum ist mit dem Pfirsichbaum nahe verwandt; doch kommt es beim Mandelbaum auf den Samen in der harten Schale an **(139,5)**. Er ist die Mandel, die als Nahrungsmittel, sowie zur Herstellung von Marzipan und Mandelöl verwendet wird.

Bananenpflanzen sind keine Bäume, sondern Stauden mit einem Scheinstamm aus Blattscheiden **(139,8)**. Sie werden in den meisten warmen Ländern in Plantagen angebaut **(139,7)**.
139 Aus den stockwerkartig sich entfaltenden Blütenständen **(139,6)** entstehen schwere Fruchtstände, die für die Ausfuhr unreif geerntet werden und nachreifen.

Ananaspflanzen werden heute in vielen warmen Ländern in großen Plantagen angebaut. Zur Blütezeit entsprießt aus einer Rosette langer, harter Blätter ein Blütenkolben, der sich zur Ananasfrucht mit ihrem köstlich schmeckenden Fleisch entwickelt **(139,9)**.

Dattelpalmen bilden die Lebensgrundlage für viele Wüstenbewohner; sie bilden ganze Haine in den Oasen **(139,11)**. Da die Dattelpalme zweihäusig ist und der fruchtbare Boden beschränkt ist, läßt man nur wenige männliche Bäume stehen. Die Bestäubung der weiblichen Blüten sichert man dadurch, daß man männliche Blütenstände in die weiblichen Bäume hängt. Die Früchte **(139,10)** werden getrocknet gegessen oder von den Wüstenbewohnern zu Mehl verarbeitet; sonst liefert der Baum ihnen Gemüse aus zarten Blättern, Wein aus seinem Saft, Garn aus Bast und Baumaterial aus Blättern und Stammholz.

139,9: *Blätter und Frucht der Ananaspflanze (Ananas sativus).* **139,10:** *Fruchtstände in weiblicher Dattelpalme (Phoenix dactylifera).* **139,11:** *Gruppe von Dattelpalmen.*

140,

Genußmittelpflanzen

Zu den Nutzpflanzen zählt man auch einige Pflanzen, bei denen der Genuß bestimmter Pflanzenteile wohlschmeckend und anregend für den menschlichen Organismus ist. Diese Teile sind lediglich Genußmittel. Ihr Nährwert ist gering.

Kaffee. Unter den Genußmitteln spielt der Kaffee die größte Rolle. Er stammt vom Kaffeestrauch **(140,4)**, der heute außer in seiner afrikanischen Heimat vor allem in Brasilien, Mittelamerika und Indonesien angebaut wird. Die weißen Blüten stehen in den Achseln der immergrünen Blätter **(140,3)**; sie entwickeln sich zu roten Früchten, den „Kaffee- **140**
kirschen“ **(140,1)**. Es sind Steinfrüchte, die 2 Samen enthalten, die „Kaffeebohnen“ **(140,2)**. Die durch Quetschen aus den Früchten gewonnenen Samen sind zum Kaffeekochen noch nicht verwendbar. Sie sind dies erst nach dem Rösten des Rohkaffees, wobei die Kaffeebohnen so verändert werden, daß sie ihr eigentümliches Aroma erhalten. Es verleiht dem Kaffeegetränk seinen Wohlgeschmack; die anregende Wirkung erzeugt ein Giftstoff, das Koffein. Unter seinem Einfluß stellen sich bei starkem und häufigem Kaffeegenuß Schlaflosigkeit und andere Nervenstörungen ein. Man kann dem Kaffee das Koffein entziehen und so seine Schädlichkeit beseitigen.

140,5: *Stamm des Kakaobaums (Theobroma cacao) mit Büscheln von Stammblüten und einer Frucht.* **140,6:** *Reife Kakaofrüchte.* **140,7:** *Aufgeschnittene Kakaofrucht mit „Kakaobohnen“.* **140,8:** *Blühender Zweig des Teestrauchs (Thea sinensis).* **140,9:** *Teeplantage.*

140,5

140,6

140

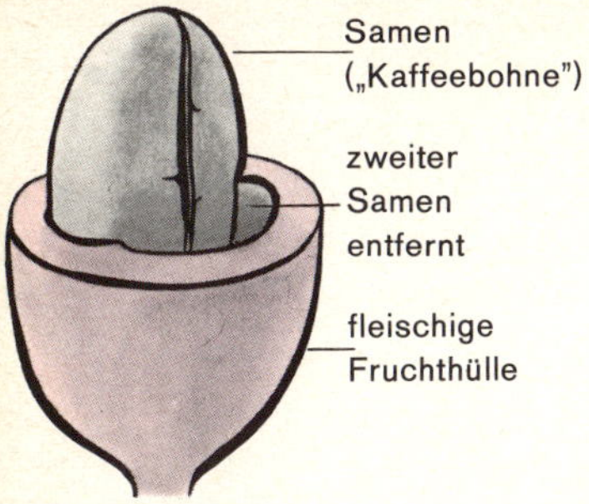

140,2

140,3

140,4

140,1: *Zweig des Kaffeestrauches (Coffea arabica) mit Früchten, den sogenannten Kaffeekirschen.* **140,2:** *Schematischer Querschnitt durch eine Kaffeefrucht.* **140,3:** *Kaffeeblüten und unreife Früchte.* **140,4:** *Kaffeestrauch in einer Plantage.*

Kakao wird aus den Samen des Kakaobaumes gewonnen. Dieser wird heute außer in seinem Heimatland, dem tropischen Amerika, vor allem in Westafrika angebaut. Seine kleinen Blüten stehen in Büscheln, die direkt aus dem Stamm hervorbrechen: der Kakaobaum ist stammblütig **(140,5)**. Nur eine Blüte des Büschels reift zur gurkenförmigen Frucht **(140,6)**. In ihr liegen in 5 Reihen bis zu 60 Samen, die „Kakaobohnen" **(140,7)**. Sie sind sehr fett- und eiweißhaltig. Zwar wird ihnen das Fett bei der Herstellung von stark oder schwach entöltem Kakao mehr oder weniger entzogen, doch ist der Kakao wegen seines Eiweißgehalts nicht nur ein Genuß-, sondern auch ein Nährmittel. Bei der Schokoladeherstellung wird sogar noch die aus Kakaobohnen gewonnene „Kakaobutter" zugegeben. Kakaoerzeugnisse werden wegen ihres Wohlgeschmacks geschätzt. Da sie im Gegensatz zu Tee und Kaffee nur winzige Mengen Theobromin und Koffein enthalten, zeigen sie keine nachteiligen Wirkungen.

Tee. Den Schwarzen Tee, ein anregendes Getränk wie der Kaffee, gewinnt man aus den Blättern des Teestrauches. Große Plantagen in Süd- und Ostasien decken den großen Weltbedarf **(140,9)**. Blattknospen und junge Blätter **(140,8)** werden gepflückt und getrocknet. Sie enthalten viel flüchtige Öle und Koffein, die dem Teegetränk Aroma und anregende Wirkung verleihen. Zwar tritt beim Tee die belebende Wirkung langsamer ein als beim Kaffee, hält dafür aber länger an, weil das Koffein des Tees im Körper langsamer freigesetzt wird als das des Kaffees. Doch kann langdauernder Teemißbrauch ähnliche Nervenschädigungen hervorrufen wie Kaffeesucht.

140,8

140,9

141,1

141,2

Rohstoffpflanzen

Baumwolle. Die wichtigste Faserpflanze ist die Baumwollpflanze (Gossypium; **141,1**). Sie wird in mehreren Arten in weiten Teilen der Erde angebaut: Ägypten, Indien, südliche Sowjetunion, China, Süd- und Nordamerika. Die Früchte der Baumwollpflanze sind walnußgroße Kapseln. Wenn sie reif sind, platzen sie, und die feinen Flughaare der Samen quellen heraus **(141,2)**. In diesem Zustand werden die Früchte geerntet und getrocknet. Dann werden die Haare von den Samen getrennt. Aus den Samen preßt man das Baumwollsaatöl, das für Speisezwecke (z. B. Margarine) und technische Öle verwendet wird. Die Haare sind die Baumwolle, die zu Garn gesponnen wird, aus dem Baumwollstoffe gewoben werden.

Sisalagaven (Agave sisalana) werden in vielen tropischen Gebieten angebaut, vor allem in Mittelamerika und Afrika. Ihre langen, dickfleischigen Blätter **(141,3)** werden von langgestreckten, festen Fasersträngen, den Sisalfasern, durchzogen. Aus ihnen werden grobe Garne gesponnen, die zu Seilen, Matten und Teppichen verarbeitet werden.

Jutepflanzen (Corchorus capsularis) werden vor allem auf dem indischen Subkontinent angebaut **(141,4)**. Aus ihren langen Bastfasern werden Sackgewebe und Teppiche hergestellt.

Kautschuk ist der Rohstoff zur Herstellung von Gummi. Er ist vor allem im Milchsaft des Kautschukbaumes (Hevea brasiliensis) enthalten, der von Brasilien nach Indien und Indonesien gebracht wurde. Milchsaft (Latex) wird gewonnen, indem man die Bäume einkerbt **(141,5)**. Aus dem ausfließenden Saft scheidet man den Kautschuk ab, walzt ihn zu Platten und trocknet ihn. Roher Kautschuk bleibt aber klebrig. Erst nach Zusatz von Schwefel (Vulkanisieren) erhält man den biegsamen, elastischen und widerstandsfähigen Gummi. Heute wird Kautschuk auch künstlich (synthetisch) hergestellt.

141,3

141,4

141

Gewürzpflanzen

Manche Nahrungsmittel haben keinen ausgeprägten Eigengeschmack. Um sie schmackhaft zu machen, fügt man außer Salz noch Gewürze bei. Diese zeichnen sich selbst in kleinsten Mengen durch starken Eigengeschmack aus; sie wirken auch appetitanregend und zum Teil verdauungsfördernd. Vor allem die schärferen Gewürze sind ausländischer Herkunft.

Vanille ist die Frucht einer an Bäumen mit Hilfe von Luftwurzeln emporrankenden Orchidee aus Mexiko. Die Vanillepflanze (Vanilla planifolia; **141,6**) wird aber auch in anderen Tropengebieten und sogar in Warmhäusern gezogen.

Muskat wird von den Samen und dem Samenmantel der Früchte des Muskatnußbaumes (Myristica fragrans; **141,7**) gewonnen. Dieser Baum wird außer auf manchen indonesischen Inseln auch in anderen Tropenländern angebaut.

Paprika oder Spanischer Pfeffer (Capsicum annuum) ist ein Kraut aus dem tropischen Amerika, das heute weit verbreitet angebaut wird **(141,8)**. Seine roten oder grünen Früchte sind, je nach Sorte, unterschiedlich scharf.

141 **Pfeffer** (Piper) gibt es als schwarzes oder weißes Gewürz. Unreif getrocknete Früchte liefern den schwarzen Pfeffer, reife (nach Entfernen der Fruchtschicht) den weißen Pfeffer. Die Pflanze stammt aus Indien, wird heute aber in vielen Tropenländern angebaut **(141,9)**.

Zimt als Gewürz ist die Rinde von Sprossen des Zimtbaumes (Cinnamomum ceylanicum; **141,10**). Er wächst auf Ceylon; weniger wertvoll ist die Rinde des China-Zimtbaumes.

141,1: *Baumwollplantage.* **141,2:** *Baumwollfrucht mit Samenflughaaren.* **141,3:** *Sisalagaven.* **141,4:** *Jutepflanzen.* **141,5:** *Kautschukbaum mit eingekerbtem Stamm.* **141,6:** *Vanillesproß.* **141,7:** *Samen vom Muskatnußbaum.* **141,8:** *Paprika.* **141,9:** *Pfefferstrauch.* **141,10:** *Sproß vom Zimtbaum.*

141,10

141,9

141,6

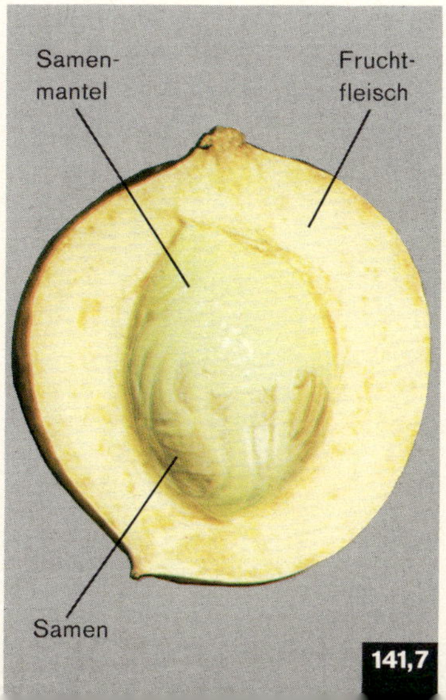

141,7

141,8

Übersicht über das Pflanzenreich

Lagerpflanzen		Sproßpflanzen	
Abt. Bakterien	**Abt. Moospflanzen**	**Abt. Farnpflanzen**	**Abt. Blüten- oder**
Abt. Blaugrüne Algen	Klassen	Klassen	**Samenpflanzen**
Abt. Algen	Lebermoose	Bärlappgewächse	Unterabt. Nacktsamer
Klassen	Laubmoose	Schachtelhalme	Unterabt. Bedecktsamer
Geißelalgen		Farne	Klassen
Grünalgen			Zweikeimblättrige
Jochalgen			Pflanzen
Kieselalgen			Einkeimblättrige
Braunalgen			Pflanzen
Rotalgen			
Abt. Pilze			
Klassen			
Schleimpilze			
Algenpilze			
Höhere Pilze			
Flechten			

142–143 Das Pflanzenreich und seine Geschichte

Übersicht über das Pflanzenreich. Nachdem wir eine große Zahl von Pflanzen kennengelernt haben, müssen wir sie nach systematischen Gesichtspunkten gliedern, um die Übersicht nicht zu verlieren. Diesem Zweck dient die obenstehende Tabelle, in der nur größere systematische Einheiten aufgenommen sind, damit uns allzu viele Einzelheiten nicht verwirren. In der Tabelle sind die Abteilungen des Pflanzenreichs so geordnet, daß links die einfacher gebauten Pflanzen aufgeführt werden, rechts die verwickelt gebauten. **142**

Zu den Abteilungen der linken Spalte gehören Pflanzen, deren Körper nicht in Stengel, Blätter und Wurzeln gegliedert ist. Vielmehr besteht dieser entweder nur aus einer einzelnen Zelle oder aus Zellfäden, oder er ist flächenhaft ausgebildet. Da man einen solchen Pflanzenkörper *Lager* nennt, bezeichnet man die entsprechenden Pflanzen als *Lagerpflanzen*. Ihnen stehen die *Sproßpflanzen* gegenüber, welche einen aus Stengeln und Blättern aufgebauten Sproß besitzen.

Bakterien und Blaugrüne Algen weisen keinen Zellkern auf, ebenso fehlen ihnen Farbstoffträger. Die Bakterien und Pilze sind blattgrünlose Pflanzen und daher auf organische Nahrung angewiesen. Lagerpflanzen vermehren sich geschlechtlich und ungeschlechtlich. Bei vielen kommen beide Arten der Fortpflanzung vor. Meist leben Lagerpflanzen im Wasser oder doch an feuchten Orten.

Die Moospflanzen bilden den Übergang zwischen Lagerpflanzen und Sproßpflanzen. Während bei den Lebermoosen noch Lager vorkommen, weisen die Laubmoose Stengel und Blätter auf. Allen Moosen fehlen jedoch Wurzeln. Bei der Fortpflanzung tritt regelmäßig ein Generationswechsel auf. Auf eine sporenerzeugende ungeschlechtliche Generation folgt eine Generation mit geschlechtlicher Fortpflanzung, und umgekehrt. Moose sind Landpflanzen. Bei der geschlechtlichen Fortpflanzung sind sie auf Wasser angewiesen.

Im Gegensatz zu den Moosen besitzen die Farnpflanzen Wurzeln. Außerdem weisen sie voll ausgebildete Leitbündel auf. Daher bezeichnet man sie auch als *Gefäßsporenpflanzen*. In der Fortpflanzung ähneln sie den Moosen (Generationswechsel). Auch die Farne sind in der Regel Landpflanzen.

Die letzte Abteilung umfaßt die *Blüten-* oder *Samenpflanzen,* die durch den Besitz von Blüten und Samen ausgezeichnet sind. Bei den Nacktsamern sind die Samenanlagen nicht in einen Fruchtknoten eingeschlossen, sondern liegen frei auf dem Fruchtblatt. Vertreter der Nacktsamer sind unsere Nadelhölzer. Bei den Bedecktsamern bilden ein oder mehrere Fruchtblätter einen Fruchtknoten, der die Samenanlagen beherbergt. Samen entstehen in der sich aus dem Fruchtknoten entwickelnden Frucht. Die meisten Samenpflanzen sind Landpflanzen. Da die Bestäubung der Blüten von Tieren oder vom Wind besorgt wird, sind sie bei der Fortpflanzung vom Wasser weitgehend unabhängig.

Gliedert man das Pflanzenreich unter Berücksichtigung von Körperbau und Fortpflanzung und ordnet die dabei gewonnenen Gruppen in der geschilderten Weise, dann zeigt sich eine aufsteigende Linie vom einfachst gebauten Einzeller bis zu den verwickelt gebauten Blütenpflanzen. Dies gilt auch für den inneren Bau. Die Lagerpflanzen weisen nur eine oder wenige verschiedene Zellarten auf, dagegen kann deren Zahl bei den Blütenpflanzen bis zu 75 betragen. Bemerkenswert ist weiterhin die zunehmende Anpassung ans Landleben. Eine Betrachtung der Pflanzen früherer Zeiten macht uns diesen Aufbau des Pflanzenreichs verständlich.

Geschichte der Pflanzen. Seit Entstehung der festen Erdkruste sind nach unseren heutigen Kenntnissen rund 2–3 Milliarden Jahre verflossen. Man kennt aber nur die Lebewesen
142 der letzten 500 Millionen Jahre. Diese Zeitspanne wird in *Erdaltertum, Erdmittelalter* und *Erdneuzeit* eingeteilt, die jeweils eine Reihe kleinerer Zeitabschnitte umfassen. Abbildung **142,1** gibt darüber Auskunft. In den Gesteinsschichten findet man Überreste von Pflanzen (sogenannte Versteinerungen), die zu der Zeit gelebt haben, als diese Gesteine gebildet wurden. Da man das Alter der verschiedenen Gesteinsschichten kennt, kann man auch Zeitangaben über das Auftreten einzelner Pflanzengruppen machen. Allein Versteinerungen geben uns Auskunft über die Pflanzen früherer Zeiten. Da nun nicht alle Pflanzen erhalten blieben und außerdem das Auffinden von Pflanzenresten mehr oder weniger vom Zufall abhängt, sind unsere Kenntnisse nur sehr lückenhaft. Immerhin ist sicher, daß die einzelnen Pflanzengruppen im Verlauf der Erdgeschichte erst nach und nach aufgetreten sind.

142,1: *Die Zeitalter der Erdgeschichte. Die Tabelle enthält neben den Namen der Zeitabschnitte Zahlenangaben über ihr Alter und Angaben über das Auftreten der einzelnen Pflanzengruppen.*

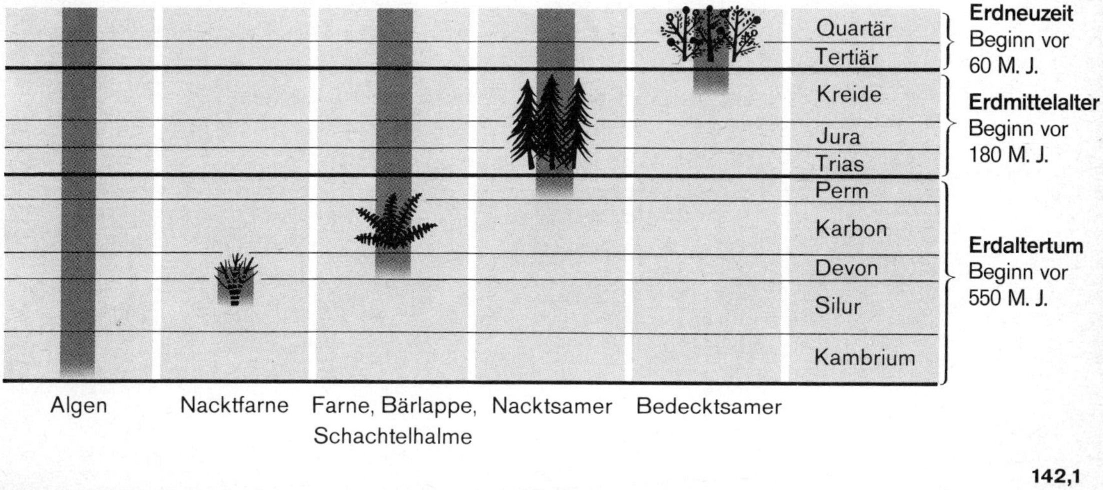

142,1

Zu Beginn des Erdaltertums war das Pflanzenleben aufs Wasser beschränkt. Versteinerungen von Algen aus dieser Zeit sind gefunden worden. Das Festland war kahl und unbelebt. Dies änderte sich erst in der Silurzeit. Erste Landpflanzen lebten im feuchten Uferbereich und ragten mit ihren oberen Teilen aus dem Wasser empor. Sie waren noch einfach gebaut. Wie die abgebildete Rhynia zeigt **(143,1)**, waren die gabelig verzweigten Triebe blattlos. Am Ende trugen sie Sporenbehälter, in denen Sporen erzeugt wurden. Solche Pflanzen heißen *Nacktfarne.* Spätere Nacktfarne trugen Blätter. Sie sind wohl Vorläufer der Schachtelhalme, Bärlappgewächse und Farne, die erstmals in der Devonzeit auftraten. So ähnelt *Protolepidodendron* einem Bärlapp, *Calamophyton* einem Schachtelhalm und *Protopteridium* einem Farn **(143,1)**. Offenbar haben sich Farne, Bärlappgewächse und Schachtelhalme aus den Nacktfarnen entwickelt, die später wieder verschwunden sind. In der Steinkohlenzeit (Karbon) beteiligten sich Farne, Bärlappgewächse und Schachtelhalme am Aufbau ausgedehnter Sumpfwälder. Aus deren Überresten ist Steinkohle entstanden. Im Sumpf vertorften die abgestorbenen Pflanzen. Später wurden über dem Torf Gesteinsschichten abgelagert, die einen gewaltigen Druck ausübten. Dadurch wurde der Torf in der langen Zeit zu Steinkohle verwandelt. Der Steinkohlenwald zeigte ein völlig anderes Aussehen als unsere heutigen Wälder, fehlten doch die Blütenpflanzen gänzlich. Baumförmige Bärlappgewächse erreichten eine Höhe von 30 m. Zu ihnen gehören die eigenartigen *Siegelbäume* **(143,7)**. Ihr unverzweigter oder nur wenig verzweigter Stamm trug auf den obersten 3 Metern einen Blätterschopf. Die steifen und aufrechten Blätter wurden bis zu 1 m lang. Wenn sie abfielen, hinterließen sie sechseckige, in Längszeilen angeordnete Narben, wovon die Bäume ihren Namen bekommen haben. Bärlappgewächse waren auch die *Schuppenbäume* **(143,6)**, von denen man über 100 Arten kennt. Ihr Stamm war verzweigt. An den jungen Zweigen saßen lange, schmale, dickfleischige Blätter. Die Blattnarben weisen eine rhombische Form auf. Auch die Schachtelhalme brachten hohe Bäume, die *Calamiten,* hervor, die verzweigt oder unverzweigt waren **(143,5)**. Außerdem lebten im Steinkohlenwald zahlreiche Farne, auch baumförmige (Baumfarne; **143,3**).

Im Steinkohlenwald wuchsen merkwürdige Pflanzen, die zwar Farnen glichen, sich aber durch Samen fortpflanzten. Sie heißen deshalb *Samenfarne* und bilden den Übergang zu den Samenpflanzen. Während die Gefäßsporenpflanzen in der Permzeit immer mehr zurücktreten, kommen die Nacktsamer zur Herrschaft, die sie bis zur Kreidezeit behaupten. In der Kreidezeit entfalten sich die Bedecktsamer. Sie treten in einer Fülle verschiedener Formen

143,1: *Nacktfarne.* **143,2:** *Mammutbaum (Sequoia gigantea). Die im Tertiär weit verbreiteten Mammutbäume haben heute natürliche Standorte nur noch in Nordamerika. Man findet sie bei uns gelegentlich in Wäldern und Parkanlagen angepflanzt.* **143,3:** *Baumfarn.* **143,4:** *Bernstein mit Insekteneinschluß.* **143,5:** *Calamit. Links Rekonstruktionszeichnung, rechts versteinerter Überrest.*

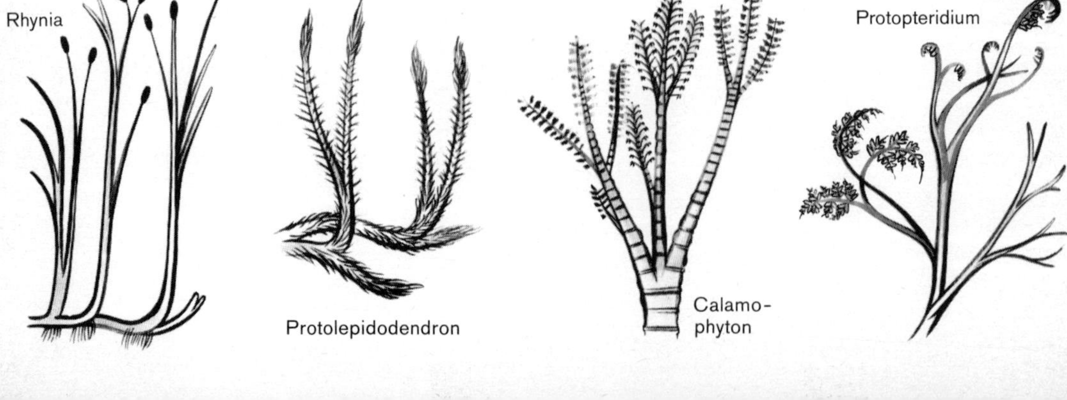

143,1

auf und drängen die Angehörigen anderer Pflanzengruppen allmählich zurück. Doch war die mitteleuropäische Flora damals anders zusammengesetzt als heute. Dieses Gebiet gehörte in der Kreidezeit zu den Tropen. Selbst in Grönland herrschten subtropische Verhältnisse. Daran änderte sich auch zu Beginn des Tertiärs nichts. Dann wurde es aber ganz allmählich kühler. Nadelwälder, besonders aus Sumpfzypressen und Mammutbäumen **(143,2)**, bedeckten große Sumpfflächen. Die Pflanzen dieser Wälder wurden später zu Braunkohle. Im Tertiär entstand auch der als Schmuck geschätzte Bernstein aus dem Harz von Nadelhölzern, welche die Ostseeküste besiedelten. Das aus Baumwunden tropfende Harz schloß Tiere und Pflanzenteile ein **(143,4)**. Weitere Abkühlung führte schließlich zur Eiszeit, während der bei uns zeitweise arktische Pflanzen lebten. Erst in der Nacheiszeit hat sich in Europa die heutige Pflanzendecke ausgebildet. Auf S. 103 wurde darüber berichtet.

Zusammenfassung. Die Betrachtung der heute lebenden Pflanzen und die Kenntnisse von Pflanzen früherer Zeiten berechtigen uns zur Annahme, daß die höher entwickelten Pflanzen aus einfacher gebauten Formen hervorgegangen sind. Die Wiege des Lebens war das Wasser. Dort lebten die ältesten Pflanzen und Tiere. Erst im Erdaltertum treten die ersten Landpflanzen auf, die von tangartigen Pflanzen abstammen. Es sind Nacktfarne, aus denen Farne, Schachtelhalme und Bärlappgewächse entstehen. Samenfarne leiten zu den Samenpflanzen über, unter denen zunächst die Nacktsamer, dann die Bedecktsamer zur Herrschaft gelangen. Die ersten Landpflanzen waren ans Leben auf dem Lande nur unvollständig angepaßt. Mit der Höherentwicklung der Landpflanzen ist eine immer bessere Anpassung ans Landleben verbunden.

143,6: *Schuppenbaum. Die Versteinerung rechts zeigt die Blattnarben; links Rekonstruktionszeichnung.* **143,7:** *Siegelbaum und versteinerte Blattnarben. Siegelbäume, Schuppenbäume, Calamiten und Baumfarne lebten in den Sumpfwäldern der Steinkohlenzeit.*

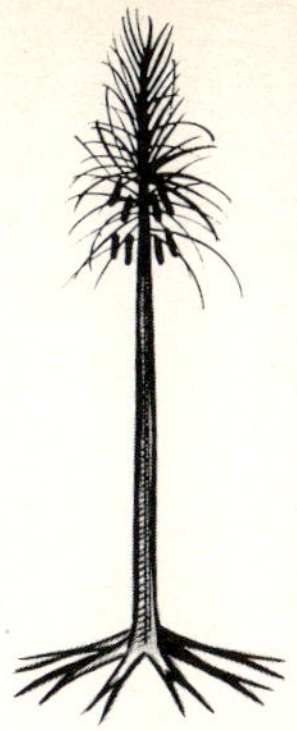

143,7

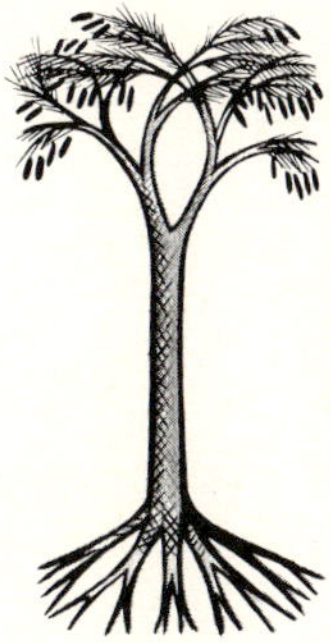

143,6

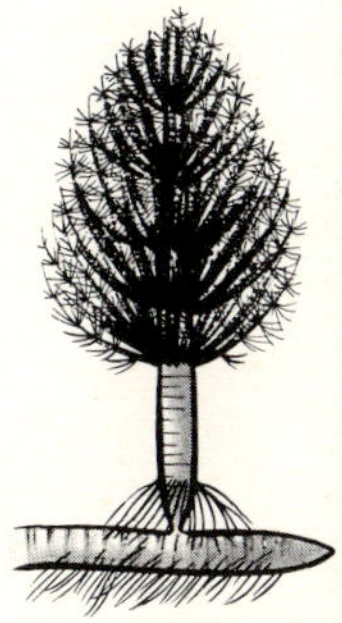

143,5

143,2

143,3

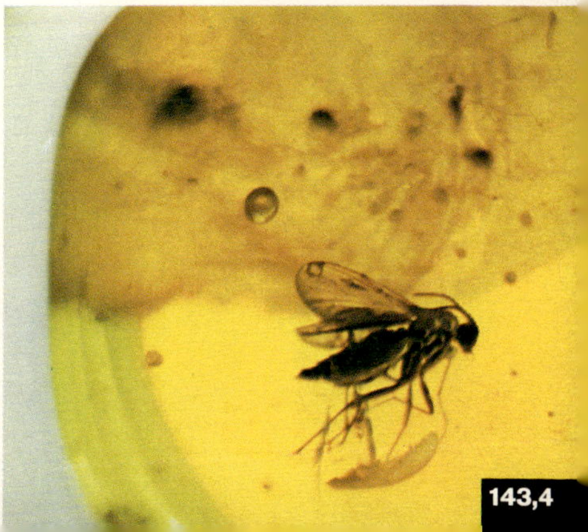

143,4

Systematische Einordnung der im 2. Teil erwähnten Pflanzen

Blütenpflanzen

Abteilung Blütenpflanzen (Spermatophyta)

Unterabteilung Bedecktsamige Pflanzen (Angiospermae)

Klasse Zweikeimblättrige Pflanzen (Dicotyledoneae)

Unterklasse Getrenntblütenblättrige Pflanzen (Dialypetalae)

Familie der Lorbeergewächse (Lauraceae)
- Zimtbaum 141

Familie der Muskatnußgewächse (Myristicaceae)
- Muskatnußbaum 141

Familie der Hahnenfußgewächse (Ranunculaceae)
- Gletscher-Hahnenfuß 136
- Berg-Küchenschelle 136
- Spreizender Hahnenfuß 132

Familie der Seerosengewächse (Nymphaeaceae)
- Seerose 133

Familie der Kannenpflanzengewächse (Nepenthaceae)

Kannenpflanze 117

Familie der Dickblatt-Gewächse (Crassulaceae)
- Mauerpfeffer 116
- Fetthenne 116

Familie der Rosengewächse (Rosaceae)
- Eberesche 80
- Schwarzdorn 84
- Weißdorn 84
- Mädesüß 132
- Mandelbaum 139

Familie der Efeugewächse (Araliaceae)
- Efeu 84

Unterklasse Pflanzen mit einfacher Blütenhülle (Monochlamydeae)

Familie der Birkengewächse (Betulaceae)
- Hasel 74
- Schwarzerle 77
- Birke 77
- Hainbuche 77

Familie der Buchengewächse (Fagaceae)
- Rotbuche 75
- Eichen 76

Familie der Weidengewächse (Salicaceae)
- Weiden 78
- Pappeln 78

Familie der Pfeffergewächse (Piperaceae)
- Pfefferstrauch 141

Familie der Ulmengewächse (Ulmaceae)
- Ulmen 80

Familie der Maulbeergewächse (Moraceae)
- Feige 139

Familie der Wolfsmilch-Gewächse (Euphorbiaceae)
- Kautschukbaum 141

Familie der Mistelgewächse (Loranthaceae)
- Mistel 117

Familie der Kaktusgewächse (Cactaceae)
- Kaktus 116

Familie der Gänsefuß-Gewächse (Chenopodiaceae)
- Queller 135
- Salzkraut 135

Familie der Wegerich-Gewächse (Plantaginaceae)
- Strandwegerich 135

Familie der Labkraut-Gewächse (Rubiaceae)
- Wald-Meister 87
- Kaffeestrauch 140

Familie der Geißblatt-Gewächse (Caprifoliaceae)
- Schneeball 84
- Holunder 84
- Heckenkirsche 84

Familie der Glockenblumen-Gewächse (Campanulaceae)
- Teufelskralle 87, 136

Familie der Korbblütler (Compositae)
- Fuchs-Greiskraut 88
- Pestwurz 116

Klasse Einkeimblättrige Pflanzen (Monocotyledoneae)

Familie der Liliengewächse (Liliaceae)
- Maiglöckchen 87
- Einbeere 87
- Weißwurz 87
- Bär-Lauch 87

Familie der Narzissen-Gewächse (Amaryllidaceae)
- Sisalagave 141

Familie der Binsengewächse (Juncaceae)
- Hainsimse 87
- Meerstrand-Binse 135

Familie der Sauergräser (Cyperaceae)
- Wald-Segge 87
- Teichbinse 133
- Wollgras 134

Blütenlose Pflanzen

Abteilung Bakterien (Bacteriophyta) 128–130

Abteilung Blaugrüne Algen (Cyanophyta) 131

Abteilung Algen (Phycophyta) 105–110

Klasse der Geißelträger (Flagellatae) 105, 106

Klasse der Grünalgen (Chlorophyceae) 107, 110

Klasse der Jochalgen (Conjugatae) 108

Klasse der Kieselalgen (Diatomeae) 109

Klasse der Braunalgen (Phaeophyceae) 110

Klasse der Rotalgen (Rhodophyceae) 110

Abteilung Pilze (Mycophyta) 118–126

Klasse der Schleimpilze (Myxomycetes) 131

Klasse der Algenpilze (Phycomycetes) 125, 126

Klasse der Höheren Pilze (Eumycetes) 118–124, 126

Unterklasse der Schlauchpilze (Ascomycetes) 124, 126

Register zusammenfassender Begriffe

Bau des Pflanzenkörpers

Systematik

Das Leben der Pflanzen

Fortpflanzung

Pflanze und Umwelt

Mensch und Pflanze

G Dieses Zeichen in der linken oberen Bildecke bezeichnet vollkommen oder teilweise geschützte Pflanzen. Pflanzen, auf denen Sammelverbot für den Handel und für gewerbliche Zwecke ruht, sind nicht besonders gekennzeichnet. So kommt es, daß z. B. auf der Doppelseite 136 „Hochgebirgspflanzen“ nur 2 der abgebildeten Pflanzen mit dem Zeichen „Geschützt“ versehen sind. Trotzdem wollen wir allen anderen Pflanzen ebenfalls Schutz angedeihen lassen und sie nicht unnütz abreißen. So erhalten wir uns die Schönheit und Vielfalt unserer Flora. Dieser allgemeine Schutz ist außerdem in der Naturschutzverordnung § 1, 1. Absatz enthalten. Der Absatz heißt:
„Es ist verboten, wildwachsende Pflanzen mißbräuchlich zu nutzen oder ihre Bestände zu verwüsten; hierzu gehören die offensichtlich übermäßige Entnahme von Blumen und Farnkräutern, das böswillige und zwecklose Niederschlagen von Stauden und Uferpflanzen, das unbefugte Abbrennen der Pflanzendecke u. dgl., auch wenn dabei im einzelnen Fall ein wirtschaftlicher Schaden nicht entsteht.“

Sachwortregister

Fette Seitenzahlen weisen auf eine ausführliche Behandlung des Stichwortes hin, insbesondere bei mehreren Seitenangaben; blaue Seitenangaben verweisen auf eine Abbildung.

Laubbäume S. 75-81
(Rotbuche)

Nadelbäume S. 89-92
(Waldkiefer)

Fichte Tanne Lärche Eibe Wacholder

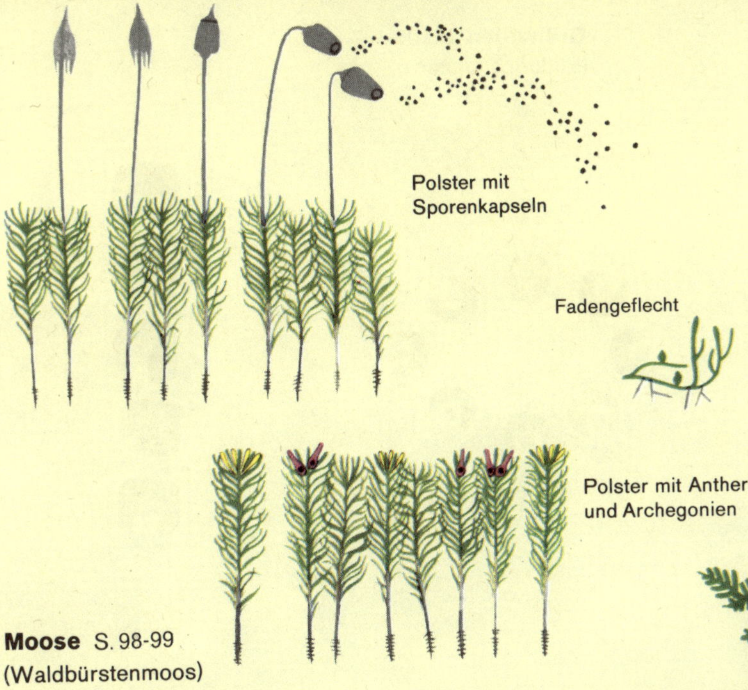

Moose S. 98-99
(Waldbürstenmoos)

Farne S. 94-96
(Wurmfarn)

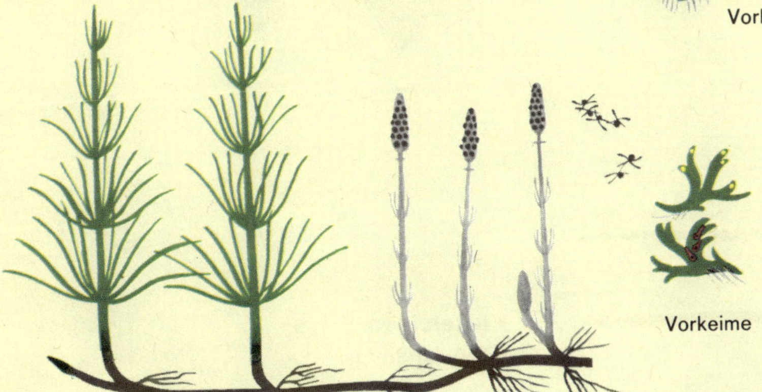

Schachtelhalme S. 97
(Ackerschachtelhalm)

Grünalgen S. 106-107
(Eudorina, Ulothrix)

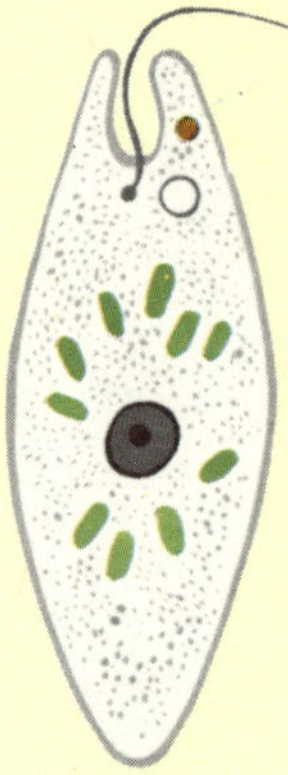

Geißelträger S. 105
(Euglena)

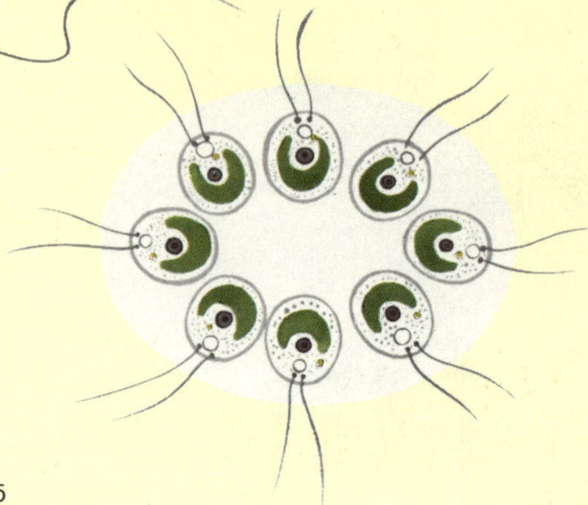

Jochalgen S. 108
(Schraubenalge)

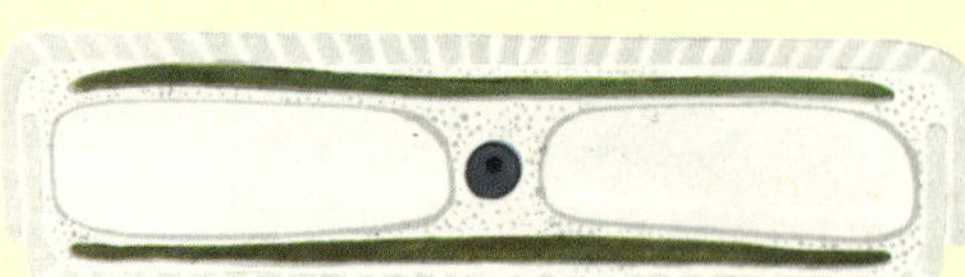

Kieselalgen S. 109
(Pinnularia)